"十二五"普通高等教育本科国家级规划教材
普通高等教育机械类国家级特色专业系列规划教材

机械精度设计基础

（第三版）

主编　孟兆新　马惠萍
主审　孙玉芹

科学出版社
北　京

内 容 简 介

本书为高等工科院校机械类和近机械类专业技术基础课教材。全书共10章。第1～5章阐述互换性基本概念、尺寸精度、形状和位置精度、表面粗糙度及测量技术基础等机械零件的精度设计基础知识；第6、7章阐述轴承、键、螺纹、圆锥、导轨和齿轮等典型零件的精度设计基础知识；第8章阐述长度尺寸链的基本概念及计算；第9章简单介绍计算机辅助精度设计基础知识；第10章给出了几何参数精度设计实例。

本书内容全部按照截至2012年最新国家标准编写，并遵循国家标准给出了各种术语和定义的相应英文。各章后附有习题。

本书适用于高等工科院校及职工大学机械类和近机械类专业“机械精度设计基础(互换性与测量技术基础)”课程教学，也可供各类工程技术人员参考。

图书在版编目(CIP)数据

机械精度设计基础/孟兆新，马惠萍主编.—3版.—北京：科学出版社，2012
“十二五”普通高等教育本科国家级规划教材・普通高等教育机械类国家级特色专业系列规划教材
ISBN 978-7-03-034343-7

Ⅰ.机…　Ⅱ.①孟…　②马…　Ⅲ.①机械-精度-设计-高等学校-教材
Ⅳ.①TH122

中国版本图书馆CIP数据核字(2012)第096456号

责任编辑：朱晓颖 / 责任校对：李　影
责任印制：徐晓晨 / 封面设计：迷底书装

科学出版社出版
北京东黄城根北街16号
邮政编码：100717
http://www.sciencep.com
北京虎彩文化传播有限公司印刷
科学出版社发行　各地新华书店经销
*
2004年1月第一版　开本：720×1000　1/16
2007年8月第二版　印张：17 1/2
2012年5月第三版　字数：350 000
2019年5月第十八次印刷
定价：45.00元
(如有印装质量问题，我社负责调换)

前　言

“机械精度设计”是工科院校机械类、近机械类各专业必备的专业技术基础课程。随着各院校机械类课程体系改革的不断深入，以及对学生专业能力培养多元化的需求，我们于2003年出版了《机械精度设计基础》，供“互换性与测量技术基础”和“机械精度设计与测量技术基础”课程使用。

经过多年来前两版教材的教学实践，随着产品几何技术的发展，我们在保留原有教材优点的基础上，按照相关最新国家标准，对原有教材内容作了适当的调整，修订再版。

本书在编写中，参考了相关领域国内外的文献资料，同时融入了编者多年的教学经验。本书具有如下特点：

1. 强调精度设计这一主题，尊重标准，重点突出，简明扼要，适合教学；

2. 关键术语、定义英文对照，有助于双语教学和培养读者英语技术交流以及读图的能力；

3. 全部采用最新的“产品几何技术标准”国家标准，有助于精度设计最新技术的实施；

4. 将计算机技术融入精度设计中，提高读者运用计算机处理精度设计的能力；

5. 本书适用于本专科机械类与近机械类专业的教学，并可供广大工程技术人员参考。

全书共10章，分别为绪论、尺寸精度设计、几何精度设计、表面粗糙度、几何参数检测技术基础、常用典型零件精度设计、渐开线圆柱齿轮传动的精度设计、尺寸链的计算、计算机辅助精度设计和几何参数精度设计实例。

参加本书编写的有东北林业大学孟兆新(第1章、第2章、第4章、第9章)，哈尔滨工业大学马惠萍(第3章、第7章)、张也晗(第6章6.2节)、刘永猛(第6章6.5节)、张晓光和周海(第10章)，河南工业大学袁夫彩(第6章6.1节、第5章、第8章)，黑龙江八一农垦大学万霖(第6章6.4节)，黑龙江省农垦科技职业学院王凤强(第6章6.3节)。本书由孟兆新、马惠萍任主编，孟兆新负责全书统稿，哈尔滨工业大学孙玉芹任主审。

教材的编写是一项艰巨而又细致的工作，在本书编写过程中，得到了相关学校的大力支持，同时得到了华中科技大学李柱教授、西安交通大学蒋庄德教授和范国英副教授、河南理工大学何贡教授、南京机械高等专科学校陈于萍教授、郑州机械研究所张民安教授级高级工程师和张元国主任的热情支持与帮助，在此一并表示衷心感谢。

由于编者水平有限，书中不足之处在所难免，敬请读者批评指正。

编　者

2012 年 2 月

目　录

第1章 绪　　论

1.1 概　　述

机械精度设计涉及机械设计、机械制造工艺、机械制造计量测试、质量管理与质量控制等许多学科，与机械工业发展密切相关，与CAD/CAM/CAPP相辅相成，与计算机技术的发展紧密相连，是一门综合性应用技术基础学科。

任何机械产品都是由零部件组成的，因此，机械零部件几何参数的精度（尺寸精度、形状及相互位置精度、表面粗糙度等）会直接影响现代机械产品的质量，包括工作精度、耐用性、可靠性、效率等。也就是说，在合理设计结构和正确选用材料的前提下，机械零部件几何参数的精度设计是保证产品质量的重要因素，是机械设备、仪器仪表设计的基础。

机械零部件几何精度设计的任务，就是根据使用要求，对于经过参数设计阶段确定的机械零件的几何参数合理地给出尺寸、形状位置和表面粗糙度公差值，用以控制加工误差，从而保证产品的各项性能要求。

本课程是各类机械、仪器仪表设计与制造专业本科学生必修的一门主干专业技术基础课，其目的就是培养学生进行机械零部件几何精度设计的能力，兼顾培养学生对机械精度要求和检测的理解能力，为学生进行机械设计奠定基础。

1.2 机械零件几何精度设计原则——互换性原则

在进行机械零件几何精度设计过程中，应遵循互换性原则和经济性原则。

1.2.1 互换性

互换性（interchange ability）是指零部件在几何、功能等参数上能够彼此相互替换的性能，即同一规格的零部件，不需要任何挑选、调整或修配，就能装配（或更换）到机器上，并且符合使用性能要求。由此可见，要使零部件满足互换性，不仅要求几何参数，而且要求机械性能、理化性能以及其他功能参数都能互相替换。所以，零件的互换性涉及两大方面：一方面是几何参数的互换性，另一方面是功能互换性。下文所涉及的互换性均指零部件几何参数的互换性。

零部件在实际制造过程中，由于加工设备、工具不可避免地存在误差，要使同一规格的一批零件或部件几何参数的实际值完全相同是不可能的，它们之间或多或少地存在着差异。因此，要保证其具有互换性，只能使其几何参数的实际值充分接近。其接近程度取决于产品的质量要求。为保证产品几何参数的实际值对其理论值充分接近，就必须将其实际值的变动量限定在一定范围内，这个范围就是公差。

1.2.2 互换性的分类

按同一规格一批零部件互换的程度可以将互换性分为完全互换性(绝对互换性)与不完全互换性(有限互换)。

完全互换性是一批规格相同的零部件在加工好以后，不需要任何挑选、调整或修配，在几何参数上具有互相替换的性能。概率互换(大数互换性)属于完全互换性，这种互换性是以一定置信水平为依据，如置信水平为95%、99%等，使加工好的规格相同的大多数零部件不需任何挑选、调整、修配等辅助处理，在几何参数上就具有彼此互相替换的性能。

不完全互换性是指规格相同的零部件加工完以后，在装配(或更换)前需要挑选、调整或修配等辅助处理，在几何参数上才具有互相替换的性能。

当装配精度要求较高时，采用完全互换性将使零件制造精度要求很高，难于加工，成本增高。这时，可以根据生产批量、精度要求、结构特点等具体条件，或者采用分组互换法，或者采用调整互换法，或者采用修配互换法，这样做既可保证装配精度和使用要求，又能适当地放宽加工公差，减小零件加工难度，降低成本。

对于标准化部件或机构来说，互换性又可分为内互换性与外互换性。

内互换性是指组成机构或部件的内部零件几何参数的互换性。例如滚动轴承内圈滚道直径、外圈滚道直径、保持架或滚动体等，都具有内互换性，一般采用分组互换。

外互换性是指同规格部件或机构的外形尺寸的互换性。例如滚动轴承内圈的内径、外圈的外径均应具有外互换性。

1.2.3 互换性的作用

互换性对现代化机械制造业具有非常重要的意义。只有机械零部件具有互换性，才有可能将一台复杂的机器中成千上万的零部件分散到不同的工厂、车间进行高效率的专业化生产，然后再集中到总装厂或总装车间进行装配。因此，互换性是现代化机械制造业进行专业化生产的前提条件，不仅能促进自动化生产的发展，也有利于降低成本、提高产品质量。

从设计看，按互换性进行设计，就可以最大限度地采用标准件、通用件，如滚动轴承、螺钉、销钉、键等，大大减少计算、绘图等工作量，使设计简便，缩短设计周期，有利于产品品种的多样化和计算机辅助设计，有利于开发系列产品，不断地改善产品结构、提高产品性能。

从制造看，互换性有利于组织大规模专业化生产，有利于采用先进工艺设备和高效率的专用设备，有利于进行计算机辅助制造，有利于实现加工和装配过程的机械化、自动化，从而减轻劳动强度，提高生产效率，保证产品质量，降低生产成本。

从使用看，零部件具有互换性，可以及时更换那些已经磨损或损坏了的零部件，因此，减少了机器的维修时间和费用，增加了机器的平均无故障的工作时间，保证机器能够连续而持久地运转，提高了设备的利用率。在诸如航天、航空、核工业、能源、国防等特殊领域或行业，零部件的互换性所起的作用是难以用具体价值来衡量的，其意义更为重大。

1.3 标准化与优先数系

1.3.1 标准化

国家标准 GB/T 20000.1—2002 中规定：标准化（standardization）是指为了在一定范围内获得最佳社会秩序，对现实问题或潜在问题制定共同使用和重复使用的条款的活动。上述活动主要包括编制、发布和实施标准的过程。标准化的主要作用在于，为了其预期目的改进产品、过程或服务的适用性，防止贸易壁垒，并促进技术合作。

在国际上，为了加强世界各国之间的交流、促进各国之间在技术上的统一，先后成立了国际电工委员会（IEC）和国际标准化组织（ISO），并由这两个组织负责起草、制定和颁布国际标准。经过许多年的发展和完善，目前，标准化正处于新的历史时期。为了增进国际间的合作，使产品走向国际市场，我国于 1978 年恢复参加 ISO 组织后，陆续修订了原有的国家标准。修订的原则是：在立足我国生产实际的基础上向 ISO 靠拢，以利于加强我国在国际上的技术交流与合作。近年来，越来越多新修订的标准等同地采用了 ISO 标准。

标准化的主要体现形式是标准。标准是为了在一定的范围内获得最佳秩序，经协商一致制定并由公认机构批准，共同使用和重复使用的一种规范性文件。

标准涉及的范围极其广泛，种类也十分繁多，涉及人类活动的各个方面。按标准化对象的特性划分，有基础标准、术语标准、试验标准、产品标准、过程标准、服务标准、安全和环境保护标准和接口标准等。按标准的级别划分，有国际标准、国家标准、行业标准和企业标准等。

我国于 1988 年发布了《中华人民共和国标准化法》，其中规定国家标准和行业标准又分为强制性标准和推荐性标准两大类。涉及人身安全、健康、卫生及环境保护等的标准属于强制性标准。强制性国家标准的代号为GB。对于这些标准，国家通过法律、行政和经济等各种手段及措施来维护并加以实施。其余的标准属于推荐性标准。推荐性国家标准的代号为GB/T。由于标准是人类科学知识的沉淀、技术活动的结晶、多年实践经验的总结，代表着先进的生产力，对生产具有普遍的指导意义，能够促进技术交流与合作，有利于产品的市场化，因此，在生产活动中，推荐性标准也应积极采用。

总之，标准化可以方便产品设计、生产、存放、运输和管理。标准化是组织现代专业化协作生产的重要手段，是实现互换性的必要前提，是一个国家现代化水平的重要标志之一。它对人类进步和科学技术发展起着巨大的推动作用。

1.3.2 优先数系和优先数

标准化要求各种参数系列化和简化，需将参数值（如零件的几何参数值、公差值等）合理地分级分档，使其有恰当的间隔，便于管理和应用。因此，简化、协调和统一工程和产品的各种技术参数是标准化的重要内容。

1. 优先数系

优先数系（series of preferred numbers）是国际统一的数值制度，是技术经济工作中统一、简化和协调产品参数的基础。

在机械产品设计中，需要确定零件的各种几何参数。其中，许多参数涉及加工、测量、储存、运输等生产的各个环节，这些参数一旦确定，就会按照一定规律向与其有配套关系的一系列产品的有关的参数传播、扩散。在生产实际中，这种现象是极为普遍的。所以，设计时，不能随意确定机械产品中的各种技术参数，以免出现规格品种恶性膨胀的混乱局面，便于组织生产、协调配套以及使用维护。因此，必须对各种技术参数的数值做出统一规定。国家标准GB 321—2005《优先数和优先数系》就是其中最重要的一个标准，确定工业产品技术参数时，应尽可能采用该标准中的数值。

国家标准GB 321—2005规定：优先数系是由公比为$\sqrt[5]{10}$、$\sqrt[10]{10}$、$\sqrt[20]{10}$、$\sqrt[40]{10}$和$\sqrt[80]{10}$，且项值中含有10的整数幂的理论等比数列导出的一组近似等比的数列。各数列分别用符号R5、R10、R20、R40和R80表示，称为R5系列、R10系列、R20系列、R40系列和R80系列。

2. 优先数系的种类和代号

(1) 基本系列（basic series）

优先数系中的常用系列，称为基本系列。有R5、R10、R20和R40四个系列，表1-1所示为基本系列的各项数值。

基本系列的代号：系列无限定范围时，用 R5、R10、R20、R40 表示；系列有限定范围时，应注明界限值。例如：

R10(1.25…)表示以 1.25 为下限的 R10 系列；

R20(…45)表示以 45 为上限的 R20 系列；

R40(75…300)表示以 75 为下限，300 为上限的 R40 系列。

基本系列的公比分别为

R5：$q_5=\sqrt[5]{10}\approx 1.589\ 4\approx 1.60$

R10：$q_{10}=\sqrt[10]{10}\approx 1.258\ 9\approx 1.25$

R20：$q_{20}=\sqrt[20]{10}\approx 1.122\ 0\approx 1.12$

R40：$q_{40}=\sqrt[40]{10}\approx 1.059\ 3\approx 1.06$

(2) 补充系列(complementary R80 series)

R80 系列称为补充系列，它的公比 $q_{80}=\sqrt[80]{10}\approx 1.029\ 4\approx 1.03$，其代号表示方法同基本系列。

3. 优先数

优先数系中的任一个项值均为优先数(preferred number)。按公比计算得到的优先数的理论值(除 10 的整数幂外)不能用于实际工程中，对理论值取 5 位有效数字的计算值仅供精确计算使用，取 3 位有效数字的常用值广泛应用于实际工程中的各个领域，如表 1-1 所示。

表 1-1 优先数系的基本系列(摘自 GB 321—2005)

基本系列(常用值)				序号	理论值		基本系列和计算值间的相对误差/%
R5	R10	R20	R40		对数尾数	计算值	
(1)	(2)	(3)	(4)	(5)	(6)	(7)	(8)
1.00	1.00	1.00	1.00	0	000	1.0000	0
			1.06	1	025	1.0593	+0.07
		1.12	1.12	2	050	1.1220	−0.18
			1.18	3	075	1.1885	−0.71
	1.25	1.25	1.25	4	100	1.2589	−0.71
			1.32	5	125	1.3335	−1.01
		1.40	1.40	6	150	1.4125	−0.88
			1.50	7	175	1.4962	+0.25
1.60	1.60	1.60	1.60	8	200	1.5849	+0.95
			1.70	9	225	1.6788	+1.26

续表

基本系列(常用值)				序号	理论值		基本系列和计算值间的相对误差/%
R5	R10	R20	R40		对数尾数	计算值	
(1)	(2)	(3)	(4)	(5)	(6)	(7)	(8)
1.60	1.60	1.80	1.80	10	250	1.7783	+1.22
			1.90	11	275	1.8836	+0.87
	2.00	2.00	2.00	12	300	1.9953	+0.24
			2.12	13	325	2.1135	+0.31
		2.24	2.24	14	350	2.2387	+0.06
			2.36	15	375	2.3714	−0.48
2.50	2.50	2.50	2.50	16	400	2.5119	−0.47
			2.65	17	425	2.6607	−0.40
		2.80	2.80	18	450	2.8184	−0.65
			3.00	19	475	2.9854	+0.49
	3.15	3.15	3.15	20	500	3.1623	−0.39
			3.35	21	525	3.3497	+0.01
		3.55	3.55	22	550	3.5481	+0.05
			3.75	23	575	3.7584	−0.22
4.00	4.00	4.00	4.00	24	600	3.9811	+0.47
			4.25	25	625	4.2170	+0.78
		4.50	4.50	26	650	4.4668	+0.74
			4.75	27	675	4.7315	+0.39
	5.00	5.00	5.00	28	700	5.0119	−0.24
			5.30	29	725	5.3088	−0.17
		5.60	5.60	30	750	5.6234	−0.42
			6.00	31	775	5.9566	+0.73
6.30	6.30	6.30	6.30	32	800	6.3096	−0.15
			6.70	33	825	6.6834	+0.25
		7.10	7.10	34	850	7.0795	+0.29
			7.50	35	875	7.4989	+0.01
	8.00	8.00	8.00	36	900	7.9433	+0.71
			8.50	37	925	8.4140	+1.02
		9.00	9.00	38	950	8.9125	+0.98
			9.50	39	975	9.4406	+0.63
10.00	10.00	10.00	10.00	40	000	10.0000	0

实际应用时，按 R5、R10、R20、R40 和 R80 的顺序依次选用。在基本系列和补充系列不能满足要求时，可以采用派生系列。

派生系列是从基本系列或补充系列 Rr(其中 $r=5,10,20,40$ 和 80)中，每 p 项取值导出的系列。

派生系列的代号表示方法：

系列无限定范围时，由于比值 r/p 相等的派生系列具有相同的公比，但其项值是多义的，应指明系列中含有的一个项值。例如：

R10/3(…20…)表示含有项值 20 并向两端无限延伸的派生系列。

如果系列中含有项值 1，可简写为 Rr/p。例如：

R10/3 表示系列为……1、2、4、8、16……。

系列有限定范围时，应注明界限值。例如：

R20/4(112…)表示以 112 为下限的派生系列；

R40/4(…60)表示以 60 为上限的派生系列；

R5/2(1…10 000)表示以 1 为下限，10000 为上限的派生系列。

派生系列的公比为

$$q_{r/p}=q_r^p=(\sqrt[r]{10})^p=10^{p/r}$$

1.4 GPS 标准体系基本术语简介

随着 CAD/CAM 对产品几何描述、测量技术如三坐标测量等对产品几何辨识的需求，原有的公差标准存在很多缺点，已不适合现代技术的发展需求。为了统一产品设计、制造、验收、使用等过程的几何参数，规范产品生命周期中产品精度参数传递方式，ISO/TC213 出台了新一代标准体系产品几何技术规范(geometrical product specification and verification，GPS)。它是针对所有几何产品建立的一个几何技术标准体系，覆盖了从宏观到微观的产品几何特征，包括尺寸公差、形位公差和表面特征等需要在技术图样上表示的各种几何精度设计要求、标注方法、测量原理、验收规则，以及计量器具的校准，测量不确定度评定等，涉及产品生命周期的全过程。

GPS 系列标准是国际标准中影响最广的重要基础标准之一，是所有高新技术产品标准的基础，其应用涉及国民经济的各个部门和学科，是所有机电产品“标准与计量”规范的基础，也是制造业信息化的基础。

产品几何技术规范(GPS)系列国家标准不仅是产品信息传递与交换的基础标准，也是产品市场流通领域中合格评定的依据，是工程领域必须依据的技术规范和交流沟通的重要工具。主要包括：尺寸和形位公差、表面特征等几何精度规范，相关的检验原则、测量器具要求和校准规范，基本表达和图样标注的解释，不确定度的评定和控制等。

GB/T 18780.1—2002《产品几何量技术规范(GPS)几何要素　第1部分:基本术语和定义》中对要素之术语和定义规定如下。

1. 几何要素(geometrical feature)

点、线或面。

2. 组成要素(integral feature)

面或面上的线。

3. 导出要素(derived feature)

由一个或几个组成要素得到的中心点、中心线或中心面。

例如:球心是由球面得到的导出要素,该球面为组成要素;圆柱的中心线是由圆柱面得到的导出要素,该圆柱面为组成要素。

在GB/T 1182—2008《产品几何技术规范(GPS)几何公差形状、方向、位置和跳动公差标注》中将"轮廓要素"改为"组成要素","中心要素"改为"导出要素"。

4. 尺寸要素(feature of size)

由一定大小的线性尺寸或角度尺寸确定的几何形状。尺寸要素可以是圆柱形、球形、两平行对应面、圆锥形或楔形。

5. 公称组成要素(nominal integral feature)

由技术制图或其他方法确定的理论正确组成要素,见图1-1(a)。

6. 公称导出要素(nominal derived feature)

由一个或几个公称组成要素导出的中心点、轴线或中心平面,见图1-1(a)。

7. 工件实际表面(real surface of a work piece)

实际存在并将整个工件与周围介质分隔的一组要素。

8. 实际(组成)要素(real(integral)feature)

由接近实际(组成)要素所限定的工件实际表面的组成要素部分,见图1-1(b)。

9. 提取组成要素(extracted integral feature)

按规定方法,由实际(组成)要素提取有限数目的点所形成的实际(组成)要素的近似替代,见图1-1(c)。该替代(的方法)由要素所要求的功能确定。每个实际(组成)要素可以有几个这种替代。

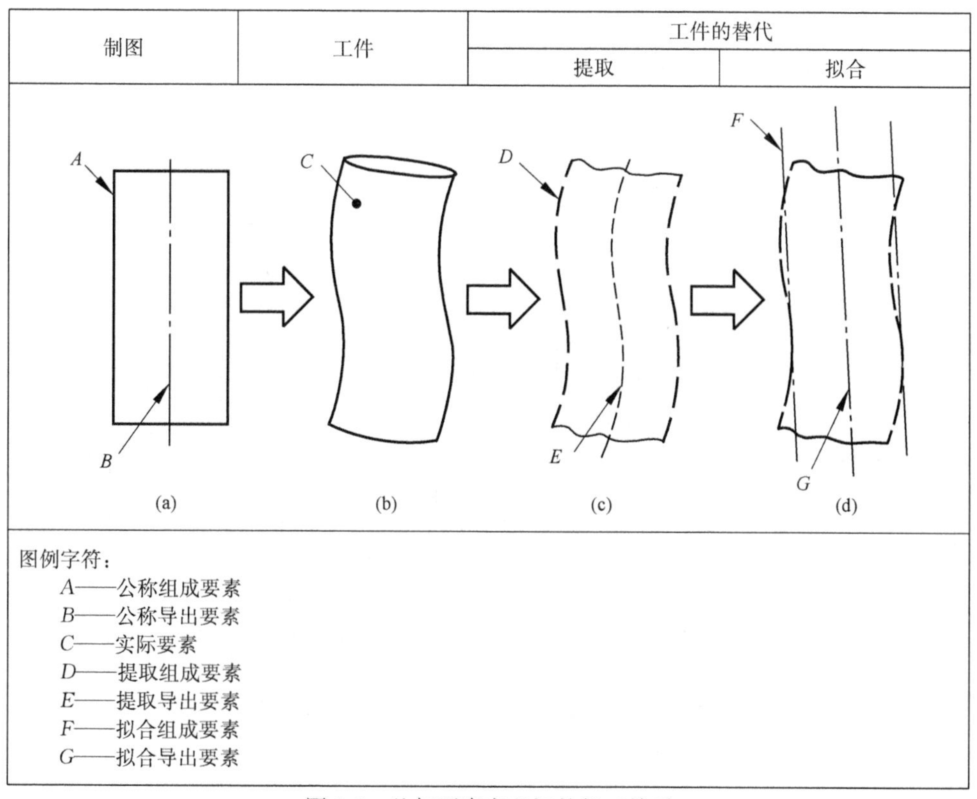

图 1-1　几何要素定义间的相互关系

10. **提取导出要素**(extracted derived feature)

由一个或几个提取组成要素得到的中心点、中心线或中心面，见图 1-1(c)。为方便起见，提取圆柱面的导出中心线称为提取中心线；两相对提取平面的导出中心面称为提取中心面。

11. **拟合组成要素**(associated intgeral feature)

按规定的方法由提取组成要素形成的并具有理想形状的组成要素，见图 1-1(d)。

12. **拟合导出要素**(associated derived feature)

由一个或几个拟合组成要素导出的中心点、轴线或中心平面，见图 1-1(d)。

几何要素定义间相互关系的结构见图 1-2，其图解见图 1-1。

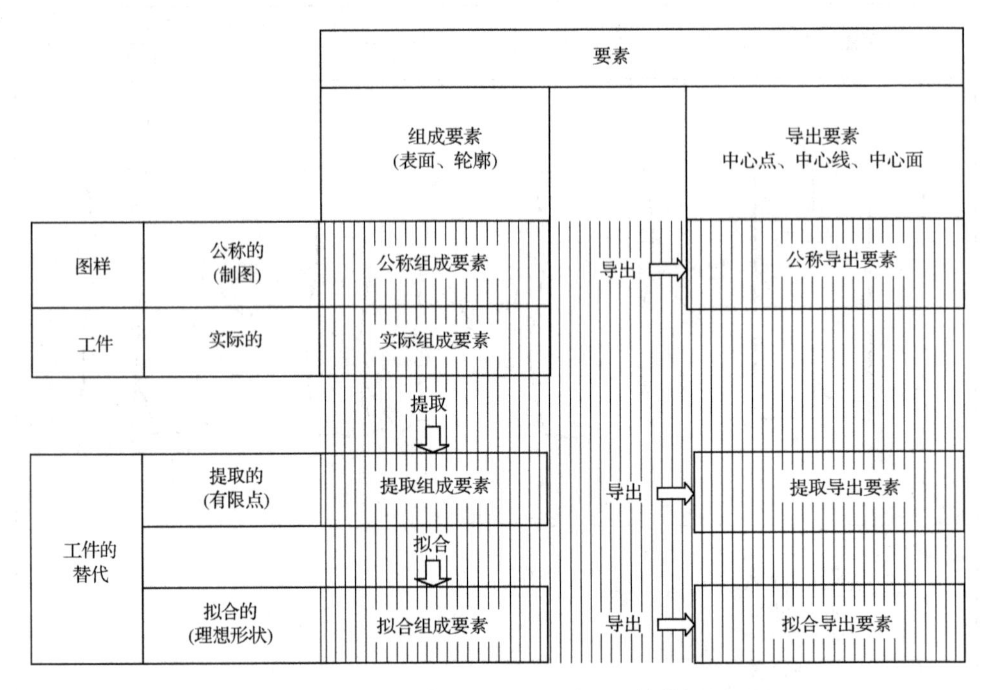

图 1-2　几何要素定义间相互关系的结构框图

习　题　1

1. 何为互换性，互换性在机械制造业中的作用是什么？

2. 完全互换与不完全互换有何区别？各用于何种场合？

3. 何为优先数系？何为优先数？工程中为何要采用优先数系和优先数？实际应用时，按什么顺序选用优先数系和优先数？

4. 拟合要素是否存在误差？

第2章　尺寸精度设计

机械产品中的零部件，在通过结构设计、运动设计和强度设计得到公称尺寸之后，为了满足产品的性能要求和加工的经济性，必须对其公称尺寸进行精度设计。

2.1　有关尺寸精度设计的基本术语和定义

国家标准(GB/T 1800.1—2009)规定了以下基本术语和定义。

2.1.1　有关孔、轴的定义

1. 孔(hole)

通常，孔是指工件的圆柱形内表面，也包括非圆柱形内表面(由二平行平面或切面形成的包容面)。

2. 轴(shaft)

通常，轴是指工件的圆柱形外表面，也包括非圆柱形外表面(由二平行平面或切面形成的被包容面)。

上述定义的孔、轴与通常的概念不同。这里，圆柱形的内表面是孔，非圆柱形的内表面也是孔；圆柱形的外表面是轴，非圆柱形外表面也是轴。在图2-1(a)中，孔径 ϕD_1，键槽宽度 D_2 都是孔；图2-1(a)中轴径 ϕd、图2-1(b)中轴径 ϕd_1 和尺寸 d_2 都是轴。

可以这样理解孔和轴：从加工过程看，孔的尺寸越加工越大，轴的尺寸越加工

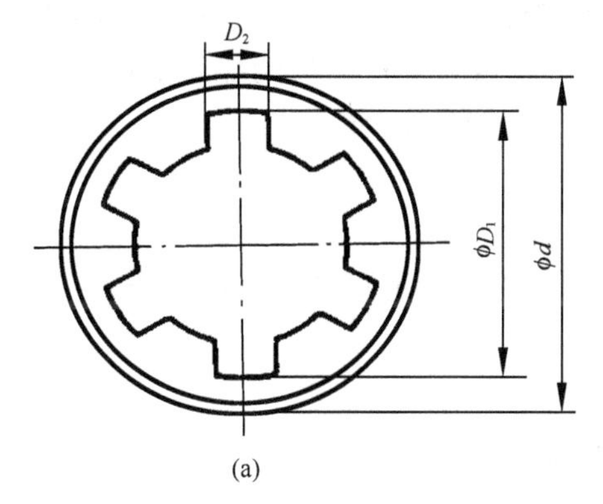

(a)

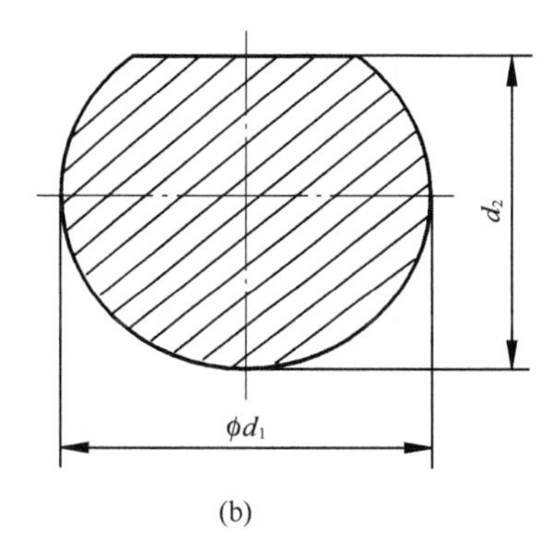

(b)

图2-1　孔与轴

越小。从配合的角度看，孔是包容面，如轴承内圈的内径、轴上键槽的宽度等；轴是被包容面，例如圆柱体的直径、长度、长方体的长、宽、高、键宽等。

一般说来，零、部件上的尺寸要么是孔，要么是轴。但有一类尺寸例外，既不是孔，也不是轴，如两个孔的中心距。

2.1.2 有关尺寸、偏差和公差的术语和定义

1. 尺寸(size)

尺寸是以特定单位表示线性尺寸值的数值，如半径、直径、长度、宽度、高度、深度、厚度及中心距等。

2. 公称尺寸(nominal size)

公称尺寸是设计给定的尺寸，由图样规范确定的理想形状要求的尺寸。用 D 和 d 分别表示孔、轴的公称尺寸。

公称尺寸可以是一个整数或小数值，它是根据零件的强度、刚度等使用要求，计算出的或通过试验和类比方法而确定的，并从相关标准表格中查取的标准值。图样上标注的 $\phi35^{+0.025}_{0}$、35、$35^{+0.039}_{-0.020}$ 中的 35，都是公称尺寸。

3. 提取组成要素的局部尺寸(local size of an extracted integral feature)

提取组成要素的局部尺寸是一切提取组成要素上两对应点之间距离的统称。用 D_a 和 d_a 分别表示孔、轴的提取组成要素的局部尺寸。

注：为方便起见，可将提取组成要素的局部尺寸简称为提取要素的局部尺寸。

(1) 提取圆柱面的局部尺寸(local size of an extracted cylinder)

要素上两对应点之间的距离。其中：两对应点之间的连线通过拟合圆圆心；横截面垂直于由提取表面得到的拟合圆柱面的轴线。

(2) 两平行提取表面的局部尺寸(local size of two parallel extracted surfaces)

两平行对应提取表面上两对应点之间的距离。其中：所有对应点的连线均垂直于拟合中心平面；拟合中心平面是由两平行提取表面得到的两拟合平行平面的中心平面(两拟合平行平面之间的距离可能与公称距离不同)。

4. 极限尺寸(limits of size)

尺寸要素允许的尺寸的两个极端。提取组成要素的局部尺寸应位于其中，也可达到极限尺寸。

(1) 上极限尺寸(upper limit of size)

尺寸要素允许的最大尺寸。用 D_{max} 和 d_{max} 分别表示孔、轴的上极限尺寸。

注：在以前的版本中，上极限尺寸被称为最大极限尺寸。

(2) 下极限尺寸(lower limit of size)

尺寸要素允许的最小尺寸。用 D_{min} 和 d_{min} 分别表示孔、轴的下极限尺寸。

注:在以前的版本中,下极限尺寸被称为最小极限尺寸。

5. 尺寸偏差(简称偏差)

(1) 偏差(deviation)

偏差是指某一尺寸减其公称尺寸所得的代数差。

(2) 极限偏差(limits of deviation)

极限尺寸减其公称尺寸所得的代数差称为极限偏差。其中,上极限尺寸减其公称尺寸所得的代数差称为上极限偏差(upper deviation);最小极限尺寸减其公称尺寸所得的代数差称为下极限偏差(lower deviation)。国家标准规定:孔的上、下极限偏差代号用 ES、EI 表示;轴的上、下极限偏差代号用 es、ei 表示。

由极限偏差的定义,有

$$\mathrm{ES} = D_{max} - D \tag{2-1}$$

$$\mathrm{EI} = D_{min} - D \tag{2-2}$$

$$\mathrm{es} = d_{max} - d \tag{2-3}$$

$$\mathrm{ei} = d_{min} - d \tag{2-4}$$

偏差是代数值,其值可正、可负或零,但同一个公称尺寸的两个极限偏差不能同时为零。在计算和图纸标注时,上、下极限偏差(除了零以外)必须带有正号或负号。

6. 尺寸公差(size tolerance)

尺寸公差(简称公差)是上极限尺寸减下极限尺寸之差,或上极限偏差减下极限偏差之差。它是允许尺寸的变动量。

尺寸公差是一个没有符号的绝对值。公差和极限尺寸的关系如下:

$$T_{\mathrm{D}} = |D_{max} - D_{min}| \tag{2-5}$$

$$T_{\mathrm{d}} = |d_{max} - d_{min}| \tag{2-6}$$

由式(2-1)~式(2-6),有

$$T_{\mathrm{D}} = |\mathrm{ES} - \mathrm{EI}| \tag{2-7}$$

$$T_{\mathrm{d}} = |\mathrm{es} - \mathrm{ei}| \tag{2-8}$$

公差是用于控制尺寸的变动量的,绝不能为零;极限偏差是用于控制实际偏差的。

7. 尺寸公差带图

由于公差的数值比公称尺寸的数值小得多,不便用同一比例表示。如果只为了表明尺寸、极限偏差及公差之间的关系,可以不必画出孔、轴的全形,而采用简单明了的示意图表示,这种示意图称为公差带图,见图 2-2。从图中可以看出,公差带图由两部分组成:零线(zero line)和公差带。

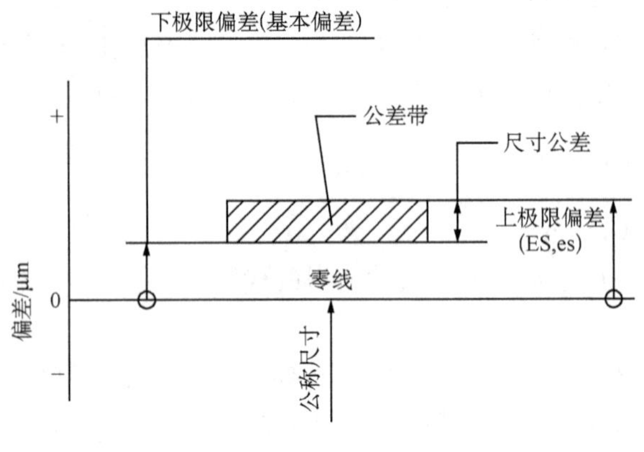

图 2-2　尺寸公差带

零线是指在公差带图中，确定偏差的一条基准直线，即公称尺寸所指的线，是偏差的起始线。通常，零线沿水平方向绘制，零线上方为正偏差区，零线下方为负偏差区。在画公差带图时，像图 2-3 那样标注符号“$\frac{+}{\overset{0}{-}}$”和公称尺寸线。

8. **公差带**(tolerance zone)

在公差带图解中，由代表上极限偏差和下极限偏差或上极限尺寸和下极限尺寸的两条直线所限定的一个区域称为公差带。它是由公差大小和其相对零线的位置如基本偏差来确定的。公差带在垂直零线方向的高度代表公差值，公差带沿零线方向的长度可适当截取，其位置由基本偏差确定，基本偏差可以是上极限偏差或下极限偏差，一般为靠近零线的那个偏差。

在同一个公差带图中，孔、轴公差带的位置、大小应采用相同的比例，一般采用斜线表示孔、轴公差带。

在公差带图中，公称尺寸的单位采用 mm，上、下极限偏差的单位可以采用 μm 或 mm。当公称尺寸与上、下极限偏差采用不同单位时，则要标写公称尺寸的单位，如图2-3(a)所示；当公称尺寸与上、下极限偏差采用相同单位时，不标写公称尺

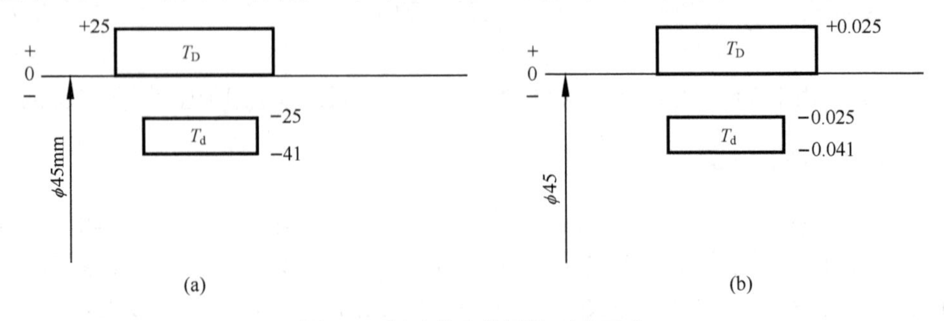

图 2-3　尺寸公差带图的两种画法

寸的单位，如图 2-3(b)所示。

2.1.3 有关配合的术语和定义

1. 配合(fit)

配合是指公称尺寸相同的、相互结合的孔和轴公差带之间的关系。

由上述定义可知，相互配合的孔、轴公称尺寸相等；孔是包容面，轴是被包容面。

2. 间隙(clearance)

孔的尺寸减去相配合的轴的尺寸之差为正时，称为间隙。用代号 X 表示间隙，如图 2-4(a)所示。

3. 过盈(interference)

孔的尺寸减去相配合的轴的尺寸之差为负时，称为过盈。用代号 Y 表示过盈，如图 2-4(b)所示。

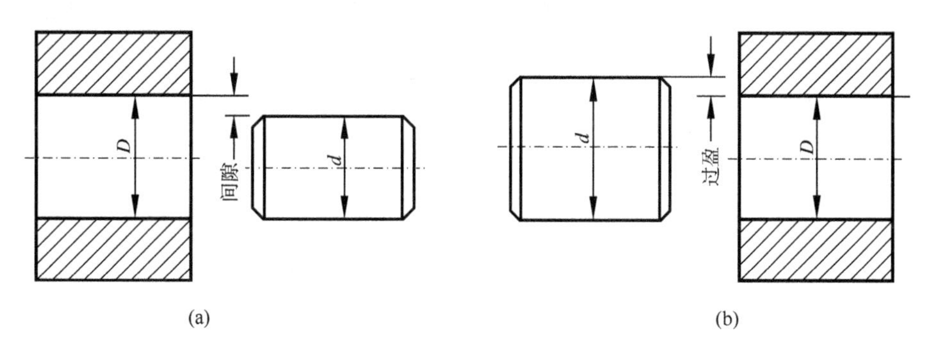

图 2-4　间隙或过盈

4. 配合类别

根据孔、轴公差带相对位置关系，可将配合分为三类，即间隙配合、过盈配合和过渡配合。

(1) 间隙配合(clearance fit)

具有间隙(包括最小间隙等于零)的配合称为间隙配合。此时，孔的公差带在轴的公差带之上(包括相接)，如图 2-5 所示。

(2) 过盈配合(interference fit)

具有过盈(包括最小过盈等于零)的配合称为过盈配合。此时，孔的公差带在轴的公差带之下(包括相接)，如图 2-6 所示。

(3) 过渡配合(transition fit)

可能具有间隙或过盈的配合称为过渡配合。此时，孔的公差带与轴的公差带

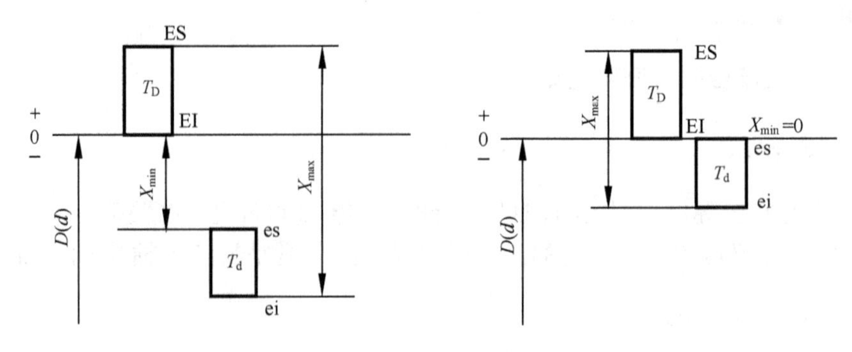

图 2-5　间隙配合

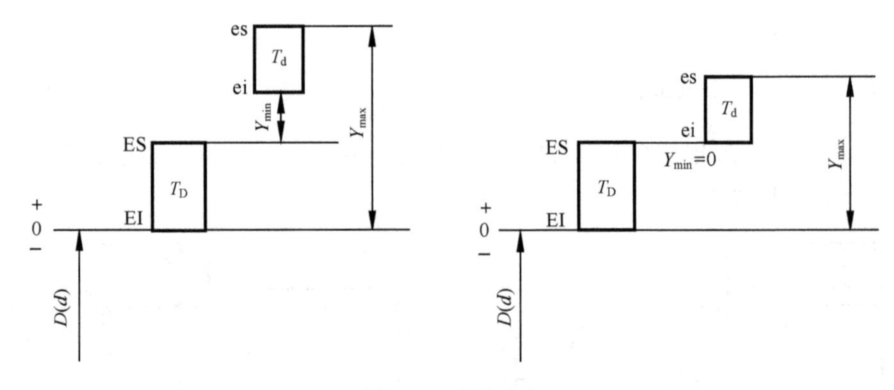

图 2-6　过盈配合

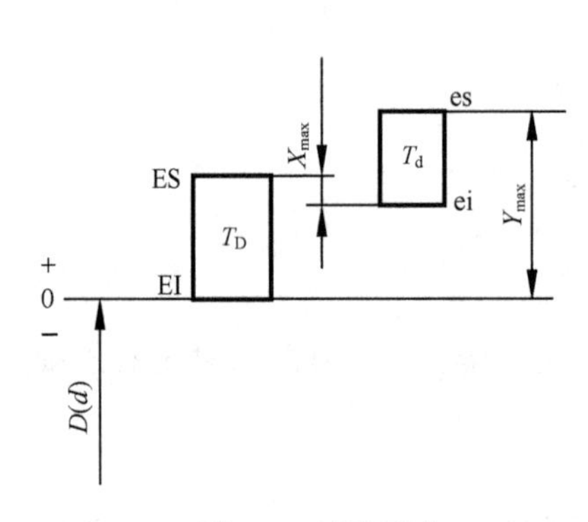

图 2-7　过渡配合

相交叠，如图 2-7 所示。

在间隙配合中，配合性质用最大间隙(maximum clearance) X_{max}、最小间隙(minimum clearance) X_{min} 和平均间隙 X_{av} 表示。

最大间隙是指在间隙配合或过渡配合中，孔的上极限尺寸减轴的下极限尺寸所得的代数差，见图 2-5 和图 2-7。

最小间隙是指在间隙配合中，孔的下极限尺寸减轴的上极限尺寸所得的代数差，见图 2-5。

上述定义的计算式如下：

$$X_{max} = D_{max} - d_{min} = ES - ei \tag{2-9}$$

$$X_{min} = D_{min} - d_{max} = EI - es \tag{2-10}$$

$$X_{av} = \frac{1}{2}(X_{max} + X_{min})$$

在过盈配合中，配合性质用最小过盈(minimum interference) Y_{min}、最大过盈(maximum interference) Y_{max} 和平均过盈 Y_{av} 表示。

最大过盈是指在过盈配合或过渡配合中，孔的下极限尺寸减轴的上极限尺寸所得的代数差，见图 2-6 和图 2-7。

最小过盈是指在过盈配合中，孔的上极限尺寸减轴的下极限尺寸的代数差，见图 2-6。

上述计算式的定义如下：

$$Y_{min} = D_{max} - d_{min} = ES - ei \tag{2-11}$$

$$Y_{max} = D_{min} - d_{max} = EI - es \tag{2-12}$$

$$Y_{av} = \frac{1}{2}(Y_{min} + Y_{max})$$

在过渡配合中，配合性质用最大间隙 X_{max}、最大过盈 Y_{max} 和平均间隙 X_{av} 或平均过盈 Y_{av} 表示。

平均间隙 X_{av} 或平均过盈 Y_{av} 的计算式如下：

$$X_{av}(\text{或 } Y_{av}) = \frac{1}{2}[X_{max} + Y_{max}] \tag{2-13}$$

(4) 配合公差(variation of fit)

配合公差是允许间隙或过盈的变动量，它等于组成配合的孔、轴公差之和，表示配合精度，是评定配合质量的一个重要指标。

配合公差的代号用 T_f 表示。其计算式如下：

$$\left.\begin{aligned} &\text{对于间隙配合} \quad T_f = |X_{max} - X_{min}| \\ &\text{对于过盈配合} \quad T_f = |Y_{min} - Y_{max}| \\ &\text{对于过渡配合} \quad T_f = |X_{max} - Y_{max}| \end{aligned}\right\} \tag{2-14}$$

将式(2-14)中的最大间隙、最大过盈分别用孔、轴极限尺寸或极限偏差代换，则有

$$\begin{aligned} T_f &= |X_{max}(\text{或 } Y_{min}) - X_{min}(\text{或 } Y_{max})| \\ &= |(ES - ei) - (EI - es)| \\ &= |(ES - EI) + (es - ei)| \\ &= |(ES - EI)| + |(es - ei)| \\ &= T_D + T_d \end{aligned}$$

即用孔、轴公差表示三类配合的配合公差的计算式相同，均为

$$T_f = T_D + T_d \tag{2-15}$$

式(2-15)表明配合精度取决于相互配合的孔和轴的尺寸精度。在设计时，往往是根据使用要求得到配合公差，再根据配合公差来确定孔和轴的尺寸公差。

例 2-1 现有一过盈配合，孔为 $45^{+0.025}_{0}$，轴为 $45^{+0.042}_{+0.026}$。求最大过盈、最小过盈、平均过盈和配合公差。

解 已知

$$ES = +0.025\text{mm}, \quad EI = 0\text{mm}$$

$$es = +0.042\text{mm}, \quad ei = +0.026\text{mm}$$

将孔、轴的上、下极限偏差代入过盈配合的计算公式，有

$Y_{max} = EI - es = 0 - (+0.042) = -0.042(mm)$

$Y_{min} = ES - ei = (+0.025) - (+0.026) = -0.001(mm)$

$Y_{av} = \frac{1}{2}(Y_{max} + Y_{min}) = \frac{1}{2}[(-0.042) + (-0.001)] = -0.0215(mm)$

$T_f = |Y_{min} - Y_{max}| = |ES - EI| + |es - ei| = T_D + T_d$

$= |(-0.001) - (-0.042)| = |(+0.025) - 0| + |(+0.042) - (+0.026)|$

$= 0.041(mm)$

例 2-2 现有一间隙配合，孔为 $45^{+0.025}_{0}$，轴为 $45^{-0.025}_{-0.041}$。求最大间隙、最小间隙、平均间隙和配合公差。

解 已知

$$ES = +0.025mm, \quad EI = 0mm$$

$$es = -0.025mm, \quad ei = -0.041mm$$

将孔、轴的上、下极限偏差代入间隙配合的计算公式，有

$X_{max} = ES - ei = (+0.025) - (-0.041) = +0.066(mm)$

$X_{min} = EI - es = 0 - (-0.025) = +0.025(mm)$

$X_{av} = \frac{1}{2}(X_{max} + X_{min}) = \frac{1}{2}[(+0.066) + (+0.025)]$

$= +0.0455(mm)$

$T_f = |X_{max} - X_{min}| = |ES - EI| + |es - ei|$

$= T_D + T_d = |(+0.066) - (+0.025)|$

$= |(+0.025) - 0| + |(-0.025) - (-0.041)| = 0.041(mm)$

例 2-3 现有一过渡配合，孔为 $45^{+0.025}_{0}$，轴为 $45^{+0.025}_{+0.009}$。求最大间隙、最大过盈、平均间隙或平均过盈和配合公差。

解 已知

$$ES = +0.025mm, \quad EI = 0mm$$

$$es = +0.025mm, \quad ei = +0.009mm$$

将孔、轴的上、下极限偏差代入过渡配合的计算公式，有

$X_{max} = ES - ei = (+0.025) - (+0.009) = +0.016(mm)$

$Y_{max} = EI - es = 0 - (+0.025) = -0.025(mm)$

由于$|X_{max}| = |+0.016| < |Y_{max}| = |-0.025|$，所以有

$Y_{av} = \frac{1}{2}(Y_{max} + X_{max}) = \frac{1}{2}[(-0.025) + (+0.016)]$

$= -0.0045(mm)$

$T_f = |X_{max} - Y_{max}| = |ES - EI| + |es - ei|$

$= T_D + T_d = |(+0.016) - (-0.025)| = 0.041(mm)$

从以上三例可以看出，虽然孔、轴的尺寸公差相同而使配合公差相同，但由于轴的极限尺寸或极限偏差不同，结果导致配合性质完全不同。因此可以说，孔、轴的尺寸精度决定配合精度，而孔、轴的极限尺寸或极限偏差决定配合性质。

值得注意的是，配合公差 T_f 是绝对值，没有正、负之分，计算时绝不能在其数值前加正、负号，并且不能为零。

在进行尺寸精度设计时，经常用到式(2-7)、式(2-8)、式(2-14)、式(2-15)。

2.2 尺寸的极限与配合国家标准简介

机械产品中的孔、轴结合主要有三种形式：孔、轴有相对运动，孔、轴固定连接和孔、轴之间定位可拆连接。为了满足这三种配合需求，极限与配合国家标准规定了配合制、标准公差系列和基本偏差系列，其基本结构如图 2-8 所示。

$$\text{配合制} \Rightarrow \left\{\begin{matrix}\text{标准公差系列}\\ \text{基本偏差系列}\end{matrix}\right\} \Rightarrow \begin{matrix}\text{基孔制配合}\\ \text{基轴制配合}\end{matrix}$$

图 2-8　极限与配合的结构

下面就国家标准极限与配合(limits and fits)的基本内容——配合制、标准公差系列、基本偏差系列和孔、轴公差带与配合等问题，做简单介绍。

2.2.1　配合制

配合制(fit system)，是指同一极限与配合制中的孔和轴组成配合的一种制度，即以两个相配合的零件中的一个作为基准件，并使其公差带位置固定，而通过改变另一个零件(非基准件)的公差带位置来形成各种配合的一种制度。GB/T 1800.1—2009 中规定了两种等效的配合制：基孔制配合和基轴制配合。

1. 基孔制配合(hole-basis system of fit)

基孔制配合就是基本偏差为一定的孔的公差带，与不同基本偏差的轴的公差带形成各种配合的一种配合制度；此时，取孔的下极限尺寸与公称尺寸相等，孔的下极限偏差为零(即 EI=0)，如图 2-9 所示。

基孔制配合中的孔叫做基准孔(basic hole)，它是配合的基准件，此时，轴是非基准件。标准规定基准孔以下极限偏差为基本偏差，用代号 H 表示，其数值等于 0，基准孔的上极限偏差为正值，如图 2-9 所示。这时，通过改变轴的基本偏差大小(即公差带的位置)而形成各种不同性质的配合。

2. 基轴制配合(shaft-basis system of fit)

基轴制配合就是基本偏差为一定的轴的公差带，与不同基本偏差的孔的公差

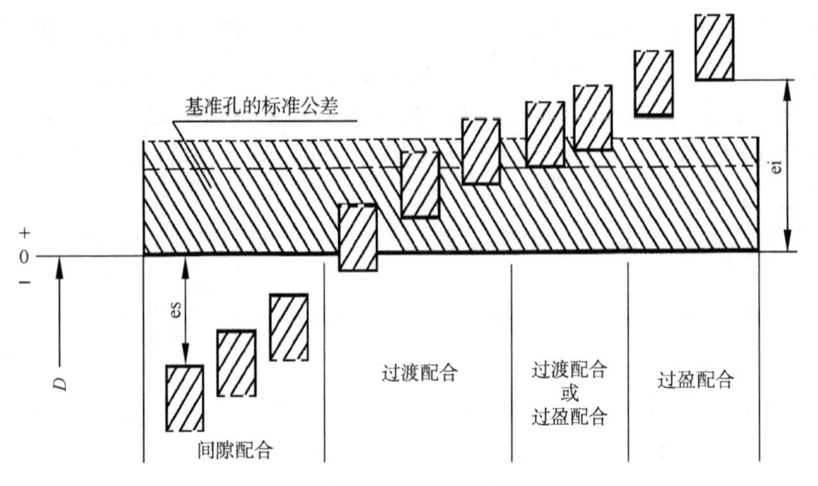

图 2-9　基孔制配合

带形成各种配合的一种配合制度；此时，取轴的上极限尺寸与公称尺寸相等，轴的上极限偏差为零(即 es=0)，如图 2-10 所示。

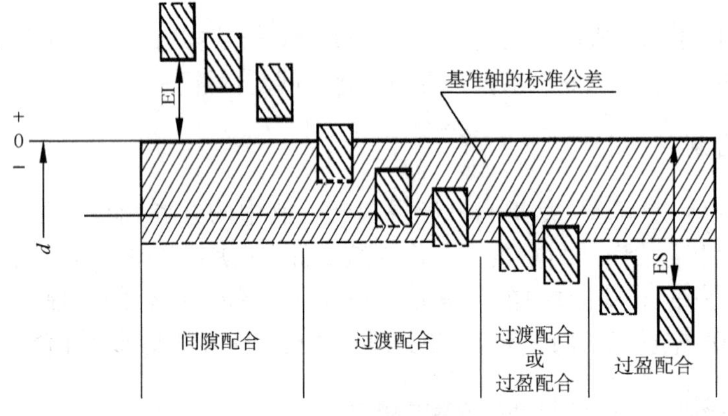

图 2-10　基轴制配合

基轴制配合中的轴叫做基准轴(basic shaft)，它是配合的基准件，此时，孔是非基准件。标准规定基准轴以上极限偏差为基本偏差，用代号 h 表示，其数值等于 0，基准轴的下极限偏差为负值，如图 2-10 所示。这时，通过改变孔的基本偏差大小(即公差带的位置)而形成各种不同性质的配合。

基孔制配合和基轴制配合构成了两种等效的配合系列，即在基孔制配合中规定的配合种类，在基轴制配合中也有相应的同名配合。

2.2.2　标准公差系列

标准公差(standard tolerance)系列是极限与配合国家标准制定出的一系列标

准公差数值。标准公差是在国家标准极限与配合制中所规定的任一公差。标准公差确定公差带大小,即公差带垂直于零线方向的高度。

标准公差系列由三项内容组成:公差等级、公差单位和公称尺寸分段。

1. 标准公差等级(standard tolerance grades)

为了简化和统一对公差的要求,以便既能满足广泛的、不同的使用要求,又能大致代表各种加工方法的精度,有利于零件设计和制造,有必要合理地规定和划分公差等级。

GB/T 1800.1—2009 在公称尺寸至 500mm 内规定了 01,0,1,…,18 共 20 个标准公差等级,记为 IT01,IT0,IT1,…,IT18,等级依次降低,同一公称尺寸段内,标准公差值随等级降低而增大;在公称尺寸大于 500mm 小于等于 3150mm 内规定了 1,2,…,18 共 18 个标准公差等级,记为 IT1,IT2,IT3,…,IT18。

标准公差的计算公式见表 2-1。

表 2-1 标准公差的计算公式(摘自 GB/T 1800.1—2009)

公差等级	标准公差	公称尺寸/mm		公差等级	标准公差	公称尺寸/mm	
		$D\leqslant 500$	$D>500\sim 3150$			$D\leqslant 500$	$D>500\sim 3150$
01	IT01	$0.3+0.008D$		9	IT9	$40i$	$40I$
0	IT0	$0.5+0.012D$		10	IT10	$64i$	$64I$
1	IT1	$0.8+0.020D$	$2I$	11	IT11	$100i$	$100I$
2	IT2	$(IT1)(IT5/IT1)^{1/4}$	$2.7I$	12	IT12	$160i$	$160I$
3	IT3	$(IT1)(IT5/IT1)^{1/2}$	$3.7I$	13	IT13	$250i$	$250I$
4	IT4	$(IT1)(IT5/IT1)^{3/4}$	$5I$	14	IT14	$400i$	$400I$
5	IT5	$7i$	$7I$	15	IT15	$640i$	$640I$
6	IT6	$10i$	$10I$	16	IT16	$1000i$	$1000I$
7	IT7	$16i$	$16I$	17	IT17	$1600i$	$1600I$
8	IT8	$25i$	$25I$	18	IT18	$2500i$	$2500I$

对于 IT01、IT0、IT1 这三个高精度等级,主要考虑测量误差,其标准公差与零件尺寸呈线性关系,公式中的常数项和系数均按 R10 优先数系的派生系列 R10/2 取值,公比 1.6。

IT2、IT3、IT4 三个等级的标准公差,是在 IT1 和 IT5 之间按等比几何级数插入的方式获得的,其公比为 $q=(IT5/IT1)^{1/4}$。

IT5～IT18 的标准公差按下式计算:

$$ITn = a \cdot i$$

其中,a 是公差等级系数。IT6～IT18 的标准公差等级系数 a 取值符合 R5 优先数系的规律,公比 1.6,每隔 5 项 a 值增加 10 倍。IT5 的 a 值取 7。

IT01 和 IT0 两个最高级在工业中很少用到,所以在标准正文中没有给出该两公差等级的标准公差数值，但为满足使用者需要，在标准附录中给出了这些数值。

标准公差等级的延伸和插入计算：

向高精度延伸　　$IT02 = IT01/1.6 = 0.2 + 0.005D$

向低精度延伸　　$IT19 = IT18 \times 1.6 = 4000i$

中间插入　　$IT8.5 = IT8 \times q_{10} = 1.25IT8 = 31.25i$

$IT8.25 = IT8 \times q_{20} = 1.12IT8 = 28.125i$

…………

其中，i 是标准公差因子，它是公称尺寸的函数，即

$$i = f(D) \tag{2-16}$$

2. 标准公差因子(standard tolerance factor)

标准公差因子是计算标准公差的基本单位，是制定标准公差数值系列的基础。生产实际经验和科学统计分析表明，加工误差与零件的公称尺寸基本上呈立方抛物线关系，也就是说尺寸误差与尺寸的立方根成正比。对于大尺寸段，测量误差的影响增大，测量误差与零件的公称尺寸基本上呈线性关系。因此，考虑到上述两个因素，国家标准总结出了标准公差因子的计算公式。

公称尺寸≤500mm 时，IT5～IT18 的标准公差因子按下式计算：

$$i = 0.45\sqrt[3]{D} + 0.001D \tag{2-17}$$

式中：D——公称尺寸分段的计算尺寸，mm；

i——标准公差因子(standard tolerance factor)，μm。

式(2-17)中的第一项反映加工误差的影响，第二项反映测量误差的影响，主要是温度变化的测量误差的影响。

500mm＜公称尺寸≤3150mm 时，IT5～IT18 的标准公差因子按下式计算：

$$I = 0.004D + 2.1 \tag{2-18}$$

式中：D——公称尺寸分段的几何平均值，mm。

3. 尺寸分段

从理论上讲，表 2-1 中所列的标准公差计算表明，每一个公称尺寸都对应一个相应的标准公差值。在实际应用中，公称尺寸很多，结果会导致标准公差数值表极其庞大，这样会给生产、设计造成很多困难。另一方面，由标准公差因子的计算公式可以知道，当公称尺寸变化不大时，其产生的误差很接近。尤其是随着公称尺寸的增大，这种现象更明显。因此，为了减少标准公差值的数目、统一标准公差值和便于使用，国家标准对公称尺寸进行了分段。公称尺寸分段后，相同公差等级同一公称尺寸分段内的所有公称尺寸的标准公差数值相同。

表 2-2 是计算值按标准中规定的修约规则修约得到的标准公差数值表。从表 2-2 可知，公称尺寸≤500mm 内，分成 13 个尺寸段。

表 2-2　标准公差数值(摘自 GB/T 1800.1—2009)

公称尺寸/mm		标准公差等级																	
		IT1	IT2	IT3	IT4	IT5	IT6	IT7	IT8	IT9	IT10	IT11	IT12	IT13	IT14	IT15	IT16	IT17	IT18
大于	至	/μm											/mm						
—	3	0.8	1.2	2	3	4	6	10	14	25	40	60	0.1	0.14	0.25	0.4	0.6	1	1.4
3	6	1	1.5	2.5	4	5	8	12	18	30	48	75	0.12	0.18	0.3	0.48	0.75	1.2	1.8
6	10	1	1.5	2.5	4	6	9	15	22	36	58	90	0.15	0.22	0.36	0.58	0.9	1.5	2.2
10	18	1.2	2	3	5	8	11	18	27	43	70	110	0.18	0.27	0.43	0.7	1.1	1.8	2.7
18	30	1.5	2.5	4	6	9	13	21	33	52	84	130	0.21	0.33	0.52	0.84	1.3	2.1	3.3
30	50	1.5	2.5	4	7	11	16	25	39	62	100	160	0.25	0.39	0.62	1	1.6	2.5	3.9
50	80	2	3	5	8	13	19	30	46	74	120	190	0.3	0.46	0.74	1.2	1.9	3	4.6
80	120	2.5	4	6	10	15	22	35	54	87	140	220	0.35	0.54	0.87	1.4	2.2	3.5	5.4
120	180	3.5	5	8	12	18	25	40	63	100	160	250	0.4	0.63	1	1.6	2.5	4	6.3
180	250	4.5	7	10	14	20	29	46	72	115	185	290	0.46	0.72	1.15	1.85	2.9	4.6	7.2
250	315	6	8	12	16	23	32	52	81	130	210	320	0.52	0.81	1.3	2.1	3.2	5.2	8.1
315	400	7	9	13	18	25	36	57	89	140	230	360	0.57	0.89	1.4	2.3	3.6	5.7	8.9
400	500	8	10	15	20	27	40	63	97	155	250	400	0.63	0.97	1.55	2.5	4	6.3	9.7

注:公称尺寸小于或等于 1mm 时,无 IT14 至 IT18。

对于同一尺寸段,计算标准公差和后面的基本偏差数值时,公称尺寸 D 一律按所属尺寸分段内的首尾两个尺寸(D_n、D_{n+1})的几何平均值(即前面提到的计算尺寸)代入公式进行计算,即

$$D=\sqrt{D_n \times D_{n+1}}$$

对于公称尺寸≤3mm 的尺寸段,

$$D=\sqrt{1 \times 3}$$

对于相同的公称尺寸,其公差值的大小能够反映公差等级的高低。这时,公差值越大,则公差等级越低;相反,则公差等级越高。对于不相同的公称尺寸,公差数值不能反映公差等级的高低。这时,要看公差等级系数 a。a 越大,公差等级越低;相反,则公差等级越高。公差等级越高,越难加工;公差等级越低,越容易加工。

例 2-4　试比较轴 $d_1=\phi 120\text{mm}$,$T_{d_1}=22\mu\text{m}$ 和 $d_2=\phi 10\text{mm}$,$T_{d_2}=15\mu\text{m}$ 的公差等级高低。

解　由于两根轴的公称尺寸不相同,因此要通过公差等级系数比较其公差等级的高低。

计算轴 1 的公差等级系数如下:

$$D_1=\sqrt{80 \times 120}=97.98(\text{mm})$$

$$i_1=0.45\sqrt[3]{D_1}+0.001D_1 \approx 2.173(\mu\text{m})$$

$$a_1=\frac{T_{d_1}}{i_1}=\frac{22}{2.173}=10.12 \approx 10$$

由 $a_1=10$ 查表 2-1 可知，轴 1 的公差等级为 IT6。

计算轴 2 的公差等级系数如下：

$$i_2 = 0.45\sqrt[3]{D_2} + 0.001D_2 = 0.898(\text{mm})$$

$$a_2 = \frac{T_{d_2}}{i_2} = \frac{15}{0.898} = 16.7 \approx 17$$

由 $a_2=16$ 查表 2-1 可知，轴 2 的公差等级为 IT7。

上述计算和查表结果说明，虽然轴 1 比轴 2 的公差值大，但轴 1 比轴 2 的公差等级高，即轴 1 比轴 2 难加工。

2.2.3 基本偏差系列

基本偏差(fundamental deviation)是国家标准极限与配合制(GB/T 1800.1—2009)中确定公差带相对零线位置的那个极限偏差，它可以是上极限偏差或下极限偏差，一般为靠近零线的那个极限偏差。

1. 基本偏差及其代号

基本偏差是用来确定公差带相对于零线位置的，各种位置的公差带与基准件将形成不同的配合。因此，有一种基本偏差，就会有一种配合，即配合种类的多少取决于基本偏差的数量。兼顾满足各种松紧程度不同的配合需求和尽量减少配合种类，国家标准对孔、轴分别规定了 28 种基本偏差，分别用大、小写字母表示。26 个字母中去掉 5 个容易与其他参数相混淆的字母 I、L、O、Q、W(i、l、o、q、w)，加上 7 个双写字母 CD、EF、FG、JS、ZA、ZB、ZC(cd、ef、fg、js、za、zb、zc)，形成了 28 种基本偏差代号，反映公差带的 28 种位置，构成了基本偏差系列，见图 2-11。

孔的基本偏差中，A～G 的基本偏差为下极限偏差 EI，其值为正；H 的基本偏差EI=0，是基准孔；J～ZC 的基本偏差为上极限偏差 ES，其值为负(J 和 K 除外)；JS 的基本偏差 ES=+ITn/2 或 EI=−ITn/2，对于 7～11 级，当公差值为奇数时，ES=+(ITn−1)/2 或 EI=−(ITn−1)/2。

轴的基本偏差中，a～g 的基本偏差为上极限偏差 es，其值为负；h 的基本偏差 es=0，是基准轴；j～zc 的基本偏差为下极限偏差 ei，其值为正(j 和 k 除外)；js 的基本偏差 es=+ITn/2 或 ei=−ITn/2，对于 IT7～IT11 级，当公差值为奇数时，es=+(ITn−1)/2 或 ei=−(ITn−1)/2。

2. 孔、轴的基本偏差数值

孔、轴的各种基本偏差数值是根据基轴制、基孔制各种配合的要求，经过生产实践和大量试验，对统计分析的结果进行整理，得到一系列公式，由这些公式计算出来的。表 2-3 是孔、轴各种基本偏差数值的计算公式。计算结果要按国家标准中尾数修约规则进行圆整。

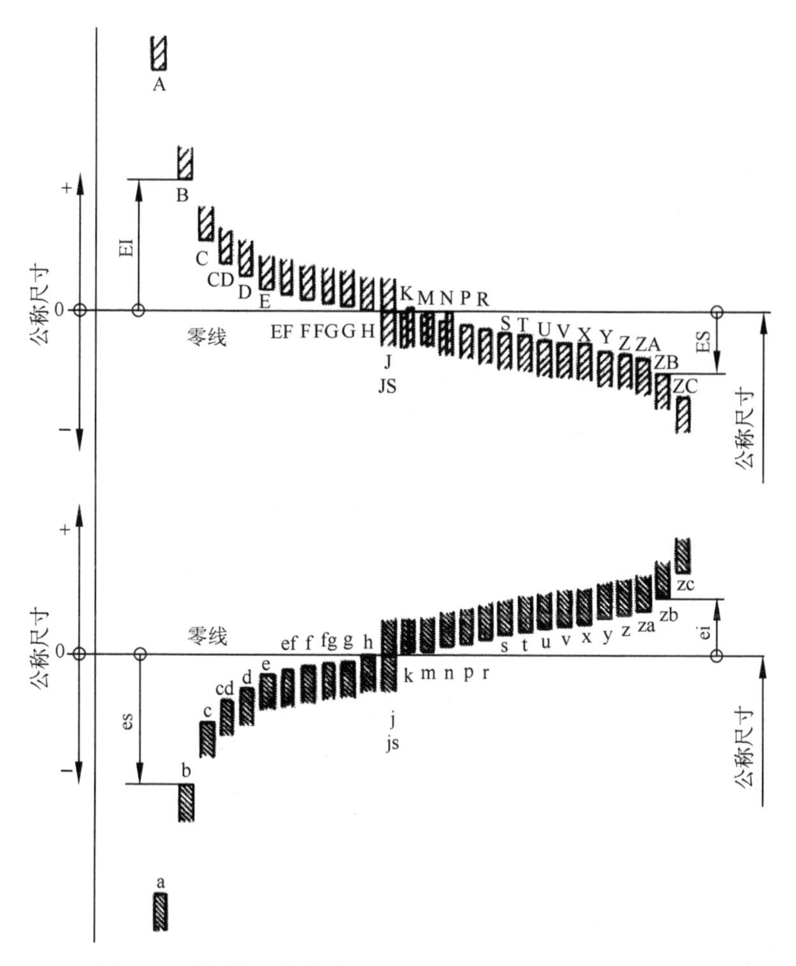

图 2-11 孔、轴基本偏差系列图(摘自 GB/T 1800.1—2009)

表 2-3 轴和孔的基本偏差计算公式(摘自 GB/T 1800.1—2009)

公称尺寸/mm		轴			公式	孔			公称尺寸/mm	
大于	至	基本偏差	符号	极限偏差		极限偏差	符号	基本偏差	大于	至
1	120	a	−	es	$265+1.3D$	EI	+	A	1	120
120	500		−	es	$3.5D$	EI	+		120	500
1	160	b	−	es	$\approx 140+0.85D$	EI	+	B	1	160
160	500		−	es	$\approx 1.8D$	EI	+		160	500
0	40	c	−	es	$52D^{0.2}$	EI	+	C	0	40
40	500		−	es	$95+0.8D$	EI	+		40	500

续表

公称尺寸/mm		轴			公式	孔			公称尺寸/mm	
大于	至	基本偏差	符号	极限偏差		极限偏差	符号	基本偏差	大于	至
0	10	cd	−	es	C、c 和 D、d 值的几何平均值	EI	+	CD	0	10
0	3150	d	−	es	$16D^{0.44}$	EI	+	D	0	3150
0	3150	e	−	es	$11D^{0.41}$	EI	+	E	0	3150
0	10	ef	−	es	E、e 和 F、f 值的几何平均值	EI	+	EF	0	10
0	3150	f	−	es	$5.5D^{0.41}$	EI	+	F	0	3150
0	10	fg	−	es	F、f 和 G、g 值的几何平均值	EI	+	FG	0	10
0	3150	g	−	es	$2.5D^{0.34}$	EI	+	G	0	3150
0	3150	h	无符号	es	偏差=0	EI	无符号	H	0	3150
0	500	j			无公式			J	0	500
0	3150	js	+ −	es ei	0.5ITn	ES EI	+ −	JS	0	3150
0	500	k	+	ei	$0.6\sqrt[3]{D}$	ES	−	K	0	500
500	3150		无符号		偏差=0		无符号		500	3150
0	500	m	+	ei	IT7−IT6	ES	−	M	0	500
500	3150				$0.024D+12.6$				500	3150
0	500	n	+	ei	$5D^{0.34}$	ES	−	N	0	500
500	3150				$0.04D+21$				500	3150
0	500	p	+	ei	IT7+0 至 5	ES	−	P	0	500
500	3150				$0.072D+37.8$				500	3150
0	3150	r	+	ei	P、p 和 S、s 值的几何平均值	ES	−	R	0	3150
0	50	s	+	ei	IT8+1 至 4	ES	−	S	0	50
50	3150				IT7+0.4D				50	3150
24	3150	t	+	ei	IT7+0.63D	ES	−	T	24	3150
0	3150	u	+	ei	IT7+D	ES	−	U	0	3150
14	500	v	+	ei	IT7+1.25D	ES	−	V	14	500
0	500	x	+	ei	IT7+1.6D	ES	−	X	0	500
18	500	y	+	ei	IT7+2D	ES	−	Y	18	500
0	500	z	+	ei	IT7+2.5D	ES	−	Z	0	500
0	500	za	+	ei	IT8+3.15D	ES	−	ZA	0	500
0	500	zb	+	ei	IT9+4D	ES	−	ZB	0	500
0	500	zc	+	ei	IT10+5D	ES	−	ZC	0	500

注:① 公式中 D 是公称尺寸段的几何平均值,mm;基本偏差的计算结果以 μm 计。

② 公称尺寸至 500mm 的基本偏差 k 的计算公式仅适用于标准公差等级 IT4 至 IT7,对所有其他公称尺寸和所有其他 IT 等级的基本偏差 k=0;孔的基本偏差 K 的计算公式仅适用于标准公差等级小于或等于 IT8,对所有其他公称尺寸和所有其他 IT 等级的基本偏差 K=0。

③ 孔的基本偏差 K 至 ZC 的计算见图 2-12。

表 2-4 和表 2-5 分别是孔、轴基本偏差数值表。

实际应用中，孔、轴的基本偏差数值不必用公式计算，可以直接从表 2-4、表 2-5查取。孔、轴的基本偏差确定之后，其另一个极限偏差可根据孔、轴的基本偏差数值和标准公差数值(由表 2-2 查取)分别按下列关系计算：

$$\mathrm{EI}=\mathrm{ES}-T_{\mathrm{D}}$$

$$\mathrm{ES}=\mathrm{EI}+T_{\mathrm{D}}$$

$$\mathrm{ei}=\mathrm{es}-T_{\mathrm{d}}$$

$$\mathrm{es}=\mathrm{ei}+T_{\mathrm{d}}$$

对照表 2-4 和表 2-5 可知，轴、孔的基本偏差之间存在以下两种换算规则。

通用规则：同名代号的孔、轴的基本偏差的绝对值相等，符号相反。即

$$\mathrm{EI}=-\mathrm{es} \tag{2-19}$$

$$\mathrm{ES}=-\mathrm{ei} \tag{2-20}$$

通用规则的应用范围：对 A 到 H，不论孔、轴公差等级是否相同；对 K、M、N，公称尺寸大于 3mm 小于等于 500mm，标准公差等级低于 IT8(但大于 3mm 小于等于 500mm 的 N 例外，其基本偏差 ES=0)；对 P 到 ZC，公称尺寸大于 3mm 小于等于 500mm，标准公差等级低于 IT7。

特殊规则：孔、轴基本偏差的符号相反，绝对值相差一个 Δ 值，如图 2-12 所示。

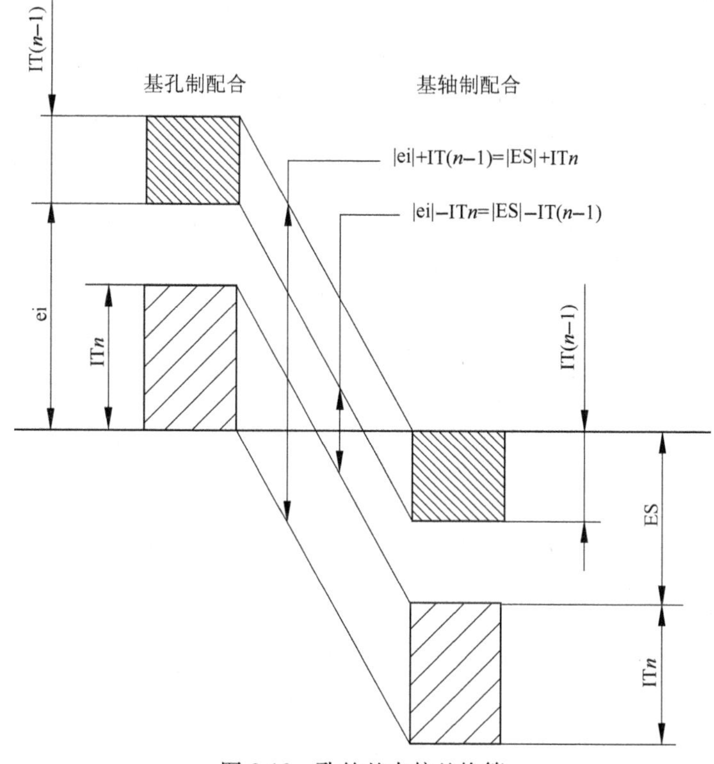

图 2-12　孔的基本偏差换算

表 2-4　轴的基本偏差数值表

公称尺寸/mm		基本偏差															
		上极限偏差 es/μm															
		所有标准公差等级												IT5 IT6	IT7	IT8	IT4 至 IT7
大于	至	a	b	c	cd	d	e	ef	f	fg	g	h	js	j			
—	3	−270	−140	−60	−34	−20	−14	−10	−6	−4	−2	0	偏差=±ITn/2，式中 ITn 是 IT 值数	−2	−4	−6	0
3	6	−270	−140	−70	−46	−30	−20	−14	−10	−6	−4	0		−2	−4		+1
6	10	−280	−150	−80	−56	−40	−25	−18	−13	−8	−5	0		−2	−5		+1
10	14	−290	−150	−95		−50	−32		−16		−6	0		−3	−6		+1
14	18																
18	24	−300	−160	−110		−65	−40		−20		−7	0		−4	−8		+2
24	30																
30	40	−310	−170	−120		−80	−50		−25		−9	0		−5	−10		+2
40	50	−320	−180	−130													
50	65	−340	−190	−140		−100	−60		−30		−10	0		−7	−12		+2
65	80	−360	−200	−150													
80	100	−380	−220	−170		−120	−72		−36		−12	0		−9	−15		+3
100	120	−410	−240	−180													
120	140	−460	−260	−200		−145	−85		−43		−14	0		−11	−18		+3
140	160	−520	−280	−210													
160	180	−580	−310	−230													
180	200	−660	−340	−240		−170	−100		−50		−15	0		−13	−21		+4
200	225	−740	−380	−260													
225	250	−820	−420	−280													
250	280	−920	−480	−300		−190	−110		−56		−17	0		−16	−26		+4
280	315	−1050	−540	−330													
315	355	−1200	−600	−360		−210	−125		−62		−18	0		−18	−28		+4
355	400	−1350	−680	−400													
400	450	−1500	−760	−440		−230	−135		−68		−20	0		−20	−32		+5
450	500	−1650	−840	−480													

注：① 公称尺寸小于或等于 1mm 时，基本偏差 a 和 b 均不采用。

② 公差带 js7 至 js11，若 ITn 值数是奇数，则取偏差$=\pm\frac{ITn-1}{2}$。

(摘自 GB/T 1800.1—2009)

数值														
下极限偏差 ei/μm														
≤IT3 >IT7	所有标准公差等级													
k	m	n	p	r	s	t	u	v	x	y	z	za	zb	zc
0	+2	+4	+6	+10	+14		+18		+20		+26	+32	+40	+60
0	+4	+8	+12	+15	+19		+23		+28		+35	+42	+50	+80
0	+6	+10	+15	+19	+23		+28		+34		+42	+52	+67	+97
0	+7	+12	+18	+23	+28		+33		+40		+50	+64	+90	+130
								+39	+45		+60	+77	+108	+150
0	+8	+15	+22	+28	+35		+41	+47	+54	+63	+73	+98	+136	+188
						+41	+48	+55	+64	+75	+88	+118	+160	+218
0	+9	+17	+26	+34	+43	+48	+60	+68	+80	+94	+112	+148	+200	+274
						+54	+70	+81	+97	+114	+136	+180	+242	+325
0	+11	+20	+32	+41	+53	+66	+87	+102	+122	+144	+172	+226	+300	+405
				+43	+59	+75	+102	+120	+146	+174	+210	+274	+360	+480
0	+13	+23	+37	+51	+71	+91	+124	+146	+178	+214	+258	+335	+445	+585
				+54	+79	+104	+144	+172	+210	+254	+310	+400	+525	+690
0	+15	+27	+43	+63	+92	+122	+170	+202	+248	+300	+365	+470	+620	+800
				+65	+100	+134	+190	+228	+280	+340	+415	+535	+700	+900
				+68	+108	+146	+210	+252	+310	+380	+465	+600	+780	+1000
0	+17	+31	+50	+77	+122	+166	+236	+284	+350	+425	+520	+670	+880	+1150
				+80	+130	+180	+258	+310	+385	+470	+575	+740	+960	+1250
				+84	+140	+196	+284	+340	+425	+520	+640	+820	+1050	+1350
0	+20	+34	+56	+94	+158	+218	+315	+385	+475	+580	+710	+920	+1200	+1550
				+98	+170	+240	+350	+425	+525	+650	+790	+1000	+1300	+1700
0	+21	+37	+62	+108	+190	+268	+390	+475	+590	+730	+900	+1150	+1500	+1900
				+114	+208	+294	+435	+530	+660	+820	+1000	+1300	+1650	+2100
0	+23	+40	+68	+126	+232	+330	+490	+595	+740	+920	+1100	+1450	+1850	+2400
				+132	+252	+360	+540	+660	+820	+1000	+1250	+1600	+2100	+2600

表 2-5 孔的基本偏差数值表

公称尺寸/mm		基本偏差																				
		下极限偏差 EI/μm																				
		所有标准公差等级												IT6	IT7	IT8	≤IT8	>IT8	≤IT8	>IT8	≤IT8	>IT8
大于	至	A	B	C	CD	D	E	EF	F	FG	G	H	JS	J			K		M		N	
—	3	+270	+140	+60	+34	+20	+14	+10	+6	+4	+2	0	偏差＝$\pm\frac{ITn}{2}$，式中 ITn 是 IT 值数	+2	+4	+6	0	0	−2	−2	−4	−4
3	6	+270	+140	+70	+46	+30	+20	+14	+10	+6	+4	0		+5	+6	+10	−1+Δ		−4+Δ	−4	−8+Δ	0
6	10	+280	+150	+80	+56	+40	+25	+18	+13	+8	+5	0		+5	+8	+12	−1+Δ		−6+Δ	−6	−10+Δ	0
10	14	+290	+150	+95		+50	+32		+16		+6	0		+6	+10	+15	−1+Δ		−7+Δ	−7	−12+Δ	0
14	18																					
18	24	+300	+160	+110		+65	+40		+20		+7	0		+8	+12	+20	−2+Δ		−8+Δ	−8	−15+Δ	0
24	30																					
30	40	+310	+170	+120		+80	+50		+25		+9	0		+10	+14	+24	−2+Δ		−9+Δ	−9	−17+Δ	0
40	50	+320	+180	+130																		
50	65	+340	+190	+140		+100	+60		+30		+10	0		+13	+18	+28	−2+Δ		−11+Δ	−11	−20+Δ	0
65	80	+360	+200	+150																		
80	100	+380	+220	+170		+120	+72		+36		+12	0		+16	+22	+34	−3+Δ		−13+Δ	−13	−23+Δ	0
100	120	+410	+240	+180																		
120	140	+460	+260	+200		+145	+85		+43		+14	0		+18	+26	+41	−3+Δ		−15+Δ	−15	−27+Δ	0
140	160	+520	+280	+210																		
160	180	+580	+310	+230																		
180	200	+660	+340	+240		+170	+100		+50		+15	0		+22	+30	+47	−4+Δ		−17+Δ	−17	−31+Δ	0
200	225	+740	+380	+260																		
225	250	+820	+420	+280																		
250	280	+920	+480	+300		+190	+110		+56		+17	0		+25	+36	+55	−4+Δ		−20+Δ	−20	−34+Δ	0
280	315	+1050	+540	+330																		
315	355	+1200	+600	+360		+210	+125		+62		+18	0		+29	+39	+60	−4+Δ		−21+Δ	−21	−37+Δ	0
355	400	+1350	+680	+400																		
400	450	+1500	+760	+440		+230	+135		+68		+20	0		+33	+43	+66	−5+Δ		−23+Δ	−23	−40+Δ	0
450	500	+1650	+840	+480																		

注：① 公称尺寸小于或等于 1mm 时，基本偏差 A 和 B 及大于 IT8 的 N 均不采用。

② 公差带 JS7 至 JS11，若 ITn 值数是奇数，则取偏差＝$\pm\frac{ITn-1}{2}$。

③ 对小于或等于 IT8 的 K、M、N 和小于或等于 IT7 的 P 至 ZC，所属 Δ 值从表内右侧选取。例如 18－31μm。

④ 特殊情况：250mm 至 315mm 段的 M6，ES＝－9 μm（代替－11μm）。

（摘自 GB/T 1800.1—2009）

数值													Δ值					
上极限偏差 ES/μm																		
≤7	标准公差等级大于 IT7												标准公差等级					
P至ZC	P	R	S	T	U	V	X	Y	Z	ZA	ZB	ZC	IT3	IT4	IT5	IT6	IT7	IT8
在大于IT7的相应数值上增加一个Δ值	−6	−10	−14		−18		−20		−26	−32	−40	−60	0	0	0	0	0	0
	−12	−15	−19		−23		−28		−35	−42	−50	−80	1	1.5	1	3	4	6
	−15	−29	−23		−28		−34		−42	−52	−67	−97	1	1.5	2	3	6	7
	−18	−23	−28		−33		−40		−50	−64	−90	−130	1	2	3	3	7	9
						−39	−45		−60	−77	−108	−150						
	−22	−28	−35		−41	−47	−54	−63	−73	−98	−136	−188	1.5	2	3	4	8	12
				−41	−48	−55	−64	−75	−88	−118	−160	−218						
	−26	−34	−43	−48	−60	−68	−80	−94	−112	−148	−200	−274	1.5	3	4	5	9	14
				−54	−70	−81	−97	−114	−136	−180	−242	−325						
	−32	−41	−53	−66	−87	−102	−122	−144	−172	−226	−300	−405	2	3	5	6	11	16
		−43	−59	−75	−102	−120	−146	−174	−210	−274	−360	−480						
	−37	−51	−71	−91	−124	−146	−178	−214	−258	−335	−445	−585	2	4	5	7	13	19
		−54	−79	−104	−144	−172	−210	−254	−310	−400	−525	−690						
	−43	−63	−92	−122	−170	−202	−248	−300	−365	−470	−620	−800	3	4	6	7	15	23
		−65	−100	−134	−190	−228	−280	−340	−415	−535	−700	−900						
		−68	−108	−146	−210	−252	−310	−380	−465	−600	−780	−1000						
	−50	−77	−122	−166	−236	−284	−350	−425	−520	−670	−880	−1150	3	4	6	9	17	26
		−80	−130	−180	−258	−310	−385	−470	−575	−740	−960	−1250						
		−84	−140	−196	−284	−340	−425	−520	−640	−820	−1050	−1350						
	−56	−94	−158	−218	−315	−385	−475	−580	−710	−920	−1200	−1550	4	4	7	9	20	29
		−98	−170	−240	−350	−425	−525	−650	−790	−1000	−1300	−1700						
	−62	−108	−190	−268	−390	−475	−590	−730	−900	−1150	−1500	−1900	4	5	7	11	21	32
		−114	−208	−294	−435	−530	−660	−820	−1000	−1300	−1650	−2100						
	−68	−126	−232	−330	−490	−595	−740	−920	−1100	−1450	−1850	−2400	5	5	7	13	23	34
		−132	−252	−360	−540	−660	−820	−1000	−1250	−1600	−2100	−2600						

至 30mm 段的 K7：Δ＝8μm，所以 ES＝－2＋8＝＋6μm。18 至 30mm 段的 S6：Δ＝4μm，所以 ES＝－35＋4＝

这里，Δ 为孔的公差等级比轴的公差等级低一级时，两者标准公差值的差值，即

$$ES = -ei + \Delta \tag{2-21}$$

$$\Delta = ITn - IT(n-1)$$

式中：ITn、IT$(n-1)$系指公称尺寸段内某一级和比它高一级的标准公差值。

特殊规则的应用范围仅为：公称尺寸大于 3mm、标准公差等级高于或等于 IT8 的 J、K、M、N 和标准公差等级高于或等于 IT7 的 P 到 ZC。这是考虑到孔、轴工艺上的等价性，国家标准规定 IT6、IT7、IT8 级的孔配 IT5、IT6、IT7 级轴的缘故。

3. 孔、轴的另一个极限偏差的计算

孔的另一个极限偏差（上极限偏差或下极限偏差）：

$$A \sim H, \quad ES = EI + T_D \tag{2-22}$$

$$J \sim ZC, \quad EI = ES - T_D \tag{2-23}$$

轴的另一个极限偏差（下极限偏差或上极限偏差）：

$$a \sim h, \quad ei = es - T_d \tag{2-24}$$

$$j \sim zc, \quad es = ei + T_d \tag{2-25}$$

表 2-6 和表 2-7 分别是孔、轴极限偏差数值表（tables of limits deviationsfor holes and shafts）。实际应用中，如果已知孔、轴的公差带代号（基本偏差代号与公差等级的联合表示，如 D8、f7 等），可以直接从表 2-6 和表 2-7 中查取孔、轴的极限偏差数值。

例 2-5 查表确定 ϕ35H7/r6、ϕ35R7/h6 的孔、轴的极限偏差、极限过盈，绘制尺寸公差带图。

解 查表 2-2、表 2-4 和表 2-5，或查表 2-6 和表 2-7，有：

孔 ϕ35H7，EI=0，ES=+25μm；轴 ϕ35r6，ei=+34μm，es=+50μm

孔 ϕ35R7，ES=−25μm，EI=−50μm；轴 ϕ35h6，es=0，ei=−16μm

ϕ35H7/r6 和 ϕ35R7/h6 的尺寸公差带图见图 2-13。

计算 ϕ35H7/r6 配合的极限过盈：

$$Y_{max} = EI - es = 0 - (+50) = -50(\mu m)$$

$$Y_{min} = ES - ei = +25 - (+34) = -9(\mu m)$$

计算 ϕ35R7/h6 配合的极限过盈：

$$Y_{max} = EI - es = (-50) - 0 = -50(\mu m)$$

$$Y_{min} = ES - ei = (-25) - (-16) = -9(\mu m)$$

计算结果表明：ϕ35H7/r6 和 ϕ35R7/h6 两对配合的最大过盈、最小过盈相等，这说明其配合性质相同。

表 2-6　孔的极限偏差数值表(摘自 GB/T 1800.2—2009)

公称尺寸/mm		D/μm							E/μm					
大于	至	6	7	8	9	10	11	12	5	6	7	8	9	10
10	18	+61	+68	+77	+93	+120	+160	+230	+40	+43	+50	+59	+75	+102
		+50	+50	+50	+50	+50	+50	+50	+32	+32	+32	+32	+32	+32
18	30	+78	+86	+98	+117	+149	+195	+275	+49	+53	+61	+73	+92	+124
		+65	+65	+65	+65	+65	+65	+65	+40	+40	+40	+40	+40	+40
30	50	+96	+105	+119	+142	+180	+240	+330	+61	+66	+75	+89	+112	+150
		+80	+80	+80	+80	+80	+80	+80	+50	+50	+50	+50	+50	+50
50	80	+119	+130	+146	+174	+220	+290	+400	+73	+79	+90	+106	+134	+180
		+100	+100	+100	+100	+100	+100	+100	+60	+60	+60	+60	+60	+60
80	120	+142	+155	+174	+207	+260	+340	+470	+87	+94	+107	+125	+159	+212
		+120	+120	+120	+120	+120	+120	+120	+72	+72	+72	+72	+72	+72
120	180	+170	+185	+208	+245	+305	+395	+545	+103	+110	+125	+148	+185	+245
		+145	+145	+145	+145	+145	+145	+145	+85	+85	+85	+85	+85	+85
180	250	+199	+216	+242	+285	+355	+460	+630	+120	+129	+146	+172	+215	+285
		+170	+170	+170	+170	+170	+170	+170	+100	+100	+100	+100	+100	+100
250	315	+222	+242	+271	+320	+400	+510	+710	+133	+142	+162	+191	+240	+320
		+190	+190	+190	+190	+190	+190	+190	+110	+110	+110	+110	+110	+110
315	400	+246	+267	+299	+350	+440	+570	+780	+150	+161	+182	+214	+265	+355
		+210	+210	+210	+210	+210	+210	+210	+125	+125	+125	+125	+125	+125
400	500	+270	+293	+327	+385	+480	+630	+860	+162	+175	+198	+232	+290	+385
		+230	+230	+230	+230	+230	+230	+230	+135	+135	+135	+135	+135	+135

公称尺寸/mm		F/μm					G/μm					J/μm		
大于	至	5	6	7	8	9	5	6	7	8	9	6	7	8
10	18	+24	+27	+34	+43	+59	+14	+17	+24	+33	+49	+6	+8	+15
		+16	+16	+16	+16	+16	+6	+6	+6	+6	+6	−5	−10	−12
18	30	+29	+33	+41	+53	+72	+16	+20	+28	+40	+59	+8	+12	+20
		+20	+20	+20	+20	+20	+7	+7	+7	+7	+7	−5	−9	−13
30	50	+36	+41	+50	+64	+87	+20	+25	+34	+48	+71	+10	+14	+24
		+25	+25	+25	+25	+25	+9	+9	+9	+9	+9	−6	−11	−15
50	80	+43	+49	+60	+76	+104	+23	+29	+40	+56		+13	+18	+28
		+30	+30	+30	+30	+30	+10	+10	+10	+10		−6	−12	−18
80	120	+51	+58	+71	+90	+123	+27	+34	+47	+66		+16	+22	+34
		+36	+36	+36	+36	+36	+12	+12	+12	+12		−6	−13	−20
120	180	+61	+68	+83	+106	+143	+32	+39	+54	+77		+18	+26	+41
		+43	+43	+43	+43	+43	+14	+14	+14	+14		−7	−14	−22
180	250	+70	+79	+96	+122	+165	+35	+44	+61	+85		+22	+30	+47
		+50	+50	+50	+50	+50	+15	+15	+15	+15		−7	−16	−25
250	315	+79	+88	+108	+137	+186	+40	+49	+69	+98		+25	+36	+55
		+56	+56	+56	+56	+56	+17	+17	+17	+17		−7	−16	−26
315	400	+87	+98	+119	+151	+202	+43	+54	+75	+107		+29	+39	+60
		+62	+62	+62	+62	+62	+18	+18	+18	+18		−7	−18	−29
400	500	+95	+108	+131	+165	+223	+47	+60	+83	+117		+33	+43	+66
		+68	+68	+68	+68	+68	+20	+20	+20	+20		−7	−20	−31

续表

公称尺寸/mm		K/μm			M/μm			N/μm			P/μm			
人于	至	6	7	8	6	7	8	6	7	8	6	7	8	9
10	18	+2 −9	+6 −12	+8 −19	−4 −15	0 −18	+2 −25	−9 −20	−5 −23	−3 −30	−15 −26	−11 −29	−18 −45	−18 −61
18	30	+2 −11	+6 −15	+10 −23	−4 −17	0 −21	+4 −29	−11 −24	−7 −28	−3 −36	−18 −31	−14 −35	−22 −55	−22 −74
30	50	+3 −13	+7 −18	+12 −27	−4 −20	0 −25	+5 −34	−12 −28	−8 −33	−3 −42	−21 −37	−17 −42	−26 −65	−26 −88
50	80	+4 −15	+9 −21	+14 −32	−5 −24	0 −30	+5 −41	−14 −33	−9 −39	−4 −50	−26 −45	−21 −51	−32 −78	−32 −106
80	120	+4 −18	+10 −25	+16 −38	−6 −28	0 −35	+6 −48	−16 −38	−10 −45	−4 −58	−30 −52	−24 −59	−37 −91	−37 −124
120	180	+4 −21	+12 −28	+20 −43	−8 −33	0 −40	+8 −55	−20 −45	−12 −52	−4 −67	−36 −61	−28 −68	−43 −106	−43 −143
180	250	+5 −24	+13 −33	+22 −50	−8 −37	0 −46	+9 −63	−22 −51	−14 −60	−5 −77	−41 −70	−33 −79	−50 −122	−50 −165
250	315	+5 −27	+16 −36	+25 −56	−9 −41	0 −52	+9 −72	−25 −57	−14 −66	−5 −86	−47 −79	−36 −88	−56 −137	−56 −186
315	400	+7 −29	+17 −40	+28 −61	−10 −46	0 −57	+11 −78	−26 −62	−16 −73	−5 −94	−51 −87	−41 −98	−62 −151	−62 −202
400	500	+8 −32	+18 −45	+29 −68	−10 −50	0 −63	+11 −86	−27 −67	−17 −80	−6 −103	−55 −95	−45 −108	−68 −165	−68 −223

公称尺寸/mm		R/μm			S/μm				T/μm			U/μm		
大于	至	6	7	8	6	7	8	9	6	7	8	6	7	8
10	18	−20 −31	−16 −34	−23 −50	−25 −36	−21 −39	−28 −55	−28 −71				−30 −41	−26 −44	−33 −60
18	24	−24 −37	−20 −41	−28 −61	−31 −44	−27 −48	−35 −68	−35 −87				−37 −50	−33 −54	−41 −74
24	30								−37 −50	−33 −54	−41 −74	−44 −57	−40 −61	−48 −81
30	40	−29 −45	−25 −50	−34 −73	−38 −54	−34 −59	−43 −82	−43 −105	−43 −59	−39 −64	−48 −87	−55 −71	−51 −76	−60 −99
40	50								−49 −65	−45 −70	−54 −93	−65 −81	−61 −86	−70 −109
50	65	−35 −54	−30 −60	−41 −87	−47 −66	−42 −72	−53 −99	−53 −127	−60 −79	−55 −85	−66 −112	−81 −100	−76 −106	−87 −133
65	80	−37 −56	−32 −62	−43 −89	−53 −72	−48 −78	−59 −105	−59 −133	−69 −88	−64 −94	−75 −121	−96 −115	−91 −121	−102 −148
80	100	−44 −66	−38 −73	−51 −105	−64 −86	−58 −93	−71 −125	−71 −158	−84 −106	−78 −113	−91 −145	−117 −139	−111 −146	−124 −178
100	120	−47 −69	−41 −76	−54 −108	−72 −94	−66 −101	−79 −133	−79 −166	−97 −119	−91 −126	−104 −158	−137 −159	−131 −166	−144 −198
120	140	−56 −81	−48 −88	−63 −126	−85 −110	−77 −117	−92 −155	−92 −192	−115 −140	−107 −147	−122 −185	−163 −188	−155 −195	−170 −233

表 2-7　轴的极限偏差数值表（摘自 GB/T 1800.2—2009）

公称尺寸/mm		d/μm							e/μm					
大于	至	5	6	7	8	9	10	11	5	6	7	8	9	10
10	18	−50 −58	−50 −61	−50 −68	−50 −77	−50 −93	−50 −120	−50 −160	−32 −40	−32 −43	−32 −50	−32 −59	−32 −75	−32 −102
18	30	−65 −74	−65 −78	−65 −86	−65 −98	−65 −117	−65 −149	−65 −195	−40 −49	−40 −53	−40 −61	−40 −73	−40 −92	−40 −124
30	50	−80 −91	−80 −96	−80 −105	−80 −119	−80 −142	−80 −180	−80 −240	−50 −61	−50 −66	−50 −75	−50 −89	−50 −112	−50 −150
50	80	−100 −113	−100 −119	−100 −130	−100 −146	−100 −174	−100 −220	−100 −290	−60 −73	−60 −79	−60 −90	−60 −106	−60 −134	−60 −180
80	120	−120 −135	−120 −142	−120 −155	−120 −174	−120 −207	−120 −260	−120 −340	−72 −87	−72 −94	−72 −107	−72 −126	−72 −159	−72 −212
120	180	−145 −163	−145 −170	−145 −185	−145 −208	−145 −245	−145 −305	−145 −395	−85 −103	−85 −110	−85 −125	−85 −148	−85 −185	−85 −245
180	250	−170 −190	−170 −199	−170 −216	−170 −242	−170 −285	−170 −355	−170 −460	−100 −120	−100 −129	−100 −146	−100 −172	−100 −215	−100 −285
250	315	−190 −213	−190 −222	−190 −242	−190 −271	−190 −320	−190 −400	−190 −510	−110 −133	−110 −142	−110 −162	−110 −191	−110 −240	−110 −320
315	400	−210 −235	−210 −246	−210 −267	−210 −299	−210 −350	−210 −440	−210 −570	−125 −150	−125 −161	−125 −182	−125 −214	−125 −265	−125 −355
400	500	−230 −257	−230 −270	−230 −293	−230 −327	−230 −385	−230 −480	−230 −630	−135 −162	−135 −175	−135 −198	−135 −232	−135 −290	−135 −385

公称尺寸/mm		f/μm					g/μm				j/μm			
大于	至	5	6	7	8	9	5	6	7	8	5	6	7	8
10	18	−16 −24	−16 −27	−16 −34	−16 −43	−16 −59	−6 −14	−6 −17	−6 −24	−6 −33	+5 −3	+8 −3	+12 −6	
18	30	−20 −29	−20 −33	−20 −41	−20 −53	−20 −72	−7 −16	−7 −20	−7 −28	−7 −40	+5 −4	+9 −4	+13 −8	
30	50	−25 −36	−25 −41	−25 −50	−25 −64	−25 −87	−9 −20	−9 −25	−9 −34	−9 −48	+6 −5	+11 −5	+15 −10	
50	80	−30 −43	−30 −49	−30 −60	−30 −76	−30 −104	−10 −23	−10 −29	−10 −40	−10 −56	+6 −7	+12 −7	+18 −12	
80	120	−36 −51	−36 −58	−36 −71	−36 −90	−36 −123	−12 −27	−12 −34	−12 −47	−12 −66	+6 −9	+13 −9	+20 −15	
120	180	−43 −61	−43 −68	−43 −83	−43 −106	−43 −143	−14 −32	−14 −39	−14 −54	−14 −77	+7 −11	+14 −11	+22 −18	
180	250	−50 −70	−50 −79	−50 −96	−50 −122	−50 −165	−15 −35	−15 −44	−15 −61	−15 −87	+7 −13	+16 −13	+25 −21	
250	315	−56 −79	−56 −88	−56 −108	−56 −137	−56 −185	−17 −40	−17 −49	−17 −69	−17 −98	+7 −16	±16	±26	
315	400	−62 −87	−62 −98	−62 −119	−62 −151	−62 −202	−18 −43	−18 −54	−18 −75	−18 −107	+7 −18	±18	+29 −28	
400	500	−68 −95	−68 −108	−68 −131	−68 −165	−68 −223	−20 −47	−20 −60	−20 −83	−20 −117	+7 −20	±20	+31 −32	

续表

公称尺寸/mm		k/μm			m/μm			n/μm			p/μm			
大于	至	5	6	7	5	6	7	5	6	7	5	6	7	8
10	18	+9 +1	+12 +1	+19 +1	+15 +7	+18 +7	+25 +7	+20 +12	+23 +12	+30 +12	+26 +18	+29 +18	+36 +18	+45 +18
18	30	+11 +2	+15 +2	+23 +2	+17 +8	+21 +8	+29 +8	+24 +15	+28 +15	+36 +15	+31 +22	+35 +22	+43 +22	+55 +22
30	50	+13 +2	+18 +2	+27 +2	+20 +9	+25 +9	+34 +9	+28 +17	+33 +17	+42 +17	+37 +26	+42 +26	+51 +26	+65 +26
50	80	+15 +2	+21 +2	+32 +2	+24 +11	+30 +11	+41 +11	+33 +20	+39 +20	+50 +20	+45 +32	+51 +32	+62 +32	+78 +32
80	120	+18 +3	+25 +3	+38 +3	+28 +13	+35 +13	+48 +13	+38 +23	+45 +23	+58 +23	+52 +37	+59 +37	+72 +37	+91 +37
120	180	+21 +3	+28 +3	+43 +3	+33 +15	+40 +15	+55 +15	+45 +27	+52 +27	+67 +27	+61 +43	+68 +43	+83 +43	+106 +43
180	250	+24 +4	+33 +4	+50 +4	+37 +17	+46 +17	+63 +17	+51 +31	+60 +31	+77 +31	+70 +50	+79 +50	+96 +50	+122 +50
250	315	+27 +4	+36 +4	+56 +4	+43 +20	+52 +20	+72 +20	+57 +34	+66 +34	+86 +34	+79 +56	+88 +56	+108 +56	+137 +56
315	400	+29 +4	+40 +4	+61 +4	+46 +21	+57 +21	+78 +21	+62 +37	+73 +37	+94 +37	+87 +62	+98 +62	+119 +62	+151 +62
400	500	+32 +5	+45 +5	+68 +5	+50 +23	+63 +23	+86 +23	+67 +40	+80 +40	+103 +40	+95 +68	+108 +68	+131 +68	+165 +68

公称尺寸/mm		r/μm			s/μm				t/μm			u/μm		
大于	至	5	6	7	5	6	7	8	5	6	7	5	6	7
10	18	+31 +23	+34 +23	+41 +23	+36 +28	+39 +28	+46 +28	+55 +28				+41 +33	+44 +33	+51 +33
18	24	+37	+41	+49	+44	+48	+56	+68				+50 +41	+54 +41	+62 +41
24	30	+28	+28	+28	+35	+35	+35	+35	+50 +41	+54 +41	+62 +41	+57 +48	+61 +48	+69 +48
30	40	+45	+50	+59	+54	+59	+68	+82	+59 +48	+64 +48	+73 +48	+71 +60	+76 +60	+85 +60
40	50	+34	+34	+34	+43	+43	+43	+43	+65 +54	+70 +54	+79 +54	+81 +70	+86 +70	+95 +70
50	65	+54 +41	+60 +41	+71 +41	+66 +53	+72 +53	+83 +53	+99 +53	+79 +66	+85 +66	+96 +66	+100 +87	+106 +87	+117 +87
65	80	+56 +43	+62 +43	+73 +43	+72 +59	+78 +59	+89 +59	+105 +59	+88 +75	+94 +75	+105 +75	+115 +102	+121 +102	+132 +102
80	100	+66 +51	+73 +51	+86 +51	+86 +71	+93 +71	+106 +71	+125 +71	+106 +91	+113 +91	+126 +91	+139 +124	+146 +124	+159 +124
100	120	+69 +54	+76 +54	+89 +54	+94 +79	+101 +79	+114 +79	+133 +79	+119 +104	+126 +104	+139 +104	+159 +144	+166 +144	+179 +144
120	140	+81 +63	+88 +63	+103 +63	+110 +92	+117 +92	+132 +92	+155 +92	+140 +122	+147 +122	+162 +122	+188 +170	+195 +170	+210 +170

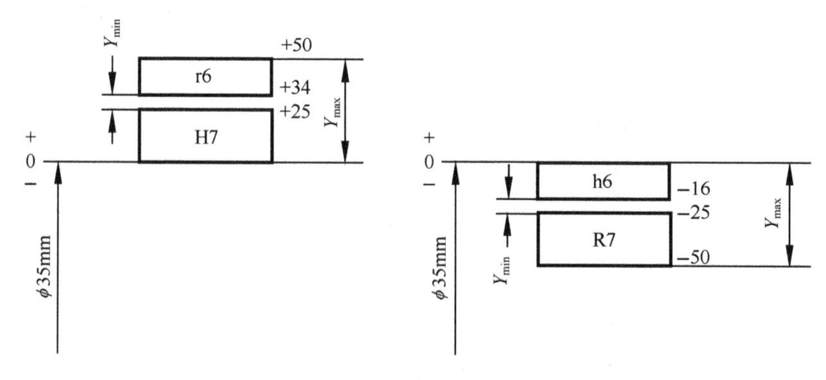

图 2-13

例 2-6 查表确定 $\phi 50\mathrm{H8/g7}$ 和 $\phi 50\mathrm{G8/h7}$ 的孔、轴极限偏差，绘制尺寸公差带图，计算两个配合的极限间隙。

解 $\phi 50\mathrm{H8/g7}$ 的孔、轴极限偏差：

由表 2-2 得，公称尺寸 $\phi 50\mathrm{mm}$ 的 IT8＝39μm，IT7＝25μm。

基准孔 H8，EI＝0，ES＝EI＋IT8＝0＋39＝＋39(μm)。

基准轴 h7，es＝0，ei＝es－IT7＝0－25＝－25(μm)。

查表 2-4 得 g 的上极限偏差 es＝－9μm，查表 2-5 得 G 的下极限偏差 EI＝＋9μm，从而，有

$$\phi 50\mathrm{G8} = \phi 50^{+0.048}_{+0.009}\mathrm{mm},\ \phi 50\mathrm{H8} = \phi 50^{+0.039}_{0}\mathrm{mm}$$

$$\phi 50\mathrm{g7} = \phi 50^{-0.009}_{-0.034}\mathrm{mm},\ \phi 50\mathrm{h7} = \phi 50^{0}_{-0.025}\mathrm{mm}$$

其尺寸公差带图见图 2-14。

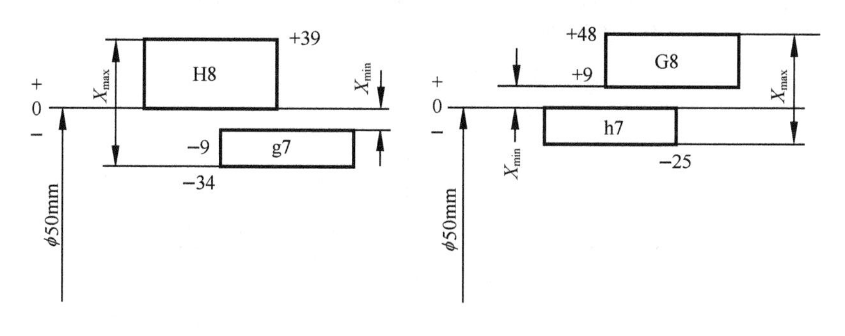

图 2-14

计算 $\phi 50\mathrm{H8/g7}$ 的极限间隙：

$$X_{max} = \mathrm{ES} - \mathrm{ei} = +39 - (-34) = +73(\mu\mathrm{m})$$

$$X_{min} = \mathrm{EI} - \mathrm{es} = 0 - (-9) = +9(\mu\mathrm{m})$$

计算 $\phi 50\mathrm{G8/h7}$ 的极限间隙：

$$X_{max} = \mathrm{ES} - \mathrm{ei} = +48 - (-25) = +73(\mu\mathrm{m})$$

$$X_{min} = \mathrm{EI} - \mathrm{es} = (+9) - 0 = +9(\mu\mathrm{m})$$

计算结果表明，ϕ50H8/g7 和 ϕ50G8/h7 的最大间隙、最小间隙相等，说明其配合性质相同。

4. 极限与配合在图样上的表示

配合的表示：装配图上，配合用相同的公称尺寸后跟孔、轴公差带表示。孔、轴公差带写成分数形式，分子为孔公差带，分母为轴公差带。例如，45H8/f7 和 45 $\dfrac{\mathrm{H8}}{\mathrm{f7}}$。

尺寸公差的表示：零件图上，用公称尺寸后跟所要求的公差带或(和)对应的偏差值表示。例如：32H7、80js5、$\phi65^{+0.039}_{0}$、$\phi30\mathrm{f7}(^{-0.020}_{-0.041})$、$\phi20\pm0.016$、$\phi20\pm0.0045$。

当使用有限的字母组的装置传输信息时，例如，电报，在标注前加注以下字母：对孔为 H 或 h；对轴为 S 或 s。

例如：60H6 表示为 H60H6 或 h60h6；60h6 表示为 S60H6 或 s60h6。

对配合 65H8/f7，表示为 H65H8/S65F7 或 h65h8/s65f7。

注意，这种表示方法不能在图样上使用。

5. 一般、常用和优先的公差带与配合

（1）一般、常用和优先用途的公差带

理论上，标准公差系列和基本偏差系列可组成各种大小和位置不同的公差带。在公称尺寸小于等于 500mm 范围内，轴的公差带有 544 种、孔的公差带有 543 种。使用如此多的公差带不仅会给加工检测等生产过程带来极大的困难，也不经济合理。为此，GB/T 1801—2009 仅规定了一般用途孔的公差带 105 种，轴的公差带 116 种。其中，常用孔的公差带 44 种，轴的公差带 59 种；优先用途孔、轴的公差带各 13 种，如图 2-15 和图 2-16 所示。

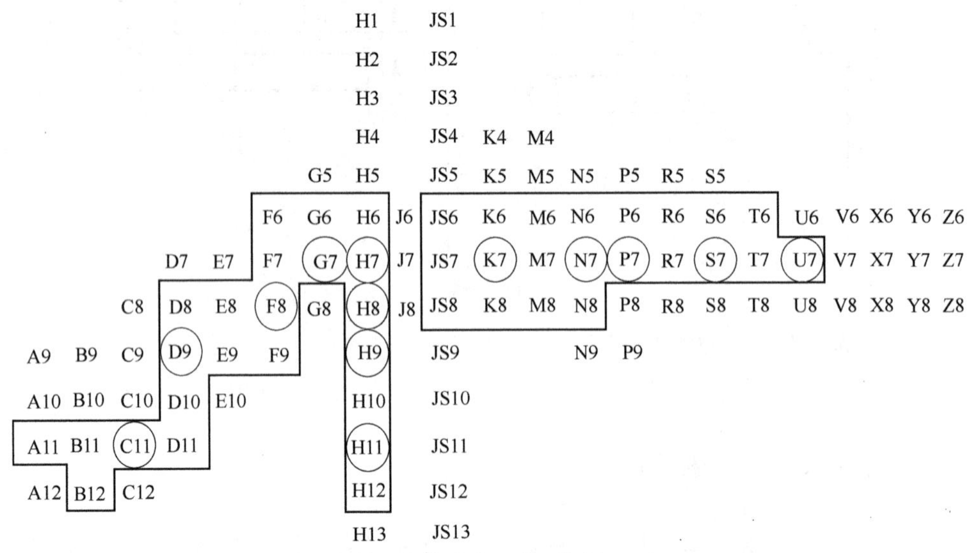

图 2-15　一般、常用和优先孔公差带(摘自 GB/T 1801—2009)

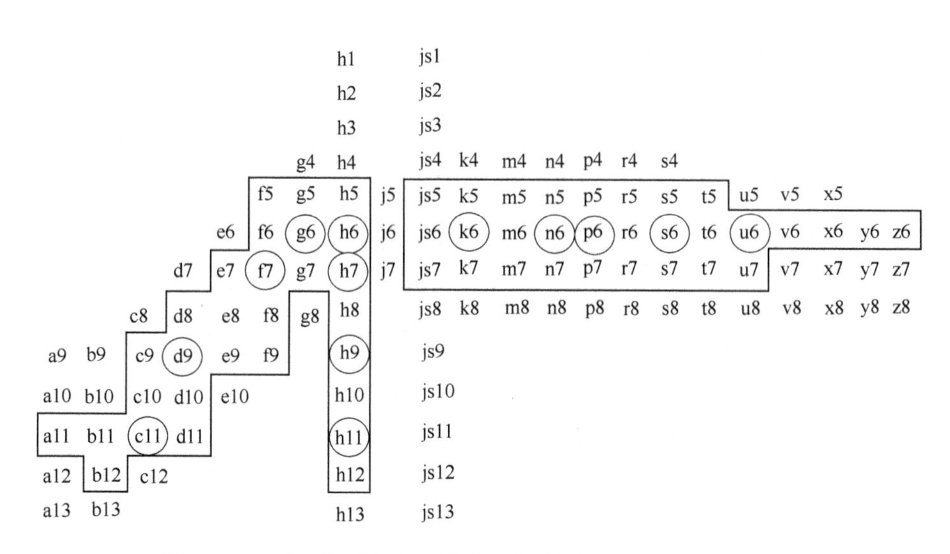

图 2-16 一般、常用和优先轴公差带(摘自 GB/T 1801—2009)

(2) 常用和优先配合

基于上述一般、常用和优先用途的孔、轴公差带，国家标准推荐了基孔制常用配合 59 种、基轴制常用配合 47 种，其中各选取了 13 种优先配合。

表 2-8 为基孔制常用与优先配合；表 2-9 所示为基轴制常用与优先配合。

表 2-8 基孔制优先、常用配合(摘自 GB/T 1801—2009)

基准孔	轴																				
	a	b	c	d	e	f	g	h	js	k	m	n	p	r	s	t	u	v	x	y	z
	间隙配合								过渡配合			过盈配合									
H6						$\frac{H6}{f5}$	$\frac{H6}{g5}$	$\frac{H6}{h5}$	$\frac{H6}{js5}$	$\frac{H6}{k5}$	$\frac{H6}{m5}$	$\frac{H6}{n5}$	$\frac{H6}{p5}$	$\frac{H6}{r5}$	$\frac{H6}{s5}$	$\frac{H6}{t5}$					
H7						$\frac{H7}{f6}$	■$\frac{H7}{g6}$	■$\frac{H7}{h6}$	$\frac{H7}{js6}$	■$\frac{H7}{k6}$	$\frac{H7}{m6}$	■$\frac{H7}{n6}$	■$\frac{H7}{p6}$	$\frac{H7}{r6}$	■$\frac{H7}{s6}$	$\frac{H7}{t6}$	■$\frac{H7}{u6}$	$\frac{H7}{v6}$	$\frac{H7}{x6}$	$\frac{H7}{y6}$	$\frac{H7}{z6}$
H8					$\frac{H8}{e7}$	■$\frac{H8}{f7}$	$\frac{H8}{g7}$	■$\frac{H8}{h7}$	$\frac{H8}{js7}$	$\frac{H8}{k7}$	$\frac{H8}{m7}$	$\frac{H8}{n7}$	$\frac{H8}{p7}$	$\frac{H8}{r7}$	$\frac{H8}{s7}$	$\frac{H8}{t7}$	$\frac{H8}{u7}$				
				$\frac{H8}{d8}$	$\frac{H8}{e8}$	$\frac{H8}{f8}$		$\frac{H8}{h8}$													
H9			$\frac{H9}{c9}$	■$\frac{H9}{d9}$	$\frac{H9}{e9}$	$\frac{H9}{f9}$		■$\frac{H9}{h9}$													
H10			$\frac{H10}{c10}$	$\frac{H10}{d10}$				$\frac{H10}{h10}$													
H11	$\frac{H11}{a11}$	$\frac{H11}{b11}$	■$\frac{H11}{c11}$	$\frac{H11}{d11}$				■$\frac{H11}{h11}$													
H12		$\frac{H12}{b12}$						$\frac{H12}{h12}$													

注：① $\frac{H6}{n5}$、$\frac{H7}{p6}$在公称尺寸小或等于 3mm 和$\frac{H8}{r7}$在小于或等于 100mm 时，为过渡配合。

②标注■的配合为优先配合。

表 2-9　基轴制优先、常用配合(摘自 GB/T 1801—2009)

基准轴	孔																				
	A	B	C	D	E	F	G	H	JS	K	M	N	P	R	S	T	U	V	X	Y	Z
	间隙配合								过渡配合			过盈配合									
h5						$\frac{F6}{h5}$	$\frac{G6}{h5}$	$\frac{H6}{h5}$	$\frac{JS6}{h5}$	$\frac{K6}{h5}$	$\frac{M6}{h5}$	$\frac{N6}{h5}$	$\frac{P6}{h5}$	$\frac{R6}{h5}$	$\frac{S6}{h5}$	$\frac{T6}{h5}$					
h6						$\frac{F7}{h6}$	■$\frac{G7}{h6}$	■$\frac{H7}{h6}$	$\frac{JS7}{h6}$	■$\frac{K7}{h6}$	$\frac{M7}{h6}$	■$\frac{N7}{h6}$	■$\frac{P7}{h6}$	$\frac{R7}{h6}$	■$\frac{S7}{h6}$	$\frac{T7}{h6}$	■$\frac{U7}{h6}$				
h7					$\frac{E8}{h7}$	■$\frac{F8}{h7}$		■$\frac{H8}{h7}$	$\frac{JS8}{h7}$	$\frac{K8}{h7}$	$\frac{M8}{h7}$	$\frac{N8}{h7}$									
h8				$\frac{D8}{h8}$	$\frac{E8}{h8}$	$\frac{F8}{h8}$		$\frac{H8}{h8}$													
h9				■$\frac{D9}{h9}$	$\frac{E9}{h9}$	$\frac{F9}{h9}$		■$\frac{H9}{h9}$													
h10				$\frac{D10}{h10}$				$\frac{H10}{h10}$													
h11	$\frac{A11}{h11}$	$\frac{B11}{h11}$	■$\frac{C11}{h11}$	$\frac{D11}{h11}$				■$\frac{H11}{h11}$													
h12		$\frac{B12}{h12}$						$\frac{H12}{h12}$													

注:标注■的配合为优先配合。

2.3　尺寸精度设计的基本原则和方法

在公称尺寸确定之后,要对尺寸精度进行设计。它是机械设计与制造中的一个重要环节。尺寸精度设计得是否恰当,将直接影响到产品的性能、质量、互换性及经济性。尺寸精度设计的内容包括选择配合制、公差等级和配合种类三个方面。尺寸精度设计的原则是在满足使用要求的前提下尽可能获得最佳的技术经济效益。选择的方法有计算法、试验法和类比法。

2.3.1　配合制的选用

应综合考虑、分析机械零部件的结构、工艺性和经济性等方面的因素选择配合制。

1. 一般情况下优先选用基孔制

在机械制造中,从工艺上和宏观经济效益考虑,一般优先选用基孔制。这是因为加工孔用的刀具多是定值的,选用基孔制便于减少孔用定值刀具和量具的数目。而加工轴的刀具大都不是定值的,因此,改变轴的尺寸不会增加刀具和量具的数目。

2. 下列情况选用基轴制

1) 直接使用按基准轴的公差带制造的有一定公差等级(一般为 8 至 11 级)而

不再进行机械加工的冷拔钢材做轴。这时，可以选择不同的孔公差带位置来形成各种不同的配合需求。在农业机械和纺织机械中，这种情况比较多。

2）加工尺寸小于 1mm 的精密轴要比加工同级的孔困难得多，因此在仪器仪表制造、钟表生产、无线电和电子行业中，通常使用经过光轧成形的细钢丝直接作轴，这时选用基轴制配合要比基孔制经济效益好。

3）从结构上考虑，同一根轴在不同部位与几个孔相配合，并且各自有不同的配合要求，这时应考虑采用基轴制配合。例如，图 2-17(a)所示的发动机活塞销轴与连杆铜套孔以及活塞孔之间的配合，根据发动机的工作原理及装配性，活塞销轴与活塞孔之间应采用过渡配合，与连杆铜套孔之间应该采用间隙配合。若采用基孔制配合，活塞销轴需要加工成如图 2-17(b)所示的中间小两端大的阶梯轴，这样既不利于加工也容易在装配过程中划伤活塞销轴表面，影响装配质量。而采用如图 2-17(c)所示的基轴制配合，则可以将活塞销轴做成光轴，这样选择既有利于加工、降低孔、轴加工的总成本，又能够避免在装配过程中活塞销轴表面被划伤，从而保证配合质量。

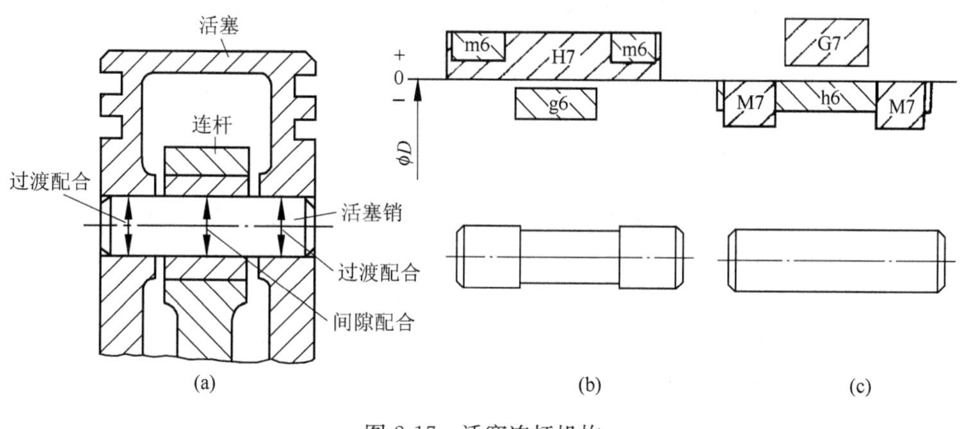

图 2-17　活塞连杆机构

3. 与标准件(零件或部件)配合

若与标准件(零件或部件)配合，应以标准件为基准件确定配合制。

例如，在滚动轴承支撑结构中，滚动轴承外圈与箱体孔的配合应采用基轴制，轴承内圈与轴颈的配合应该采用基孔制，如图 2-18 所示。箱体孔按 J7 制造，轴颈按 k6 制造。

4. 特殊要求

为满足配合的特殊要求，允许选用非基准制的配合。非基准制的配合就是相配合的孔、轴均不是基准件。这种特殊要求往往发生在一个孔与多个轴配合或一个轴与多个孔配合且配合要求又各不相同的情况，由于孔或轴已经与多个轴或孔

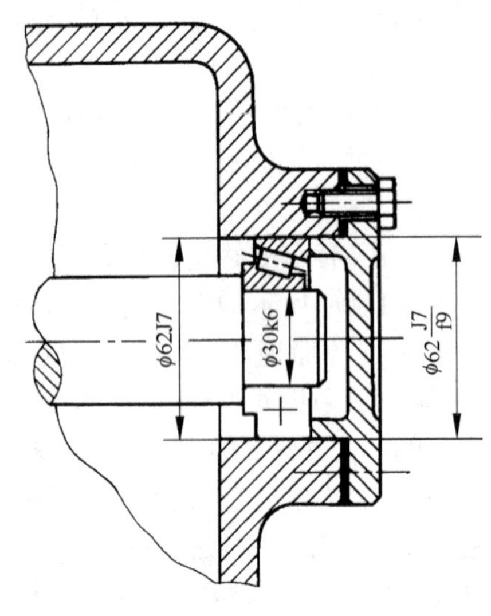

图 2-18　滚动轴承配合的基准制

中的某个轴或孔之间采用了基孔制或基轴制配合，使得孔或轴与其他的轴或孔之间为了满足配合要求只能采用非基准制。这时，孔、轴均不是基准件。

例如，在图 2-18 中，箱体孔一部分与轴承外圈配合，一部分与轴承端盖配合。考虑到轴承是标准件，箱体孔与滚动轴承外圈应该采用基轴制配合，箱体孔为 J7。这时，若箱体孔与轴承端盖之间仍然采用基轴制，则形成的配合为 J7/h，属于过渡配合。从轴承端盖经常拆卸考虑，这种配合过于偏紧，为了很好地满足使用要求，应选用间隙配合。这就决定轴承端盖尺寸的基本偏差不能是 h，只能从非基准轴的基本偏差代号中选取。这时，综合考虑端盖的性能要求和加工的经济性，选择箱体孔与轴承端盖之间的配合为 J7/f9。

综上所述，只要将设计任务与上述几种情况对照，就不难确定配合制。

2.3.2　确定标准公差等级

确定标准公差等级就是确定零件尺寸的加工精度。构成机器或设备的零、部件标准公差等级的高低直接关系到产品的性能指标、加工成本、产品在市场上的竞争力和企业的效益。实际上，标准公差等级选用得偏高或偏低都不利于产品占有市场。选用偏高的标准公差等级虽然产品的使用性能会得到保证，但制造成本会因此而偏高。结果要么产品价格过高，难以被消费者接受，要么企业可获得的利润太少，不利于企业的经营和发展；选用偏低的标准公差等级，生产出来的产品会因为质量差而导致在市场上同样没有竞争力。所以，在为机器或设备的各个零部件选用标准公差等级时，设计人员要正确处理好使用要求与加工经济性之间的关系。

选用标准公差等级的基本原则是：在满足使用要求的前提下，尽可能选用较低的标准公差等级，以利于降低加工成本，为企业获取尽可能多的利润。

确定标准公差等级时常用类比法，即以从生产实践中总结、积累的经验资料为参考，并依据实际设计要求对其进行必要、适当的调整，形成最后设计结果。具体说来应考虑下述几方面的因素：

考虑孔、轴加工的工艺等价性。对于常用尺寸段公差等级较高的配合（标注公差等级不低于 8 级的间隙、过渡配合和标注公差等级不低于 7 级的过盈配合），考虑到孔不如轴好加工，这时，孔的公差等级应比轴低一级。对于低精度的孔、轴，可以选择相同的公差等级。

考虑加工能力。表 2-10 给出了目前各种加工方法可能达到的公差等级范围，可供参考。

表 2-10　常用加工方法可以达到的标准公差等级范围

加工方法	公差等级范围	加工方法	公差等级范围
研磨	IT01～IT5	刨、插	IT10～IT11
珩磨	IT4～IT7	滚压、挤压	IT10～IT11
金刚石车	IT5～IT7	粗车	IT10～IT12
金刚石镗	IT5～IT7	粗镗	IT10～IT12
圆磨	IT5～IT8	钻削	IT10～IT13
平磨	IT5～IT8	冲压	IT10～IT14
拉削	IT5～IT8	砂型铸造	IT14～IT15
精车精镗	IT7～IT9	金属型铸造	IT14～IT15
铰孔	IT6～IT10	锻造	IT15～IT16
铣	IT8～IT11	气割	IT15～IT18

考虑各种公差等级的应用范围。表 2-11 归纳了 20 个公差等级的应用范围，供参考。

表 2-11　标准公差等级的应用

公差等级范围	应用
IT01～IT1	块规
IT1～IT7	量规
IT2～IT5	特别精密零件
IT5～IT12	配合尺寸
IT8～IT14	原材料
IT12～IT18	非配合尺寸

相配合件的精度要匹配。例如，在确定与滚动轴承相配合的箱体孔和轴径的公差等级时要考虑轴承的精度等级，在确定与齿轮配合的轴的公差等级时要考虑齿轮的精度。

过渡、过盈配合的公差等级不能过低。一般情况下，轴的标准公差不低于 7 级，孔的标准公差不低于 8 级。小间隙配合的公差等级应较高些，大间隙配合的公差等级可以低一些。例如：可以选用 H7/f6 和 H11/b11，而不宜选用 H11/f11 和H7/b6。

对非基准制配合，在零件的使用性能要求不高时，其标准公差可以降低二三级。例如图 2-18 中的 J7/f9。

熟悉常用标准公差等级的应用情况。表 2-12 是公称尺寸至 500mm 基孔制常用和优先配合的特征及应用，供参考。

表 2-12　公称尺寸至 500mm 基孔制常用和优先配合的特征及应用

配合代号	配合类别	应用说明	配合特征
$\frac{H11}{a11}\frac{H11}{b11}\frac{H12}{b12}$	间隙配合	用于高温或工作时大间隙的配合	特大间隙
$\left(\frac{H11}{c11}\right)\frac{H11}{d11}$		用于工作条件差、受力变形或为了便于装配而需要大间隙的配合和高温工作的配合	很大间隙
$\frac{H9}{c9}\frac{H10}{c10}\frac{H8}{d8}\left(\frac{H9}{d9}\right)$ $\frac{H10}{d10}\frac{H8}{e7}\frac{H8}{e8}\frac{H9}{e9}$		用于高速重载的滑动轴承或大直径的滑动轴承，也可用于大跨距或多支点支承的配合	较大间隙
$\frac{H6}{f5}\frac{H6}{f6}\left(\frac{H8}{f7}\right)\frac{H8}{f8}\frac{H9}{f9}$		用于一般转速的动配合。当温度影响不大时，广泛应用于普通润滑油润滑的支承处	一般间隙
$\left(\frac{H7}{g6}\right)\frac{H8}{g7}$		用于精密滑动零件或缓慢间歇回转的零件的配合部位	较小间隙
$\frac{H6}{g5}\frac{H6}{h5}\left(\frac{H7}{h6}\right)\left(\frac{H8}{h7}\right)\frac{H8}{h8}$ $\left(\frac{H9}{h9}\right)\frac{H10}{h10}\left(\frac{H11}{h11}\right)\left(\frac{H12}{h12}\right)$		用于不同精度要求的一般定位件的配合和缓慢移动和摆动零件的配合	很小间隙和零间隙
$\frac{H6}{js5}\frac{H7}{js6}\frac{H8}{js7}$	过渡配合	用于易于装拆的定位配合或加紧固件后可传递一定静载荷的配合	绝大部分有微小间隙
$\frac{H6}{k5}\left(\frac{H7}{k6}\right)\frac{H8}{k7}$		用于稍有震动的定位配合。加紧固件可传递一定载荷。装拆方便可用木槌敲入	大部分有微小间隙
$\frac{H6}{m5}\frac{H7}{m6}\frac{H8}{m7}$		用于定位精度较高且能抗振的定位配合。加键可传递较大载荷。可用铜锤敲入或用小压力压入	大部分有微小过盈
$\left(\frac{H7}{n6}\right)\frac{H8}{n7}$		用于精密定位或紧密组合件的配合。加键能传递大力矩或冲击性载荷。只在大修时拆卸	绝大部分有微小过盈
$\frac{H8}{p7}$		加键后能传递较大力矩，且承受振动和冲击的配合。装配后不再拆卸	绝大部分有较小过盈
$\frac{H6}{n5}\frac{H6}{p5}\left(\frac{H6}{p6}\right)\frac{H6}{r5}\frac{H7}{r6}\frac{H8}{r7}$	过盈配合	用于精确的定位配合。一般不能靠过盈传递力矩。要传递力矩尚需加紧固件	轻型
$\frac{H6}{s5}\left(\frac{H7}{s6}\right)\frac{H8}{s7}\frac{H6}{t5}\frac{H7}{t6}\frac{H8}{t7}$		不需加紧固件就可传递较小力矩和轴向力。加紧固件后可承受较大载荷或动载荷的配合	中型
$\left(\frac{H7}{u6}\right)\frac{H8}{u7}\frac{H7}{v6}$		不需加紧固件就可传递和承受大的力矩和动载荷的配合。要求零件材料有高强度	重型
$\frac{H7}{x6}\frac{H7}{y6}\frac{H7}{z6}$		能传递和承受很大力矩和动载荷的配合，须经试验后方可应用	特重型

此外，当已知或能够求得配合公差时，则可按例 2-7 确定孔、轴的公差。

例 2-7 假设孔、轴配合的公称尺寸是 ϕ80mm，使用要求规定，其间隙的变化范围是＋20～＋100μm。确定组成配合的孔、轴的标准公差等级。

解 由题意和式(2-14)，有

$$T_f = |X_{max} - X_{min}| = |(+100) - (+20)| = 80(\mu m)$$

查表 2-2 有，当公称尺寸是 ϕ80mm 时，IT6＝19μm，IT7＝30μm，IT8＝46μm。

讨论：对于孔、轴公差等级各选 7 级或孔选 IT7、轴选 IT6，则配合公差 T_f 等于 60μm 或 49μm，尽管从孔、轴公差与配合公差的数值关系上满足使用要求，但与国家标准对 6、7、8 级的孔配 5、6、7 级轴的规定不符；对于孔、轴公差等级都选 8 级，则配合公差 T_f 等于 92μm，不满足孔、轴公差与配合公差的数值关系；因此，最佳方案应为：T_D＝IT8＝46μm，T_d＝IT7＝30μm。由此形成的配合公差等于 76μm，满足孔、轴公差与配合公差的数值关系和国家标准对 6、7、8 级的孔配 5、6、7 级轴的规定。

2.3.3 配合的选用

配合种类的选用就是在确定了配合制之后，根据使用要求所允许的配合性质来确定非基准件的基本偏差代号，或者确定基准件与非基准件的公差带。

1. 根据使用要求确定配合的类别

设计时，应根据具体的使用要求确定是采用间隙、过渡还是过盈配合。孔、轴之间有相对运动要求时，一定要选择间隙配合；孔、轴之间无相对运动，应视具体的工作要求而确定是采用过盈还是过渡或间隙配合。配合类别确定之后，应尽量依次选用国家标准推荐的优先配合、常用配合。如优先、常用配合不能满足要求时，可以选用其他配合。

2. 确定基本偏差的方法

确定基本偏差的方法有三种：试验法、计算法和类比法。

在工程应用中，通常用类比法、试验法和计算法确定配合种类。三种方法各具特点，设计时可根据具体情况决定采用哪种方法。

试验法就是应用试验的方法确定满足产品工作性能的配合种类，主要用于如航天、航空、国防、核工业以及铁路运输行业中一些关键性机构中，对产品性能影响大而又缺乏经验的重要、关键性的配合。该方法比较可靠。其缺点是需进行试验，成本高、周期长。较少应用。

计算法是根据使用要求通过理论计算来确定配合种类。其优点是理论依据充分，成本较试验法低，但由于理论计算不可能把机器设备工作环境的各种实际因素考虑得十分周全，因此设计方案不如通过试验法确定的准确。例如，用计算法确定滑动轴承间隙配合的配合种类时，根据液体润滑理论可以计算其允许的最小间隙，据此从标准中选择适当的配合种类；用计算法确定完全靠过盈传递负荷的过盈配合种类时，根据要传递负荷的大小，按弹、塑性变形理论，可以计算出需要的最小过盈，据此选择合适的过盈配合种类，同时验算零件材料强度是否能够承受该配合种类所产生的最大过盈。由于影响配合间隙、过盈的因素很多，理论计算只能是近似的。

在机械精度设计中，类比法就是以与设计任务同类型的机器或机构中经过生产实践验证的配合作为参考，并结合所设计产品的使用要求和应用条件的实际情况来确定配合。该方法应用最广，但要求设计人员掌握充分的参考资料并具有相当的经验。用类比法确定配合时应考虑的因素如下：

受力大小。受力较大时，趋向偏紧选择配合，即应适当地增大过盈配合的过盈量，减小间隙配合的间隙量，选用获得过盈的概率大的过渡配合。

拆装情况和结构特点。对于经常拆装的配合，与不经常拆装的任务相同的配合相比，其配合应松些。装配困难的配合，也应稍松些。

结合长度和形位误差。配合长度越长，由于形位误差的存在，与结合长度短的配合相比，实际形成的配合越紧。因此，宜选用适当松一些的配合。

材料、温度。当相配件的材料不同(线性膨胀系数相差较大)且工作温度与标准温度+20℃相差较大时，要考虑热变形的影响。必要时，按下式进行修正计算。

$$X_{装配}(Y_{装配}) = X_{工作}(Y_{工作}) - D \cdot (\alpha_D \cdot \Delta t_D - \alpha_d \cdot \Delta t_d) \tag{2-26}$$

式中：$X_{工作}(Y_{工作})$——实际工作需求的间隙或过盈；

$X_{装配}(Y_{装配})$——装配间隙(或过盈)；

α_D、α_d——孔、轴的材料线性膨胀系数；

Δt_D、Δt_d——孔、轴的工作温度与标准温度+20℃之差；

D——配合的公称尺寸。

设计时，按 $X_{装配}(Y_{装配})$ 选择配合。

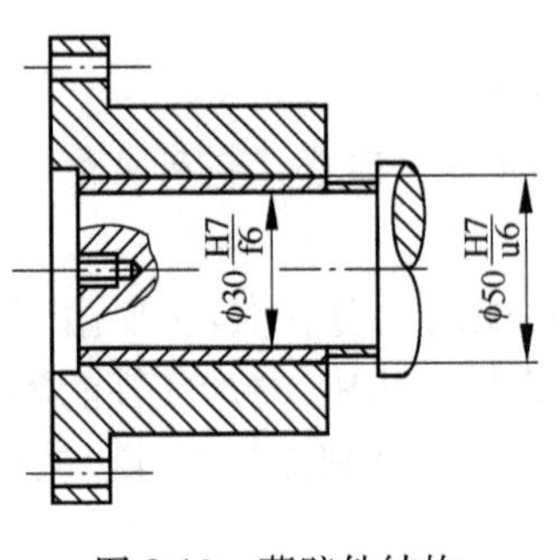

图 2-19　薄壁件结构

装配变形的影响。对于如图 2-19 所示套筒类的薄壁零件，应考虑装配后的变形问题。如果要求套筒的内孔与轴的配合为 H7/g6。考虑到套筒的外表面与孔装配后会产生较大的过盈，套筒的内孔会收缩，使内孔变小，这样就不能保证 H7/g6 的配合性质。因此，在选择套筒与轴的配合时，应考虑此变形量的影响。一是从设计考虑：选择比 H7/g6 稍松的配合(如 G7/g6 或 H7/f6)；二是从工艺考虑：先将套筒压入内孔后，再按 H7 加工套筒的内孔。

生产批量。大批量生产时，加工后的孔、轴提取组要素的局部尺寸往往服从正态分布。单件、小批生产时，加工后孔的提取组要素的局部尺寸分布中心往往可能偏向其下极限尺寸，轴的提取组要素的局部尺寸分布中心往往可能偏向其上极限尺寸。这样，对于同一配合种类，单件、小批生产形成的配合性质可能要比大批生产形成的配合性质紧。因此，设计时应做出相应的调整。

表 2-13 是不同工作条件影响间隙或过盈的趋势，表 2-14 是配合公差等级 5 至 12 级的应用情况，供参考。

表 2-13　不同工作条件影响间隙或过盈的趋势

工作条件	间隙增或减	过盈增或减
材料强度低	—	减
经常拆卸	—	减
工作时轴温高于孔温	增	减
配合长度增大	增	减
配合面形位误差增大	增	减
装配时可能歪斜	增	减
单件生产相对于成批生产	增	减
有轴向运动	增	—
润滑油黏度增大	增	—
旋转速度增高	增	增
表面趋向粗糙	减	增
有冲击载荷	减	增
工作时孔温高于轴温	减	增

表 2-14　配合公差等级 5 至 12 级的应用

公差等级	应用说明
5 级	主要用在配合公差、几何公差要求甚小的场合，配合性质稳定，一般在机床、发动机、仪表等重要部位应用。如与 D 级滚动轴承配合的箱体孔；与 E 级滚动轴承配合的机床主轴，机床尾架与套筒，精密机械及高速机械中的轴颈，精密丝杠径等
6 级	配合性质能达到较高的均匀性，如与 E 级滚动轴承相配合的孔、轴颈；与齿轮、蜗轮、联轴器、带轮、凸轮等连接的轴径，机床丝杠轴径；摇臂钻立柱；机床夹具中导向件的外径尺寸；6 级精度齿轮的基准孔，7、8 级齿轮基准轴颈
7 级	7 级精度比 6 级稍低，应用条件与 6 级基本相似，在一般机械制造中应用较为普遍。如联轴器、带轮、凸轮等孔径；机床夹盘座孔；夹具中固定钻套，可换钻套；7、8 级齿轮基准孔，9、10 级齿轮基准轴
8 级	在机器制造中属于中等精度。如轴承座衬套沿宽度方向尺寸，9～12 级齿轮基准孔；11～12 级齿轮基准轴
9～10 级	主要用于机械制造中轴套外径与孔；操纵件与轴；空轴带轮与轴；单键与花键
11～12 级	配合精度很低，装配后可能产生很大间隙，适用于基本上没有什么配合要求的场合。如机床上法兰盘与止口；滑块与滑移齿轮；加工中工序间尺寸；冲压加工的配合件；机床制造中的扳手孔与扳手座的连接

3. 用计算法确定配合举例

例 2-8 有一孔、轴配合，公称尺寸为 $\phi 90$mm，要求过盈在 $-15 \sim -75\mu m$。试确定基轴制时孔、轴的公差带和配合代号。

解 （1）确定孔、轴的标准公差等级

由给定条件，有

$$T_f = |Y_{min} - Y_{max}| = 60\mu m$$

查表 2-2 确定孔、轴的标准公差等级分别为

$$T_D = IT7 = 35\mu m, \quad T_d = IT6 = 22\mu m$$

因为已采用基轴制，所以轴的基本偏差为上极限偏差

$$es = 0$$

下极限偏差

$$ei = -22\mu m$$

轴的公差带代号为 h6。

（2）确定孔的基本偏差代号

根据基轴制，由题意要求过盈配合可知，孔的基本偏差为上极限偏差。

孔的基本偏差与以下三式有关：

$$ES - ei \leqslant [Y_{min}] = -15\mu m$$

$$EI - es \geqslant [Y_{max}] = -75\mu m$$

$$T_D = ES - EI$$

式中：$[Y_{min}]$——允许的最小过盈；

$[Y_{max}]$——允许的最大过盈。

联立上述三式解得

$$es + T_D + [Y_{max}] \leqslant ES \leqslant ei + [Y_{min}]$$

即

$$-40\mu m \leqslant ES \leqslant -37\mu m$$

查表 2-5，取孔的基本偏差代号为 R，公差带代号为 R7。

孔的基本偏差为上极限偏差

$$ES = -38\mu m$$

下极限偏差

$$EI = ES - T_D = -73\mu m$$

（3）验算

$$Y_{min} = ES - ei = (-38) - (-22) = -16(\mu m) < [Y_{min}] = -15\mu m$$

$$Y_{max} = EI - es = (-73) - 0 = -73(\mu m) > [Y_{max}] = -75\mu m$$

因此，满足要求。最后结果为 $\phi 90$R7/h6。

画出 $\phi 90$ R7/h6 的孔、轴尺寸公差带图，见图 2-20。

例 2-9 有一孔、轴配合，公称尺寸为 ϕ60mm，要求极限间隙为 +30～+110μm，试确定配合制，孔、轴公差等级和配合代号。

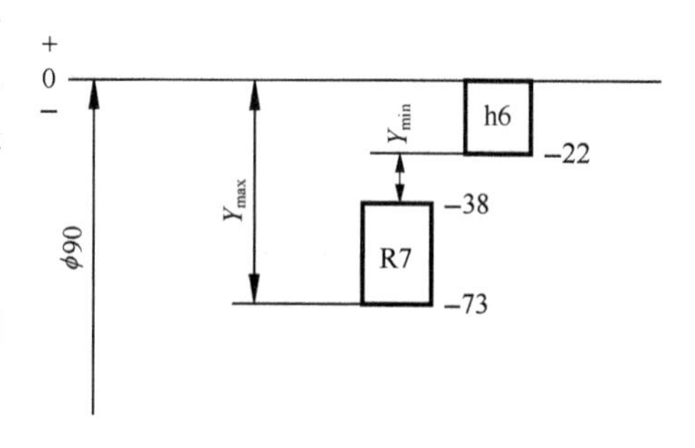

图 2-20　例 2-8 图

解 (1) 确定配合制

由于没用特殊要求，故选用基孔制配合。孔的基本偏差 EI=0，代号为 H。

(2) 确定孔、轴公差等级

由给定条件，有

$$T_f = |X_{max} - X_{min}| = 80\mu m$$

查表 2-2，取 T_D=IT8=46μm，T_d=IT7=30μm。

孔的上极限偏差

$$ES = +46\mu m$$

孔的公差带代号为 H8。

(3) 确定轴的基本偏差代号

由于采用基孔制，由题意，轴的基本偏差为上极限偏差。

轴的基本偏差与以下三式有关：

$$ES - ei \leqslant [X_{max}] = +110\mu m$$

$$EI - es \geqslant [X_{min}] = +30\mu m$$

$$T_d = es - ei$$

式中：$[X_{min}]$——允许的最小间隙；

$[X_{max}]$——允许的最大间隙。

联立上述三式解，得

$$ES + T_d - [X_{max}] \leqslant es \leqslant EI - [X_{min}]$$

即

$$-34\mu m \leqslant es \leqslant -30\mu m$$

查表 2-4，取轴的基本偏差代号为 f，则其公差带代号为 f7。

轴的基本偏差为上极限偏差

$$es = -30\mu m$$

下极限偏差

$$ei = es - T_d = -60\mu m$$

(4) 验算

$$X_{max} = ES - ei = (+46) - (-60) = +106\mu m < [X_{max}] = +110\mu m$$

$$X_{min} = EI - es = 0 - (-30) = +30\mu m = [X_{min}] = +30\mu m$$

符合要求。最后结果为 ϕ60H8/f7。

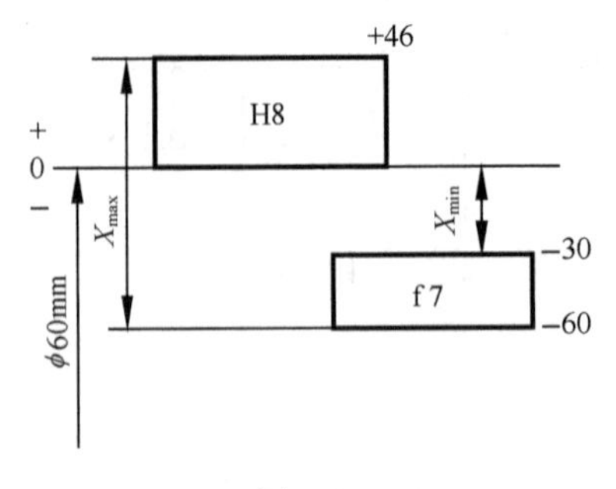

图 2-21

画出 ϕ60H8/f7 的孔、轴尺寸公差带图，见图 2-21。

4. 典型的配合实例

为了便于在实际的设计中合理地确定配合，下面举例说明某些配合在实际中的应用。

(1) 间隙配合的选用

基准孔 H(或基准轴 h)与相应公差等级的轴 a～h(或孔 A～H)形成间隙配合，共 11 种，其中 H/a(或 A/h)组成的间隙最大，H/h 的配合间隙最小。

H/a(A/h)、H/b(B/h)、H/c(C/h)配合，这三种配合的间隙很大，不常使用。一般用在工作条件较差，要求灵活动作的机械上，或用于受力变形大，轴在高温下工作需保证有较大间隙的场合。如起重机吊钩的铰链(图 2-22)，带榫槽的法兰盘(图 2-23)，内燃机的排气阀和导管(图 2-24)。

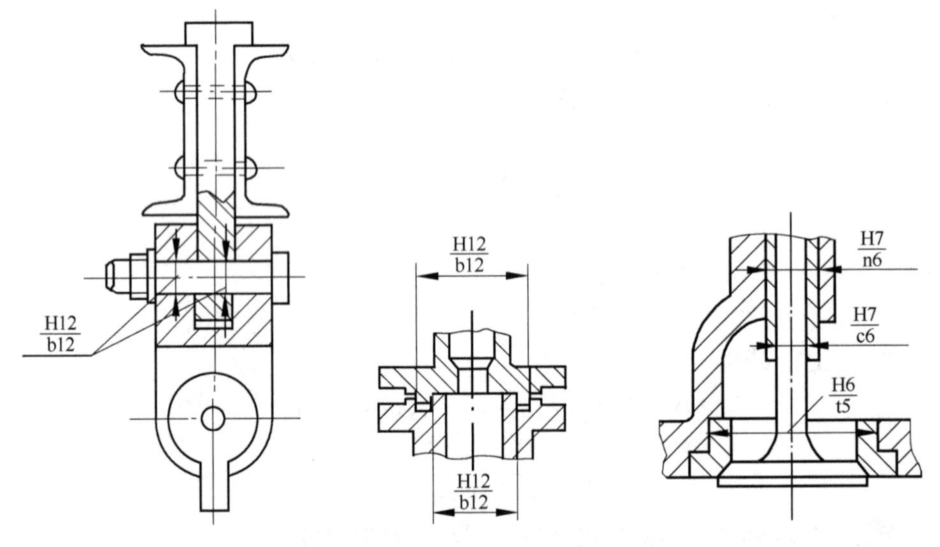

图 2-22 起重机吊钩的铰链　图 2-23 带榫槽的法兰盘　图 2-24 内燃机的排气阀和导管

H/d(D/h)、H/e(E/h)配合，这两种配合间隙较大，用于要求不高易于转动的支撑。其中 H/d(D/h)适用于较松的传动配合，如密封盖、滑轮和空转带轮等与轴的配合。也适用于大直径滑动轴承的配合，如球磨机、轧钢机等重型机械的滑动轴承，适用于 IT7～IT11 级。例如滑轮与轴的配合，如图 2-25 所示。H/e(E/h)适用于要求有明显间隙、易于转动的支撑配合。如大跨度支撑、多支点支撑等配合。高等级的也适用于大的、高速、重载的支撑，如蜗轮发电机、大电动机的支撑以及凸轮轴支撑等。图 2-26 所示为内燃机主轴承的配合。

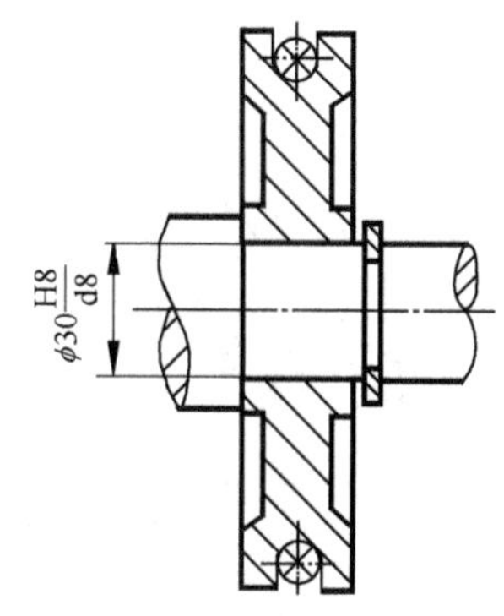

图 2-25　滑轮与轴的配合

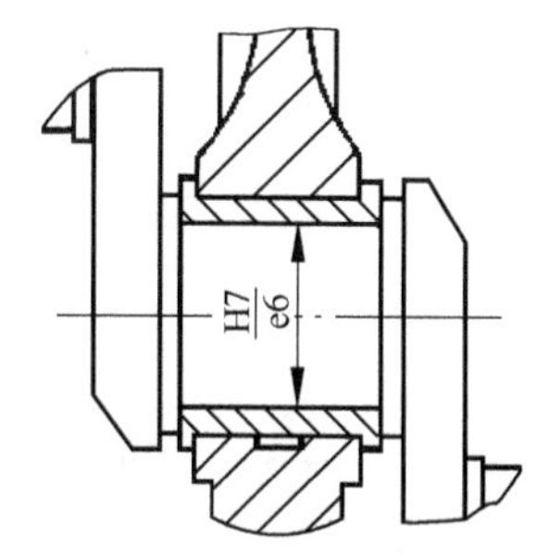

图 2-26　内燃机主轴的配合

H/f(F/h)配合，这个配合的间隙适中，多用于 IT7～IT9 的一般传动配合，如齿轮箱、小电动机、泵等的转轴及滑动支撑的配合。图 2-27 所示为齿轮轴套与轴的配合。

H/g(G/h)配合，此种配合间隙很小，除了很轻负荷的精密机构外，一般不用做转动配合，多用于 IT5～IT7 级，适合于做往复摆动和滑动的精密配合。例如钻套与衬套的配合，见图 2-28。有时也用于插销等定位配合，如精密连杆轴承、活塞及滑阀，以及精密机床的主轴与轴承、分度头轴颈与轴的配合等。

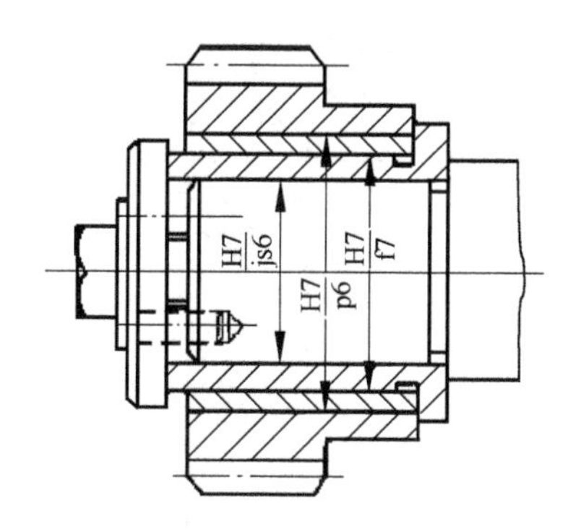

图 2-27　齿轮轴套与轴的配合

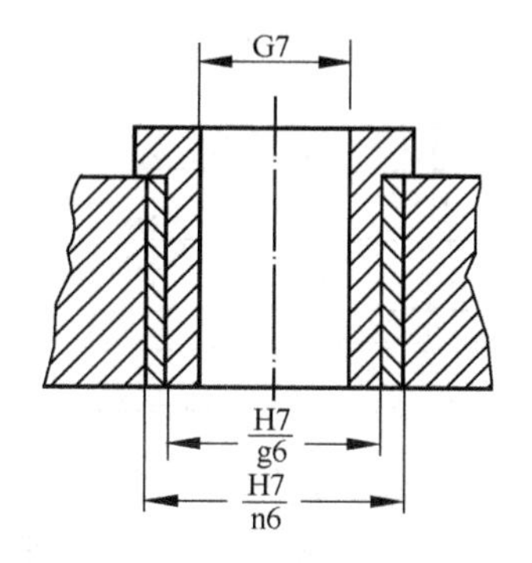

图 2-28　钻套与衬套的配合

H/h 配合，这个配合的最小间隙为零，用于 IT4～IT11 级，适用于无相对转动而有定心和导向要求的定位配合，若无温度、变形影响，也用于滑动配合，推荐配合 H6/h5、H7/h6、H8/h7、H9/h9 和 H11/h11。图 2-29 所示为车床尾座顶尖套筒与尾座的配合。

(2) 过渡配合的选用

基准孔 H 与相应公差等级轴的基本偏差代号 j～n 形成过渡配合(n 与高精度的孔形成过盈配合)。

H/j、H/js 配合，这两种过渡配合获得间隙的机会较多，多用于 IT4～IT7 级，适用于要求间隙比 h 小并允许略有过盈的定位配合，如联轴节、齿圈与钢制轮毂以及滚动轴承与箱体的配合等。图 2-30 所示为带轮与轴的配合。

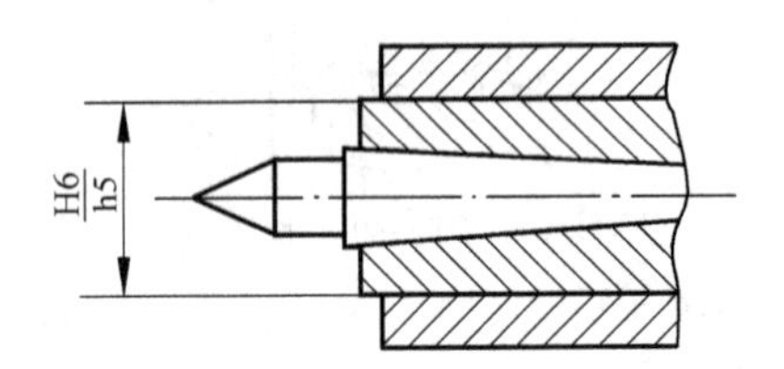

图 2-29　车床尾座的顶尖套筒的配合

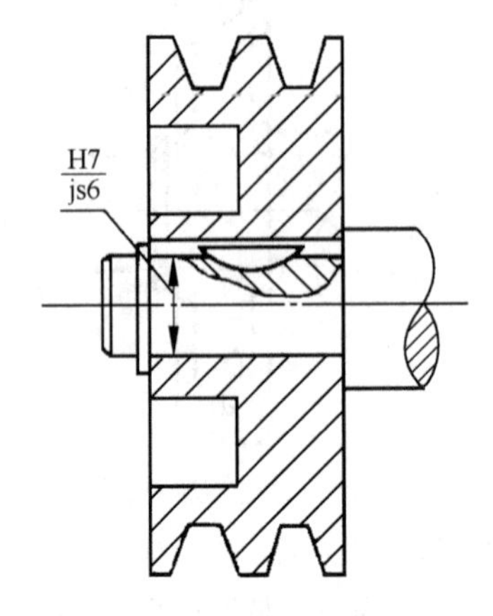

图 2-30　带轮与轴的配合

H/k 配合，此种配合获得的平均间隙接近于零，定心较好，装配后零件受到的接触应力较小，能够拆卸，适用于 IT4～IT7 级，如刚性联轴节的配合，见图 2-31。

H/m、H/n 配合，这两种配合获得过盈的机会多，定心好，装配较紧，适用于 IT4～IT7 级，如蜗轮青铜轮缘与铸铁轮辐的配合，见图 2-32。

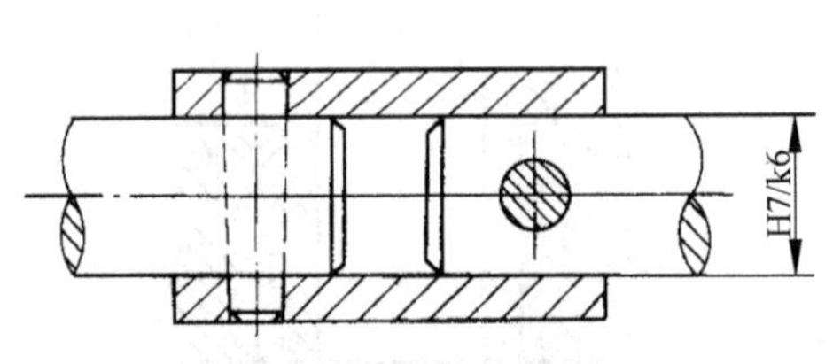

图 2-31　刚性联轴节的配合

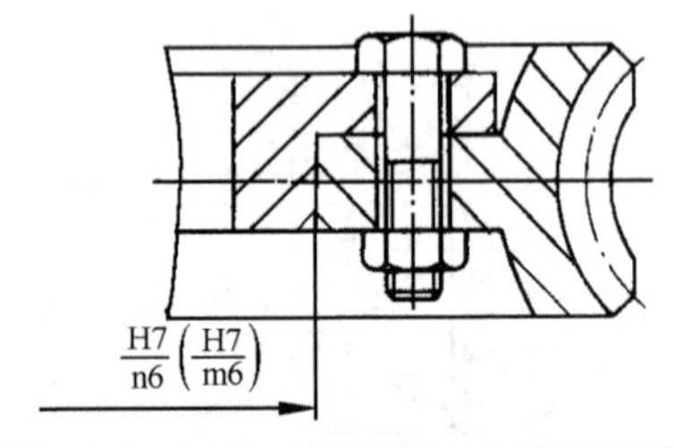

图 2-32　蜗轮青铜轮缘与轮辐的配合

(3) 过盈配合的选用

基准孔 H 与相应公差等级轴的基本偏差代号 p～zc 形成过盈配合（p、r 与较低精度的 H 孔形成过渡配合）。

H/p、H/r 配合，这两种配合在高公差等级时为过盈配合，可用锤打或压力机装配，只宜在大修时拆卸。主要用于定心精度很高、零件有足够的刚性、受冲击负载的定位配合，多用于 IT6～IT8 级，如图 2-27 所示的齿轮与衬套的配合。图 2-33 所示为连杆小头孔与衬套的配合。

H/s、H/t 配合，这两种配合属于中等过盈配合，多采用 IT6、IT7 级。用于钢铁件的永久或半永久结合。不用辅助件，依靠过盈产生的结合力，可以直接传递中等负荷。一般用压力法装配，也有用冷轴或热套法装配的，如铸铁轮与轴的装配，柱、销、轴、套等压入孔中的配合，如图 2-34 所示。

H/u、H/v、H/x、H/y、H/z 配合，这几种属于大过盈配合，过盈量依次增大，过

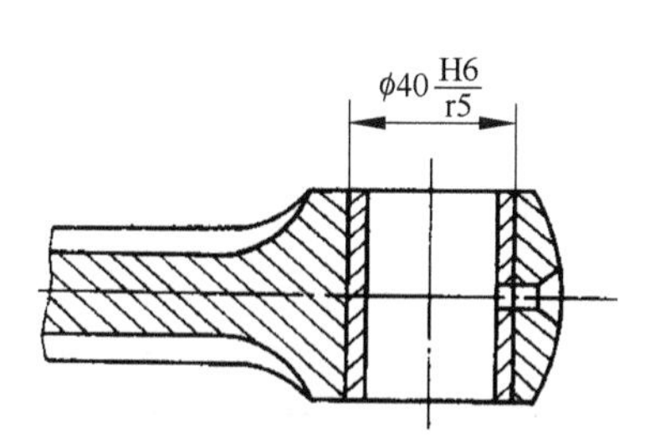

图 2-33　连杆小头孔与衬套的配合

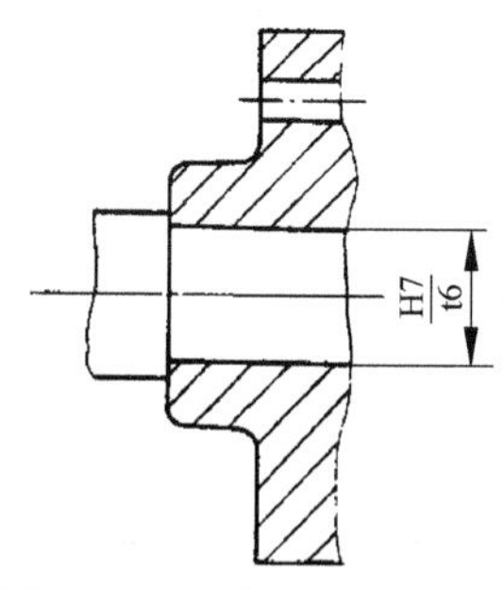

图 2-34　联轴节与轴的配合

盈与直径之比在 0.001 以上。它们适用于传递大的扭矩或承受大的冲击截荷，完全依靠过盈产生的结合力保证牢固的连接，通常采用热套或冷轴法装配。火车的铸钢车轮与高锰钢轮箍要用 H7/u6 甚至 H6/u5 配合，如图 2-35 所示。由于过盈大，要求零件材质好，强度高，否则会将零件挤裂，因此采用时要慎重，一般要经过试验才能投入生产。装配前往往还要进行挑选，使一批配件的过盈量趋于一致，比较适中。

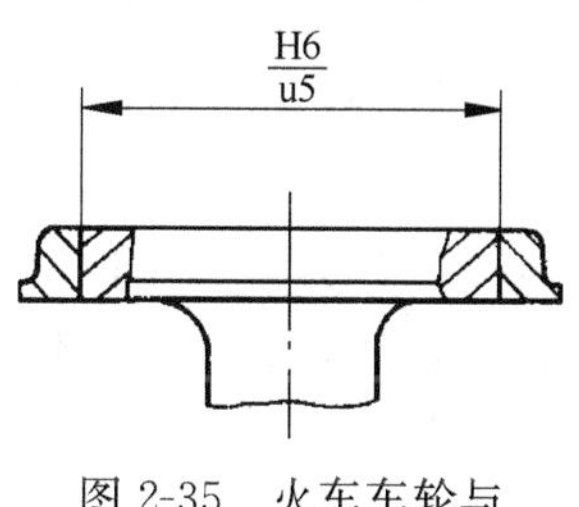

图 2-35　火车车轮与钢箍的配合

总之，配合的选择应先根据使用要求确定配合的类别（间隙配合、过盈配合或过渡配合），然后按工作条件选出具体的基本偏差代号。

2.4　一般公差（线性尺寸的未注公差）

一般公差（general tolerance）是指在车间通常加工条件下可保证的公差。采用一般公差的尺寸，在该尺寸后不需注出其极限偏差数值。

GB/T 1804—2000 为线性尺寸（liner dimension）的一般公差规定了 f、m、c 和 v 共四个公差等级，字母 f 表示精密级，m 表示中等级，c 表示粗糙级，v 表示最粗级。公差等级 f、m、c 和 v 分别相当于 IT12、IT14、IT16 和 IT17。

表 2-15 是线性尺寸一般公差的极限偏差数值表。表 2-16 是倒圆半径和倒角高度的极限偏差数值表。

表 2-15　线性尺寸的极限偏差的数值（摘自 GB/T 1804—2000）　（单位：mm）

公差等级	尺寸分段							
	0.5～3	>3～6	>6～30	>30～120	>120～400	>400～1000	>1000～2000	>2000～4000
精密 f	±0.05	±0.05	±0.1	±0.15	±0.2	±0.3	±0.5	—
中等 m	±0.1	±0.1	±0.2	±0.3	±0.5	±0.8	±1.2	±2
粗糙 c	±0.2	±0.3	±0.5	±0.8	±1.2	±2	±3	±4
最粗 v	—	±0.5	±1	±1.5	±2.5	±4	±6	±8

表 2-16　倒圆半径与倒角高度尺寸的极限偏差数值(摘自 GB/T 1804—2000)　(单位:mm)

公差等级	尺寸分段			
	0.5～3	>3～6	>6～30	>30
精密 f	±0.2	±0.5	±1	±2
中等 m				
粗糙 c	±0.4	±1	±2	±2
最粗 v				

注:倒圆半径与倒角高的含义参见国家标准 GB 6403.4《零件倒圆与倒角》。

由表 2-15 和表 2-16 可见,线性尺寸极限偏差的取值,不论孔和轴还是长度尺寸,都采用对称分布的公差带。其优点是概念清楚,使用方便,数值合理。

一般公差用于标准公差等级较低的非配合尺寸。GB/T 1804—2000 中规定,当采用一般公差时,在图样上只标注公称尺寸,不注出其极限偏差,而应在图样标题栏附近或技术要求、技术文件(如企业标准)中注出标准号及公差等级代号。例如,选用精密级时,则表示为

GB/T 1804—f

但是,当功能上允许零件的某一尺寸具有比一般公差更经济的公差(即大于一般公差的公差)时,应在该尺寸后直接注出其极限偏差。

对于采用一般公差的线性尺寸,是在车间加工精度保证的情况下加工出来的,一般情况下可以不用检验。如果生产方与使用方发生争议,应以上述表格中查得的极限偏差作为依据判断零件的合格性。

习　题　2

1. 什么是极限偏差？什么是尺寸公差？各有何作用？

2. 极限与配合国家标准是如何定义孔、轴的？

3. 什么是提取组成要素的局部尺寸？提取组成要素的局部尺寸等于真实尺寸吗？

4. 偏差可否等于零？同一个公称尺寸的两个极限偏差是否可以同时为零？为什么？

5. 什么是标准公差？国家标准对≤500mm 的尺寸规定了多少个标准公差等级？

6. 什么是基本偏差？为什么要规定基本偏差？

7. 什么是配合制？在哪些情况下采用基轴制？

8. 极限与配合的选用主要解决哪三个问题？其基本原则是什么？

9. 什么是一般公差？在图样上如何表示？

10. 有一批孔、轴配合，孔为 $\phi45^{+0.039}_{0}$ mm，轴为 $\phi45^{-0.025}_{-0.050}$ mm。试计算孔、轴的极限偏差、极限尺寸、尺寸公差；孔、轴配合的极限间隙、平均间隙和配合公差，并画出尺寸公差带图。

11. 有一批孔、轴配合，已知公称尺寸为 $\phi50$mm，es＝0，$T_d=16\mu m$，$Y_{max}=-50\mu m$，$T_D=25\mu m$。求孔的极限偏差，轴的下极限偏差，孔轴极限配合代码，画出孔、轴尺寸公差带图，并指出配合类别。

12. 现有两个孔，其中 $D_1=90$mm，$T_{D_1}=15\mu m$，$D_2=10$mm，$T_{D_2}=5\mu m$，试问哪个孔难加工？

13. 查表确定孔：1）ϕ22E7，2）30Js8，3）ϕ45R7，4）ϕ75P8，5）40M7 和轴：1)28js6，2)ϕ35f7，3)40r7，4)ϕ90s7，5)60k6 的极限偏差数值，写出在零件图上孔、轴极限偏差的表示形式。

14. 查表确定孔：1）$\phi32^{+0.075}_{+0.050}$，2）45 ± 0.031，3）$\phi90^{-0.038}_{-0.073}$，4）$\phi100^{-0.037}_{-0.091}$，5)$80^{0}_{-0.03}$和轴 1)70±0.015，2)$\phi50^{-0.025}_{-0.050}$，3)$80^{+0.073}_{+0.043}$，4)$\phi120^{+0.091}_{+0.037}$，5)$80^{+0.021}_{+0.002}$的公差带代号。

15. 有一孔、轴配合，公称尺寸为 $\phi80$mm，要求配合的最大间隙为＋0.029mm，最大过盈为－0.022mm，试用计算法选取适当的配合。

16. 如图 2-36 所示，1 为钻模套，2、4 为钻头，3 为定位套，5 为工件。已知：

1）配合面①和②都有定心要求，需用过盈量不大的固定连接；

2）配合面③有定心要求，在安装和取出定位套时需轴向移动；

3）配合面④有导向要求，且钻头能在转动状态下进入钻套。

试选择上述配合面的配合种类，并简述其理由。

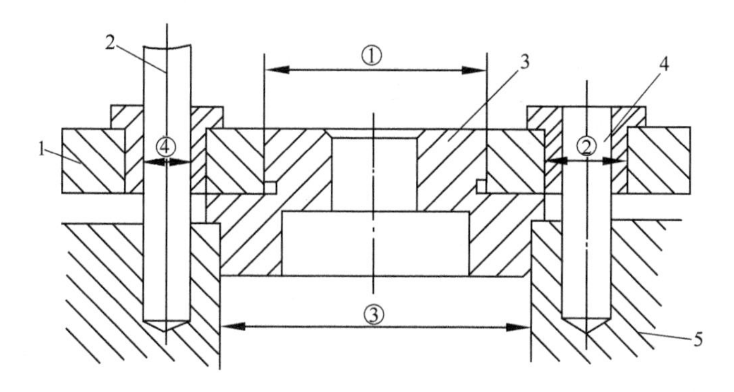

图 2-36

第3章　几何精度设计

3.1　几何误差

机械零件是通过设计、加工等过程制造出来的。在设计阶段,图样上给出的零件都是没有误差的几何体,构成这些几何体的点、线、面都是具有理想几何特征的,其相互之间的位置关系也都是理想正确的。然而,零件在机械加工过程中将会产生形状和位置误差,统称为几何误差。

在图3-1(a)所示的阶梯轴图样中,ϕd_1 表面不但有圆柱度要求,同时又要求其轴线与两 ϕd_2 圆柱面的公共轴线同轴。从图3-1(b)所示完工后的实际零件示意图中不难看出,ϕd_1 表面不是理想的圆柱面,并且 ϕd_1 轴线与两 ϕd_2 圆柱面的公共轴线之间有夹角,即完工后 ϕd_1 圆柱面的形状和位置均不正确,既有形状误差,又有位置误差。

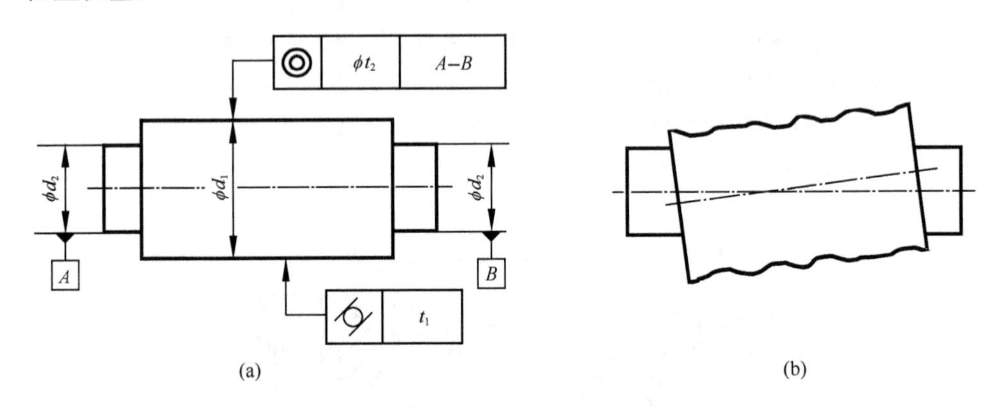

图3-1　几何误差

几何误差对机械产品的工作精度、连接强度、运动平稳性、密封性、耐磨性、配合性质以及可装配性都会产生影响,引起噪声,缩短机械产品的使用寿命。

形状误差会影响零件表面间的配合性质,造成间隙或过盈不一致。对于间隙配合,局部磨损加快,降低零件的运动精度,缩短零件的工作寿命,例如,导轨表面的直线度、平面度不好,将影响沿导轨移动的运动部件的运动精度。对于过盈配合,影响连接强度。钻模、冲模、锻模、凸轮等的形状误差,将直接影响零件的加工精度。

位置误差不仅会影响零件表面间的配合性质,还会直接影响零、部件的可装配性。例如,若法兰端面上孔的位置有误差,就会影响零件的自由装配性;电子产品中，电路板、芯片的插脚位置误差会影响这些器件在整机上的正确安装。

总之，零件的形状和位置误差对其使用性能的影响不容忽视。为保证产品的质量和零件的互换性，应规定几何公差，以限制其误差。

3.2 几何公差

3.2.1 几何公差研究的对象

几何公差(geometrical tolerance)研究的对象是机械零件的几何要素(简称要素)。几何要素是构成零件几何特征的点、线、面的统称，如图 3-2 所示零件的球面、圆锥面、端面、圆柱面、轴线、球心、圆锥顶点、圆台面和圆锥面的表面轮廓线等。

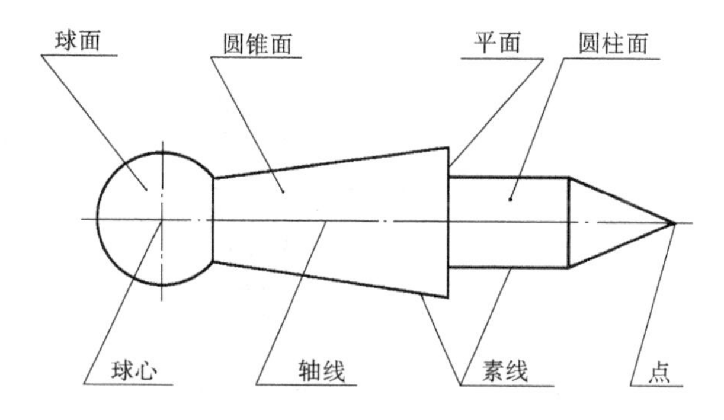

图 3-2 几何要素

3.2.2 几何公差特征项目、符号

几何公差特征项目共有 14 种，其名称和符号见表 3-1。其中形状公差 4 种，位置公差 8 种，形状或位置公差 2 种。

表 3-2 是有关几何公差的其他符号。

表 3-1 几何公差特征项目及符号(摘自 GB/T 1182—2008)

公差		项目特征	符号	有或无基准要求
形状	形状	直线度	—	无
		平面度	▱	无
		圆度	○	无
		圆柱度	⌭	无

续表

公差		项目特征	符号	有或无基准要求
形状或位置	轮廓	线轮廓度	⌒	有或无
		面轮廓度	⌓	有或无
位置	定向	平行度	//	有
		垂直度	⊥	有
		倾斜度	∠	有
	定位	对称度	//	有
		同轴(同心)度	◎	有
		位置度	⌖	有或无
	跳动	圆跳动	↗	有
		全跳动	⌰	有

表 3-2 附加符号(摘自 GB/T 1182—2008)

说明	符号	说明	符号
被测要素		自由状态条件(非刚性零件)	Ⓕ
基准要素	*A* *A*	全周(轮廓)	
基准目标	$\phi 2$ / *A*1	包容要求	Ⓔ
理论正确尺寸	50	可逆要求	Ⓡ

续表

说明	符号	说明	符号
延伸公差带	Ⓟ	公共公差带	CZ
最大实体要求	Ⓜ	小径	LD
最小实体要求	Ⓛ	大径	MD
线素	LE	中径、节径	PD
任意横截面	ACS	不凸起	NC

注：GB/T 1182—1996 中规定的基准符号为 Ⓐ 。

3.2.3 几何公差值

几何公差值分为未注公差和注出公差。机械产品对零件几何公差的要求分为三种情况：一种情况是对于零件的几何公差要求较高，加工后必须经过检验，这时，必须在图样上标注出具体的几何公差要求。第二种情况是未注公差，由车间加工精度、线性尺寸公差或角度公差控制，在图纸上不标注。第三种情况是功能要求允许零件的加工公差大于未注公差值，而这个较大的公差值会给工厂带来经济效益，则这个较大的公差值应单独标注在要素上。

1. *几何公差的未注公差值*(geometrical tolerance for feature without individual tolerance indication)

线轮廓度、面轮廓度、倾斜度、位置度和全跳动的未注公差，均由各要素的注出或未注线性尺寸公差或角度公差控制，在图样上不必作特殊的标注。

圆度的未注公差等于极限与配合标准中规定的直径公差值，但不能大于表3-6中的径向圆跳动公差值。

圆柱度的未注公差值不做规定。圆柱度误差由三个部分组成：圆度、直线度和相对素线的平行度误差，而其中每一项误差均由它们的注出公差或未注公差控制。

平行度的未注公差等于给出的尺寸公差值，或是直线度和平面度未注公差值中的相应公差值取较大者。应取两要素中的较长者作为基准，若两要素的长度相等，则可任选一要素为基准。

同轴度的未注公差值未做规定。在极限状况下，同轴度的未注公差值可以和表 3-6 中规定的径向圆跳动的未注公差值相等。应选要素中的较长者作为基准，若两要素的长度相等，则可任选一要素为基准。

GB/T 1184—1996 对圆跳动、对称度、垂直度、平面度和直线度的未注公差规定了 H、K、L 三个公差等级，采用时应在标题栏附近或在技术要求、技术文件(如企

业标准)中注出标准号及公差等级代号,如:

未注几何公差按“GB/T 1184—k”

常用的几何公差未注公差的分级和数值见表 3-3～表 3-6。

表 3-3　直线度和平面度的未注公差值(摘自 GB/T 1184—1996)　　(单位:mm)

公差等级	基本长度范围					
	≤10	＞10～30	＞30～100	＞100～300	＞300～1 000	＞1 000～3 000
H	0.02	0.05	0.1	0.2	0.3	0.4
K	0.05	0.1	0.2	0.4	0.6	0.8
L	0.1	0.2	0.4	0.8	1.2	1.6

表 3-4　垂直度的未注公差值(摘自 GB/T 1184—1996)　　(单位:mm)

公差等级	基本长度范围			
	≤100	＞100～300	＞300～1 000	＞1 000～3 000
H	0.2	0.3	0.4	0.5
K	0.4	0.6	0.8	1
L	0.6	1	1.5	2

表 3-5　对称度的未注公差值(摘自 GB/T 1184—1996)　　(单位:mm)

<table>
<tr><th rowspan="2">公差等级</th><th colspan="4">基本长度范围</th></tr>
<tr><th>≤100</th><th>＞100～300</th><th>＞300～1 000</th><th>＞1 000～3 000</th></tr>
<tr><td>H</td><td colspan="4">0.5</td></tr>
<tr><td>K</td><td colspan="2">0.6</td><td>0.8</td><td>1</td></tr>
<tr><td>L</td><td>0.6</td><td>1</td><td>1.5</td><td>2</td></tr>
</table>

表 3-6　圆跳动的未注公差值(摘自 GB/T 1182—1996)　　(单位:mm)

公差等级	圆跳动公差值
H	0.1
K	0.2
L	0.3

2. 几何公差的注出公差值

表 3-7～表 3-11 是几何公差的注出公差值。

表 3-7　直线度、平面度公差值（摘自 GB/T 1184—1996）

主参数 L /mm	公差等级											
	1	2	3	4	5	6	7	8	9	10	11	12
	公差值/μm											
≤10	0.2	0.4	0.8	1.2	2	3	5	8	12	20	30	60
>10～16	0.25	0.5	1	1.5	2.5	4	6	10	15	25	40	80
>16～25	0.3	0.6	1.2	2	3	5	8	12	20	30	50	100
>25～40	0.4	0.8	1.5	2.5	4	6	10	15	25	40	60	120
>40～63	0.5	1	2	3	5	8	12	20	30	50	80	150
>63～100	0.6	1.2	2.5	4	6	10	15	25	40	60	100	200
>100～160	0.8	1.5	3	5	8	12	20	30	50	80	120	250
>160～250	1	2	4	6	10	15	25	40	60	100	150	300
>250～400	1.2	2.5	5	8	12	20	30	50	80	120	200	400
>400～630	1.5	3	6	10	15	25	40	60	100	150	250	500

注：主参数 L 指轴、直线、平面的长度。

表 3-8　圆度、圆柱度公差值（摘自 GB/T 1184—1996）

主参数 $d(D)$ /mm	公差等级												
	0	1	2	3	4	5	6	7	8	9	10	11	12
	公差值/μm												
≤3	0.1	0.2	0.3	0.5	0.8	1.2	2	3	4	6	10	14	25
>3～6	0.1	0.2	0.4	0.6	1	1.5	2.5	4	5	8	12	18	30
>6～10	0.12	0.25	0.4	0.6	1	1.5	2.5	4	6	9	15	22	36
>10～18	0.15	0.25	0.5	0.8	1.2	2	3	5	8	11	18	27	43
>18～30	0.2	0.3	0.6	1	1.5	2.5	4	6	9	13	21	33	52
>30～50	0.25	0.4	0.6	1	1.5	2.5	4	7	11	16	25	39	62
>50～80	0.3	0.5	0.8	1.2	2	3	5	8	13	19	30	46	74
>80～120	0.4	0.6	1	1.5	2.5	4	6	10	15	22	35	54	87
>120～180	0.6	1	1.2	2	3.5	5	8	12	18	25	40	63	100
>180～250	0.8	1.2	2	3	4.5	7	10	14	20	29	46	72	115
>250～315	1.0	1.6	2.5	4	6	8	12	16	23	32	52	81	130
>315～400	1.2	2	3	5	7	9	13	18	25	36	57	89	140
>400～500	1.5	2.5	4	6	8	10	15	20	27	40	63	97	155

注：主参数 $d(D)$ 系轴（孔）的直径。

表 3-9　平行度、垂直度、倾斜度公差值（摘自 GB/T 1184—1996）

主参数 L、$d(D)$/mm	公差等级											
	1	2	3	4	5	6	7	8	9	10	11	12
	公差值/μm											
≤10	0.4	0.8	1.5	3	5	8	12	20	30	50	80	120
>10～16	0.5	1	2	4	6	10	15	25	40	60	100	150
>16～25	0.6	1.2	2.5	5	8	12	20	30	50	80	120	200
>25～40	0.8	1.5	3	6	10	15	25	40	60	100	150	250
>40～63	1	2	4	8	12	20	30	50	80	120	200	300
>63～100	1.2	2.5	5	10	15	25	40	60	100	150	250	400
>100～160	1.5	3	6	12	20	30	50	80	120	200	300	500
>160～250	2	4	8	15	25	40	60	100	150	250	400	600
>250～400	2.5	5	10	20	30	50	80	120	200	300	500	800
>400～630	3	6	12	25	40	60	100	150	250	400	600	1000

注：① 主参数 L 为给定平行度时轴线或平面的长度，或给定垂直度、倾斜度时被测要素的长度。

② 主参数 $d(D)$ 为给定面对线垂直度时，被测要素的轴（孔）直径。

表 3-10　同轴度、对称度、圆跳动和全跳动公差值（摘自 GB/T 1184—1996）

主参数 $d(D)$、B、L/mm	公差等级											
	1	2	3	4	5	6	7	8	9	10	11	12
	公差值/μm											
≤1	0.4	0.6	1.0	1.5	2.5	4	6	10	15	25	40	60
>1～3	0.4	0.6	1.0	1.5	2.5	4	6	10	20	40	60	120
>3～6	0.5	0.8	1.2	2	3	5	8	12	25	50	80	150
>6～10	0.6	1	1.5	2.5	4	6	10	15	30	60	100	200
>10～18	0.8	1.2	2	3	5	8	12	20	40	80	120	250
>18～30	1	1.5	2.5	4	6	10	15	25	50	100	150	300
>30～50	1.2	2	3	5	8	12	20	30	60	120	200	400
>50～120	1.5	2.5	4	6	10	15	25	40	80	150	250	500
>120～250	2	3	5	8	12	20	30	50	100	200	300	600
>250～500	2.5	4	6	10	15	25	40	60	120	250	400	800

注：① 主参数 $d(D)$ 为给定同轴度时轴直径，或给定圆跳动、全跳动时轴（孔）直径。

② 圆锥体斜向圆跳动公差的主参数为平均直径。

③ 主参数 B 为给定对称度时槽的宽度。

④ 主参数 L 为给定两孔对称度时的孔心距。

表 3-11　位置度公差(positional tolerance)值系数表(摘自 GB/T 1184—1996)

1	1.2	1.5	2	2.5	3	4	5	6	8
1×10^n	1.2×10^n	1.5×10^n	2×10^n	2.5×10^n	3×10^n	4×10^n	5×10^n	6×10^n	8×10^n

注:n 为正整数。

3.2.4　几何公差标注

在技术图样中,几何公差采用符号标注。几何公差标注的内容包括:公差特征项目、公差值、提取组成要素、导出要素、基准(对于位置公差)以及一些特殊要求。几何公差在图样上,用框格的形式标注,在框格内注明形位公差特征项目符号、几何公差数值及表示某些特殊要求的有关符号。

1. 公差框格

几何公差框格由两格组成,位置公差框格由三格或多格组成,在图样中只能水平或垂直绘制。框格中的内容从左到右(或从下到上)按如图 3-3 所示的次序填写;公差值用线性值,单位为 mm;如公差带是圆形或圆柱形的则在公差值前加注“ϕ”,如是球形的则加注“$S\phi$”;如需要,用一个或多个字母表示基准要素或基准体系。

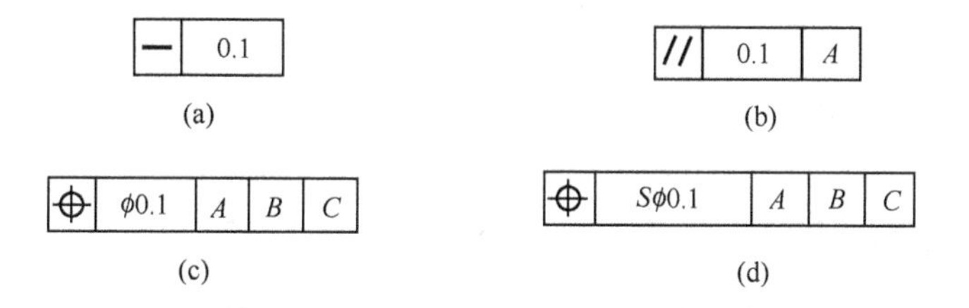

图 3-3

当一个以上要素被测,如六个要素,应在框格上方标明被测的要素数量,如“6×”、“6 槽”,见图 3-4(a)。

如对同一要素有一个以上的公差特征项目要求且公差带宽度(大小)方向一致时,为方便起见可将一个框格放在另一个框格的下面,见图 3-4(b)。

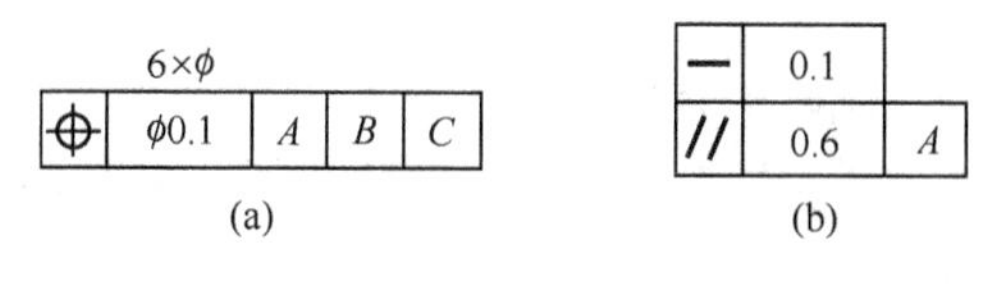

图 3-4

2. 被测要素的表示

用带箭头的指引线将框格与被测的要素相连,按以下方式标注:

当公差涉及轮廓线或表面时，将箭头置于要素的轮廓线或轮廓线的延长线上(但必须与尺寸线明显地分开)，见图 3-5 和图 3-6。

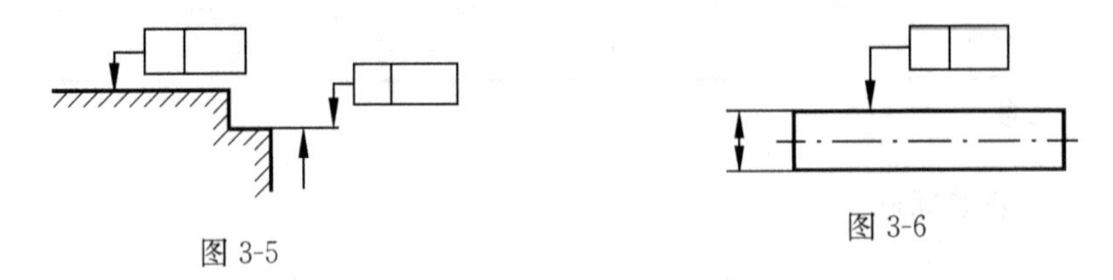

图 3-5

图 3-6

当指向实际表面时，箭头可置于带点的参考线上，该点指在实际表面上，见图 3-7。

当公差涉及轴线、中心平面或由带尺寸要素确定的点时，则带箭头的指引线应与尺寸线的延长线重合，见图 3-8～图 3-10。

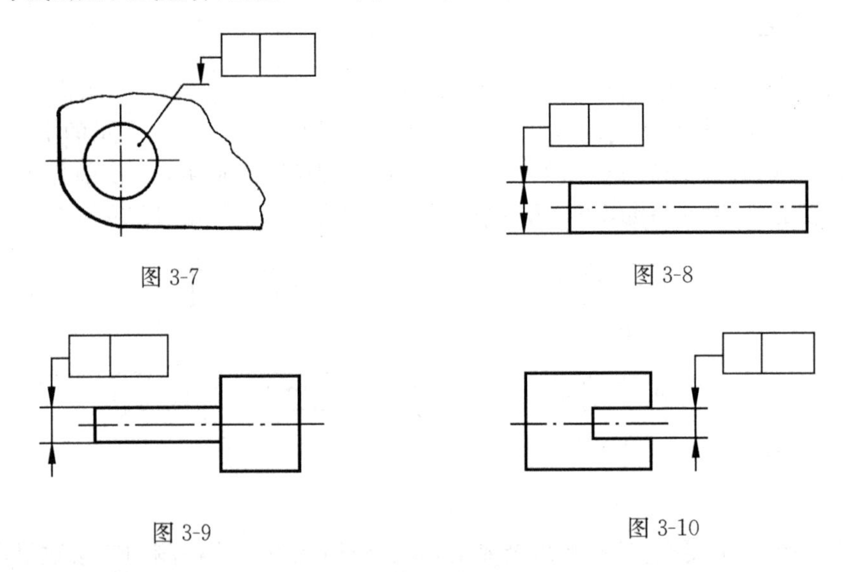

图 3-7

图 3-8

图 3-9

图 3-10

箭头所指的方向代表公差带的宽度(即公差值的大小)方向。对于圆度，公差带的宽度是形成两同心圆的半径方向。

3. 基准(datum)的表示

相对于被测的要素基准，由基准字母表示。

基准字母采用斜体大写的字母。大写字母必须水平书写。为不致引起误解，不采用 E、I、J、M、O、P、L、R、F 作基准字母。

表示基准的字母既要注在公差框格内，又要写在一个由细实线与基准三角形相连的基准方格内。涂黑的和空白的基准三角形含义相同，见图 3-11～图 3-15。基准三角形按以下方式放置：

当基准是轮廓线或表面时，基准三角形放置在要素的轮廓线或它的延长线(与尺寸线明显错开)，见图 3-11。基准符号还可置于用圆点指向实际表面的参考线上，见图 3-12。

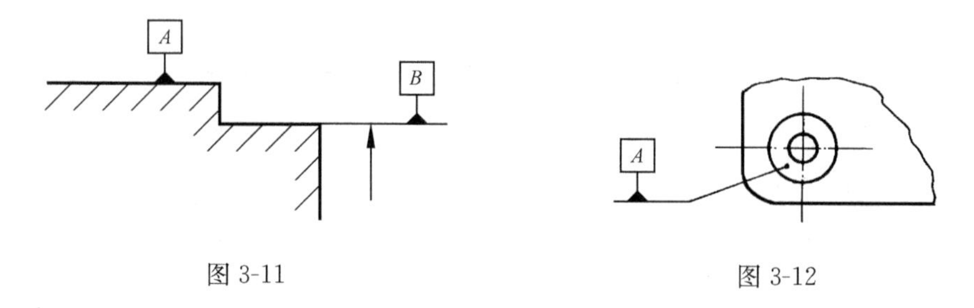

图 3-11　　图 3-12

当基准是尺寸要素确定的轴线、中心平面或中心点时，基准三角形应放置在该尺寸线的延长线上，见图 3-13 和图 3-14。如尺寸线处安排不下两个箭头，则其中一个箭头可用基准三角形代替，见图 3-14 和图 3-15。

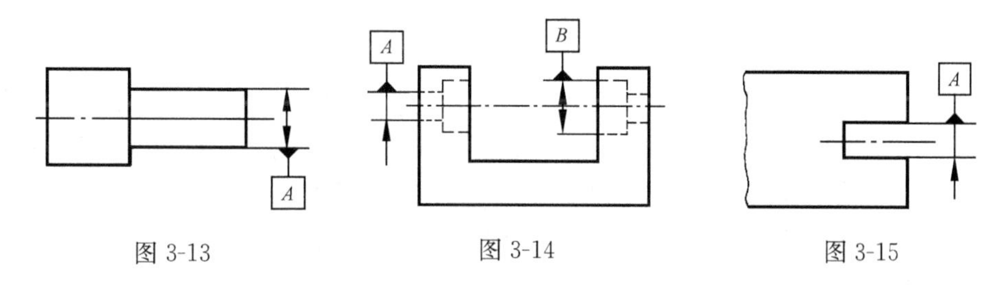

图 3-13　　图 3-14　　图 3-15

以两个要素建立公共基准时，用中间加连字符的两个大写字母表示，见图 3-16。以两个或三个基准建立基准体系(即采用多基准)时，表示基准的大写字母应按基准的优先顺序，从左到右填写在各框格内，见图 3-17。

图 3-16　　图 3-17

4. 特殊表示方法

(1) 全周符号

几何公差特征符号(如轮廓度公差)适用于横断截面内的整个外轮廓线或整个外轮廓面时，应采用全周符号，见图 3-18。

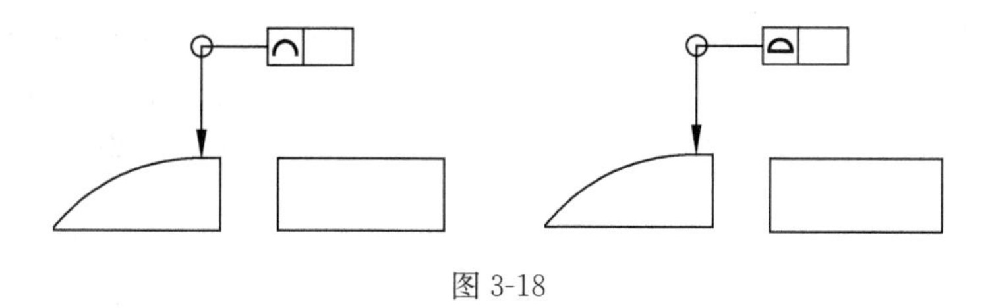

图 3-18

(2) 螺纹、齿轮和花键标注

在一般情况下，螺纹轴线作为被测的要素或基准均为中径轴线，如采用大径轴线则应用“MD”表示，采用小径轴线用 “LD”表示，见图 3-19。

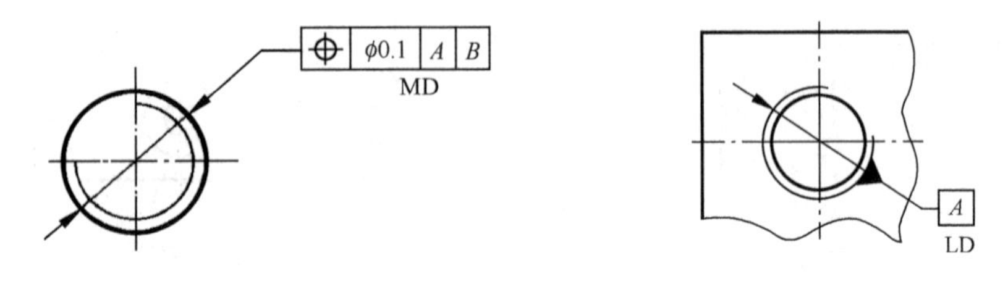

图 3-19

由齿轮和花键轴线作为被测的要素或基准时，节径轴线用“PD”表示，大径(对外齿轮是顶圆直径，对内齿轮是根圆直径)轴线用“MD”表示，小径(对外齿轮是根圆直径，对内齿轮为顶圆直径)轴线用“LD”表示。

(3) 局部限制的规定

如对同一要素的公差值在全部被测的要素内任一部分有进一步限制时，该限制部分(长度或面积)的公差值要求应放在公差值的后面，用斜线相隔。这种限制要求可以直接放在表示全部被测的要素公差要求框格下面，见图 3-20。

如仅要求要素某一部分的公差值，则用粗点画线表示其范围，并加注尺寸，见图 3-21 和图3-22。

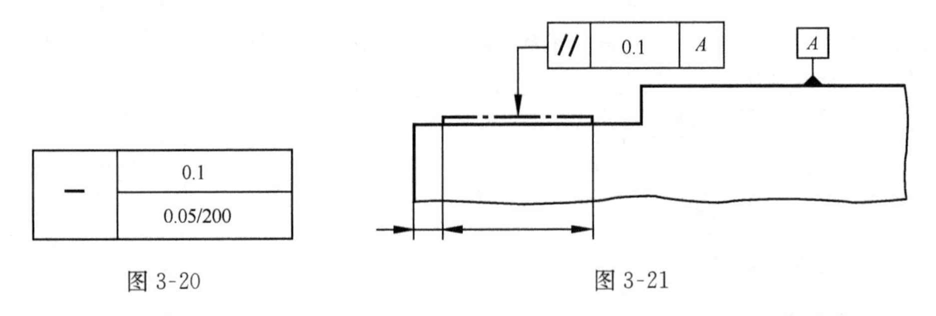

图 3-20　　　　图 3-21

如仅要求要素的某一部分作为基准，则该部分应用粗点画线表示并加注尺寸，见图 3-23。

(4) 理论正确尺寸

对于要素的位置度、轮廓度或倾斜度，其尺寸由不带公差的理论正确位置、轮廓或角度确定，这种尺寸称“理论正确尺寸”。理论正确尺寸应围以框格，零件实际尺寸仅是由在公差框格中位置度、轮廓度或倾斜度公差来限定，见图 3-24 和图 3-25。

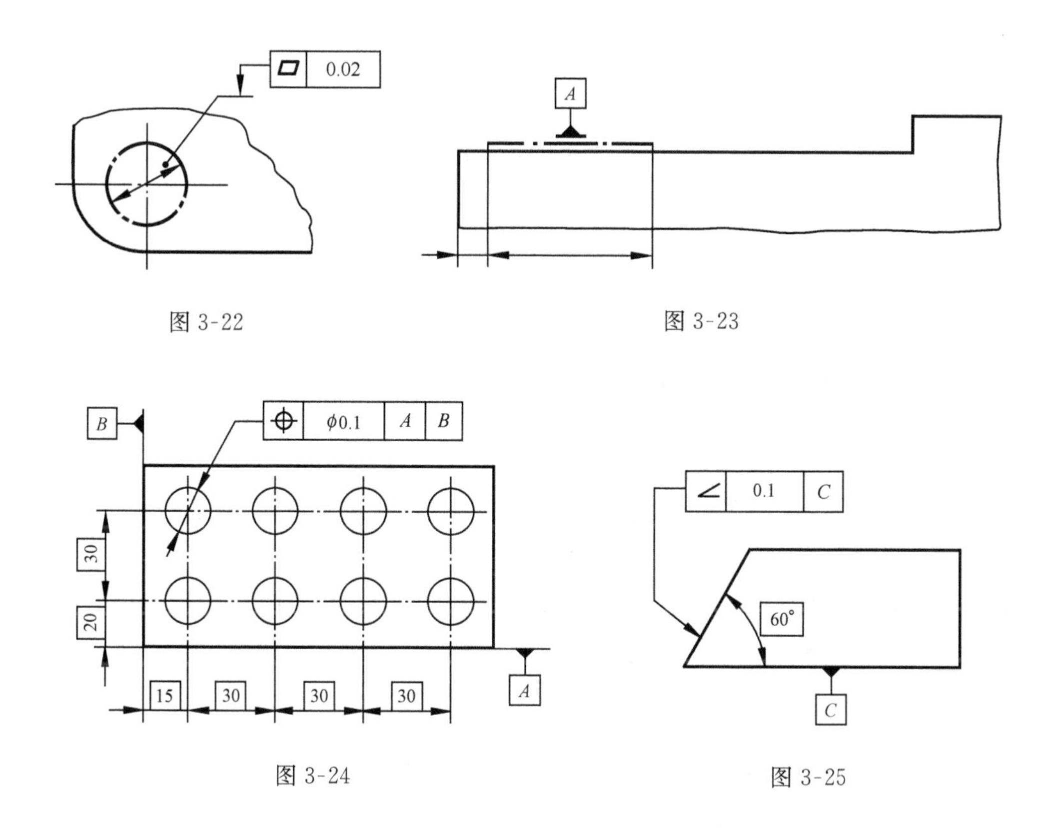

图 3-22　　图 3-23

图 3-24　　图 3-25

(5) 延伸公差带(projected tolerance zone)

延伸公差带的含义是将被测要素的公差带延伸到工件实体之外，用所给定的公差带同时控制工件在实体部分和实体外部总长度上的几何误差，以确保装配时相配件与该零件能顺利装入。延伸公差带用符号Ⓟ表示，在图样中应注出其延伸的范围，如图 3-26 所示。

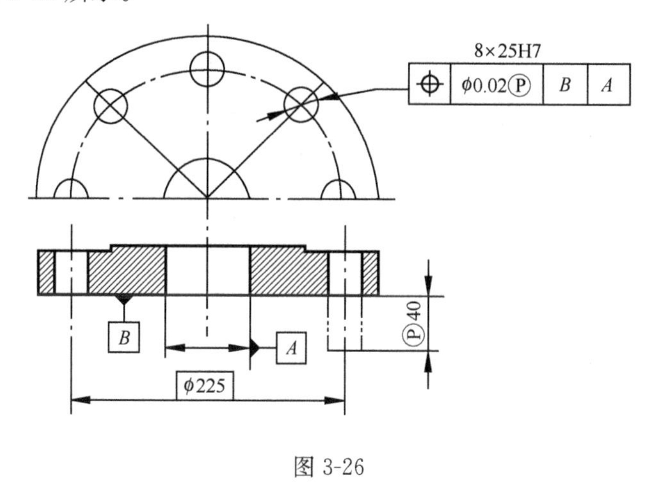

图 3-26

(6) 最大实体要求、最小实体要求和可逆要求(maximun material requirement, least material requirement and reciprocity requirement)

最大实体要求用符号Ⓜ表示,此符号置于给出的公差值或基准字母的后面,或同时置于两者后面,见图 3-27。

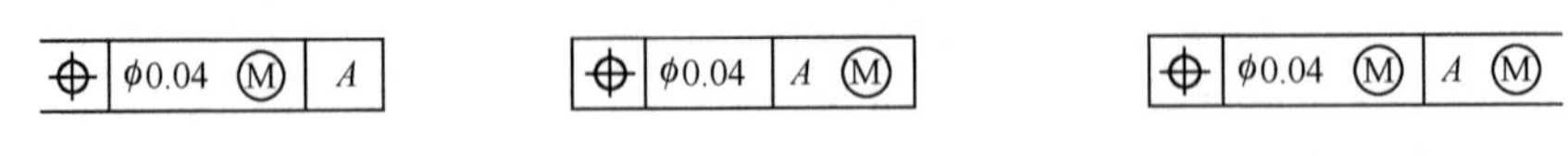

图 3-27

最小实体要求用符号Ⓛ表示,此符号置于给出的公差值或基准字母的后面,或同时置于两者后面,见图 3-28。

图 3-28

可逆要求用符号Ⓡ表示,此符号不能单独标注,只能置于被测要素的几何公差值后的Ⓜ或Ⓛ的后面,见图 3-29。

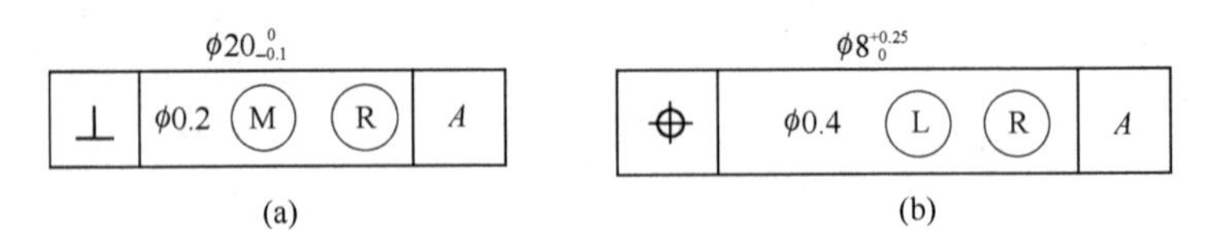

图 3-29

(7) 共面或共线要求

一个公差框格可以用于具有相同几何特征的公差值的若干分离要素,如图 3-30(a)所示。若干个分离要素给出单一公差带时,可按图 3-30(b)标注。

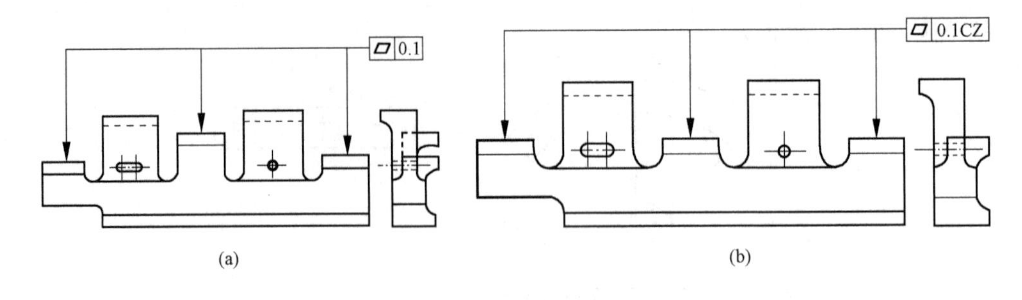

图 3-30

(8) 自由状态条件

对于非刚性零件的自由状态条件用符号Ⓕ表示,此符号置于给出的公差值后面,见图 3-31。

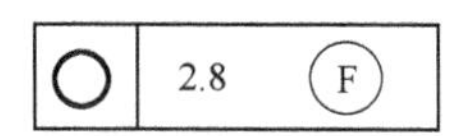

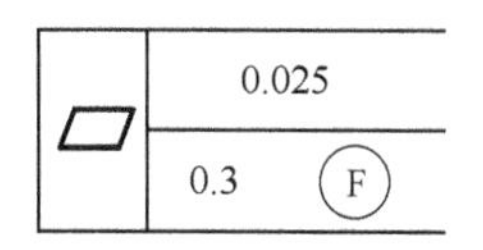

图 3-31

(9) 基准目标

当需要在基准上指定某些点、线或局部表面来体现各基准平面时,应标注基准目标。基准目标按下列方法标注在图样上:

当基准目标为点时,用"×"表示,见图 3-32(a);

为基准目标为线时,用细实线表示,并在棱边上加"×",见图 3-32(b)、(c);

当基准目标为局部表面时,用双点画线给出该局部表面的图形,并画上与水平成 45°的细实线,见图 3-33。

基准目标代号在图样中的标注见图 3-34。

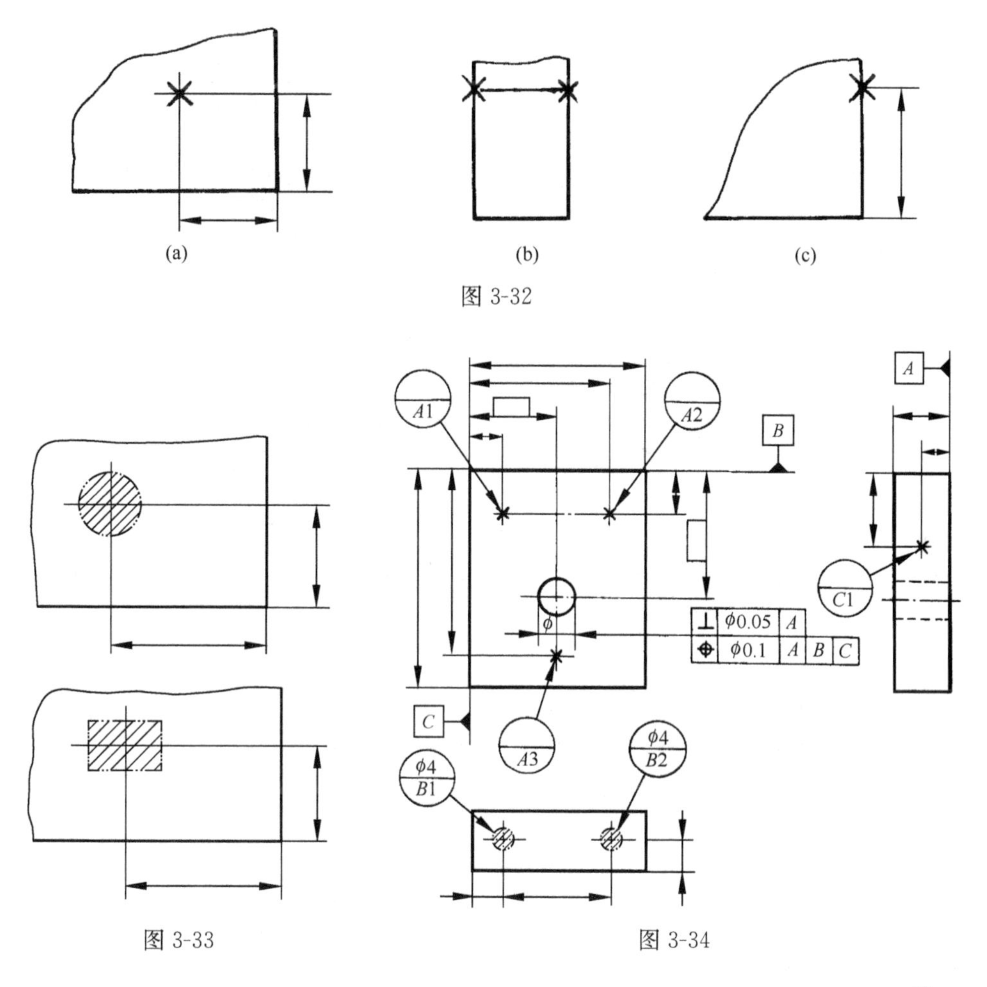

图 3-32

图 3-33

图 3-34

3.2.5 形位公差带

形位公差带是限制实际要素变动的区域。除非另有规定，公差带的宽度方向就是给定的方向或垂直于被测要素的方向。它的主要形式有两平行直线、两平行平面、两等距曲线、两等距曲面、一个圆柱、两同心圆、一个圆、一个球、两同轴圆柱等。不同的形位公差带用于控制不同的形位误差项目。只要被测要素完全落在给定的形位公差带之内，就说明被测要素的形状和位置符合设计要求。

形位公差带具有形状、大小、方向和位置四个特征，这些特征由零件的功能和互换性要求确定。

1. 形状公差带

形状公差是指单一实际要素的形状所允许的变动全量。形状公差带及其定义、标注和解释如表 3-12 所示。

表 3-12 形状公差带定义、标注和解释(摘自 GB/T 1182—2008)

特征符号	公差带定义	标注和解释
直线度	在给定平面内，公差带是距离为公差值 t 的平行直线之间的区域 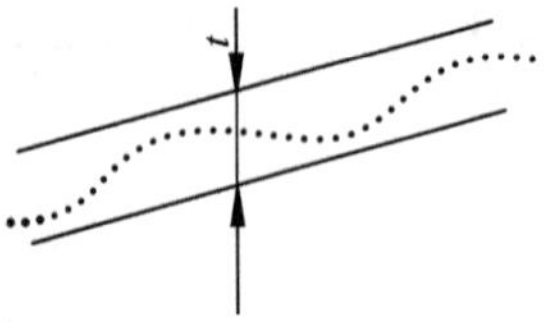	提取(实际)的线必须位于平行于图样所示投影面且距离为公差值 0.1 的两平行直线内 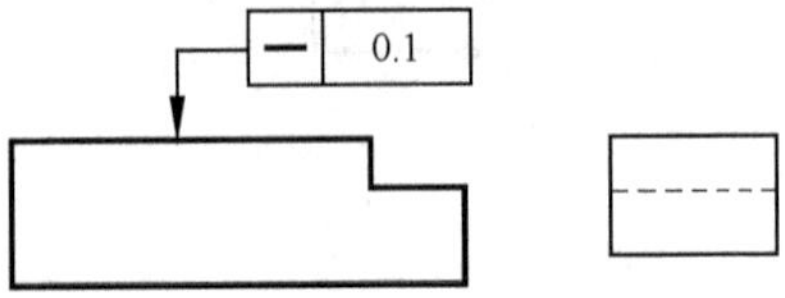
	公差带为间距等于公差值 t 的两平行平面所限定的区域 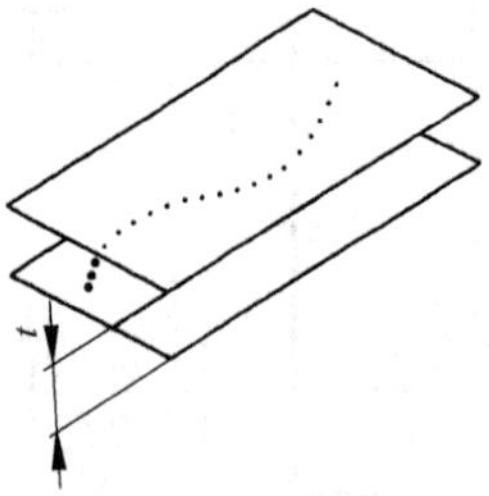	提取(实际)的棱边应限定在间距等于 0.1 的两平行平面之间 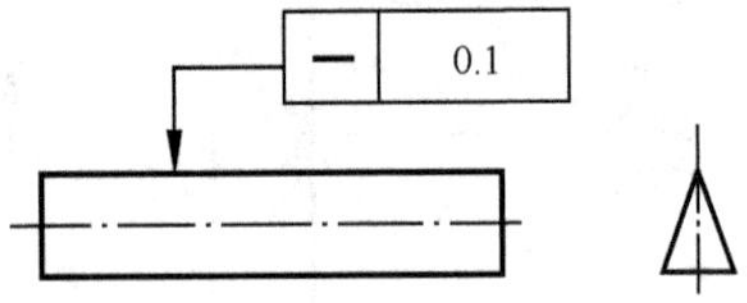
	由于公差值前加注了符号 ϕ，公差带为直径等于公差值 ϕt 的圆柱面所限定的区域 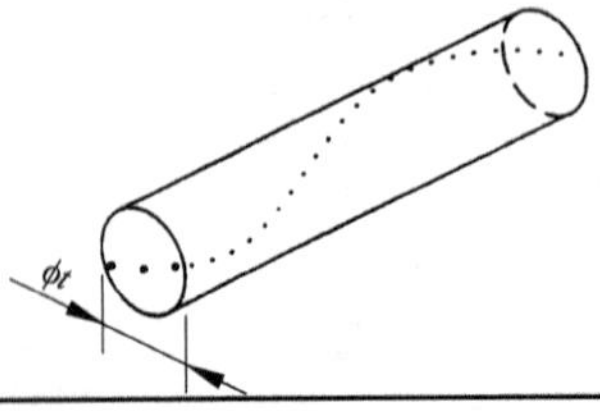	外圆柱面的提取(实际)中心线应限定在直径等于 $\phi 0.08$ 的圆柱面内 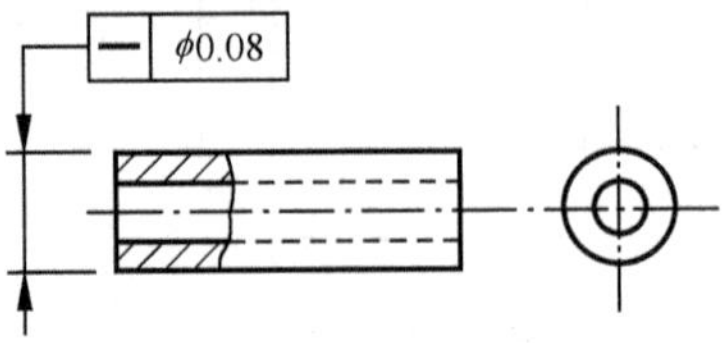

续表

特征符号	公差带定义	标注和解释
平面度	公差带为间距等于公差值 t 的两平行平面所限定的区域 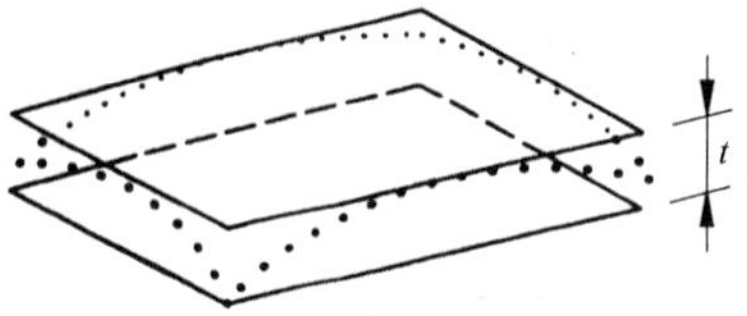	提取表面应限定在间距等于 0.08 的两平行平面之间 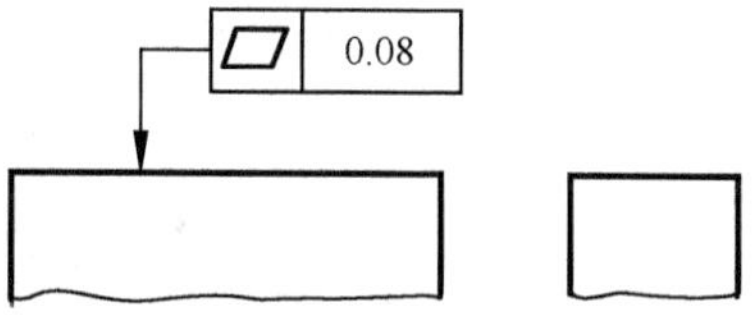
圆度	公差带为在给定横截面内，半径差等于公差值 t 的两同心圆所限定的区域 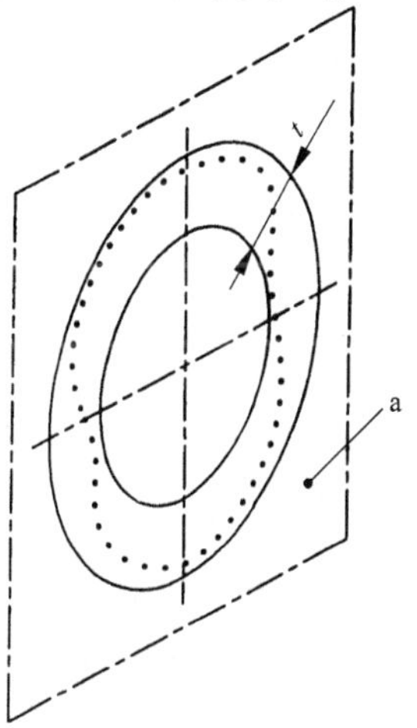 [a] 任一横截面。	在圆柱面和圆锥面的任意横截面内，提取（实际）圆周应限定在半径差等于 0.03 的两共面同心圆之间 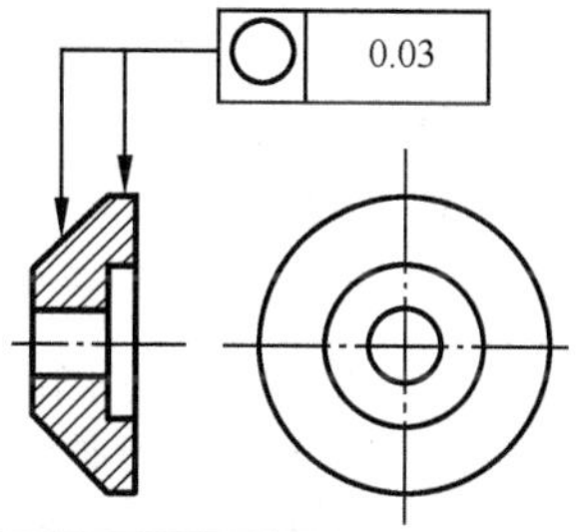 在圆锥面的任意横截面内，提取（实际）圆周应限定在半径差等于 0.1 的两同心圆之间 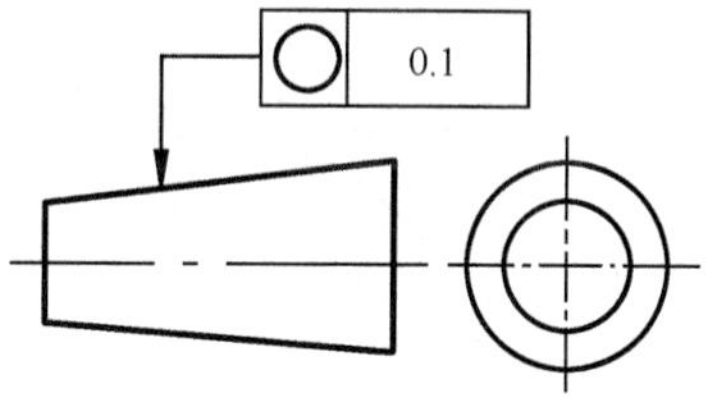
圆柱度	公差带为半径差等于公差值 t 的两同轴圆柱面所限定的区域 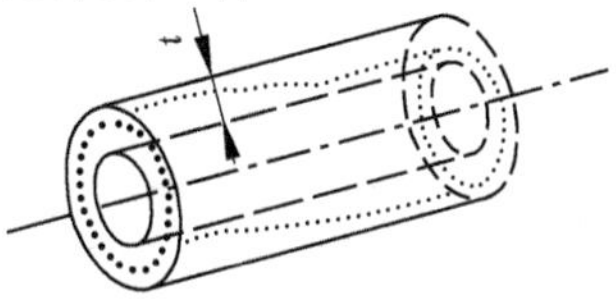	提取（实际）圆柱面应限定在半径差等于 0.1 的两同轴圆柱面之间 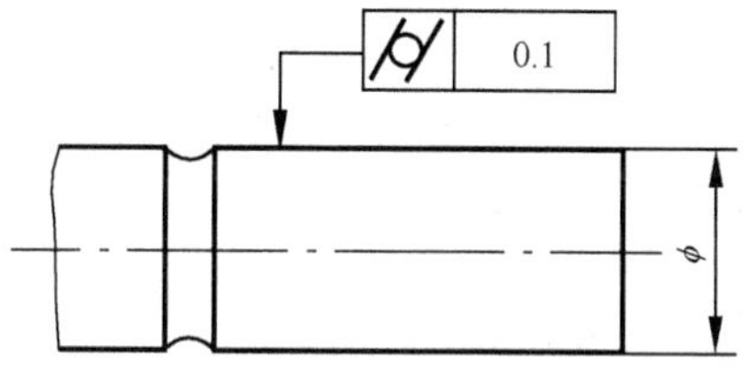

2. 线轮廓度和面轮廓度公差带

轮廓度公差有线轮廓度公差和面轮廓度公差。无基准要求时为形状公差，有基准要求时为位置公差。线轮廓度和面轮廓度公差带的定义、标注和释义见表 3-13 所示。

表 3-13　线轮廓度和面轮廓度公差带定义、标注和解释（摘自 GB/T 1182—2008）

特征符号	公差带定义	标注和解释
无基准的线轮廓度	公差带为直径等于公差值 t、圆心位于具有理论正确几何形状上的一系列圆的两包络线所限定的区域 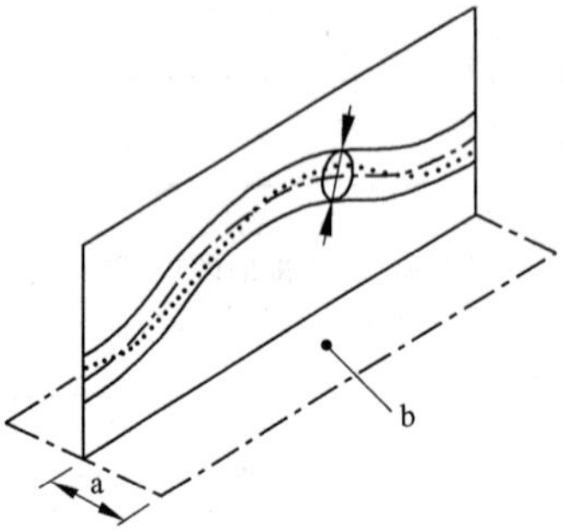 a 任一距离； b 垂直于右图视图所在平面。	在任一平行于图示投影面的截面内，提取（实际）轮廓线应限定为直径等于 0.04 圆心位于被测要素理论正确几何形状上的一系列圆的两包络线之间 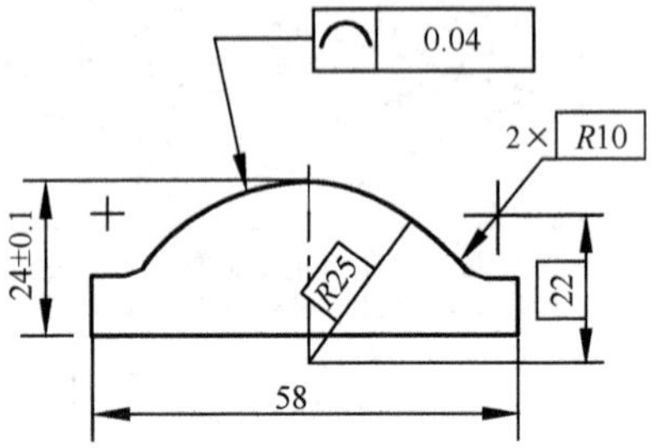
相对于基准体系的线轮廓度	公差带为直径等于公差值 t、圆心位于由基准平面 A 和基准平面 B 确定的被测要素理论正确几何形状上的一系列圆的两包络线所限定的区域 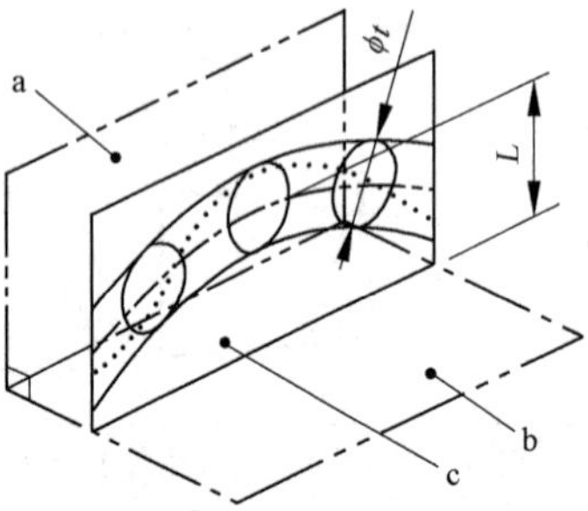 a 基准平面 A； b 基准平面 B； c 平行于基准 A 的平面。	在任一平行于投影平面的截面内，提取（实际）轮廓线应限定在直径等于 0.04、圆心位于由基准平面 A 和基准平面 B 确定的被测要素理论正确几何形状上的一系列圆的两等距包络线之间 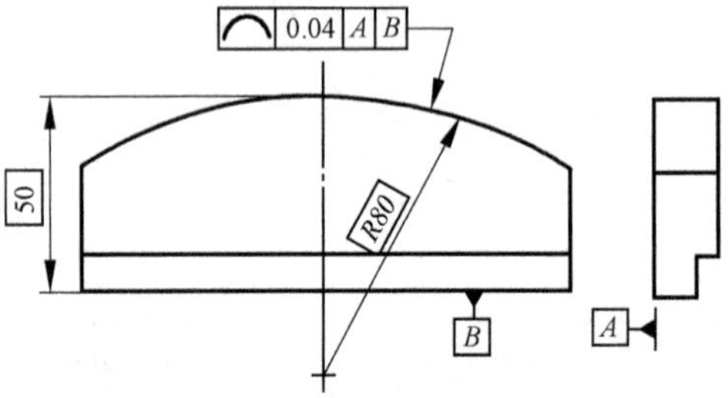
无基准的面轮廓度	公差带为直径等于公差值 t、球心位于被测要素理论正确形状上的一系列圆球的两包络面所限定的区域 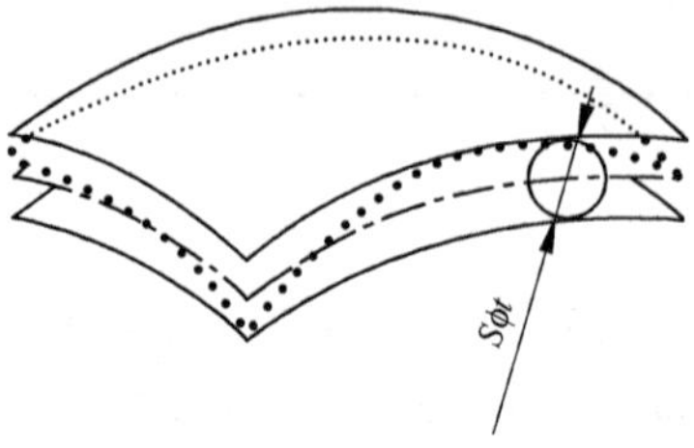	提取（实际）轮廓面应限定在直径等于公差值 0.02，球心位于被测要素理论正确几何形状上的一系列圆球的两等距包络面之间 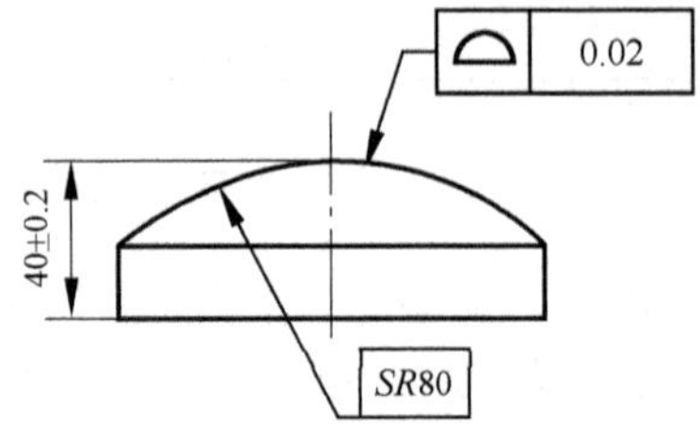

续表

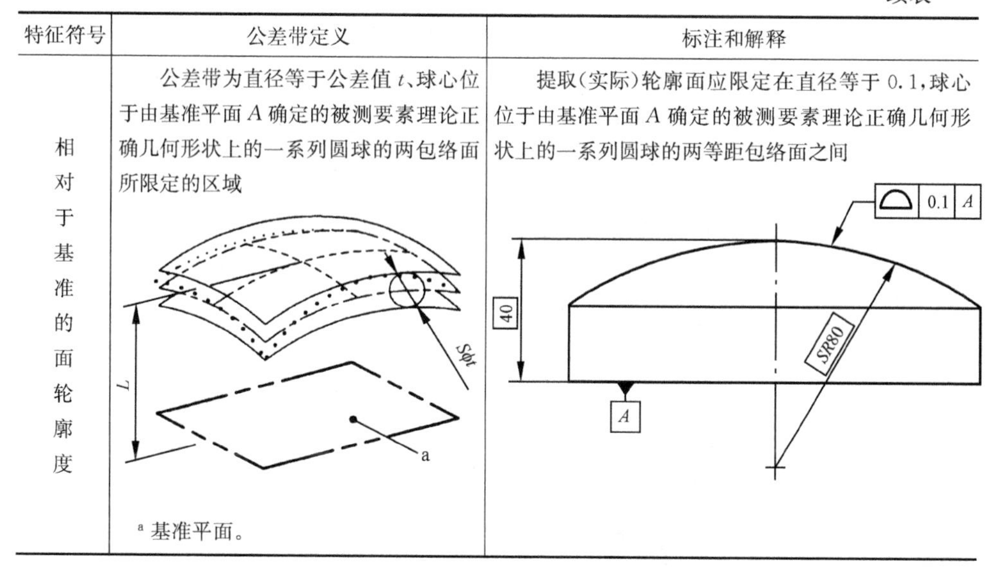

特征符号	公差带定义	标注和解释
相对于基准的面轮廓度	公差带为直径等于公差值 t、球心位于由基准平面 A 确定的被测要素理论正确几何形状上的一系列圆球的两包络面所限定的区域 [a] 基准平面。	提取(实际)轮廓面应限定在直径等于 0.1，球心位于由基准平面 A 确定的被测要素理论正确几何形状上的一系列圆球的两等距包络面之间

3．位置公差带

位置公差是实际要素的位置对基准所允许的变动全量。位置公差分为定向公差、定位公差和跳动公差。

(1) 定向公差与公差带

定向公差是实际要素对基准在方向上允许的变动全量。定向公差包括平行度、垂直度和倾斜度。其中，每一种定向公差都有面对面、面对线、线对面和线对线四种情况。定向公差的公差带定义、标注和释义见表 3-14 所示。

(2) 定位公差与公差带

定位公差是关联实际要素对基准在位置上允许的变动全量。定位公差包括同轴度、对称度和位置度。表 3-15 是定位公差的公差带定义、标注和释义的典型示例。

(3) 跳动公差与公差带

跳动公差是实际要素绕基准轴线回转一周或连续回转时所允许的最大跳动量。跳动公差包括圆跳动和全跳动。

圆跳动公差是实际要素某一固定参考点围绕基准轴线旋转一周时(零件和测量仪器间无轴向移动)允许的最大变动量 t，圆跳动公差适用于每一个不同的测量位置。圆跳动可能包括圆度、同轴度、垂直度或平面度误差，这些误差的总值不能超过给定的圆跳动公差。圆跳动公差分径向圆跳动公差、轴向圆跳动公差和斜向圆跳动公差。

全跳动公差是实际要素绕基准轴线做无轴向移动回转，同时指示器沿理想素线连续移动（或被测实际要素每回转一周，指示器沿理想素线做间断移动）时，在垂直于指示器移动方向上所允许的最大跳动量。全跳动公差有径向全跳动公差和轴向圆跳动公差。典型的跳动公差带定义、标注和释义见表 3-16 所示。

表 3-14　定向公差带定义、标注和释义（摘自 GB/T 1182—2008）

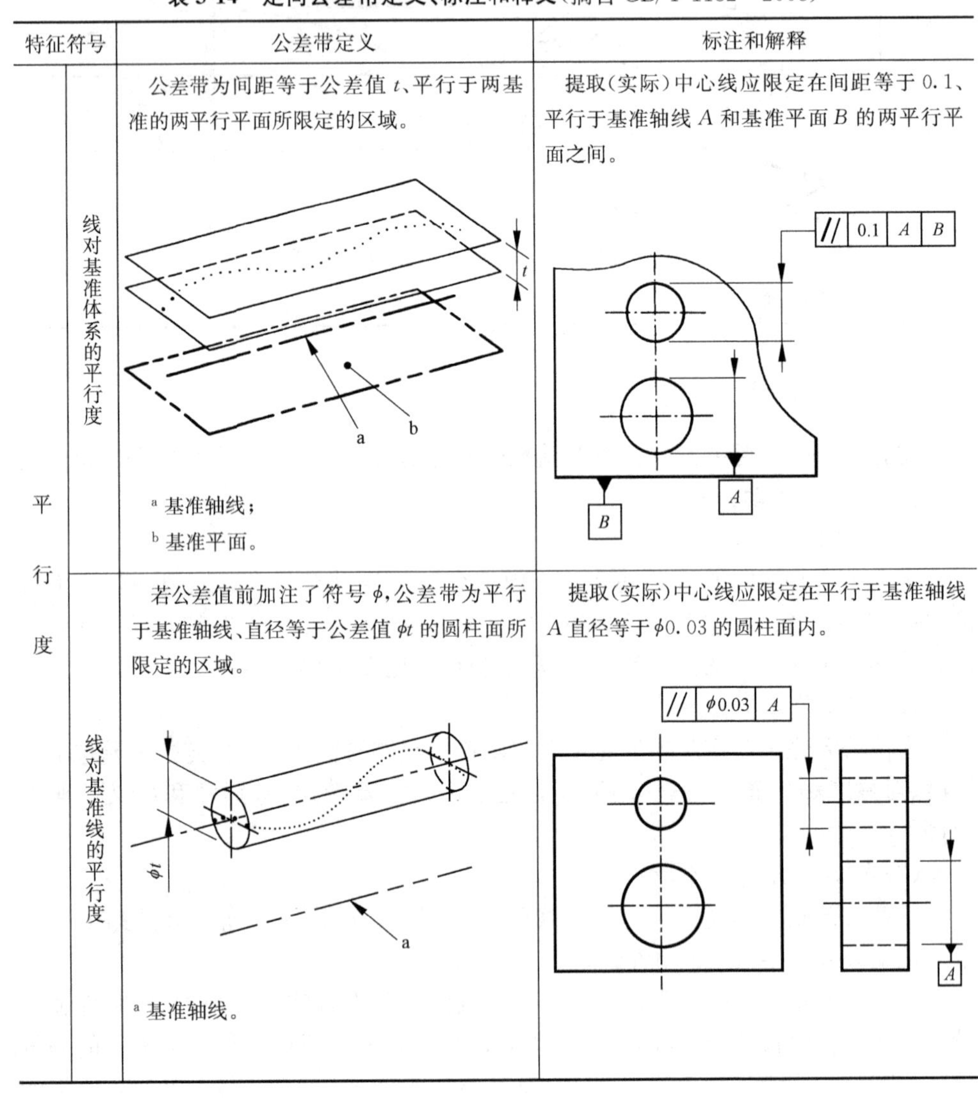

特征符号		公差带定义	标注和解释
平行度	线对基准体系的平行度	公差带为间距等于公差值 t、平行于两基准的两平行平面所限定的区域。 a 基准轴线； b 基准平面。	提取（实际）中心线应限定在间距等于 0.1、平行于基准轴线 A 和基准平面 B 的两平行平面之间。
	线对基准线的平行度	若公差值前加注了符号 ϕ，公差带为平行于基准轴线、直径等于公差值 ϕt 的圆柱面所限定的区域。 a 基准轴线。	提取（实际）中心线应限定在平行于基准轴线 A 直径等于 ϕ0.03 的圆柱面内。

续表

特征符号		公差带定义	标注和解释
平行度	线对基准面的平行度	公差带为平行于基准平面、间距等于公差值 t 的两平行平面所限定的区域。 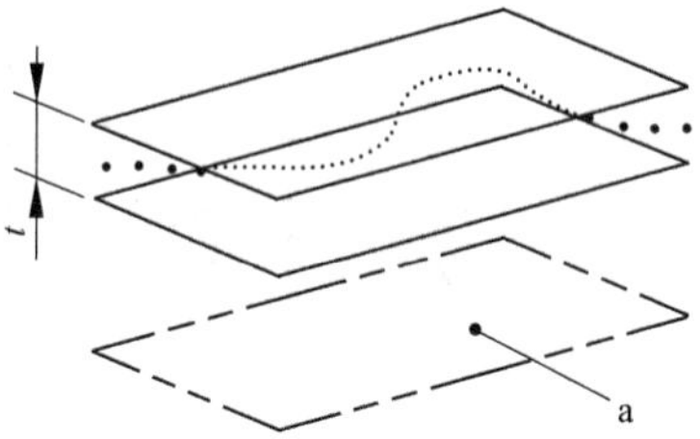 a 基准平面。	提取(实际)中心线应限定在平行于基准平面 B、间距等于 0.01 的两平行平面之间。 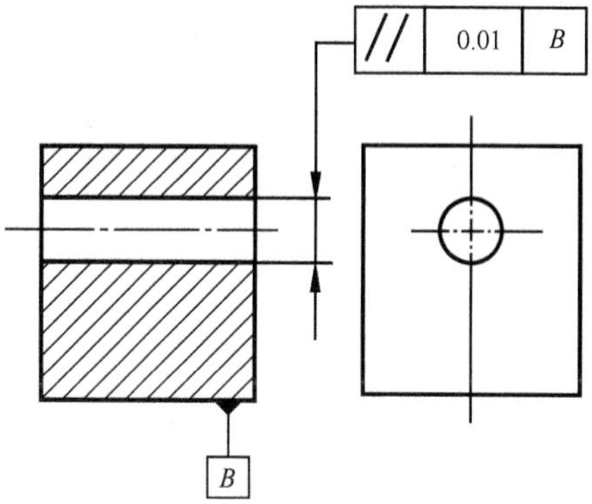
	面对基准线的平行度	公差带为间距等于公差值 t、平行于基准轴线的两平行平面所限定的区域。 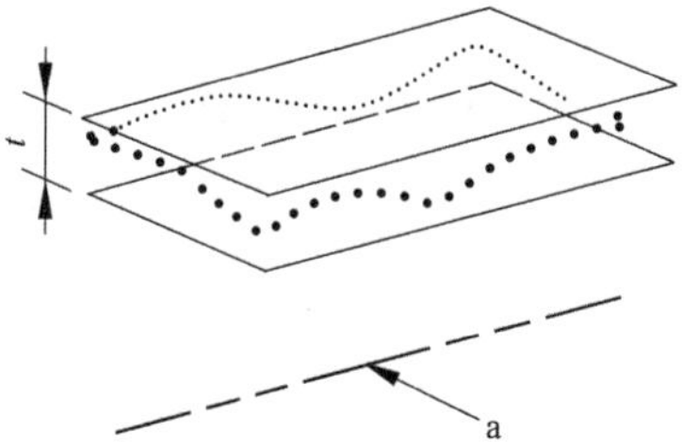 a 基准轴线。	提取(实际)表面应限定在间距等于 0.1、平行于基准轴线 C 的两平行平面之间。 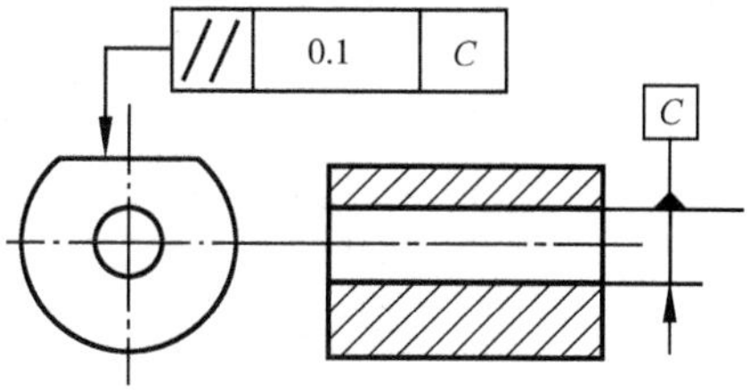
	面对基准面的平行度	公差带为间距等于公差值 t、平行于基准平面的两平行平面所限定的区域。 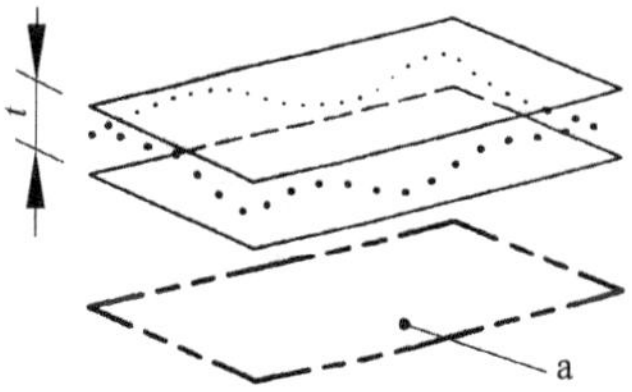 a 基准平面	提取(实际)表面应限定在间距等于 0.01、平行于基准 D 的两平行平面之间。 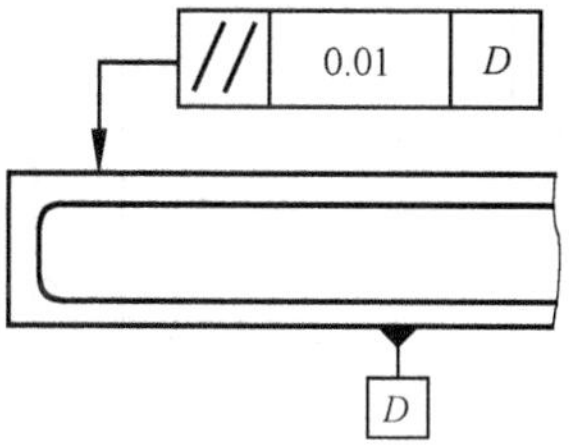

特征符号		公差带定义	标注和解释
垂直度	线对基准线的垂直度	公差带为间距等于公差值 t、垂直丁基准线的两平行平面所限定的区域。 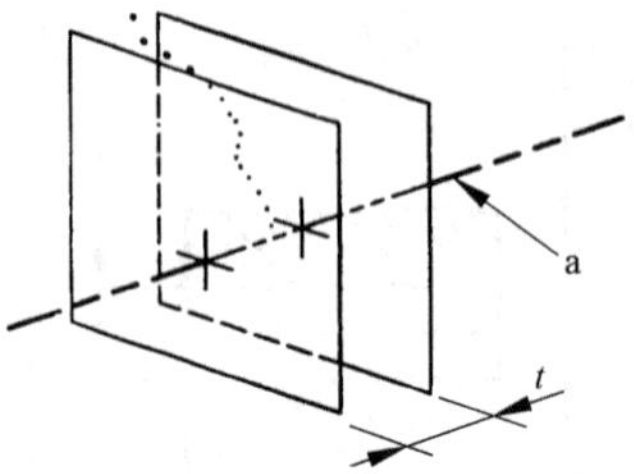 [a] 基准线。	提取(实际)中心线应限定在间距等于 0.06、垂直于基准轴线 A 的两平行平面之间。 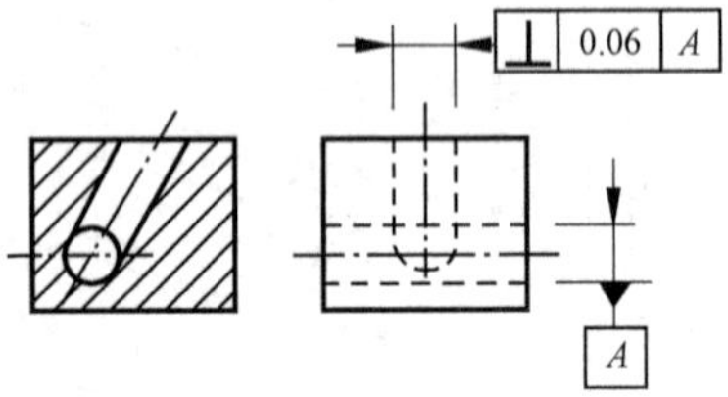
	线对基准体系的垂直度	公差带为间距等于公差值 t 的两平行平面所限定的区域。该两平行平面垂直于基准平面 A，且平行于基准平面 B。 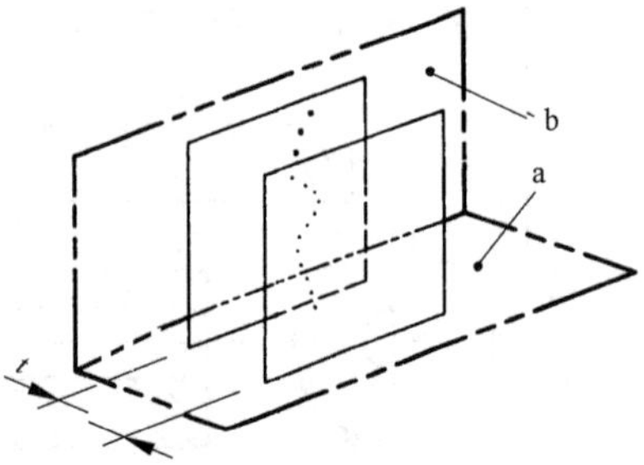 [a] 基准平面 A； [b] 基准平面 B。	圆柱面的提取(实际)中心线应限定在间距等于 0.1 的两平行平面之间。该两平行平面垂直于基准平面 A，且平行于基准平面 B。 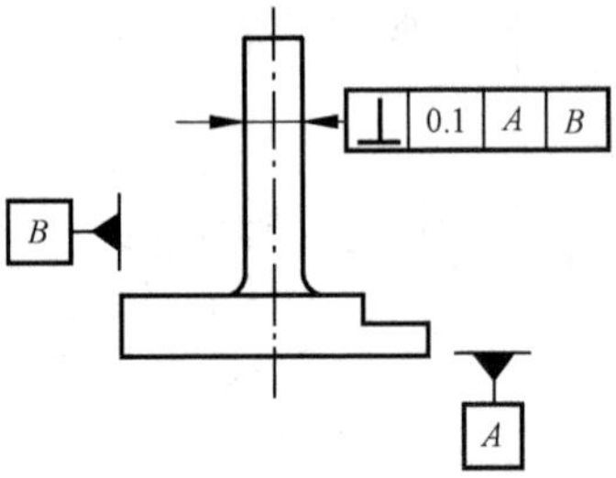
	线对基准面的垂直度	若公差值前加注 ϕ，公差带为直径等于公差值 ϕt、轴线垂直于基准面的圆柱面所限定的区域。 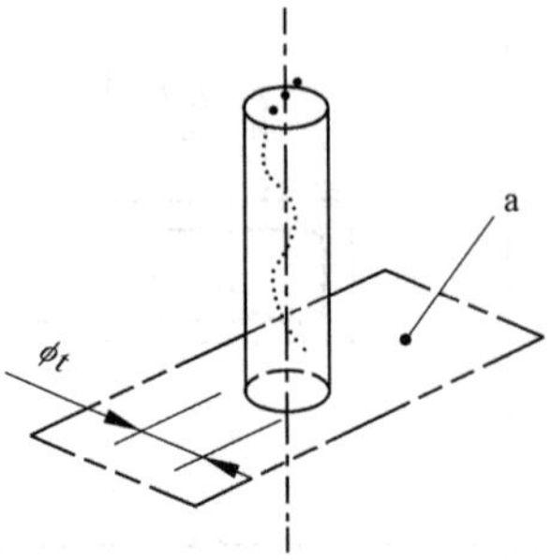	圆柱面的提取(实际)中心线应限定在直径等于 ϕ 0.01、垂直于基准平面 A 的圆柱面内。 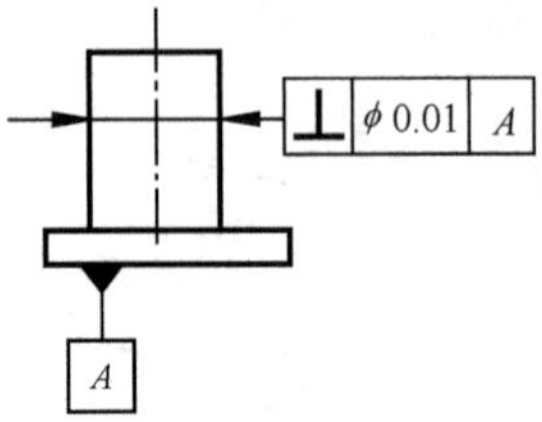

续表

特征符号		公差带定义	标注和解释
垂直度	面对基准线的垂直度	公差带为间距等于公差值 t 且垂直于基准轴线的两平行平面所限定的区域。 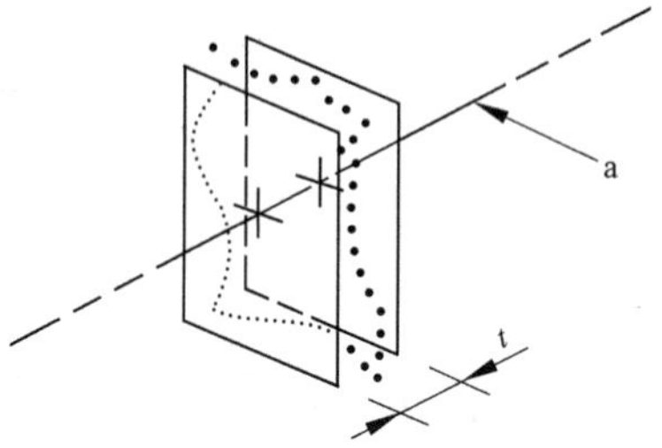 [a] 基准轴线。	提取（实际）表面应限定在间距等于 0.08 的两平行平面之间，该两平行平面垂直于基准轴线 A。 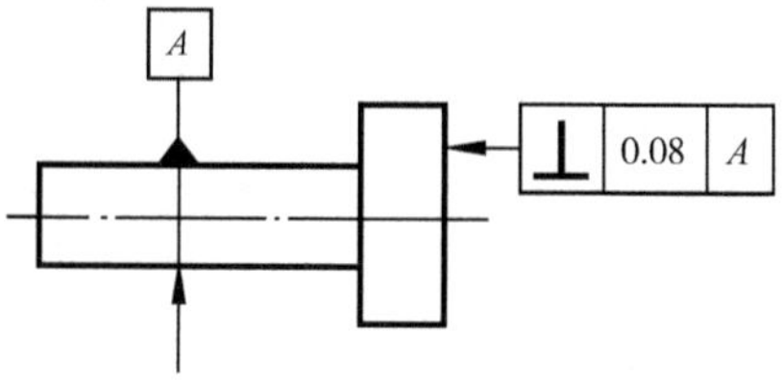
	面对基准面的垂直度	公差带为间距等于公差值 t、垂直于基准平面的两平行平面所限定的区域。 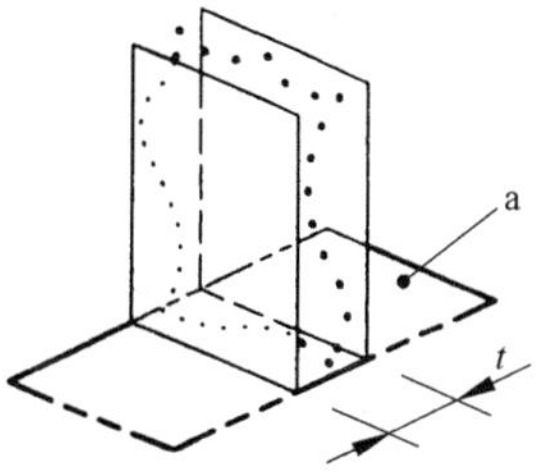 [a] 基准平面。	提取（实际）表面应限定在间距等于 0.08、垂直于基准平面 A 的两平行平面之间。 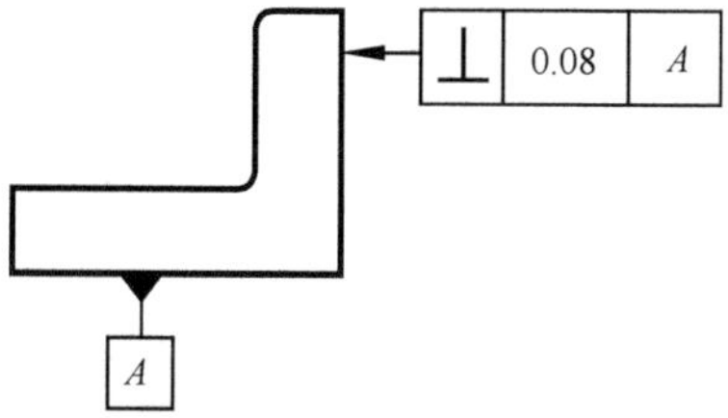
倾斜度	线对基准线的倾斜度	被测线与基准线在同一平面内：公差带为间距等于公差值 t 的两平行平面所限定的区域。该两平行平面按给定角度倾斜于基准轴线。 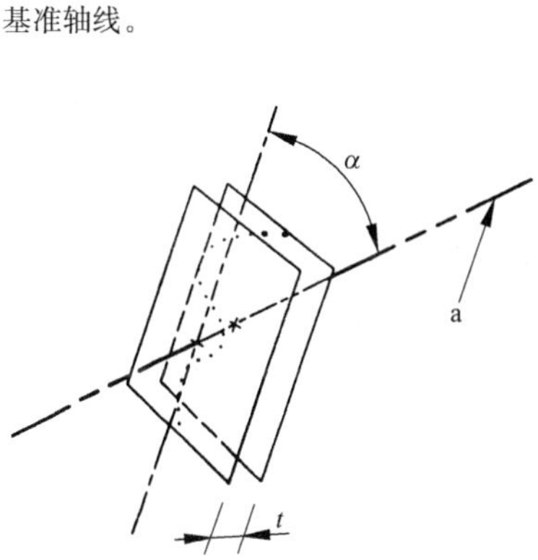 [a] 基准轴线。	提取（实际）中心线应限定在间距等于 0.08 的两平行平面之间。该两平行平面按理论正确角度 60°倾斜于公共基准轴线 A—B。 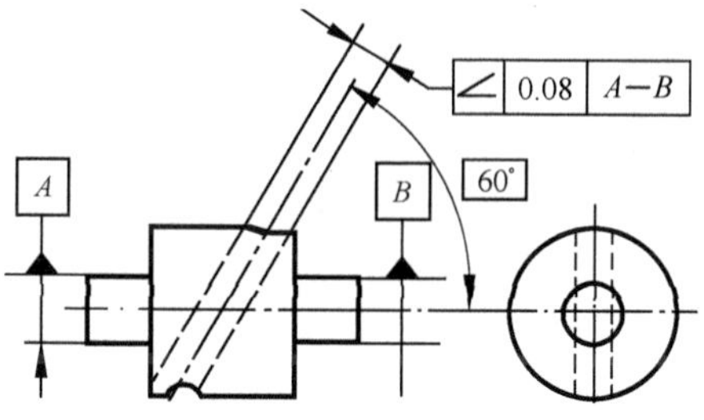

续表

特征符号		公差带定义	标注和解释
倾斜度	线对基准线的倾斜度	被测线与基准线不在同一平面内：公差带为间距等于公差值 t 的两平行平面所限定的区域。该两平行平面按给定角度倾斜于基准轴线。 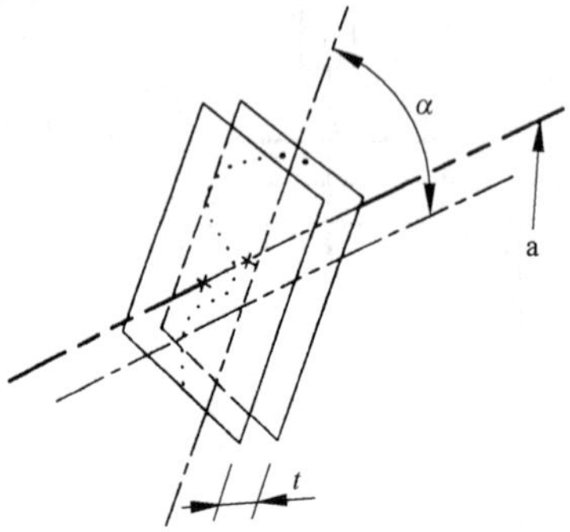 [a] 基准轴线。	提取(实际)中心线应限定在间距等于 0.08 的两平行平面之间。该两平行平面按理论正确角度 60°倾斜于公共基准轴线 A—B。 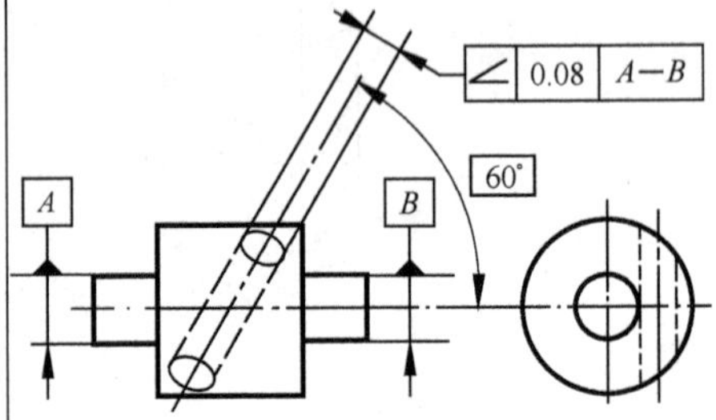
	线对基准面的倾斜度	公差带为间距等于公差值 t 的两平行平面所限定的区域。该两平行平面按给定角度倾斜于基准平面。 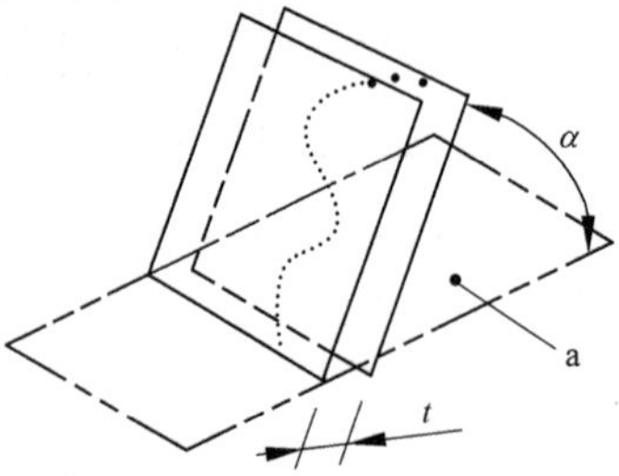 [a] 基准平面。	提取(实际)中心线应限定在间距等于 0.08 的两平行平面之间。该两平行平面按理论正确角度 60°倾斜于基准平面 A。 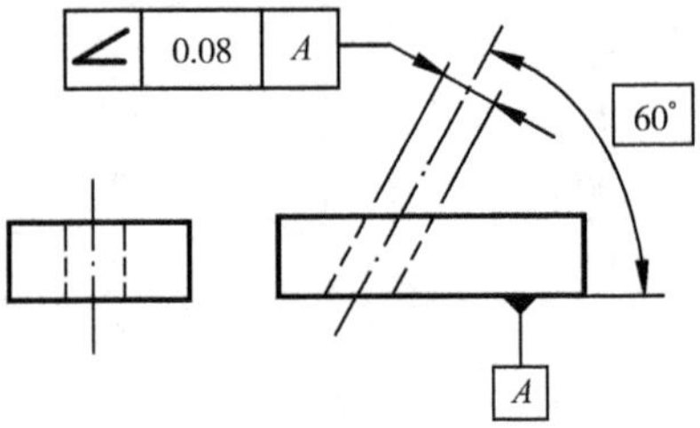
		公差值前加注符号 ϕ，公差带为直径等于公差值 ϕt 的圆柱面所限定的区域。该圆柱面公差带的轴线按给定角度倾斜于基准平面 A 且平行于基准平面 B。 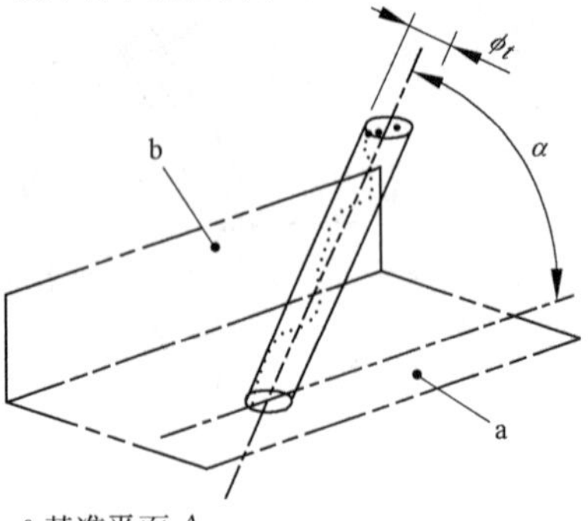 [a] 基准平面 A； [b] 基准平面 B。	提取(实际)中心线应限定在直径等于 ϕ0.1 的圆柱面内。该圆柱面的中心线按理论正确角度 60°倾斜于基准平面 A 且平行于基准平面 B。 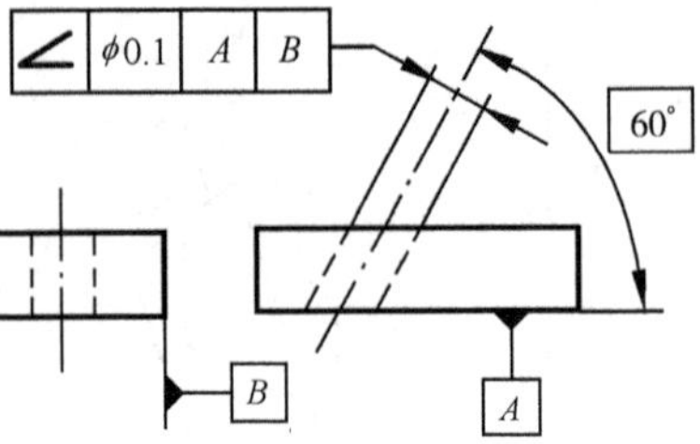

特征符号		公差带定义	标注和解释
倾斜度	面对基准线的倾斜度	公差带为间距等于公差值 t 的两平行平面所限定的区域。该两平行平面按给定角度倾斜于基准轴线。 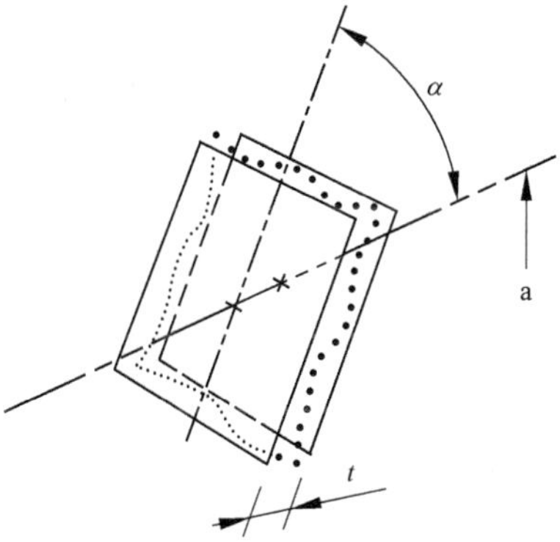 α　a　t [a] 基准直线。	提取(实际)表面应限定在间距等于 0.1 的两平行平面之间。该两平行平面按理论正确角度 75°倾斜于基准轴线 A。 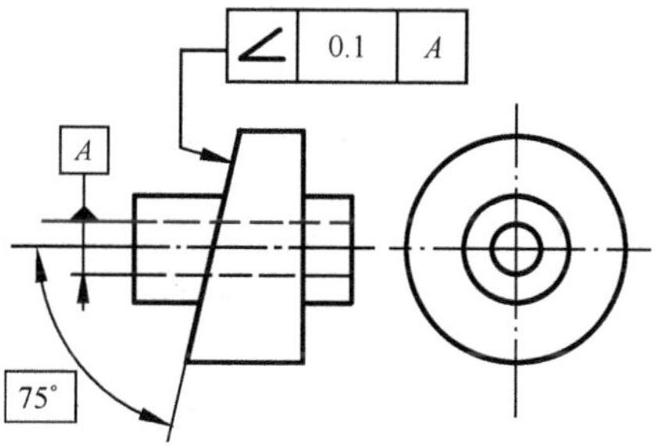 ∠ 0.1 A　A　75°
	面对基准面的倾斜度	公差带为间距等于公差值 t 的两平行平面所限定的区域。该两平行平面按给定角度倾斜于基准平面。 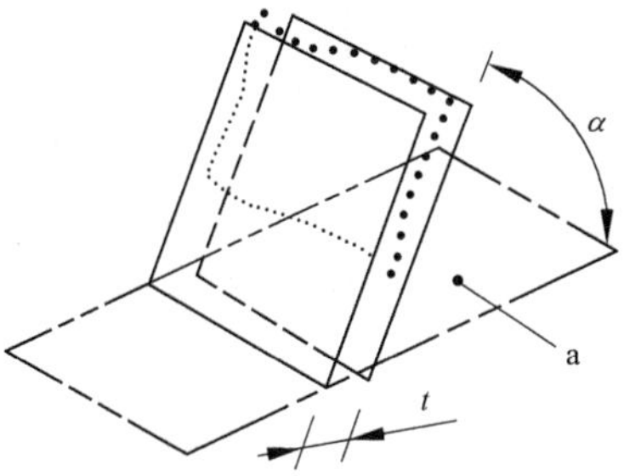 α　a　t [a] 基准平面。	提取(实际)表面应限定在间距等于 0.08 的两平行平面之间。该两平行平面按理论正确角度 40°倾斜于基准平面 A。 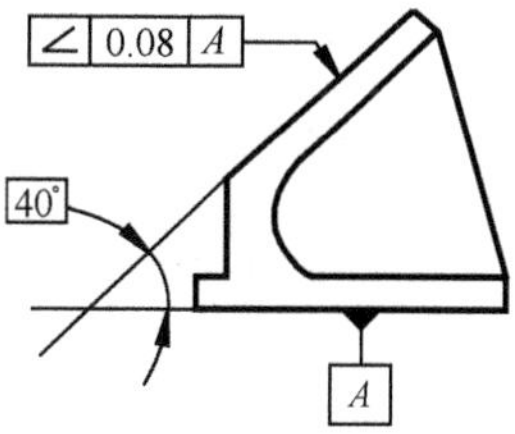 ∠ 0.08 A　40°　A

表 3-15　定位公差带定义、标注和释义(摘自 GB/T 1182—2008)

特征符号	公差带定义	标注和解释
点的同轴度	公差值前标注符号 ϕ，公差带为直径等于公差值 ϕt 的圆周所限定的区域。该圆周的圆心与基准点重合。 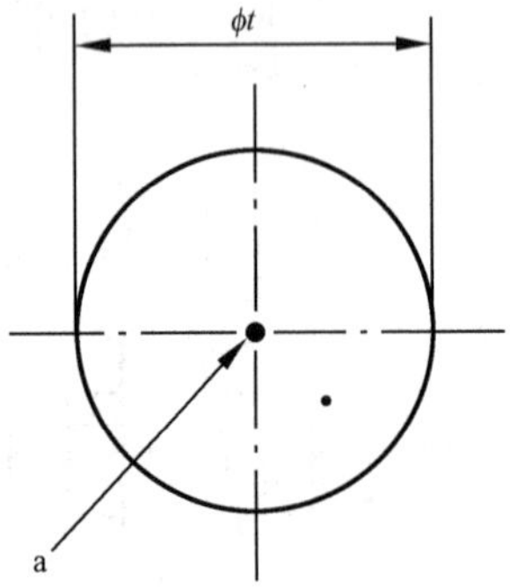 a 基准点。	在任意横截面内，内圆的提取(实际)中心应限定在直径等于 ϕ0.1，以基准点 A 为圆心的圆周内。 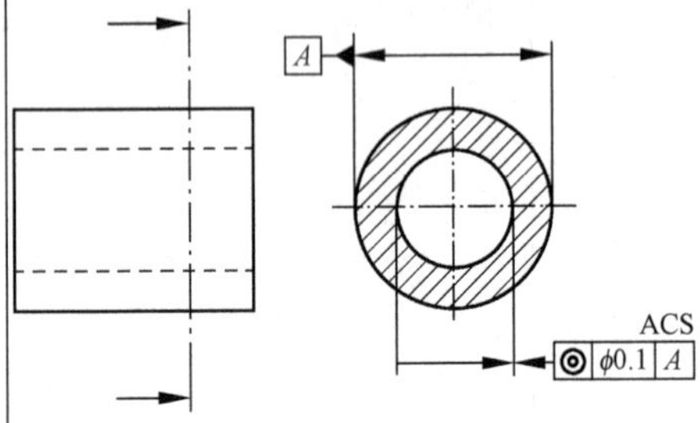
同轴度	公差值前标准符号 ϕ，公差带为直径等于公差值 ϕt 的圆柱面所限定的区域。该圆柱面的轴线与基准轴线重合。 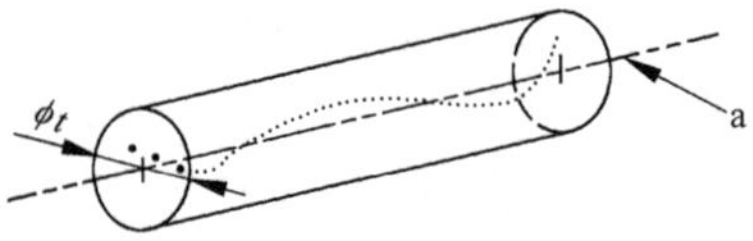 a 基准轴线。	大圆柱面的提取(实际)中心线应限定在直径等于 ϕ0.08、以公共基准轴线 $A-B$ 为轴线的圆柱面内。 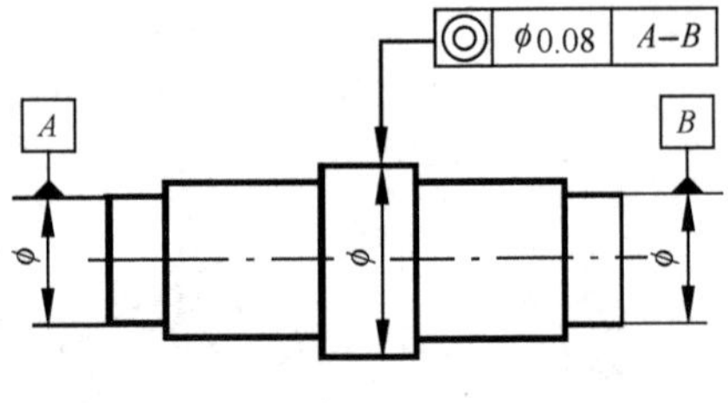
对称度	公差带为间距等于公差值 t，对称于基准中心平面的两平行平面所限定的区域。 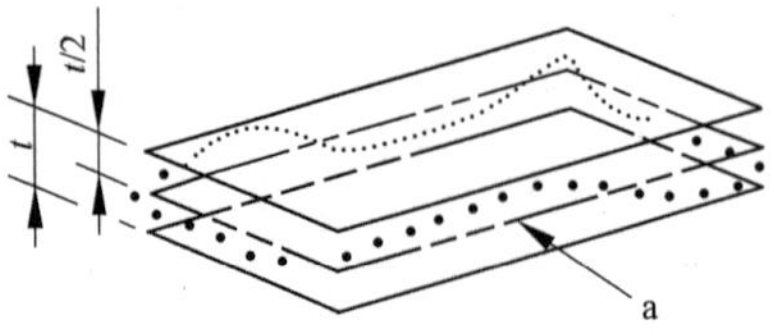 a 基准中心平面。	提取(实际)中心面应限定在间距等于 0.08，对称于基准中心平面 A 的两平行平面之间。 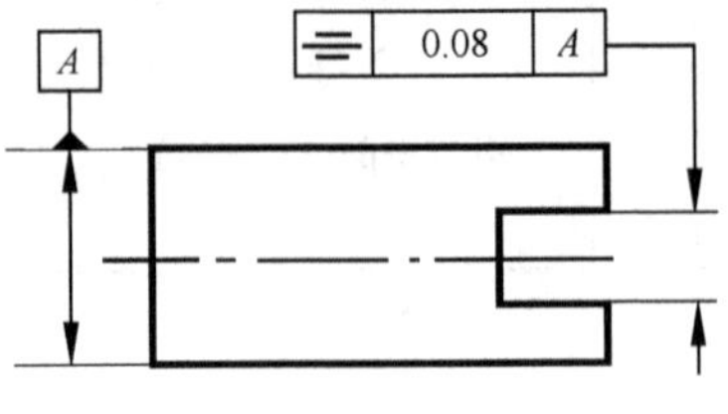

续表

特征符号		公差带定义	标注和解释
位置度	点的位置度	公差值前加注 $S\phi t$，公差带为直径等于公差值 $S\phi t$ 的圆球面所限定的区域。该圆球面中心的理论正确位置由基准 A、B、C 和理论正确尺寸确定。 a 基准平面 A； b 基准平面 A； c 基准平面 A。	提取(实际)球心应限定在直径等于 $S\phi0.3$ 的圆球面内。该圆球面的中心由基准平面 A、基准平面 B、基准中心平面 C 和理论正确尺寸30、25确定。 注：提取(实际)球心的定义尚未标准化。
	线的位置度	公差值前加注符号 ϕ，公差带为直径等于公差值 ϕt 的圆柱面所限定的区域。该圆柱面的轴线的位置由基准平面 C、A、B 和理论正确尺寸确定。 a 基准平面 A； b 基准平面 B； c 基准平面 C。	提取(实际)中心线应限定在直径等于 $\phi0.08$ 的圆柱面内。该圆柱面的轴线的位置应处于由基准平面 C、A、B 和理论正确尺寸100、68确定的理论正确位置上。

表 3-16　跳动公差带定义、标注和释义（摘自 GB/T 1182—2008）

特征符号		公差带定义	标注和解释
圆跳动	径向圆跳动	公差带是在垂直于基准轴线的任一测量平面内、半径差为公差值 t 且圆心在基准轴线上的两个同心圆之间的区域。 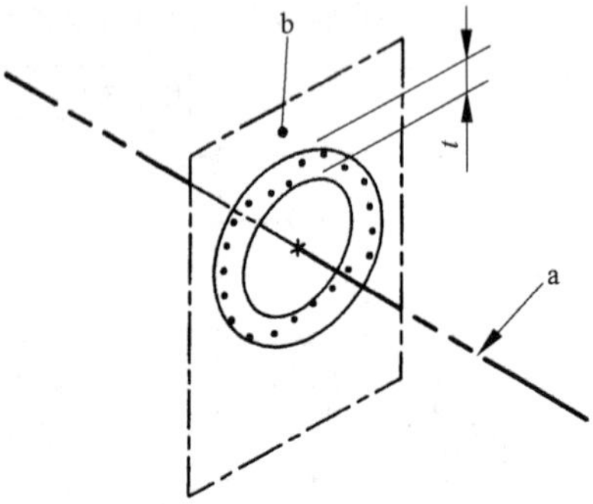 a 基准轴线； b 横截面。 圆跳动通常适用于整个要素，但亦可规定只适用于局部要素的某一指定部分。	在任一垂直于基准 A 的横截面内，提取（实际）圆应限定在半径差等于 0.1，圆心在基准轴线 A 上的两同心圆之间，见图(a)。 在任一平行于基准平面 B、垂直于基准轴线 A 的截面上，提取（实际）圆应限定在半径差等于 0.1，圆心在基准轴线 A 上的两同心圆之间，见图(b)。 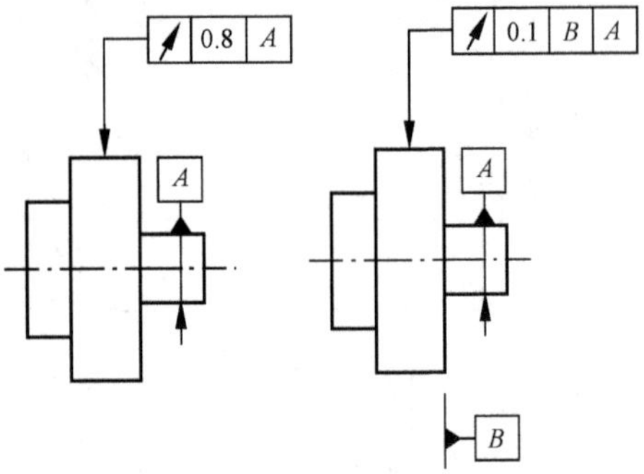 (a)　(b) 在任一垂直于公共基准轴线 $A-B$ 的横截面内，提取（实际）圆应限定在半径差等于 0.1、圆心在基准轴线 $A-B$ 上的两同心圆之间。 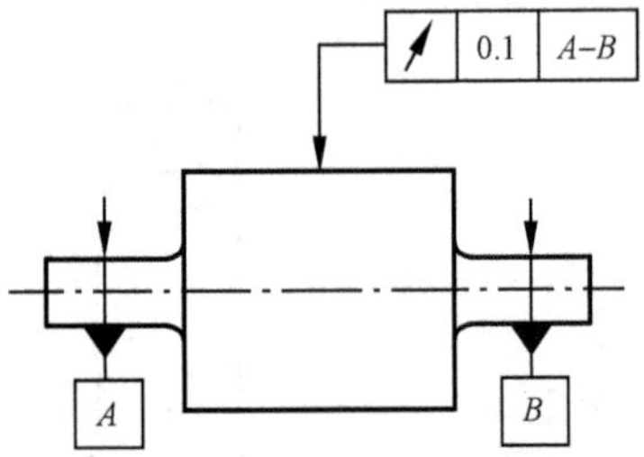 在任一垂直于基准轴线 A 的横截面内，提取（实际）圆弧应限定在半径差等于 0.2、圆心在基准轴线 A 上的两同心圆弧之间。 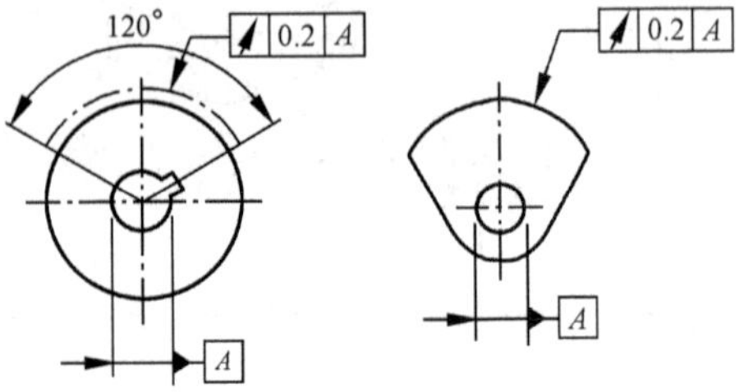

续表

特征符号		公差带定义	标注和解释
圆跳动	轴向圆跳动	公差带为与基准轴线同轴的任一半径的圆柱截面上，间距等于公差值 t 的两圆所限定的圆柱面区域。 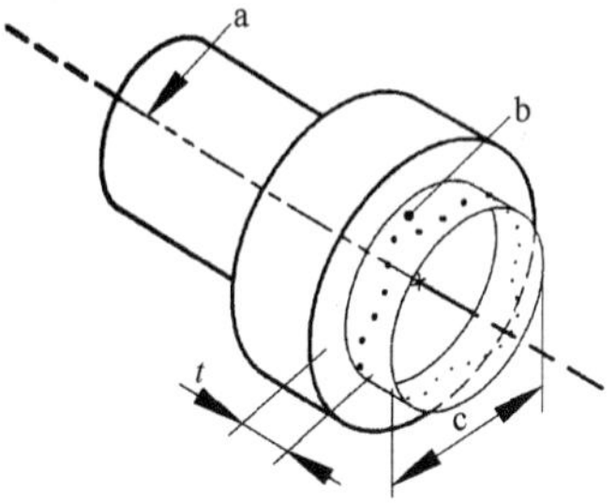 a 基准轴线； b 公差带； c 任意直径。	在与基准轴线 D 同轴的任一圆柱形截面上，提取（实际）圆应限定在轴向距离等于 0.1 的两个等圆之间。 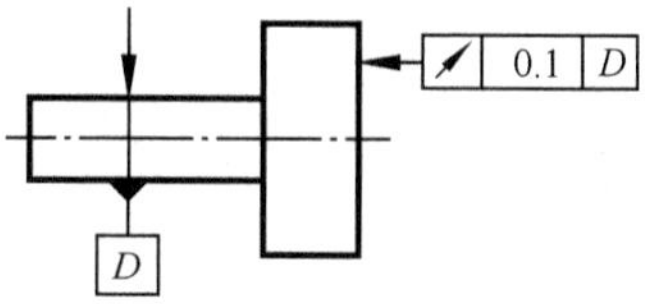
	斜向圆跳动	公差带为与基准轴线同轴的某一圆锥截面上，间距等于公差值 t 的两圆所限定的圆锥面区域。除非另有规定，测量方向应沿被测表面的法向。 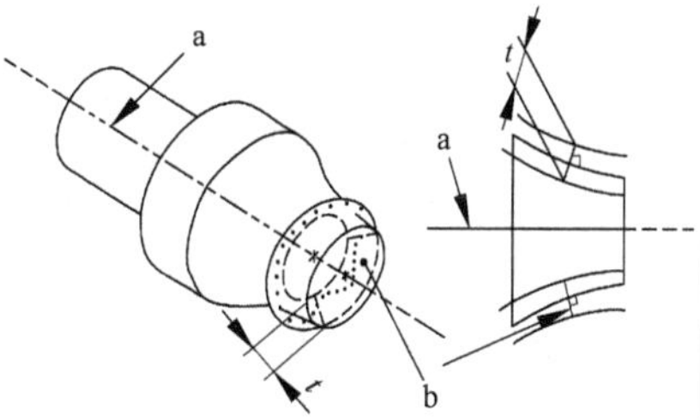 a 基准轴线； b 公差带。	在与基准轴线 C 同轴的任一圆锥截面上，提取（实际）线应限定在素线方向间距等于 0.1 的两不等圆之间。 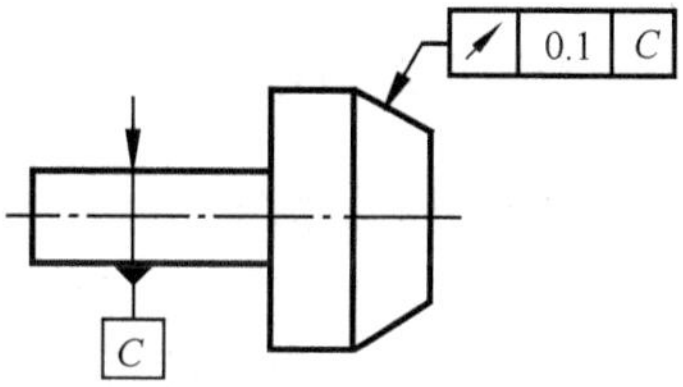
全跳动	径向全跳动公差	公差带为半径差等于公差值 t，与基准轴线同轴的两圆柱面所限定的区域。 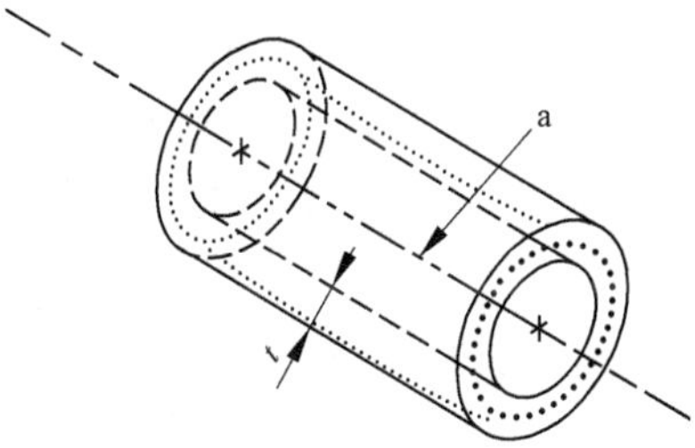 a 基准轴线。	提取（实际）表面应限定在半径差等于 0.1、与公共基准轴线 $A-B$ 同轴的两圆柱面之间。 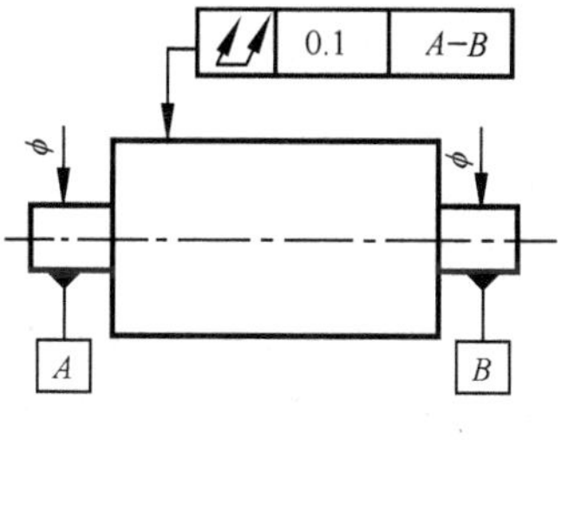

续表

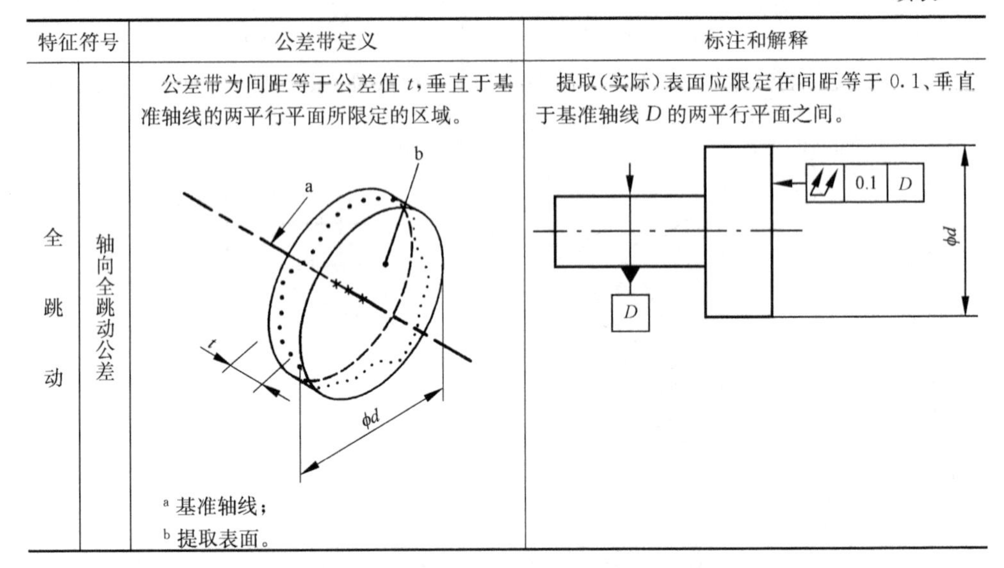

特征符号		公差带定义	标注和解释
全跳动	轴向全跳动公差	公差带为间距等于公差值 t，垂直于基准轴线的两平行平面所限定的区域。 a 基准轴线； b 提取表面。	提取（实际）表面应限定在间距等于 0.1、垂直于基准轴线 D 的两平行平面之间。

3.3 几何误差的评定

3.3.1 形状误差的评定

形状误差是被测实际要素的形状对其理想要素的变动量。显然，公称要素相对于被测的实际要素的位置将直接影响到评定几何误差值的大小。为了使形状误差评定结果唯一，同时又能最大限度地避免工件被误废，国家标准规定：最小条件是评定形状误差的基本原则。在满足零件功能要求的前提下，经供货方和需求方协商同意，允许采用近似方法评定形状误差。

最小条件就是使被测的实际要素对其公称要素最大变动量为最小的要求。形状误差值用最小包容区域（简称最小区域）的宽度或直径表示。最小区域是指包容被测的实际要素提取要素且具有最小宽度 f 或直径 ϕf 的包容区域。这里，提取要素是指测量得到的要素。各误差项目最小区域的形状分别和各自的公差带形状一致，但宽度（或直径）由被测的实际要素的提取要素本身决定。

现以图 3-35 所示的评定直线度误差的例子说明最小条件的含义。由直线度公差带定义可知，被测的要素公称要素是直线。包容实际要素的提取要素的两条理想平行直线之间的宽度有无数个，图中给出了三对理想的平行直线，其宽度值分别为 h_1、h_2 和 h_3，根据最小条件对其进行一一判断，显然，宽度为 h_1 的两条理想的平行直线符合形状误差评定的基本原则，其包容区为最小。因为这两条理想直线在包容实际要素的提取要素的条件下已经无法使其宽度再减小了，既不能旋转也不能缩小二者之间的宽度。而其余两对理想的平行直线之间的宽度均可以在满足包容实际要素的提取要素的条件下再缩小一些，因此，它们均不符合形状误差评定的基本原则。

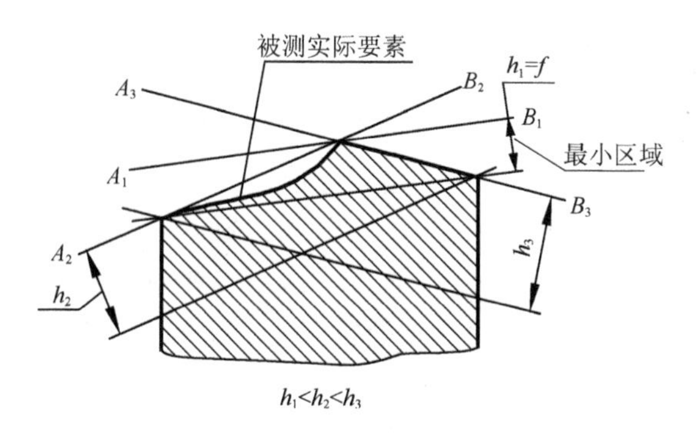

图 3-35

综上所述，得出以下结论：

在给定平面内，符合最小条件的直线度误差值是包容被测实际直线的提取直线且距离为最小的两条理想的平行直线之间的宽度。在给定方向上，符合最小条件的直线度误差值是包容被测实际直线的提取直线且距离为最小的两理想的平行平面之间的宽度。在任意方向上，符合最小条件的直线度误差值是包容被测实际直线的提取直线且半径为最小的圆柱体的直径。这里，提取直线是指测量得到的直线。

符合最小条件的平面度误差值是包容被测实际平面的提取平面且距离为最小的两平行平面之间的宽度。

符合最小条件的圆度误差是包容被测实际圆的提取圆且半径差为最小的两理想的同心圆之间的半径差。

按最小条件评定形状误差的意义在于既不会误收不合格的零件，也不会误废合格的零件。

当最小区域的宽度或直径小于或等于其形状公差值时，被测实际要素合格；否则，实际被测要素形状误差超差，不合格。

1. 形状误差最小包容区域的判据

对于一个实际要素的提取要素，可以做出任意多个包容区域。那么，怎样才能判定哪一个包容区是最小区域呢？至今，人们已经找到了直线度、平面度和圆度误差的最小区域判据。

对于按最小条件评定形状误差比较困难的情况，如果供货方和需求方协商一致，按近似方法评定。下面分别介绍评定各种形状误差的最小条件判据及其近似方法。

2. 形状误差的评定

(1) 给定平面内直线度误差的评定

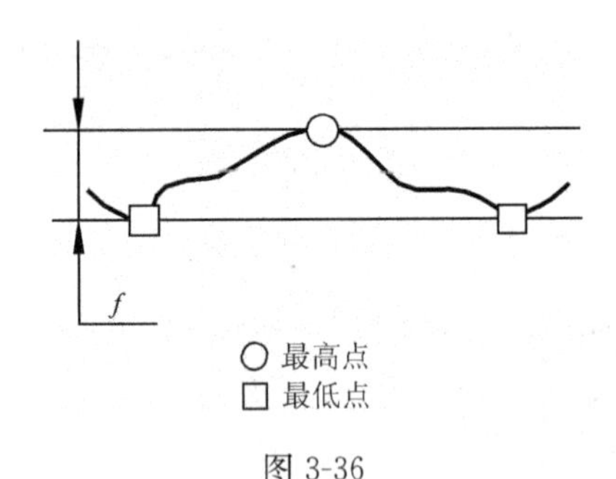

图 3-36

最小包容区域法：在给定平面内，由两理想的平行直线包容被测实际直线的提取直线时，呈高—低—高或低—高—低相间接触形式之一，如图 3-36 所示。则该两条理想的平行直线之间的宽度即是被测实际直线的直线度误差值。

最小二乘法：以最小二乘中线作为理想直线。最小二乘中线是使实际直线上各点到该直线的距离的平方和为最小的一条理想直线。在最小二乘中线的两侧作平行于该最小二乘中线且接触、包容提取直线的两理想的平行直线，则所作的两理想的平行直线之间的宽度即是按最小二乘法评定的直线度误差值。

两端点连线法：以两端点连线作为理想直线评定直线度误差的方法。两端点连线是指被测实际直线的提取直线上首末两点的连线。在两端点连线的两侧作平行于该连线且接触、包容测得直线的两理想的平行直线，则所作的两理想的平行直线即为实际要素在给定平面内的直线度误差的两端点连线区域，如图 3-37 所示。图中，f 为符合最小区域法的直线度误差值。一般情况下 $f<f'$。请读者思考何时 $f'=f$？

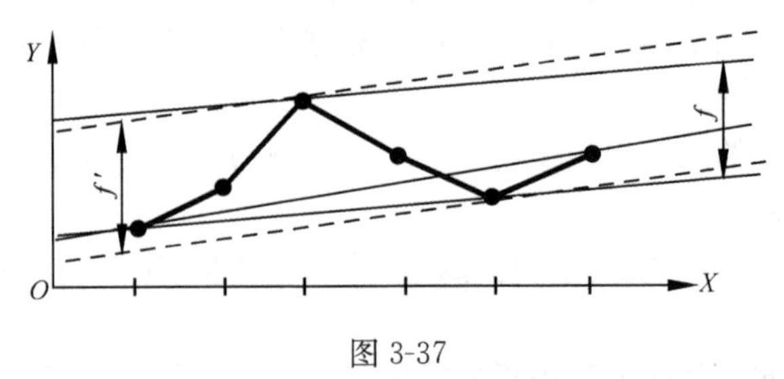

图 3-37

例 3-1 用自准直仪法采用分段法测得某工件截面轮廓线上后点对前点(图 3-38)的读数值依次为 $+3,+6,0,-3,-6,+3,+9,-3,-3,+3\mu m$，用最小包容区域法和两端点连线法评定其直线度误差。

解 根据自准直仪的测量原理可知，需要将题中给出的数值换算成各点相对于起始点的读数值，见表 3-17。按各点相对于起始点的读数值作图，得实际被测工件的截面轮廓线的提取直线，如图 3-38 所示。

表 3-17

测量点	读数值 /μm	累积值 /μm	测量点	读数值 /μm	累积值 /μm	测量点	读数值 /μm	累积值 /μm	测量点	读数值 /μm	累积值 /μm
0	0	0	3	0	+9	6	+3	+3	9	−3	+6
1	+3	+3	4	−3	+6	7	+9	+12	10	+3	+9
2	+6	+9	5	−6	0	8	−3	+9			

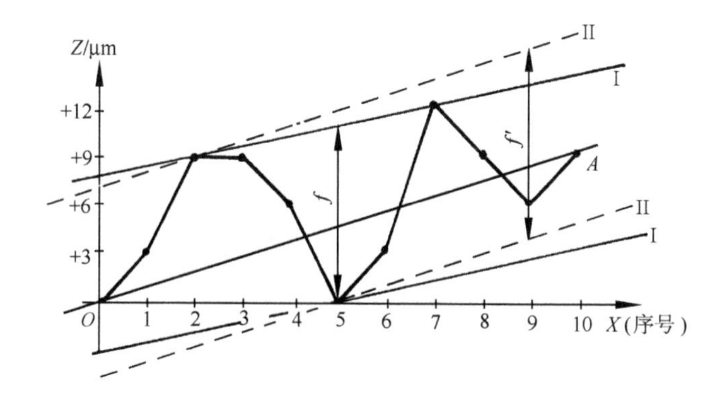

图 3-38

最小条件法：做符合最小包容区域法的两理想的平行直线Ⅰ—Ⅰ，用计算法或从图中直接量取得到直线度误差值为 $f=10.8\mu m$。

两端点连线法：连接图 3-38 中测得直线的首、尾二点连成直线 OA，在 OA 的两侧做平行于 OA 且接触、包容提取直线的两条理想的平行直线，用计算法或从图中直接量取得到直线度误差值为 $f'=11.7\mu m$。

(2) 平面度误差的评定

平面度误差的评定方法有：最小包容区域法、最小二乘法、对角线平面法和远三点平面法。其中，最小包容区域法的评定结果小于或等于其他三种评定方法。

最小包容区域法是以最小区域面作为理想平面评定平面度误差值的方法。这时要用到最小包容区域判别法。

最小包容区域判别法：由两平行平面包容测得表面时，至少有三点或四点与之接触，有下列三种准则：

三角形准则。三个高极点与一个低极点(或相反)，其中一个低极点(或高极点)位于三个高极点(或低极点)构成的三角形之内或位于三角形的一条边上，如图 3-39(a)所示。

交叉准则。呈交叉形式的两个高极点与两个低极点，如图 3-39(b)所示。

直线准则。呈直线排列的两个高极点与一个低极点(或相反)，如图 3-39(c)所示。

在实际评定中，对于一个具体的提取平面，通过适当的数学方法，总是能够找到上述三种准则之一，符合最小区域准则的两理想的平行平面之间的宽度即是被测平面的平面度误差值。

最小二乘法：以最小二乘中心平面作为理想平面评定平面度误差的方法。最小二乘中心平面是使提取平面上各点到该平面的距离平方和为最小的理想平面。在最小二乘中心平面的两侧分别作一个平行于该最小二乘中心平面的理想平面，使该二理想平面接触、包容提取平面，则该二理想平面之间的宽度就是按最小二乘

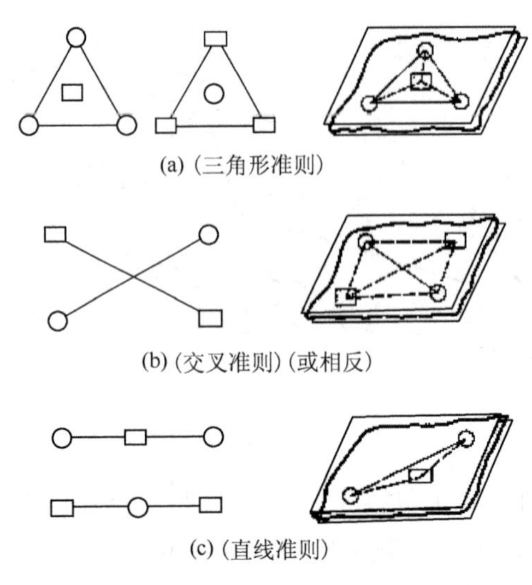

图 3-39

法评定的平面度误差值。

三远点平面法。三远点平面是指通过提取平面上相距较远的三个点所形成的理想平面。在三远点平面的两侧分别作一个平行于该三远点平面的理想平面,使该二理想平面接触、包容提取平面,则该二理想平面之间的宽度就是按三远点平面法评定的平面度误差值。

对角线平面法。对角线平面是指通过提取平面上一条对角线的两个对角点,且平行于另一条对角线的理想平面。在对角线平面的两侧分别作一个平行于该对角线平面的理想平面,使该二理想平面接触、包容提取平面,则该二理想平面之间的宽度就是按对角线平面法评定的平面度误差值。

在实际测量、评定平面度误差值的过程中,测量得到的原始数据很可能不符合上述各种评定方法所要求的实际要素与公称要素接触点的分布规律。因此,需要对被测平面上各点的测得值做适当的坐标变换,使变换后各点坐标值的分布符合上述判据之一。具体做法是首先观察各坐标点的原始测量数据,根据数据分布情况估计该被测平面可能符合哪一种判断准则,初步选定该准则的特征接触点,然后通过坐标旋转使选定的特征点分布符合拟采用准则的规定。旋转时,将被测实际平面的提取平面看做刚体,可以选由测量点构成的任意行和列作两个旋转轴。旋转后,对于非旋转轴上的各测量点,在其初始读数值上增加相应的旋转量 iP、jQ 后,形成各点新的坐标值。这里,i 表示某测量点到列轴的步距;P 表示一个列步距的旋转量;j 表示某测量点到行轴的步距,Q 表示一个行步距的旋转量。由于上述坐标变换是将被测实际平面的提取平面看做一个刚体进行的,因此,坐标旋转后,实际被测平面的提取平面形状没有发生变化。

如果是采用近似方法,那么经过上述旋转后即可得到各点相对理想平面的坐标值，从而求得平面度误差值。然而，考虑其评定结果的多值性，因此有时需要选择不同的理想平面，分别求出相应的平面度误差值，从中取数值最小者作为最后结果。

按最小包容区域法评定平面度误差时，对于一个具体的提取平面，其最小包容区域是唯一的。由于有三种判断准则，因此，往往需要通过多次估计或(和)旋转才能找到其最小包容区域。

例 3-2 图 3-40 是通过测量得到的被测实际平面相对测量基准面的坐标值，单位为 μm。用最小包容区域法、三远点平面法和对角线平面法确定其平面度误差值。

+15	+10.5	+20
+9	−16.5	+2
+10	+21.5	+9

图 3-40

解 按最小包容区域法。

分析初始数据，估计三个高点(+15，+20，+21.5)和一个低点(−16.5)可能构成符合最小包容区域法的三角形准则。分别以第一列和第一行为轴旋转，将三个高点旋转成等值最高点。设列的旋转量为 P，行的旋转量为 Q，则有下列两个方程：

$$\begin{cases} 15 = 20 + 2P \\ 21.5 + P + 2Q = 20 + 2P \end{cases}$$

解之，有

$$P = -2.5, \qquad Q = -2$$

按图 3-41 进行旋转，符合三角形准则的三高夹一低，其平面度误差：

$$f = |+15 - (-21)| = 36(\mu\text{m})$$

+15	+10.5+(−2.5)	+20+(−2.5×2)
+9+(−2)	−16.5+(−2.5)+(−2)	+2+(−2.5×2)+(−2)
+10+(−2×2)	+21.5+(−2.5)+(−2×2)	+9+(−2.5×2)+(−2×2)

↓

+15	+8	+15
+7	−21	−5
+6	+15	0

图 3-41

按对角线平面法。

取图 3-40 中对角线(+2，+9)和(+21.5，+20)，以第一列和第三行为列轴和行轴旋转，有

$$\begin{cases} 9 + Q = 2 + 2P + Q \\ 21.5 + P = 20 + 2P + 2Q \end{cases}$$

解之，可得 $P=+3.5$，$Q=-1$，按图 3-42 旋转。其平面度误差为

$$f'' = |+25| + |-14| = 39(\mu\text{m})$$

+15+2×(−1)	+10.5+(+3.5)+2×(−1)	+20+2×(+3.5)+2×(−1)
+9+(−1)	−16.5+(+3.5)+(−1)	+2+2×(+3.5)+(−1)
+10	+21.5+(+3.5)	+9+2×(+3.5)

↓

+13	+12	+25
+8	−14	+8
+10	+25	+16

图 3-42

按远三点平面法。

在图 3-39 中，取+9，+9，+20 作为远三点，以第一列和第三行为列轴和行轴旋转，有

$$\begin{cases}9+Q=20+2P+2Q\\9+Q=9+2P\end{cases}$$

解之，有

$$P=-2.75, Q=-5.5$$

按图 3-43 进行旋转，其平面度误差为

$$f'=|+18.75|+|-24.75|=43.5(\mu m)$$

+15+2×(−5.5)	+10.5+(−2.75)+2×(−5.5)	+20+2×(−2.75)+2×(−5.5)
+9+(−5.5)	−16.5+(−2.75)+(−5.5)	+2+2×(−2.75)+(−5.5)
+10	+21.5+(−2.75)	+9+2×(−2.75)

↓

+4	−3.25	+3.5
+3.5	−24.75	−7
+10	+18.75	+3.5

图 3-43

计算结果 $f<f''<f'$ 表明最小包容区域法评定的平面度误差值最小。

(3) 圆度误差的评定

最小区域圆法。做包容提取圆且半径差为最小的两个同心圆，即包容圆的显示轮廓且与该显示轮廓相间接触点不少于四个的两个几何同心圆，如图 3-44 所示。该两几何同心圆之半径差为圆度误差值。这两个几何同心圆叫做最小区域圆。这里，圆的显示轮廓是指实际轮廓经仪器显示得出的轮廓，如轨迹图形、示波器显示的图像或数字描述。

最小外接圆法。最小外接圆是指外接于轴的显示轮廓的可能最小圆。对被测实际圆的显示轮廓做一个直径为最小的外接圆，做该外接圆的同心圆并使其与被测

实际圆的显示轮廓内接，则该二同心圆的半径差就是按最小外接圆法评定的被测实际圆的圆度误差值。

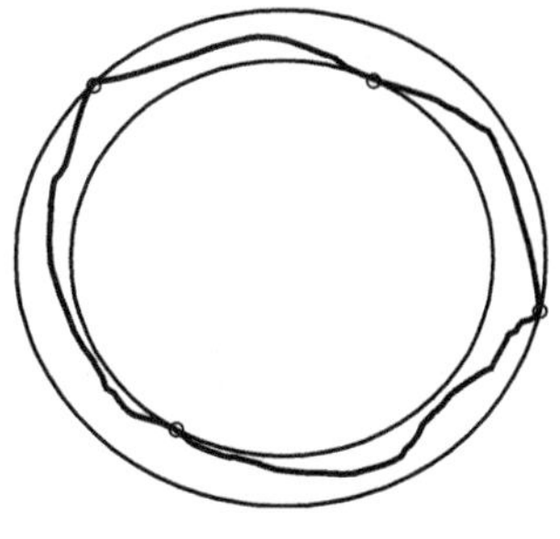

最大内接圆法。最大内接圆是指内接于孔的显示轮廓的可能最大圆。对被测实际圆的显示轮廓做一个直径为最大的内接圆，做该内接圆的同心圆并使其与被测实际圆的显示轮廓外接，则该二同心圆的半径差就是按最大内接圆法评定的被测实际圆的圆度误差值。

图 3-44

最小二乘圆法。最小二乘圆是指被测实际圆的显示轮廓到该圆的距离的平方和为最小的圆。做该圆的两个同心圆，使显示轮廓分别内、外接于该两个同心圆，该两同心圆的半径差就是按最小二乘圆法评定的被测实际圆的圆度误差值。

上述四种方法中，只有最小区域圆法符合最小包容区域法，其余三种方法均是近似方法。最小区域圆法是评定圆度误差值的仲裁方法。

3.3.2 位置误差的评定

位置误差分为定向误差、定位误差和跳动（圆跳动和全跳动）。

定向误差是实际要素对一具有确定方向的公称要素的变动量，公称要素的方向由基准确定。定向误差值用定向最小包容区域（简称定向最小区域）的宽度或直径表示。定向最小区域是指按公称要素的方向来包容实际要素时，具有最小宽度 f 或直径 ϕf 的包容区域。各误差项目定向最小区域的形状分别和各自的公差带一致，但宽度（或直径）由被测实际要素本身决定。

定位误差是实际要素对一具有确定位置的公称要素的变动量，公称要素的位置由基准和理论正确尺寸确定。对于同轴度和对称度，理论正确尺寸为零。定位误差值用定位最小包容区域（简称定位最小区域）的宽度或直径表示。定位最小区域是指以理想要素定位来包容被测实际要素时，具有最小宽度 f 或直径 ϕf 的包容区域。各误差项目定位最小区域的形状分别和各自的公差带一致，但宽度（或直径）由被测实际要素本身决定。

圆跳动是指实际要素绕基准轴线做无轴向移动回转一周时，由位置固定的指示器在给定方向上测得的最大与最小读数之差。

全跳动是指实际要素绕基准轴线做无轴向移动回转，同时指示器沿理想素线连续移动（或实际要素每回转一周，指示器沿素线做间断移动），由指示器在给定方向上测得的最大与最小读数之差。

评定位置误差时，常采用定向或定位最小包容区域法。在概念上，位置误差的最小包容区域与形状误差的最小包容区域不同，其区别在于位置误差的最小包容区域的方向或位置必须与基准保持图样上给定的几何关系，而形状误差的最小包容区域的方向或位置由被测实际要素本身决定。对于同一个要素而言，一般情况下，其位置误差的最小包容区域的宽度大于其形状误差的最小包容区域的宽度。

评定位置误差时，由于基准要素本身也是加工出来的，客观上也存在着形状误差。因此，为了正确评定位置误差，基准的方向或位置应符合最小条件。基准体现方法有“模拟法”、“直接法”和“分析法”等。

模拟法。通常采用具有足够精确形状的表面来体现基准平面、基准轴线、基准点等。图 3-45 中的基准实际要素具有形状误差，测量时以平台工作面模拟基准。

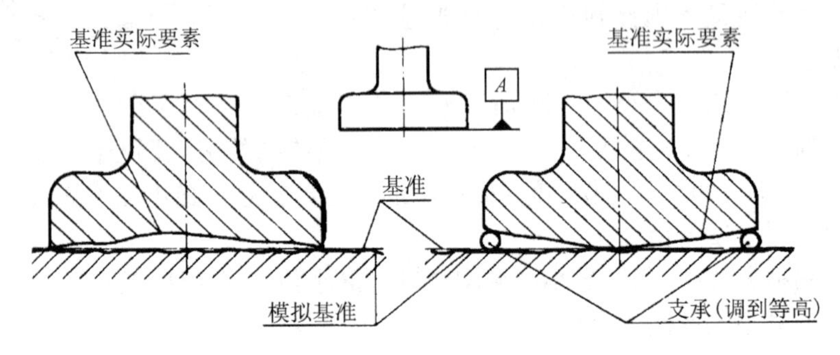

图 3-45

直接法。当基准实际要素具有足够的精度时，可直接作为基准，如图 3-46 所示。

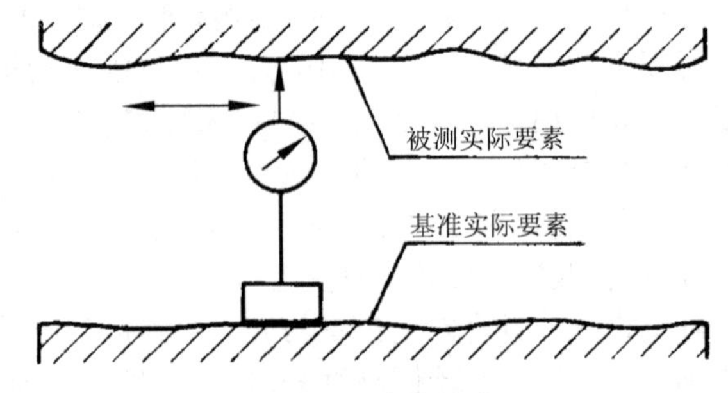

图 3-46 直接基准

分析法。对基准实际要素进行测量后，根据测得数据用图解或计算法确定基准的位置。

3.3.3 用三坐标测量仪测量几何误差

1. 三坐标测量机简介

三坐标测量机是指在一个六面体的空间范围内，能够表现几何形状、长度及圆周分度等测量能力的仪器。其工作原理一般都采用三个直线光栅尺做测量基准，测量头以电触发测头触发发出测量信号，同时锁定三个坐标的光栅数据，测量出工件的实际位置(尺寸)。将被测物体置于三坐标测量空间，可获得被测物体上各测点的坐标位置，根据这些点的空间坐标值，经计算求出被测物体的几何尺寸、形状和位置。

三坐标测量机作为一种通用测量机，由于其具有很高的测量精度和测量效率，并且具有操作方便、可实现在线测量等众多优点，已经在现代工业中有了不可替代的地位。

2. 测量几何误差

三坐标测量机可以对工件的尺寸、形状和几何公差进行精密检测，从而完成零件检测外形测量、过程检测、逆向工程等任务。用三坐标测量机测量几何误差，先打开测量软件，建立坐标系，选择几何公差项目，再选择测量点数和基准点数(对方向、位置、跳动测量时)，测头在待测零件上采集测量点和基准点，测量软件自动生成测量误差并进行评定，三坐标测量机界面如图 3-47 所示，取一实物为待测对象，几何公差测量结果如表 3-18 所示。

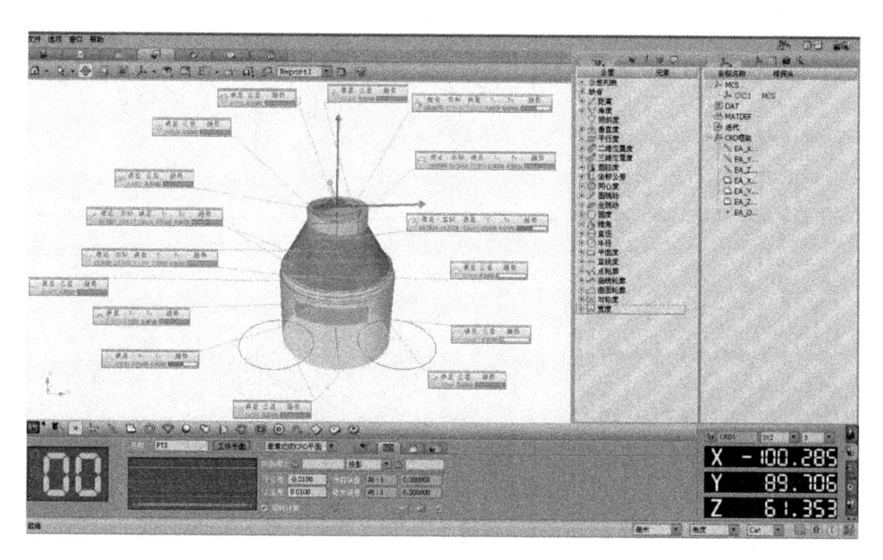

图 3-47　三坐标测量机测量界面

表 3-18　三坐标测量机几何公差测量和评定结果示意表

公差检验项目	测量和评定结果
平面度	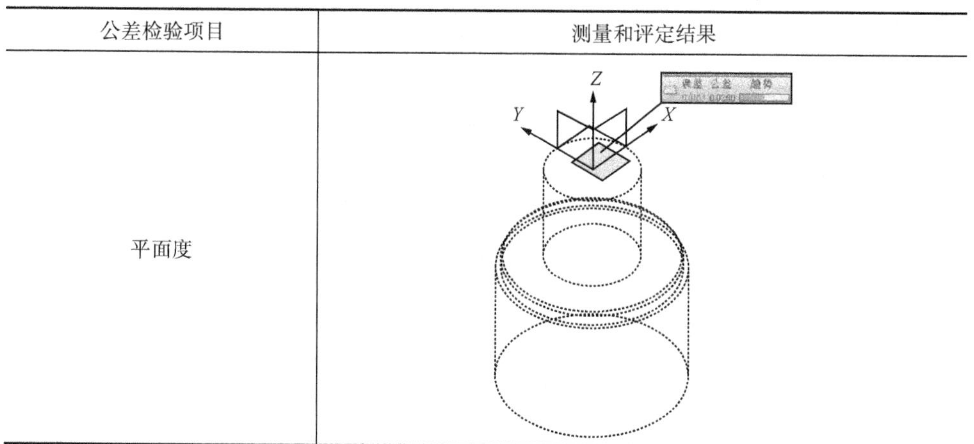

续表

公差检验项目	测量和评定结果
圆度	
圆柱度	
线轮廓度	

续表

公差检验项目	测量和评定结果
面轮廓度	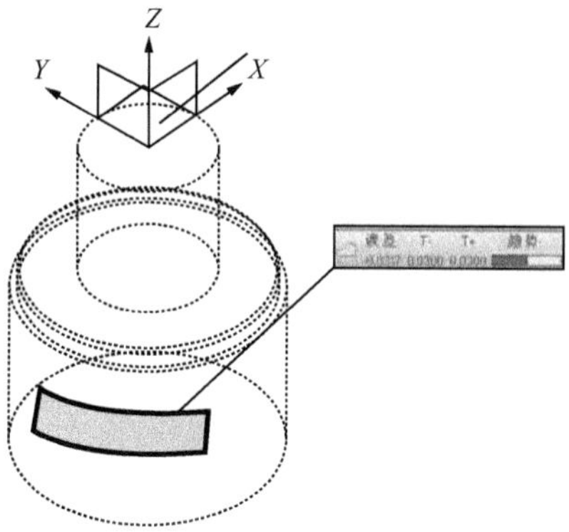
圆跳动	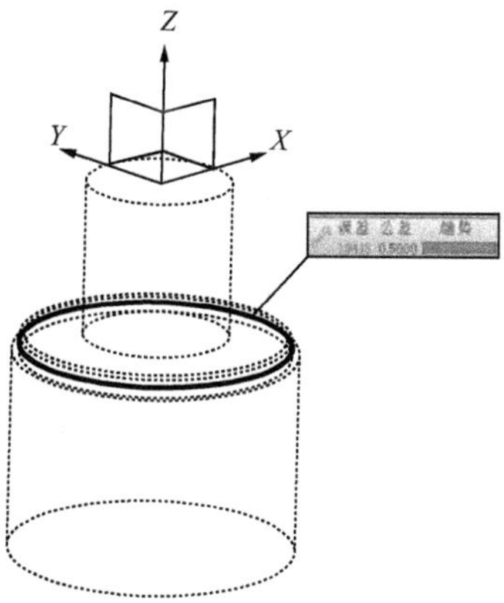
全跳动	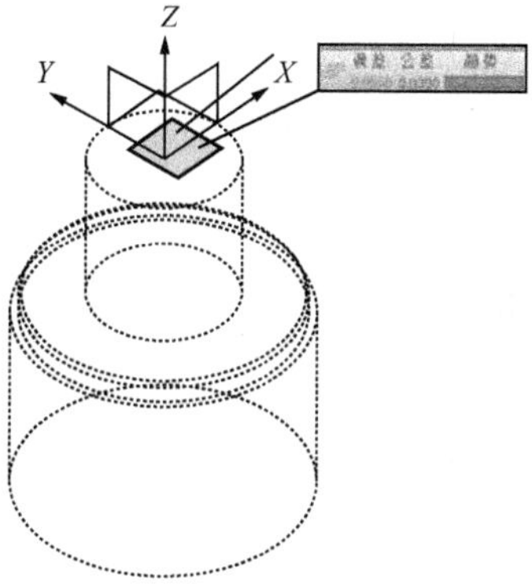

续表

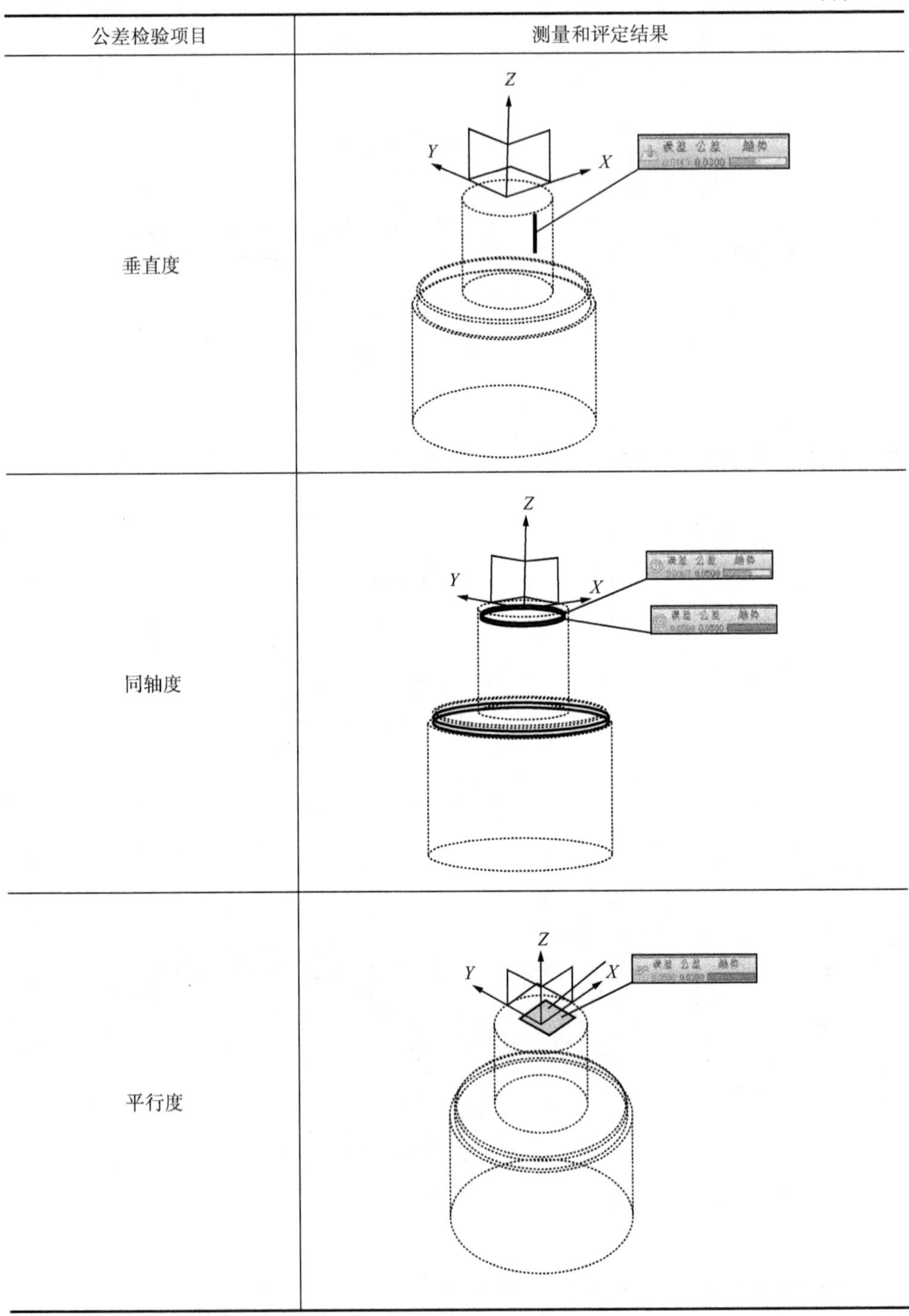

公差检验项目	测量和评定结果
垂直度	
同轴度	
平行度	

3.4 几何公差与尺寸公差的关系

处理尺寸(线性尺寸和角度尺寸)公差和几何公差之间关系的规定叫做公差原则(tolerancing principle),包括独立原则和相关要求。

3.4.1 有关术语及定义

1. 最大实体状态(MMC)

假定提取要素的尺寸处处位于极限尺寸之内并具有实体最大时的状态。

2. 最大实体尺寸(MMS)

最大实体尺寸是确定要素最大实体状态的尺寸。对于内表面(孔)为下极限尺寸,用代号 D_M 表示;对于外表面(轴)为上极限尺寸,用代号 d_M 表示。因此有

$$D_M = D_{min} \tag{3-1}$$

$$d_M = d_{max} \tag{3-2}$$

3. 最小实体状态(LMC)

假定提取要素的尺寸处处位于极限尺寸之内并具有实体最小时的状态。

4. 最小实体尺寸(LMS)

最小实体尺寸是确定要素最小实体状态的尺寸。对于内表面(孔)为上极限尺寸,用代号 D_L 表示;对于外表面(轴)为下极限尺寸,用代号 d_L 表示。因此有

$$D_L = D_{max} \tag{3-3}$$

$$d_L = d_{min} \tag{3-4}$$

5. 体外作用尺寸(EFS)

体外作用尺寸是指在被测的要素给定长度上,与实际内表面体外相接的最大理想面或与实际外表面体外相接的最小理想面的直径或宽度。分别用代号 D_{fe}、d_{fe}表示孔、轴的体外作用尺寸,见图 3-48。

对于关联要素,该理想面的轴线或中心平面必须与基准保持图样给定的几何关系。

孔、轴的体外作用尺寸与其提取组成要素的局部尺寸、几何误差 f 之间有如下关系:

$$D_{fe} = D_a - f \tag{3-5}$$

$$d_{fe} = d_a + f \tag{3-6}$$

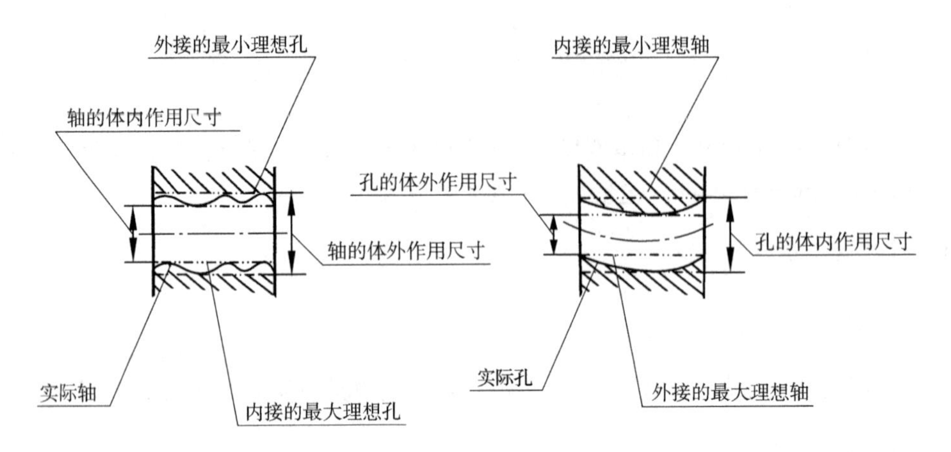

图 3-48　轴、孔的作用尺寸

6. 体内作用尺寸(IFS)

体内作用尺寸是指在被测的要素给定长度上，与实际内表面体内相接的最小理想面或与实际外表面体内相接的最大理想面的直径或宽度。用代号 D_{fi}、d_{fi}分别表示孔、轴的体内作用尺寸，见图 3-48。

对于要素相关，该理想面的轴线或中心平面必须与基准保持图样给定的几何关系。

孔、轴的体内作用尺寸与其提取组成要素的局部尺寸、几何误差 f 之间有如下关系：

$$D_{fi} = D_a + f \tag{3-7}$$

$$d_{fi} = d_a - f \tag{3-8}$$

7. 最大实体实效尺寸(MMVS)

在给定长度上，要素处于最大实体尺寸且其公称导出要素的形状或位置误差等于给出公差值时的体外作用尺寸。用代号 D_{MV}、d_{MV}表示孔、轴的最大实体实效尺寸。

孔、轴的最大实体实效尺寸与其最大实体尺寸、几何公差 t 之间有如下关系：

$$D_{MV} = D_M - t \tag{3-9}$$

$$d_{MV} = d_M + t \tag{3-10}$$

8. 最小实体实效尺寸(LMVS)

在给定长度上，要素处于最小实体尺寸且其中心要素的形状或位置误差等于给出公差值时的体内作用尺寸。用代号 D_{LV}、d_{LV}表示孔、轴的最小实体实效尺寸。

孔、轴的最小实体实效尺寸与其最小实体尺寸、几何公差 t 之间有如下关系：

$$D_{LV} = D_L + t \tag{3-11}$$

$$d_{LV}=d_L-t \tag{3-12}$$

3.4.2 独立原则

独立原则是尺寸公差和几何公差相互关系遵循的基本原则。遵循独立原则时，图样上给定的尺寸、几何要求是独立的，应分别满足要求。

独立原则是处理几何公差与尺寸公差相互关系的基本原则。

3.4.3 相关要求

图样上给定的尺寸公差和几何公差相互有关的公差要求叫做相关要求，含包容要求、最大实体要求（包括可逆要求应用于最大实体要求）和最小实体要求（包括可逆要求应用于最小实体要求）。

1. 包容要求

包容要求表示提取组成要素不得超越其最大实体边界（MMB），其局部尺寸不得超出最小实体尺寸（LMS）。包容要求适用于圆柱表面或两平行对应面。采用包容要求的尺寸要素应在其尺寸极限偏差或公差带代号之后加注符号Ⓔ。

图 3-49 是对尺寸为 ϕ 150 的轴颈遵守包容要求（在图样上应表示为 $\phi\,150^{\,0}_{-0.04}$ Ⓔ）的解释。图 3-49（a）、（b）、（c）表示不论是其圆柱表面有形状误差，还是其轴线有形状误差，其提取圆柱面必须在其最大实体边界（MMB）之内（该边界的尺寸为最大实体尺寸 ϕ 150），其局部尺寸不得小于 ϕ 149.96；图 3-49（d）表示局部尺寸处处均为最大实体尺寸 ϕ 150，这时，不允许圆柱的轴线有形状误差。

采用包容要求的合格条件为体外作用尺寸不得超过其最大实体尺寸，且局部尺寸不得超越其最小实体尺寸，这就是泰勒原则。即

对于内表面：

$$\begin{cases} D_{fe}\geqslant D_M \\ D_a\leqslant D_L \end{cases},\quad 即 \quad \begin{cases} D_a-f\geqslant D_{min} \\ D_a\leqslant D_{max} \end{cases}$$

对于外表面：

$$\begin{cases} d_{fe}\leqslant d_M \\ d_a\geqslant d_L \end{cases},\quad 即 \quad \begin{cases} d_a+f\leqslant d_{max} \\ d_a\geqslant d_{min} \end{cases}$$

包容要求是用尺寸公差同时控制尺寸和几何误差的一种公差要求，用于必须保证配合性质的要素。

2. 最大实体要求（MMR）（包括附加于最大实体要求的可逆要求（RPR））

尺寸要素的非理想要素不得违反其最大实体实效状态（MMVC）的一种尺寸要素要求，也即尺寸要素的非理想要素不得超越其最大实体实效边界（MMVB）的一种尺寸要素要求。此时应在图样上标注符号Ⓜ，标注示例见图 3-27。

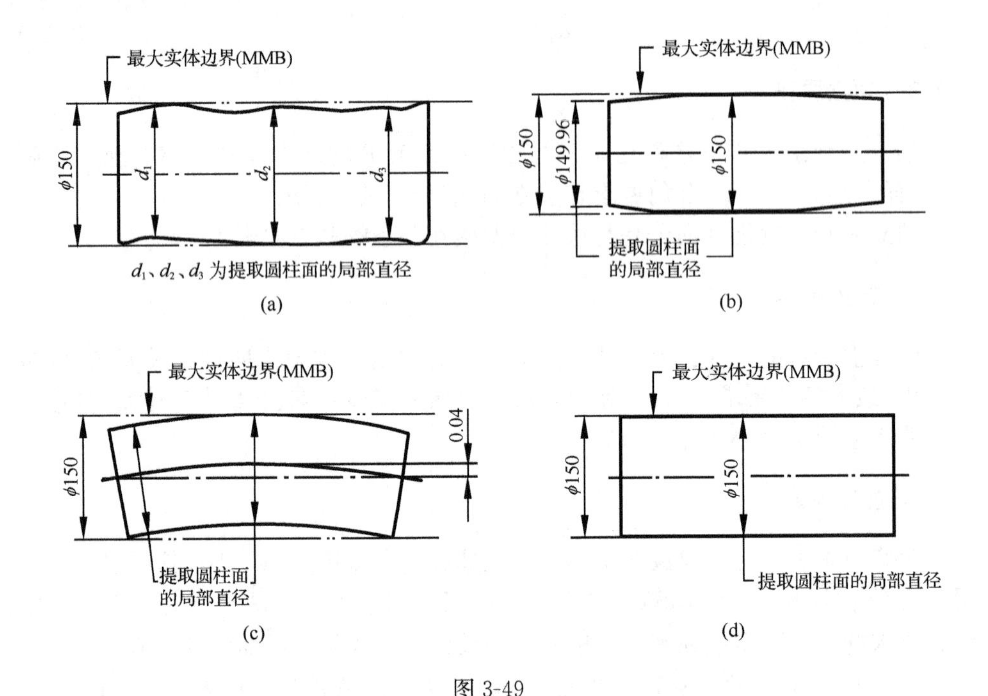

图 3-49

当其导出要素的几何误差小于给出的几何公差，又允许其局部尺寸超出最大实体尺寸时，可将可逆要求应用于最大实体要求。此时应在其几何公差框格中最大实体要求的符号Ⓜ后标注符号Ⓡ，标注示例见图 3-29(a)。

采用最大实体要求时，几何公差的补偿值取决于提取组成要素局部尺寸对其最大实体尺寸的偏离程度。因此，即便是规格相同的一批零件，各个零件上相对应的要素所能得到的几何公差补偿值也可能是各不相同的。

最大实体要求用于被测要素时，被测要素的体外作用尺寸不得超越最大实体实效尺寸，且提取组成要素局部尺寸在最大与最小尺寸之间。即

对于内表面：

$$\begin{cases} D_{\mathrm{fe}} \geqslant D_{\mathrm{MV}} \\ D_{\mathrm{M}} \leqslant D_{\mathrm{a}} \leqslant D_{\mathrm{L}} \end{cases},\quad \text{即} \quad \begin{cases} D_{\mathrm{a}} - f \geqslant D_{\min} - t \\ D_{\min} \leqslant D_{\mathrm{a}} \leqslant D_{\max} \end{cases}$$

对于外表面：

$$\begin{cases} d_{\mathrm{fe}} \leqslant d_{\mathrm{MV}} \\ d_{\mathrm{L}} \leqslant d_{\mathrm{a}} \leqslant d_{\mathrm{M}} \end{cases},\quad \text{即} \quad \begin{cases} d_{\mathrm{a}} + f \leqslant d_{\max} + t \\ d_{\min} \leqslant d_{\mathrm{a}} \leqslant d_{\max} \end{cases}$$

可逆要求用于最大实体要求的含义是，被测实际尺寸偏离最大实体尺寸时，允许其几何误差增大外，同时，当几何误差小于给出的几何公差时，也允许提取组成要素局部尺寸超出最大实体尺寸。这时，只要尺寸误差与几何误差之和小于尺寸公差与几何公差之和即可。

可逆要求用于最大实体要求时，按以下关系检验零件的合格性。

对于内表面：

$$\begin{cases} D_{fe} \geqslant D_{MV} \\ D_a \leqslant D_L \end{cases}, \quad 即 \quad \begin{cases} D_a - f \geqslant D_{min} - t \\ D_a \leqslant D_{max} \end{cases}$$

对于外表面：

$$\begin{cases} d_{fe} \leqslant d_{MV} \\ d_a \geqslant d_L \end{cases}, \quad 即 \quad \begin{cases} d_a + f \leqslant d_{max} + t \\ d_a \geqslant d_{min} \end{cases}$$

图 3-50 中，轴线直线度公差 $\phi0.1$mm 是在轴的尺寸为最大实体尺寸 $\phi20$mm 时给定的。当轴的提取组成要素局部尺寸等于最大实体尺寸 $\phi20$mm 时，其轴线直线度误差不能超过 $\phi0.1$mm，如图 3-50(b)所示；当轴的提取组成要素局部尺寸偏离最大实体尺寸 $\phi20$mm 时，允许其轴线的直线度误差增大，轴的提取组成要素局部尺寸偏离其最大实体尺寸多少就允许其轴线的直线度误差增大多少。例如，当轴的提取组成要素局部尺寸为 $d_a=\phi19.985$ 时，则允许其轴线的直线度误差增大到 $\phi0.1+(\phi20-\phi19.985)$，即 $\phi0.115$mm。

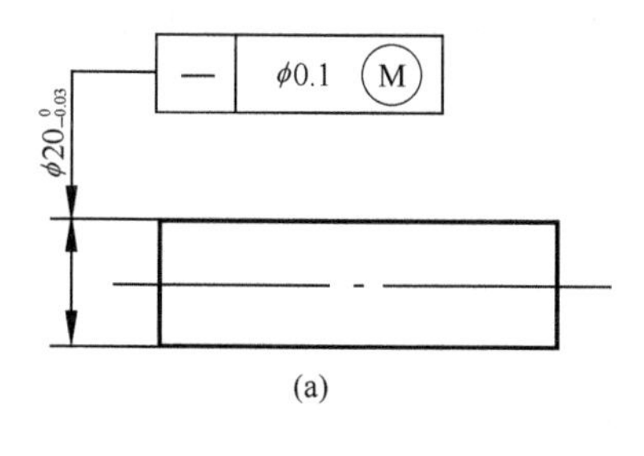

(a)

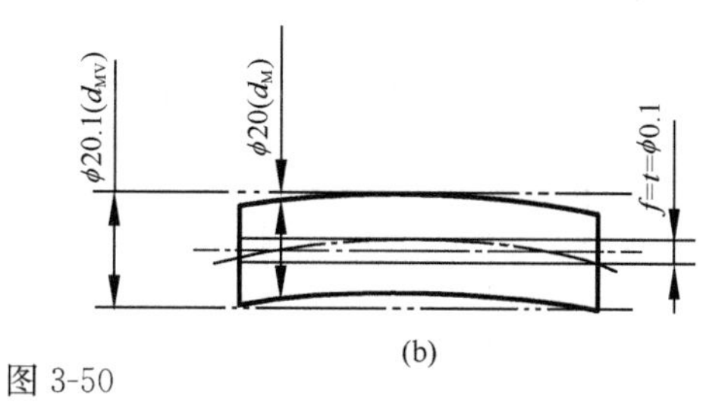

(b)

图 3-50

轴的提取组成要素局部尺寸等于最小实体尺寸时，其轴线的直线度误差的增大值达到最大：$\phi0.1+(\phi20-\phi19.97)$，即 $\phi0.13$mm。

关联要素采用最大实体要求的零几何公差标注时(图 3-51)，要求其实际轮廓处处不得超越最大实体边界，且该边界应与基准保持图样上给定的几何关系，要素实际轮廓的局部尺寸不得超越最小实体尺寸。

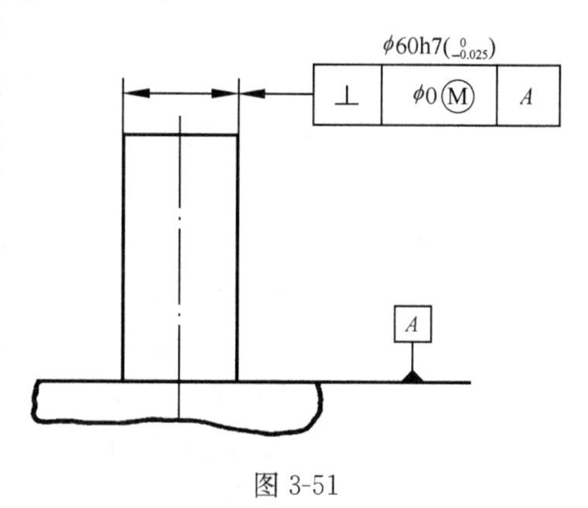

图 3-51

最大实体要求常常应用于只要求可装配性的零件，以便充分利用图样上给出的公差值。当被测要素或基准要素偏离最大实体状态时，几何公差可以得到补偿值，从而提高零件的合格率，由此给企业带来显著的经济效益。

关联要素采用最大实体要求的零几何公差适用的场合与包容要求的应用相同，主要用于保证配合性质的要素。

关联要素采用最大实体要求的零几何公差标注时，按以下关系检验零件的合格性。

对于内表面：

$$\begin{cases}D_{fe} \geqslant D_M \\ D_a \leqslant D_L\end{cases}, \quad 即 \quad \begin{cases}D_a - f \geqslant D_{min} \\ D_a \leqslant D_{max}\end{cases}$$

对于外表面：

$$\begin{cases}d_{fe} \leqslant d_{MV} \\ d_a \geqslant d_L\end{cases}, \quad 即 \quad \begin{cases}d_a + f \leqslant d_{max} \\ d_a \geqslant d_{min}\end{cases}$$

最大实体要求用于导出要素，主要用在仅需要保证零件可装配性的场合。

3. 最小实体要求(LMR){包括附加于最小实体要求的可逆要求(LMR)}

尺寸要素的非理想要素不得违反其最小实体实效状态(MMVC)的一种尺寸要素要求，也即尺寸要素的非理想要素不得超越其最小实体实效边界(MMVB)的一种尺寸要素要求。此时应用符号Ⓛ在图样上几何公差值之后注出，见图 3-52。最小实体要求适用于导出要素，主要用于需保证零件的强度和壁厚的场合。

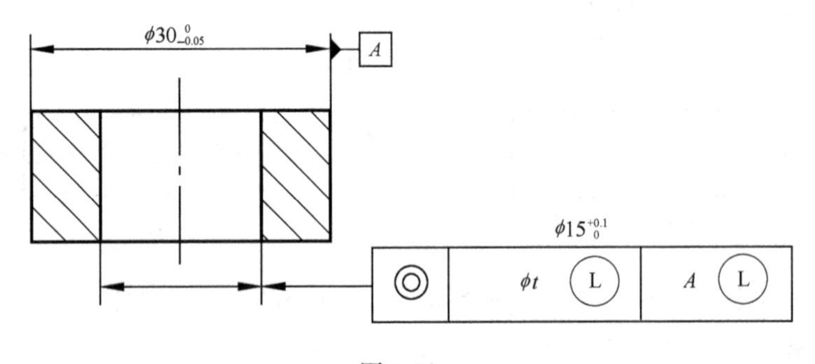

图 3-52

当其导出要素的几何误差小于给出的几何公差，又允许其局部尺寸超出最小实体尺寸时，可将可逆要求应用于最小实体要求。此时应同时在其几何公差框格中最小实体要求的符号Ⓛ后标注符号Ⓡ，见图 3-29(b)。

图 3-53(a)中，孔 $\phi8_{0}^{+0.25}$ 的中心线对基准的位置度公差采用最小实体要求。孔 $\phi8_{0}^{+0.25}$ 处于最小实体状态时，其中心线对基准 A 的位置度公差为 $\phi0.4$mm，如图 3-53(b)所示。当孔 $\phi8_{0}^{+0.25}$ 的实际尺寸为 $D_a=\phi8.15$ 时，允许其中心线的位置度误差增大到 $\phi0.4+(\phi8.25-\phi8.15)$，即 $\phi0.5$mm。

被测要素处于最大实体尺寸时，其中心线的位置度误差的增大值达到最大：$\phi0.4+(\phi8.25-\phi8)$，即 $\phi0.65$mm。

被测要素采用最小实体要求时，按以下关系检验零件的合格性。

对于内表面：

$$\begin{cases}D_{fi} \leqslant D_{LV} \\ D_L \geqslant D_a \geqslant D_M\end{cases}, \quad 即 \quad \begin{cases}D_a + f \leqslant D_{max} + t \\ D_{max} \geqslant D_a \geqslant D_{min}\end{cases}$$

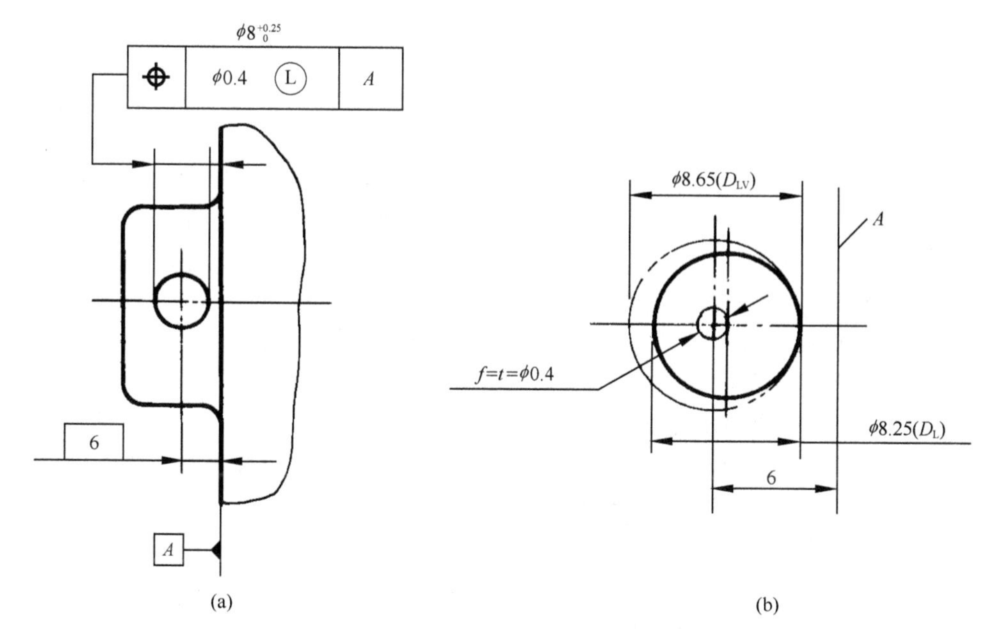

图 3-53

对于外表面：

$$\begin{cases} d_{fi} \geqslant d_{LV} \\ d_L \leqslant d_a \leqslant d_M \end{cases}, \quad 即 \quad \begin{cases} d_a - f \geqslant d_{min} - t \\ d_{min} \leqslant d_a \leqslant d_{max} \end{cases}$$

可逆要求用于最小实体要求时，按以下关系检验零件的合格性。

对于内表面：

$$\begin{cases} D_{fi} \leqslant D_{LV} \\ D_a \geqslant D_M \end{cases}, \quad 即 \quad \begin{cases} D_a + f \leqslant D_{max} + t \\ D_a \geqslant D_{min} \end{cases}$$

对于外表面：

$$\begin{cases} d_{fi} \geqslant d_{LV} \\ d_a \leqslant d_M \end{cases}, \quad 即 \quad \begin{cases} d_a - f \geqslant d_{min} - t \\ d_a \leqslant d_{max} \end{cases}$$

3.5 几何公差的选用

构成零件的各个要素尤其是一些关键性的要素，其形状和位置精度会直接影响机器、设备的性能和各项精度指标。因此，在零件的图纸设计阶段，有必要对零件上那些有特殊功能要求的要素给出几何精度要求。具体内容有公差特征、公差值、公差原则以及基准要素(对位置公差而言)等，分别叙述如下。

3.5.1 确定公差项目

在确定几何公差项目时，需要综合考虑要素的几何特征、零件的功能要求、检测方便及经济性等因素。

要素的几何特征限定了可选择的形状公差特征项目。例如，圆柱形零件可选择的形状特征项目有圆度、圆柱度、轴心线的直线度、素线的直线度；平面零件可选择的形状公差是平面度。

要素间几何方位关系限定了可选择的位置公差特征项目。例如，对于回转体类零件可选择的位置公差项目有跳动公差；对于阶梯轴(或阶梯孔)类零件，除了跳动公差之外，还可选择同轴度公差和垂直度公差；线(面)与线(面)之间可选择定向公差和位置公差；点要素只能规定位置度公差。

一个零件通常有多个可选择的公差特征项目。事实上，没必要全部选用，而是通过分析零件各部位的功能要求，从中选择适当的特征项目。

例如：仅要求顺利装配或避免孔、轴之间相对运动时的磨损，对于圆柱形零件需要提出轴心线直线度公差；又如，为了保证机床工作台或刀架运动轨迹的精度，对导轨的工作面需要提出直线度或平面度的要求等。

确定几何公差特征项目时还要考虑检测的方便性、可能性和经济性。例如，考虑到跳动误差的检测方便，对于轴类零件，可以用径向全跳动公差同时控制圆度、圆柱度以及同轴度误差；用端面全跳动公差代替端面对轴线的垂直度公差。

总之，合理、恰当地确定零件各个要素几何公差项目的前提是设计者必须充分明确所设计零件的功能要求，同时还要熟悉零件的加工工艺并具有一定的检测经验。

3.5.2 几何公差数值(或公差等级)选择

选用几何公差值时，应根据零件的功能要求，并考虑加工的经济性和零件的结构、刚性等情况综合考虑。此外还应考虑下列情况：

在同一要素上给出的形状公差值应小于位置公差值。如要求平行的两个表面，其平面度公差值应小于平行度公差值。

圆柱形零件的形状公差值(轴线的直线度除外)一般情况下应小于其尺寸公差值。

平行度公差值应小于其相应的距离公差值。

对于下列情况，考虑到加工的难易程度和除主参数外其他参数的影响，在满足零件功能要求的前提下，适当降低一二级选用。如

孔相对于轴；

细长比较大的轴或孔；

距离较大的轴或孔；

宽度较大(一般大于 1/2 长度)的零件表面；

线对线和线对面相对于面对面的平行度；

线对线和线对面相对于面对面的垂直度。

表 3-19 和表 3-20 可供选用公差值时参考。

表 3-19　几种主要加工方法能达到的直线度、平面度的公差等级范围

加工方法		公差等级范围	加工方法		公差等级范围
车	粗车	11～12	磨	粗磨	9～11
	细车	9～10		细磨	7～9
	精车	5～8		精磨	2～7
铣	粗铣	11～12	研磨	粗研	4～5
	细铣	10～11		细研	3
	精铣	6～9		精研	1～2
刨	粗刨	11～12	刮磨	粗刮	6～7
	细刨	9～10		细刮	4～5
	精刨	7～9		精刮	1～3

表 3-20　几种主要加工方法能达到的同轴度公差等级范围

加工方法	车、镗		铰	磨		珩磨	研磨
	孔	轴		孔	轴		
公差等级范围	4～9	3～8	5～7	2～7	1～6	2～4	1～3

3.5.3　公差原则或公差要求的选择

(1) 独立原则

独立原则是处理几何公差和尺寸公差关系的基本原则。以下三种情况采用独立原则：

尺寸精度和几何精度均有较严格的要求且需要分别满足，或者二者要求相差较大。例如：为了保证与轴承内圈的配合性质，对减速器中的输出轴上与轴承相配合的轴颈分别提出尺寸精度和圆柱度要求；打印机、印刷机的滚筒，其圆柱度要求较高，而尺寸精度要求较低，应分别提出要求。

有特殊功能要求的要素，往往对其单独提出几何公差要求。例如，对导轨的工作面提出直线度或平面度要求。

尺寸公差与几何公差无联系的要素。

(2) 公差要求

需要严格保证配合性质的场合采用包容要求。

无配合性质要求、只要求保证可装配性的场合采用最大实体要求。

需要保证零件强度和最小壁厚的场合采用最小实体要求。

在不影响使用性能要求前提下，为了充分利用图样上的公差带以求提高效益的场合可以将可逆要求用于最大(最小)实体要求。

3.5.4　基准的选择

给出关联要素之间的方向或位置关系要求时，需要选择基准。选择基准时，主要应根据设计和使用要求，并兼顾基准统一原则以及零件的结构特征等，从以下几方面考虑：

根据零件的功能要求及要素间的几何关系选择基准。例如，对旋转轴，通常都以轴承的轴颈轴线作基准。

从加工、测量角度考虑，选择在夹具、量具中定位的相应要素作基准，应尽量使工艺基准、测量基准与设计基准统一。例如，加工齿轮时，以齿轮坯的中心孔作为基准。

根据装配关系，选择相互配合或相互接触的表面为各自的基准，以保证零件的正确装配。例如，箱体的装配底面，盘类零件的端平面等。

采用多基准时，通常选择对被测要素使用要求影响最大的表面或定位最稳的表面作为第一基准。

3.5.5 几何公差的选用和标注实例

图 3-54 所示为减速器的齿轮轴，根据减速器对该轴的功能要求，选用几何公差如下：

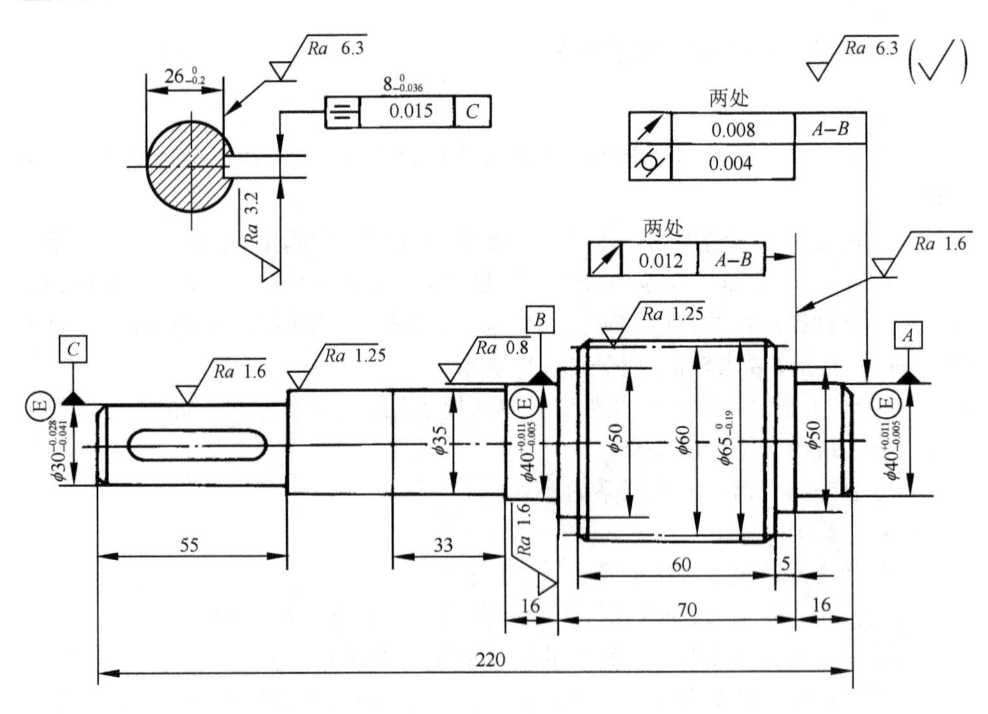

图 3-54

两个 $\phi40^{+0.011}_{-0.006}$ 的轴颈与滚动轴承的内圈相配合，采用包容要求，以保证配合性质；按 GB/T 275—1993 规定，与滚动轴承配合的轴颈，为了保证装配后轴承的几何精度，在采用包容要求的前提下，又进一步提出了圆柱度公差 0.004mm 的要求；两轴颈上安装滚动轴承后，将分别装配到相对应的箱体孔内，为了保证轴承外圈与箱体孔的配合性质，需限制两轴颈的同轴度误差，故又规定了两轴颈的径向圆跳动公差 0.008mm。

轴颈 ϕ50mm 的两个轴肩都是止推面，起一定的定位作用。GB/T 275—1993 规定，给出两轴肩相对基准轴线 $A-B$ 的端面圆跳动公差，0.012mm，轴颈 $\phi30_{-0.041}^{-0.028}$ 与轴上零件配合，有配合性质要求，因此也采用包容要求。

为了保证齿轮的正确啮合，对 $\phi30_{-0.041}^{-0.028}$ 轴颈上的键槽 $8_{-0.036}^{\ 0}$ 提出了对称度公差 0.015mm 的要求，基准为键槽所在轴颈的轴线。

图 3-55 所示为减速器中的大齿轮。齿轮的内孔 ϕ56H7 采用包容要求。齿坯的定位端面在切齿时作为轴向定位面，其端面圆跳动公差为 0.018mm。顶圆作为齿轮加工时的径向找正基准，提出径向圆跳动公差为 0.022mm 的要求。为了保证齿轮的正确啮合，内孔上键槽的对称中心平面对孔的过中心线的中心平面的对称度公差为 0.02mm。

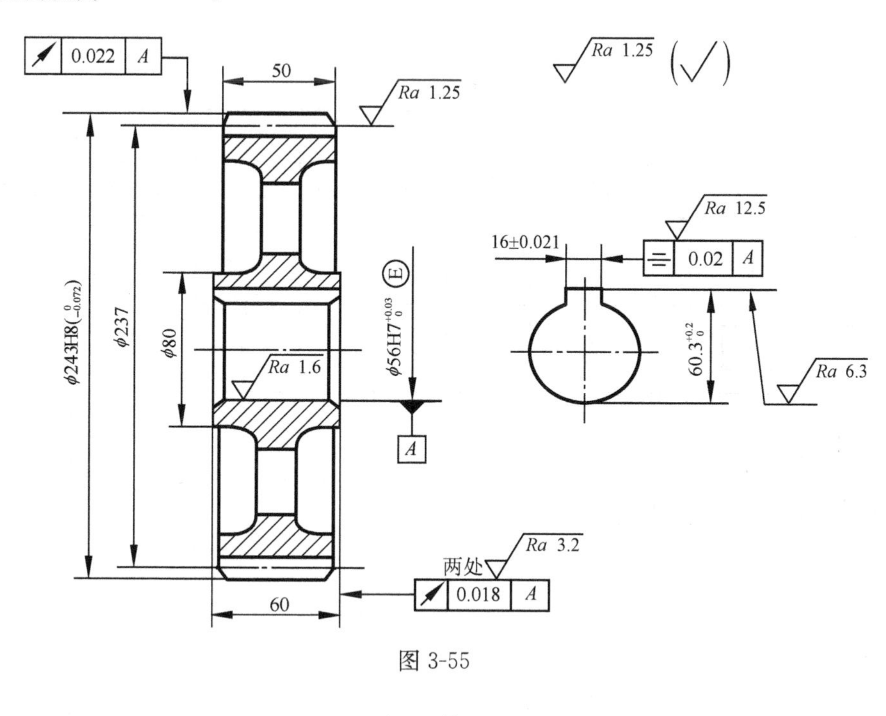

图 3-55

习　题　3

1. 几何公差的公差原则和公差要求有哪些内容？简述其应用场合？
2. 什么是评定形状误差的最小条件？为什么要按最小条件评定形状误差？
3. 几何公差选用的内容有哪些？如何确定几何公差特征项目？
4. 什么情况选用未注几何公差？图样上如何表示？

5. 根据图 3-56 中的几何公差标注填写表 3-21 中的空白项。

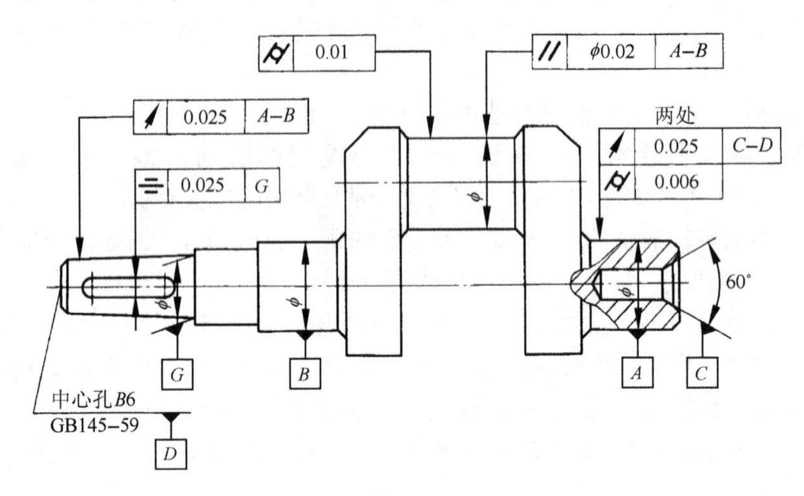

图 3-56

表 3-21

公差框格	特征项目		被测要素	公差值/mm	基准		公差带		
	符号	名称			有无	基准要素	形状	大小	基准如何
⌯ 0.025 G									
↗ 0.025 A–B									
⌭ 0.01									
// 0.002 A–B									
↗ 0.025 C–D									
⌭ 0.006									

6. 将下列要求标注在图 3-57 上。

1) 圆锥面的圆度公差为 0.01mm，圆锥素线直线度公差为 0.02mm；

2) ϕ35H7 中心线对 ϕ10H7 中心线的同轴度公差为 0.05mm；

3) ϕ35H7 内孔表面圆柱度公差为 0.005mm；

4) ϕ20h6 圆柱面的圆度公差为 0.006mm；

5）ϕ35H7 内孔端面对 ϕ10H7 中心线的轴向圆跳动公差为 0.05mm；

6）圆锥面对 ϕ10H7 中心线的斜向圆跳动公差为 0.05mm。

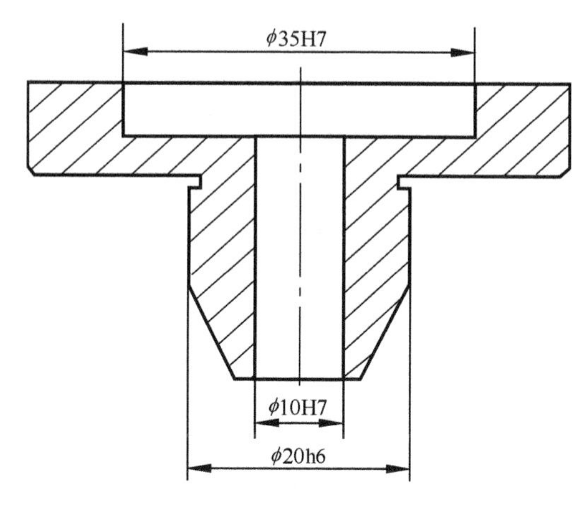

图 3-57

7. 将下列要求标注在零件图 3-58 上。

1）两 ϕd_1m6 表面圆柱度公差 0.008mm；

2）ϕd_2 轴心线对两 ϕd_1m6 的公共轴心线的同轴度公差 0.04mm；

3）ϕd_2 的左端面对两 ϕd_1m6 的公共轴心线的垂直度公差 0.02mm；

4）两 ϕd_1m6 采用包容要求；

5）键槽的对称中心平面对所在轴轴心线的对称度公差为 0.03mm；

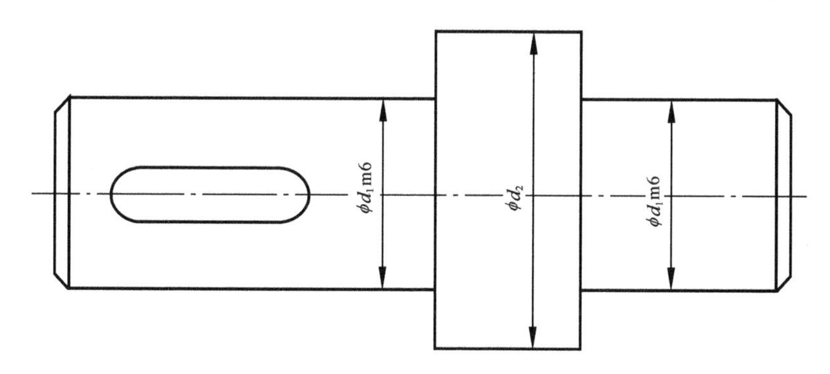

图 3-58

8. 将下列要求标注在零件图 3-59 上：

1）右端面对左端面的平行度公差 0.05mm；

2）孔内表面的圆柱度公差 0.005mm；

3）孔的尺寸为 ϕ45H7,采用包容要求；

4）圆锥面的圆度公差 0.005mm；

5）圆锥面素线的直线度公差 0.01mm；

6）圆锥面对孔的中心线的斜向圆跳动公差 0.05mm。

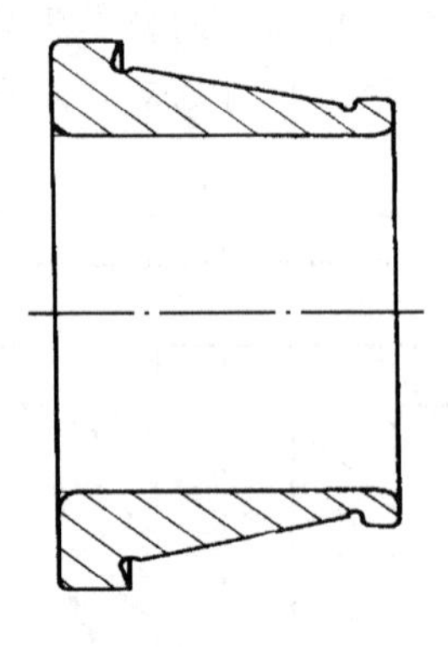

图 3-59

9. 用水平仪测量导轨的直线度误差，依次测得相邻两点（后点对前点）的高度差（μm）为：−8，−8，0，+2.5，+3.5，−4，−3，−6。在坐标纸上按最小条件法和两端点连线法求出所测导轨的直线度误差值。

第 4 章 表面粗糙度

4.1 基本概念

4.1.1 表面粗糙度的定义

表面粗糙度(surface roughness)是指加工表面上具有的较小间距的峰谷所组成的微观几何形状特性。它是一种微观几何形状误差,也称为微观不平度。表面粗糙度应与表面形状误差(宏观几何形状误差)和表面波度区别开。通常,波距小于 1mm 的属于表面粗糙度,波距在 1～10mm 的属于表面波度,波距大于 10mm 的属于形状误差,如图 4-1 所示。

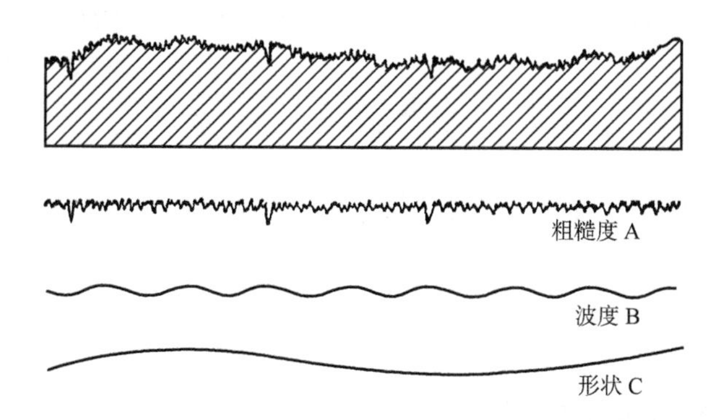

图 4-1 表面粗糙度、波度和形状误差的综合影响

4.1.2 表面粗糙度对机械零件使用性能的影响

表面粗糙度的大小对零件的使用性能和使用寿命有很大影响。

1. 影响零件的耐磨性

表面越粗糙,摩擦系数就越大,相对运动的表面磨损得越快。然而,表面过于光滑,由于润滑油被挤出或分子间的吸附作用等原因,也会使摩擦阻力增大和加速磨损。

2. 影响配合性质的稳定性

零件表面的粗糙度对各类配合均有较大的影响。对于间隙配合:两个表面粗糙的零件在相对运动时会迅速磨损，造成间隙增大，影响配合性质；对于过盈配合，在装配时表面上微观凸峰极易被挤平，使装配后的实际有效过盈减小，降低连接强度。总之，表面粗糙度会影响配合性质的稳定性。

3. 影响抗疲劳强度

承受交变载荷作用的零件的失效多数是由于表面产生疲劳裂纹造成的。疲劳裂纹主要是由于表面微观峰谷的波谷所造成的应力集中引起的。零件表面越粗糙，波谷越深，应力集中就越严重。因此，表面粗糙度影响零件的抗疲劳强度。

4. 影响抗腐蚀性

粗糙表面的微观凹谷处容易存积腐蚀性物质，久而久之，这些腐蚀性物质就会渗入到金属内层，造成表面锈蚀。

此外，表面粗糙度对密封性、接触刚度、产品外观、表面光学性能、导电导热性能以及表面胶合强度等都有很大影响。所以，在设计零件的几何参数精度时，必须对其提出合理的表面粗糙度要求，以保证机械零件的使用性能。

4.2 表面粗糙度的评定

对于具有表面粗糙度要求的零件表面，加工后需要测量和评定其表面粗糙度的合格性。

4.2.1 术语、定义

1. λc 滤波器(λc profile filter)

λc 滤波器是指确定粗糙度与波纹度成分之间相交界限的滤波器。

2. λs 滤波器(λs profile filter)

λs 滤波器是指确定存在于表面上的粗糙度与比它更短的波的成分之间相交界限的滤波器。

3. 原始轮廓(primary profile)

原始轮廓是指在应用短波长滤波器 λs 之后的总的轮廓。

4. 粗糙度轮廓(roughness profile)

粗糙度轮廓是对原始轮廓采用 λc 滤波器抑制长波成分以后形成的轮廓。这是故意修正的轮廓。

以下所涉及的轮廓，若无特殊说明，均指粗糙度轮廓。

4.2.2 评定基准

为了合理、准确地评定被测表面的粗糙度，需要确定间距和幅度两个方向的评定基准，即取样长度、评定长度和轮廓中线。

1. 取样长度 lr(sampling length)

取样长度是指用于判别被评定轮廓不规则特征的 X 轴方向上的长度，即测量和评定表面粗糙度时所规定的 X 轴方向上的一段长度，如图 4-2 所示。

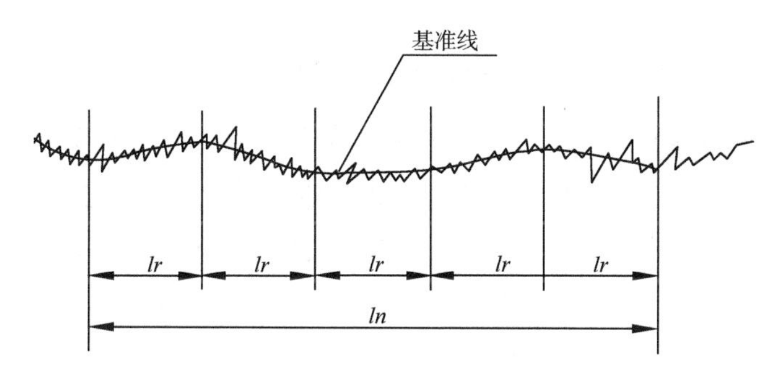

图 4-2

取样长度在数值上与 λc 滤波器的标志波长相等，X 轴方向与间距方向一致，如图 4-3 所示。

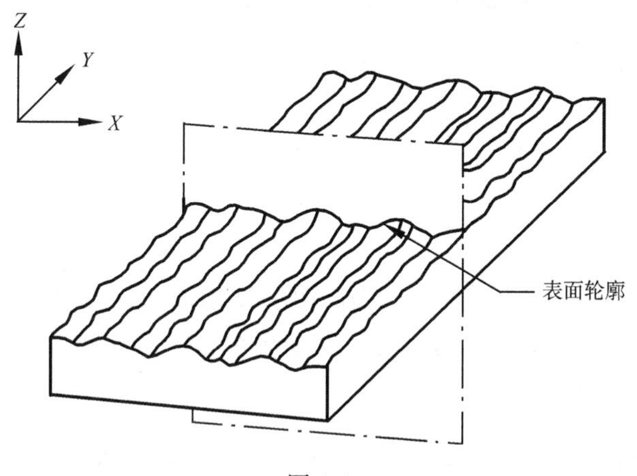

图 4-3

规定取样长度是为了限制和减弱被测表面其他几何形状误差，特别是表面波纹度对测量、评定表面粗糙度的影响。表面越粗糙，取样长度就越大。

2. 评定长度 ln(evaluation length)

用于判别被评定轮廓的 X 轴方向上的长度。由于零件表面粗糙度不一定均匀，在一个取样长度上往往不能合理地反映整个表面粗糙度特征，因此，在测量和评定时，需规定一段最小长度作为评定长度。评定长度包含一个或几个取样长度，如图 4-2 所示。

一般取 $ln=5lr$，如被测表面均匀性较好，测量时可选 $ln<5lr$；均匀性差的表面，可选 $ln>5lr$。

3. 轮廓中线(mean lines)

用轮廓滤波器 λc 抑制了长波轮廓成分相对应的中线，即具有几何轮廓形状并划分轮廓的基准线，也就是用以评定表面粗糙度参数值的给定线。轮廓中线有两种确定方法：

轮廓最小二乘中线(m)。它是指在取样长度内，使轮廓上各点的纵坐标值$Z_i(x)$平方和为最小的线，即$\int_0^{lr}[Z(x)]^2\mathrm{d}x$为最小，纵坐标 Z 的方向如图 4-4 所示。

轮廓算术平均中线：具有几何轮廓形状在取样长度内与轮廓走向一致的基准线。在取样长度内由该线划分轮廓使上下两边的面积和相等，即 $F_1+F_2+\cdots+F_n=F_1'+F_2'+\cdots+F_n'$，见图 4-4。

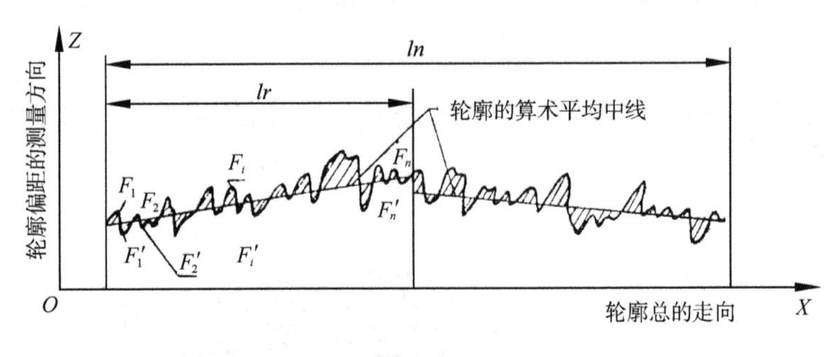

图 4-4

4.2.3 评定参数

国家标准 GB/T 3505—2009 从表面粗糙度特征的幅度、间距等方面，规定了相应的评定参数(parameters)，以满足机械产品对零件表面的各种功能要求。下面介绍其中的几个主要参数。

1. 评定轮廓的算术平均偏差 Ra(arithmetical mean deviation of the assessed profile)

评定轮廓的算术平均偏差 Ra 是指在一个取样长度内纵坐标 $Z(x)$绝对值的算术平均值，记为 Ra，见图 4-5。$Z(x)$的含义如图 4-6 所示，即

$$Ra=\frac{1}{lr}\int_0^{lr}|Z(x)|\mathrm{d}x \tag{4-1}$$

近似为

$$Ra = \frac{1}{n}\sum_{i=1}^{n} | Z_i(x) | \tag{4-2}$$

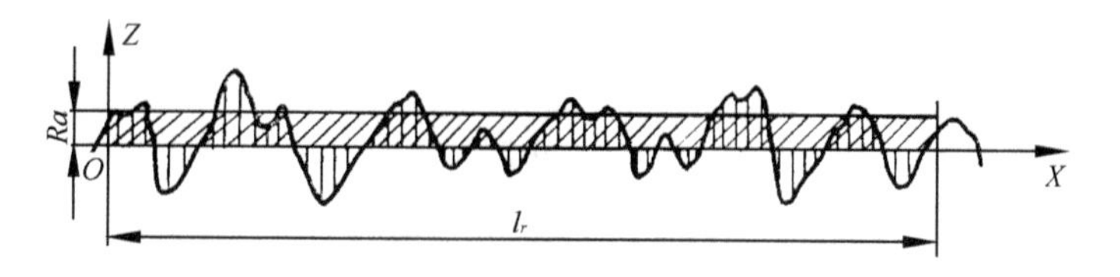

图 4-5　轮廓算术平均偏差

Ra 值的大小能客观地反映被测表面微观几何特性，*Ra* 值越小，说明被测表面微小峰谷的幅度越小，表面越光滑；反之，*Ra* 越大，说明被测表面越粗糙。*Ra* 值是用触针式电感轮廓仪测得的，受触针半径和仪器测量原理的限制，适用于 *Ra* 值在 0.025～6.3μm 的表面。

2. 轮廓的最大高度 *Rz*(maximum height of profile)

轮廓的最大高度 *Rz* 是指在一个取样长度内，最大轮廓峰高和最大轮廓谷深之和的高度，如图 4-6 所示，即

$$Rz = Z_{p_{max}} + Z_{v_{max}} \tag{4-3}$$

式中：$Z_{p_{max}}$ 和 $Z_{v_{max}}$ 都取绝对值。

注意：在 GB/T 3505—1983 中，*Rz* 符号曾用于指示“不平度的十点高度”。目前，在使用中的一些表面粗糙度测量仪器大多是测量以前的 *Rz* 参数。因此，当采用现行的技术文件和图样时必须小心慎重，因为用不同类型的仪器按不同的规定计算所得结果之间的差别并不都是非常微小可以忽略的。

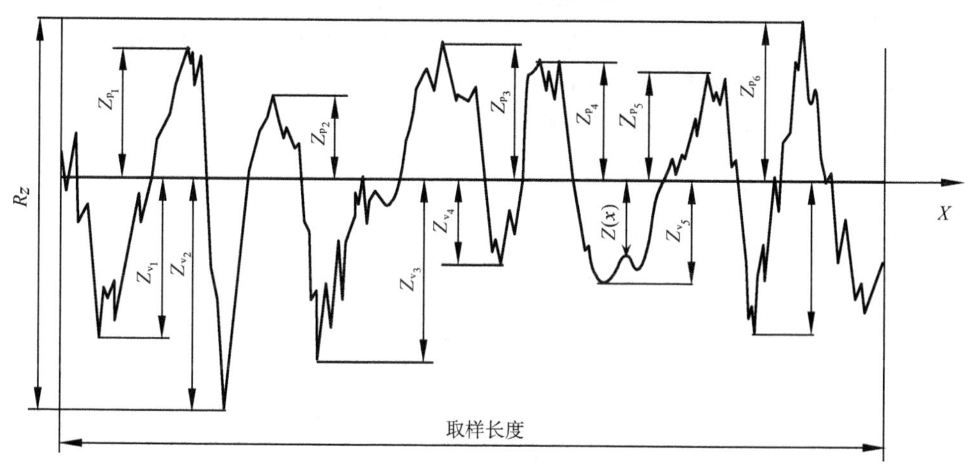

图 4-6　轮廓的最大高度

3. 轮廓单元的平均宽度 RSm(mean width of the profile elements)

轮廓单元的平均宽度 RSm 是指在一个取样长度内粗糙度轮廓单元宽度 Xs 的平均值,如图 4-7 所示,即

$$RSm = \frac{1}{m}\sum_{i=1}^{m} Xs_i \tag{4-4}$$

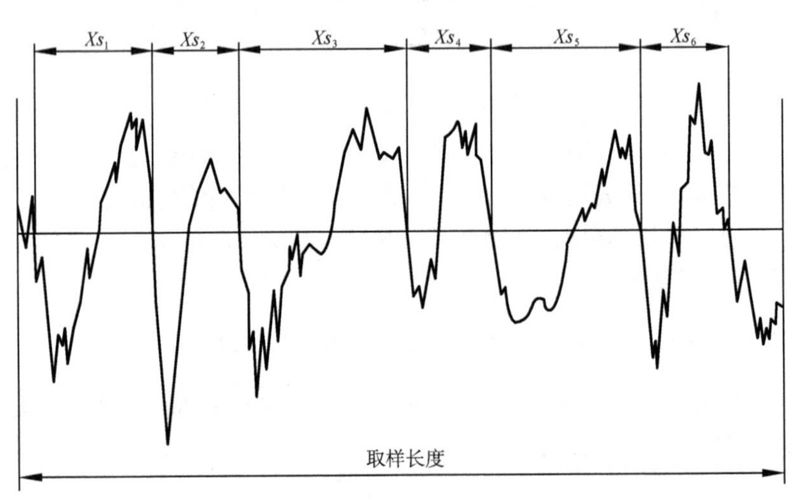

图 4-7

对 RSm 需要辨别高度和间距。若未另外规定,省略标注的高度分辨率为 Rz 的 10%,省略标注的间距分辨率为取样长度的 1%,上述两个条件都应满足。

GB/T 3505—2000 规定:粗糙度轮廓单元的宽度 Xs 是指 X 轴线与粗糙度轮廓单元相交线段的长度(图 4-7);粗糙度轮廓单元是指粗糙度轮廓峰和粗糙度轮廓谷的组合(图 4-8);粗糙度轮廓峰是指连接(粗糙度轮廓和 X 轴)两相邻交点向外(从周围介质到材料)的粗糙度轮廓部分(图 4-8);粗糙度轮廓谷是指连接两相邻交点向内(从周围介质到材料)的粗糙度轮廓部分(图 4-8)。

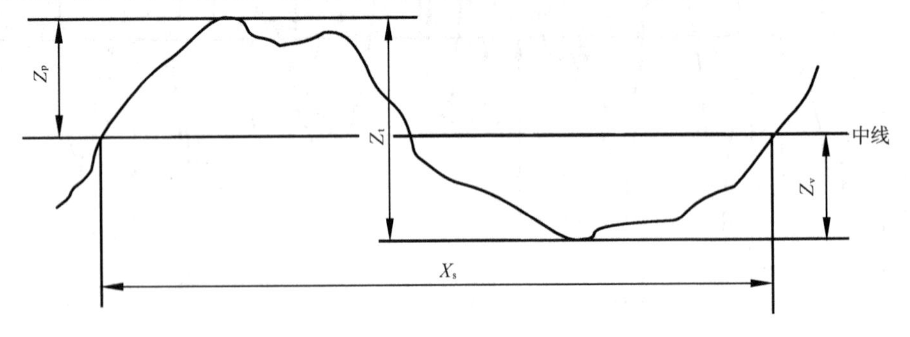

图 4-8

在取样长度始端或末端的评定轮廓的向外部分和向内部分看做是一个粗糙度轮廓峰或轮廓谷。当在若干个连续的取样长度上确定若干个粗糙度轮廓单元时，在每一个取样长度的始端或末端评定的峰和谷仅在每个取样长度的始端计入一次。

4. 轮廓的支承长度率 $Rmr(c)$(material ratio of the profile)

轮廓的支承长度率 $Rmr(c)$ 是指在给定水平位置 c 上轮廓的实体材料长度 $Ml(c)$ 与评定长度的比率，即

$$Rmr(c)=\frac{Ml(c)}{ln} \tag{4-5}$$

轮廓的支承长度率曲线见图 4-9。

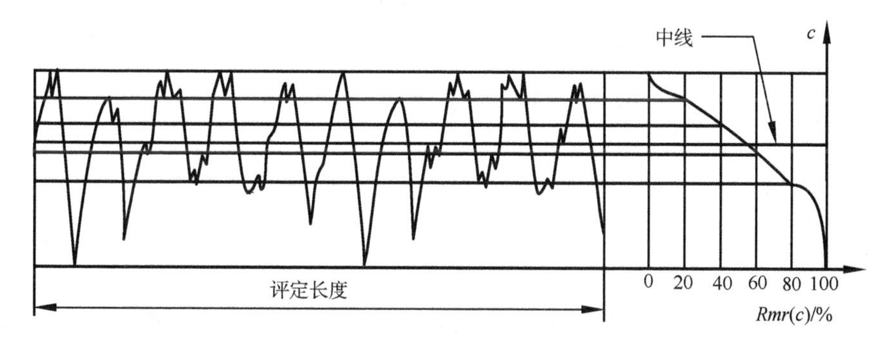

图 4-9 支承比率曲线

在水平位置 c 上轮廓的实体材料长度 $Ml(c)$ 是指在一个给定水平位置 c 上用一条平行于 X 轴的线与轮廓单元相截所获得的各段截线长度之和(图 4-10)，即

$$Ml(c)=Ml_1+Ml_2+\cdots+Ml_n \tag{4-6}$$

轮廓的支承长度率 $Rmr(c)$ 依据评定长度而不是在取样长度上来定义，因为这样可以提供更稳定的参数。

轮廓的水平位置 c 可用微米或用它占轮廓最大高度 Rz 的百分比表示。支承长度率随着水平位置的不同而变化，其关系曲线称为支承比率曲线，如图 4-9 所示。

以上四个参数，轮廓的算术平均偏差 Ra 和轮廓的最大高度 Rz 是幅度参数，是标准中规定必须标注的参数，称为基本参数。轮廓单元的平均宽度 RSm 和轮廓的支承长度率 $Rmr(c)$ 称为附加参数。其中，前者是反映间距特性的参数，后者是反映形状特性的参数。附加参数不能单独在图样上注出，只能作为幅度参数的辅助参数注出。

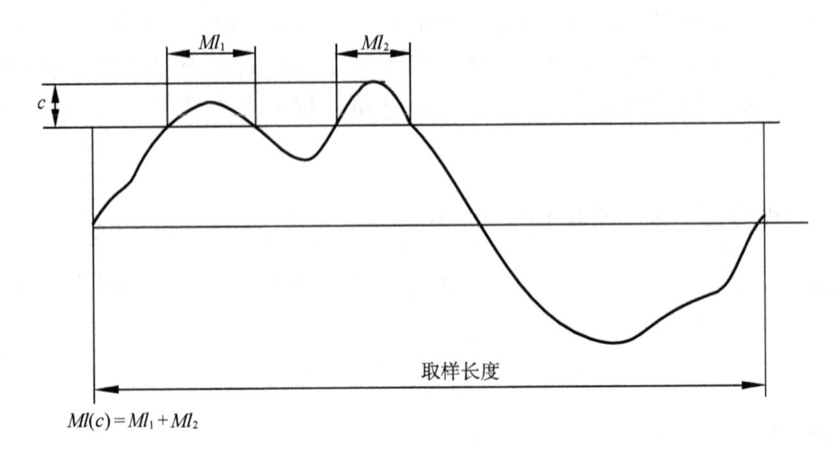

图 4-10　实体材料长度

4.3　表面粗糙度的选用

4.3.1　评定参数的选用

1. 幅度参数的选用

幅度参数是标准规定的基本参数，可以独立选用。对于有粗糙度要求的表面，必须选用一个幅度参数。

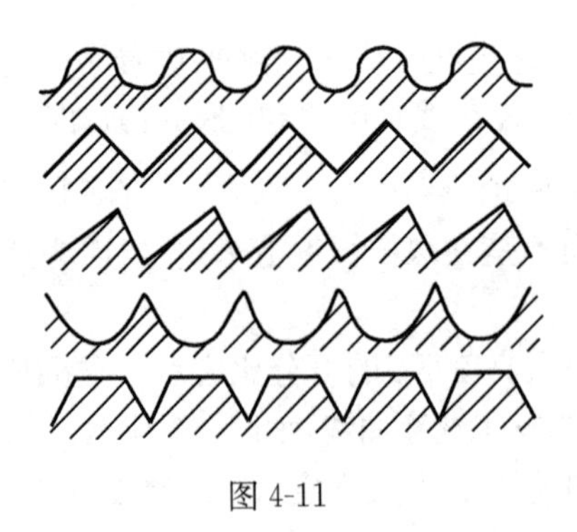

图 4-11

对于幅度方向的粗糙度参数值在 0.025～6.3μm 的零件表面，标准推荐优先选用 Ra。这是因为 Ra 能够比较全面地反映被测表面的微小峰谷特征，同时，上述范围内用轮廓仪能够很方便地测出被测表面 Ra 的实际值。

对于 Ra 值在 6.3～100μm 和 0.008～0.020μm 的零件表面可以选用 Rz。

图 4-11 中五种表面的轮廓最大高度参数相同，但使用质量显然不同。因此，对于有特殊要求的少数零件的重要表面，需要加选附加参数 RSm 或 $Rmr(c)$。

2. 附加参数的选用

参数 RSm 和 $Rmr(c)$ 一般不能作为独立参数选用，只能作为幅度参数的附加参数选用。

对于有特殊要求的表面，如喷涂均匀、涂层有极好的附着性和光洁性等，RSm 作为附加参数选用。

对于有较高支承刚度和耐磨性的表面，*Rmr*(*c*)作为附加参数选用。

4.3.2 参数值的选用

1. 表面粗糙度的参数值

在GB/T 1031—2009中，已经将表面粗糙度的参数值标准化。表4-1～表4-4分别是参数*Ra*、*Rz*、*RSm*和*Rmr*(*c*)的参数值。

表4-1 *Ra*的参数值(摘自GB/T 1031—2009) (单位：μm)

0.012	0.2	3.2	50
0.025	0.4	6.3	100
0.05	0.8	12.5	
0.1	1.6	25	

表4-2 *Rz*的数值(摘自GB/T 1031－2009) (单位：μm)

0.025	0.4	6.3	100	1 600
0.05	0.8	12.5	200	
0.1	1.6	25	400	
0.2	3.2	50	800	

注：这里的*Rz*对应GB/T 3505—1983的*Ry*。

表4-3 *RSm*的数值(摘自GB/T 1031—2009) (单位：mm)

0.006	0.1	1.6
0.0125	0.2	3.2
0.025	0.4	6.3
0.05	0.8	12.5

注：这里的*RSm*对应GB/T 3505—1983的*Sm*。

表4-4 *Rmr*(*c*)的数值(摘自GB/T 1031—2009) (单位：%)

10	15	20	25	30	40	50	60	70	80	90

注：选用轮廓的支承长度率参数*Rmr*(*c*)时，必须同时给出轮廓水平位置*c*值。它可用微米或*Rz*的百分数表示，百分数系列如下：*Rz*的5%，10%，15%，20%，25%，30%，40%，50%，60%，70%，80%，90%。

2. 表面粗糙度参数值的选用

设计时应按标准规定的参数值系列(表4-1～表4-4)选取各项参数的参数值。选用原则是在满足功能要求的前提下，参数的允许值应尽可能大些[*Rmr*(*c*)尽可能小些]。以便于加工，降低成本，获得较好的经济效益。

选用方法目前多采用类比法。根据类比法初步确定参数值，同时还要考虑下列情况：

同一个零件，工作表面比非工作表面的*Ra*或*Rz*值小；

摩擦表面比非摩擦表面、滚动摩擦表面比滑动摩擦表面的 Ra 值或 Rz 值小；

运动速度高、单位面积压力大、受交变载荷作用的零件表面以及最易产生应力集中的沟槽、圆角部位应选用较小的表面粗糙度数值。

要求配合稳定、可靠时，表面粗糙度参数值应小些。如小间隙配合表面、受重载作用的过盈配合表面，都应选用较小的表面粗糙度数值。

协调好表面粗糙度参数值与尺寸及形位公差的关系。通常，尺寸、形位公差值小，表面粗糙度 Ra 值或 Rz 值也要小；尺寸公差等级相同时，轴比孔的表面粗糙度数值要小。

防腐蚀性、密封性要求高，或外形要求美观的表面应选用较小的表面粗糙度数值；凡有关标准已对表面粗糙度做出规定的标准件或常用典型零件（例如，与滚动轴承配合的轴颈和基座孔、与键配合的轴槽、轮毂槽的工作面等），应按相应的标准确定其表面粗糙度参数值。

表 4-5 和表 4-6 分别列出了各类配合要求的孔、轴表面粗糙度参数的推荐值和各种加工方法可能达到的表面粗糙度数值，供参考。

表 4-5　各类配合要求的孔、轴表面粗糙度参数的推荐值

配合要求		孔				轴			
轻度装卸（如挂轮、滚刀等）	公称尺寸/mm	尺寸公差等级							
		5	6	7	8	5	6	7	8
		Ra /μm 不大于							
	≤50	0.4	0.4～0.8	0.8	0.8～1.6	0.2	0.4	0.4～0.8	0.8
	>50～500	0.8	0.8～1.6	1.6	1.6～3.2	0.4	0.8	0.8～1.6	1.6
过盈配合 ①按机械压入法装配 ②按热处理法装配	公称尺寸/mm	尺寸公差等级							
		5	6	7	8	5	6	7	8
		Ra /μm 不大于							
	≤50	0.2～0.4	0.8	0.8	1.6	0.1～0.2	0.4	0.4	0.8
	>50～120	0.8	1.6	1.6	1.6～3.2	0.4	0.8	0.8	0.8～1.6
	>120～500	0.8	1.6	1.6	1.6～3.2	0.4	1.6	1.6	1.6～3.2

配合要求	孔		轴	
滑动轴承配合	尺寸公差等级			
	6～9	10～12	6～9	10～12
	Ra /μm 不大于			
	0.8～1.6	1.6～3.2	0.4～0.8	0.8～3.2

配合要求	孔						轴					
精密定心用的配合	径向跳动公差/μm											
	2.5	4	6	10	16	25	2.5	4	6	10	16	25
	Ra /μm 不大于											
	0.1	0.2	0.2	0.4	0.8	1.6	0.05	0.1	0.1	0.2	0.4	0.8
	液体湿摩擦条件											
	Ra /μm 不大于											
	0.2～0.8						0.1～0.4					

表 4-6　不同加工方法可能达到的表面粗糙度

加工方法		表面粗糙度 Ra /μm
砂模铸造 型壳铸造		6.30～100
金属模铸造		1.60～50
离心铸造		1.60～25
精密铸造		0.80～12.5
蜡模铸造		0.40～12.5
压力铸造		0.40～6.30
热轧		6.30～100
模锻		1.60～100
冷轧		0.20～12.5
挤压		0.40～12.5
冷拉		0.20～6.30
锉		0.40～25
刮削		0.40～12.5
刨削	粗	6.30～25
	半精	1.60～6.30
	精	0.40～1.60
插销		1.60～25
钻孔		0.80～25
扩孔	粗	6.30～25
	精	1.60～6.30

加工方法		表面粗糙度 Ra /μm
金刚镗孔		0.05～0.40
镗孔	粗	6.30～50
	半精	0.40～6.30
	精	0.40～1.60
铰孔	粗	1.60～12.5
	半精	0.40～3.20
	精	0.100～1.60
拉削	半精	0.40～3.20
	精	0.100～0.40
滚铣	粗	3.20～25
	半精	0.80～6.30
	精	0.40～1.60
端面铣	粗	3.20～12.5
	半精	0.40～6.30
	精	0.20～1.60
车外圆	粗	6.30～25
	半精	1.60～12.5
	精	0.20～1.60
金刚车		0.025～0.20

加工方法		表面粗糙度 Ra /μm
车端面	粗	6.30～25
	半精	1.60～12.5
	精	0.40～1.60
磨外圆	粗	0.80～6.30
	半精	0.100～1.60
	精	0.025～0.40
磨平面	粗	1.60～3.20
	半精	0.40～1.60
	精	0.025～0.40
珩磨	平面	0.025～1.60
	圆柱	0.012～0.40
研磨	半精	0.05～0.40
	精	0.012～0.100
抛光	一般	0.100～1.60
	精	0.012～0.100
滚压抛光		0.05～3.20
超精加工	平面	0.012～0.40
	柱面	0.012～0.40
化学磨		0.80～25

加工方法		表面粗糙度 Ra /μm
电解磨		0.012～1.60
电火花加工		0.80～25
切割	气割	6.30～100
	锯	1.60～100
	车	3.20～25
	铣	12.5～50
	磨	1.60～6.30
螺纹加工	丝锥板牙	0.80～6.30
	梳洗	0.80～6.30
	滚	0.20～0.80
	车	0.80～12.5
	搓丝	0.80～6.30
	滚压	0.40～3.20
	磨	0.20～1.60
	研磨	0.05～1.60
齿轮及花键加工	刨	0.80～6.30
	滚	0.80～6.30
	插	0.80～6.30
	磨	0.100～0.80
	剃	0.20～1.60

4.3.3 取样长度的选用

一般情况下，在测量 Ra、Rz 时，推荐按表 4-7 选用对应的取样长度及评定长度值，此时取样长度值的标注在图样上或技术文件中可省略。当有特殊要求时应给出相应的取样长度值，并在图样上或技术文件中注出。

表 4-7 *lr* 和 *ln* 的数值(摘自 GB/T 1031—2009)

$Ra/\mu m$	≥0.008～0.02	>0.02～0.10	>0.1～2.0	>2.0～10.0	>10.0～80.0
$Rz/\mu m$	≥0.025～0.10	>0.10～0.50	>0.50～10.0	>10.0～50.0	>50.0～32.0
lr/mm	0.08	0.25	0.8	2.5	8.0
ln/mm($ln=5l$)	0.4	1.25	4.0	12.5	40.0

4.4 表面粗糙度符号、代号及其注法

图样上所标注的表面粗糙度符号、代号，是该表面完工后的要求。

4.4.1 表面粗糙度的符号

表 4-8 是图样上表示零件表面粗糙度的符合及其说明。若仅需要加工(采用去除材料的方法或不去除材料的方法)但对表面粗糙度的其他规定没有要求时，允许只注表面粗糙度符号。

表 4-8 表面粗糙度符号(摘自 GB/T 131—2006)

符号	含义
	基本图形符号，未指定工艺方法的表面，当通过一个注释解释时可单独使用
	扩展图形符号，用去除材料方法获得的表面；仅当其含义是“被加工表面”时可单独使用
	扩展图形符号，不去除材料的表面，也可用于表示保持上道工序形成的表面，不管这种状况是通过去除材料或不去除材料形成的

4.4.2 表面粗糙度代号及其注法

当允许在表面粗糙度参数的所有实测值中超过规定值的个数少于总数的16％时，应在图样上标注表面粗糙度参数的上限值或下限值。

当要求在表面粗糙度参数的所有实测值中不得超过规定值时，应在图样上标

注表面粗糙度参数的最大值或最小值。

1. 表面粗糙度参数代号的标注

图样上所标注的表面粗糙度符号、代号是该表面完工后的要求。表面粗糙度的基本图形符号仅用于简化标注，没用补充说明时不能单独使用。

表 4-9 是表面粗糙度参数的各种代号及其意义。

表 4-9　表面粗糙度代号的含义(摘自 GB/T 131—2006)

符号	含义/解释
Rz 0.4	表示不允许去除材料，单向上限值，默认传输带，粗糙度的最大高度 0.4μm，评定长度为五个取样长度(默认)，“16%规则”(默认)
Rz max 0.2	表示去除材料，单向上限值，默认传输带，粗糙度最大高度的最大值 0.2μm，评定长度为五个取样长度(默认)，“最大规则”
0.08-0.8/*Ra* 3.2	表示去除材料，单向上限值，传输带 0.008-0.8mm。算术平均偏差 3.2μm，评定长度为五个取样长度(默认)，“16%规则”(默认)
-0.8/*Ra*3 3.2	表示去除材料，单向上限值，传输带：根据 GB/T 6062，取样长度 0.8mm(λ_s 默认 0.0025mm)。算术平均偏差 3.2μm，评定长度包含三个取样长度，“16%规则”(默认)
U *Ra* max 3.2 L *Ra* 0.8	表示不允许去除材料，双向极限值，两极限值均使用默认传输带。上限值：算术平均偏差 3.2μm，评定长度为五个取样长度(默认)。“最大规则”，下限值：算术平均偏差 0.8μm，评定长度为五个取样长度(默认)，“16%规则”(默认)

2. 表面粗糙度其他项目的标注

表面粗糙度数值及其有关的规定在符号中注写的位置见图 4-12。

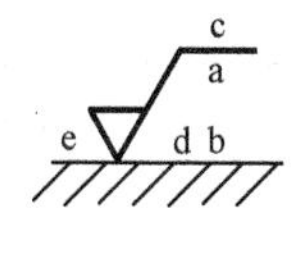

图 4-12

1) 位置 a：注写表面粗糙度的单一要求。

为了避免误解，在参数代号和极限值间应插入空格。传输带或取样长度后应有一斜线“/”，之后是表面结构参数代号，最后是数值。

示例 1：0.0025－0.8/*Rz*　6.3(传输带标注)。

示例 2：－0.8/*Rz*　6.3（取样长度标注）。

2）位置 a 和 b：注写两个或多个表面结构要求。

在位置 a 注写第一个表面粗糙度要求。在位置 b 注写第二个表面粗糙度要求。如果要注写第三个或更多个表面粗糙度要求，图形符号应在垂直方向扩大，以空出足够的空间。扩大图形符号时，a 和 b 的位置随之上移。

3）位置 c：注写加工方法。

注写加工方法、表面处理、涂层或其他加工工艺要求等。如车、磨、镀等加工表面。

4）位置 d：注写表面纹理和方向。

注写所要求的表面纹理和纹理的方向，如"＝"、"×"、"M"，见表 4-10。

5）位置 e：注写加工余量。

注写所要求的加工余量，以毫米为单位给出数值。

表 4-10　加工纹理方向的符号（摘自 GB/T 131—2006）

符号	示意图	符号	示意图
＝	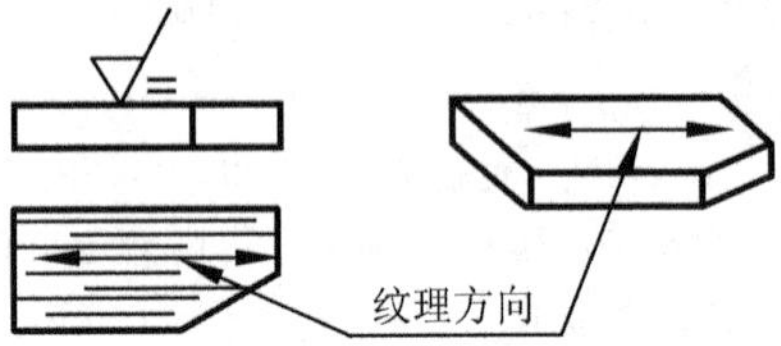 纹理方向 纹理平行于标注代号的视图投影面	×	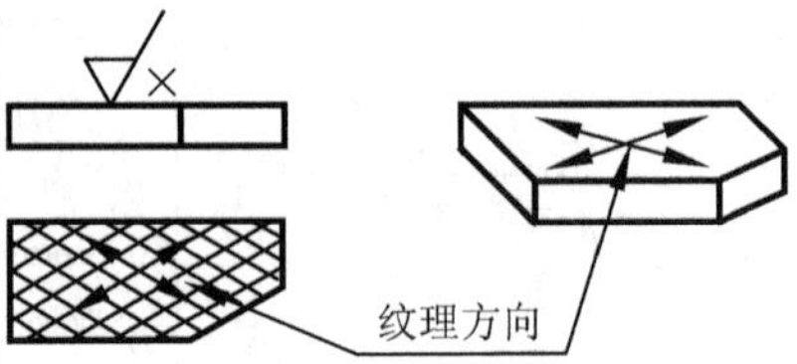 纹理方向 纹理呈两相交的方向
⊥	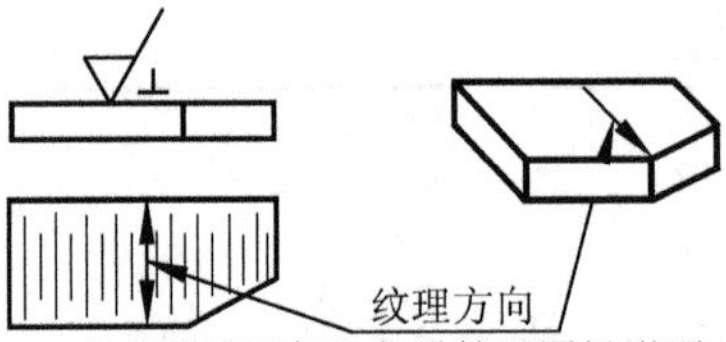 纹理方向 纹理垂直于标注代号的视图投影面	M	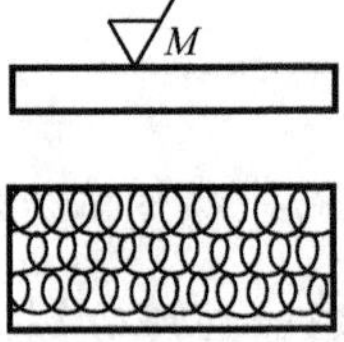 纹理呈多方向

注：若表中所列符号不能清楚表明所要求的纹理方向，应在图样上用文字说明。

3. 表面粗糙度在图样上的标注方法

表面粗糙度符号、代号一般注在可见轮廓线、尺寸界线、引出线或它们的延长线上。符号的尖端必须从材料外指向表面，如图 4-13、图 4-14 所示。表面粗糙度代号中的数字及符号的注写和读取方向与尺寸的注写和读取方向一致，如图 4-13、图 4-14 所示。在同一图样上，每一表面一般只标注一次符号、代号，并尽可能靠近有关的尺寸线，见图 4-13。

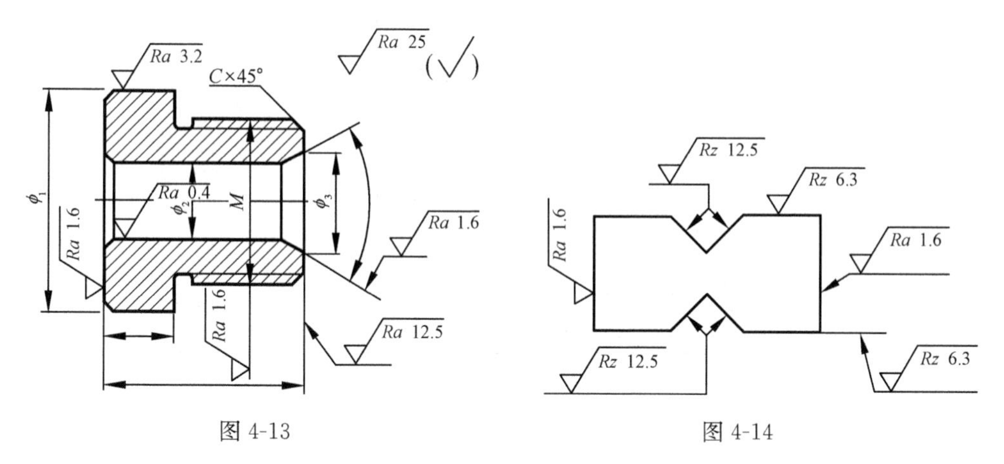

图 4-13　　　　图 4-14

如果在零件的多数(包括全部)表面有相同的表面粗糙度要求时，可按图 4-15 或图 4-16的简化注法标注。齿轮、渐开线花键、螺纹等工作面没有画出齿(牙)形时，其表面粗糙度代号可按图 4-17 的方式标注。

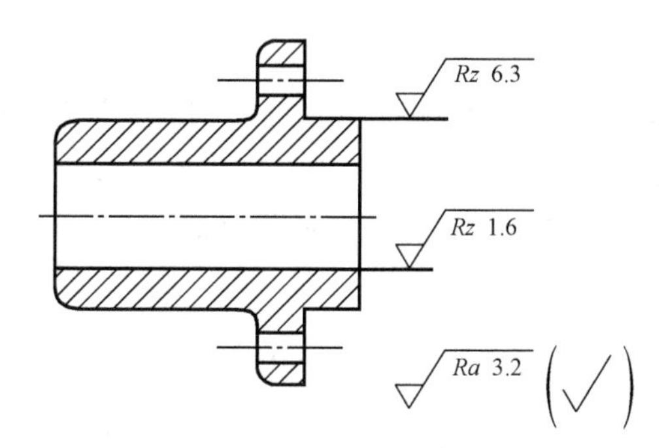

图 4-15　大多数表面有相同粗糙度要求的简化注法(一)

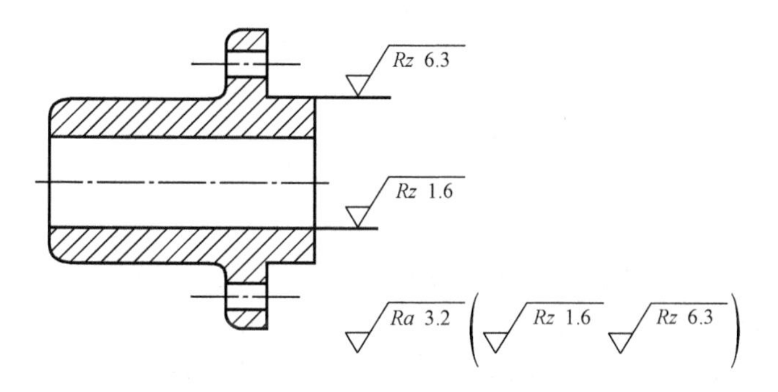

图 4-16　大多数表面有相同粗糙度要求的简化注法(二)

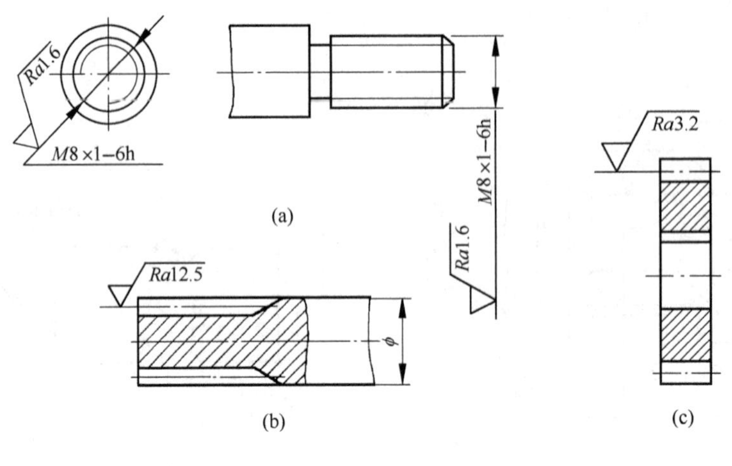

图 4-17

习 题 4

1. 何为表面粗糙度?
2. 什么是取样长度? 什么是评定长度? 二者间有什么区别?
3. 表面粗糙度的两个幅度参数的含义和代号分别是什么?
4. 选择表面粗糙度参数值时,应考虑哪些因素?
5. 将下列要求标注在图 4-18 上。

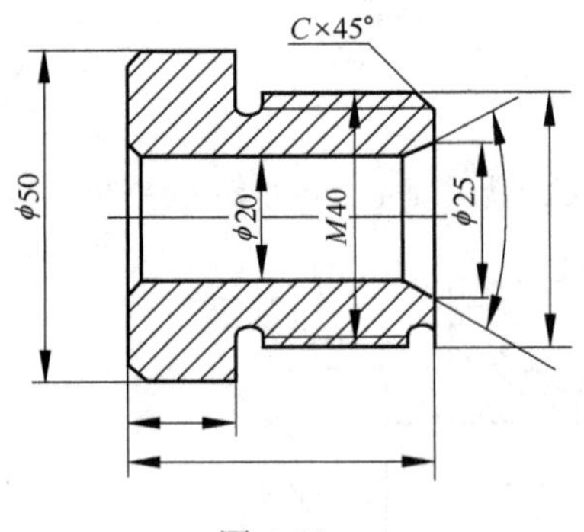

图 4-18

1) 直径为 $\phi50$ 的圆柱外表面粗糙度 Ra 的上限允许值为 3.2μm;
2) 左端面的表面粗糙度 Ra 的允许值为 1.6μm;
3) 直径为 $\phi50$ 的圆柱的右端面的表面粗糙度 Ra 的允许值为 3.2μm;
4) 内孔表面粗糙度 Rz 的允许值为 0.4μm;
5) 螺纹工作面的表面粗糙度 Ra 的最大值为 1.6μm,最小值为 0.8μm;

6）其余各加工面的表面粗糙度 Ra 的允许值为 25μm。

各加工面均采用去除材料法获得。

6. 试用类比法确定轴 $\phi80s5$ 和孔 $\phi80S6$ 的表面粗糙度 Ra 的上限允许值。

7. $\phi65H7/e6$ 与 $\phi65H7/h6$ 相比，何者应选用较小的表面粗糙度参数值？为什么？

第 5 章　几何参数检测技术基础

5.1　测　　量

测量(measuring)是指为确定被测量的量值而进行的实验过程,即将被测的量与复现计量单位的标准量进行比较,从而确定两者比值的过程。如果在测量中 x 为被测的量,E 为计量单位,q 为测量值,那么 q 与 x、E 的关系如下:

$$q = x/E \tag{5-1}$$

从而有

$$x = q \cdot E$$

一个完整的测量过程包括以下四个要素:

测量对象。这里仅限于几何量。可以是长度、角度、表面粗糙度、几何误差等。

计量单位。在机械制造业中,常用的长度单位为毫米(mm);精密测量时,多采用微米(μm);超精密测量时,多采用纳米(nm)。

测量方法。测量方法是指在进行测量时所采用的测量原理、计量器具以及测量条件的总和。

测量精确度(即准确度)。测量的精确度是指测量结果与真值的一致程度。没有测量精确度表示的测量结果是意义不完整的。通常用测量的极限误差或测量的不确定度来表示测量精确度。

测量是进行互换性生产的重要组成部分和前提之一,也是保证各种极限与配合标准贯彻实施的重要手段。为了进行测量并达到一定的精度,必须使用统一的标准,采用一定的测量方法和运用适当的测量工具。

5.2　长度和角度计量单位与量值传递

长度计量单位是进行长度测量的统一标准。《中华人民共和国法定计量单位》规定,我国长度的基本单位为米(m)。

1791 年,法国给出了米的最初定义。随后,米的定义不断完善。1983 年,第十七届国际计量大会正式通过了米的新定义:米是光在真空中在 1/299 792 458 s 时间间隔内所经路径的长度。

以上是在理论上米的定义,使用时,需要对米的定义进行复现才能获得各自国家的长度基准。目前,我国使用的长度基准是 1985 年我国用碘吸收稳定的

0.633μm 氦氖激光辐射复现的。

在实际应用中,不便于也没必要直接用光波作为长度进行测量,而是采用各种计量器具进行测量。因此,需要把通过复现米的定义获得的国家长度基准的量值准确地传递到计量器具和工件上去,以保证量值统一。所以,我国在组织上从国务院到地方,有各级计量管理机构,负责其管辖范围内的量值传递和计量工作;在技术上,通过两个平行的系统将国家波长基准向下传递,见图 5-1。

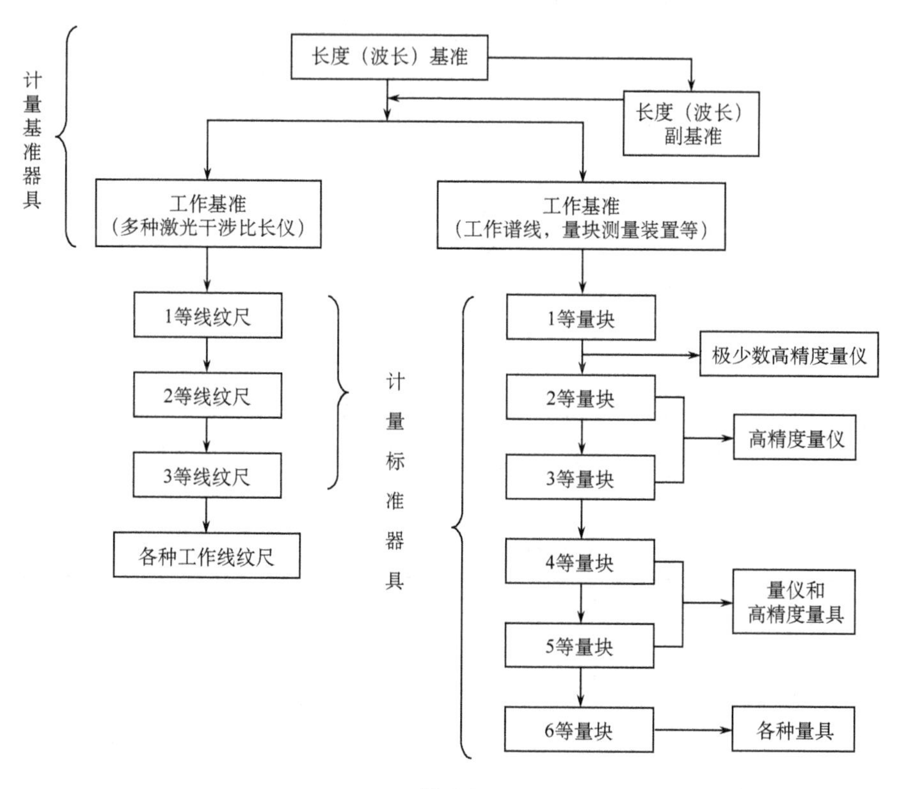

图 5-1

5.2.1 量块

量块(gauge block)是一对相互平行测量面间具有精确尺寸,且其截面一般为矩形的长度测量工具,如图 5-2 所示。量块由特殊的合金钢制成。量块有两个测量面和四个非测量面。标称长度(l_n)小于 5.5mm 的量块,有数字的一面为上测量面;尺寸大于 6mm 的量块,有数字平面的右侧为上测量面。

在机械和仪器制造中,量块的用途很广,除了作为长度基准进行尺寸传递外,还可用于计量器具的调整,机床、夹具的调整和检验工件等。

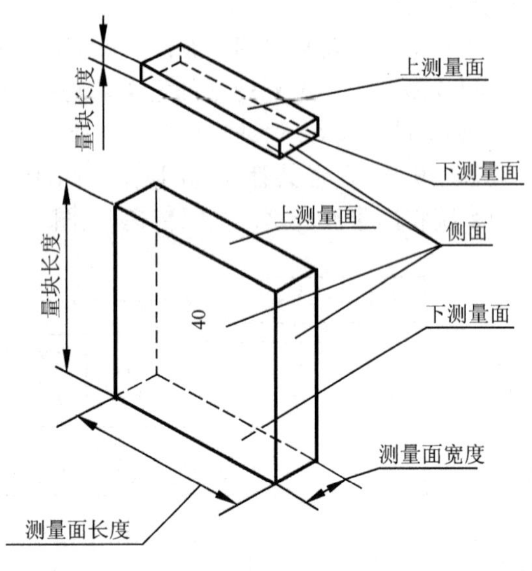

图 5-2　量块

为了能用较少的块数组合成所需要的尺寸，量块按一定的尺寸系列成套生产。GB 6093—2001 中规定的量块系列有 17 套。表 5-1 是 1、3、4、6 套量块的尺寸系列。

表 5-1　成套量块的尺寸(摘自 GB 6093—2001)

套别	总块数	级别	尺寸系列/mm	间隔/mm	块数
1	91	0,1	0.5	—	1
			1	—	1
			1.001,1.002,…,1.009	0.001	9
			1.01,1.02,…,1.49	0.01	49
			1.5,1.6,…,1.9	0.1	5
			2.0,2.5,…,9.5	0.5	16
			10,20,…,100	10	10
3	46	0,1,2	1	—	1
			1.001,1.002,…,1.009	0.001	9
			1.01,1.02,…,1.09	0.01	9
			1.1,1.2,…,1.9	0.1	9
			2,3,…,9	1	8
			10,20,…,100	10	10
4	38	0,1,2	1	—	1
			1.005	—	1
			1.01,1.02,…,1.09	0.01	9
			1.1,1.2,…,1.9	0.1	9
			2,3,…,9	1	8
			10,20,…,100	10	10
6	10	0,1	1,1.001,…,1.009	0.001	10

1. 量块的级和等

量块按制造精度分为K(校准级)、0、1、2、3共五级,按检定精度分为1、2、3、4、5共五等。

表5-2给出了K、0、1、2和3级量块对其标称长度的偏差和长度变动量的最大允许值。

表5-3给出了1、2、3、4、5等量块长度测量不确定度和长度变动量的最大允许值。

表5-2 各级量块长度极限偏差和变动量(摘自GB/T 6093—2001)

标称长度/mm		级的要求									
		K级		0级		1级		2级		3级	
		极限偏差±	变动量最大允许值	极限偏差±	变动量最大允许值	极限偏差±	变动量最大允许值	极限偏差±	变动量最大允许值	极限偏差±	变动量最大允许值
大于	至	允许值/μm									
	10	0.20	0.05	0.12	0.10	0.20	0.16	0.45	0.30	1.00	0.50
10	25	0.30	0.05	0.14	0.10	0.30	0.16	0.60	0.30	1.20	0.50
25	50	0.40	0.06	0.20	0.10	0.40	0.18	0.80	0.30	1.60	0.55
50	75	0.50	0.06	0.25	0.12	0.50	0.18	1.00	0.35	2.00	0.55
75	100	0.60	0.07	0.30	0.12	0.60	0.20	1.20	0.35	2.50	0.60
100	150	0.80	0.08	0.40	0.14	0.80	0.20	1.60	0.40	3.00	0.65
150	200	1.00	0.09	0.50	0.16	1.00	0.25	2.00	0.40	4.00	0.70
200	250	1.20	0.10	0.60	0.16	1.20	0.25	2.40	0.45	5.00	0.75
250	300	1.40	0.10	0.70	0.18	1.40	0.25	2.80	0.50	6.00	0.80
300	400	1.80	0.12	0.90	0.20	1.80	0.30	3.60	0.50	7.00	0.90
400	500	2.20	0.14	1.10	0.25	2.20	0.35	4.40	0.60	9.00	1.00
500	600	2.60	0.16	1.30	0.25	2.60	0.40	5.00	0.70	11.00	1.10

注:距离测量面边缘0.8mm范围内不计。

表 5-3　各等量块长度测量不确定度和长度变动量(摘自 JJG146—2003)

标称长度 l_n/mm	1 等		2 等		3 等		4 等		5 等	
	测量不确定度	长度变动量	测量不确定度	长度变动量	测量不确定度	长度变动量	测量不确定度	长度变动量	测量不确定度	长度变动量
	最大允许值/μm									
$l_n \leqslant 10$	0.022	0.05	0.06	0.10	0.11	0.16	0.22	0.30	0.6	0.50
$10 < l_n \leqslant 25$	0.025	0.05	0.07	0.10	0.12	0.16	0.25	0.30	0.6	0.50
$25 < l_n \leqslant 50$	0.030	0.06	0.08	0.10	0.15	0.18	0.30	0.30	0.8	0.55
$50 < l_n \leqslant 75$	0.035	0.06	0.09	0.12	0.18	0.18	0.35	0.35	0.9	0.55
$75 < l_n \leqslant 100$	0.040	0.07	0.10	0.12	0.20	0.20	0.40	0.35	1.0	0.60
$100 < l_n \leqslant 150$	0.05	0.08	0.12	0.14	0.25	0.20	0.5	0.40	1.2	0.65
$150 < l_n \leqslant 200$	0.06	0.09	0.15	0.16	0.30	0.25	0.6	0.40	1.5	0.70
$200 < l_n \leqslant 250$	0.07	0.10	0.18	0.16	0.35	0.25	0.7	0.45	1.8	0.75
$250 < l_n \leqslant 300$	0.08	0.10	0.20	0.18	0.40	0.25	0.8	0.50	2.0	0.80
$300 < l_n \leqslant 400$	0.10	0.12	0.25	0.20	0.50	0.30	1.0	0.50	2.5	0.90
$400 < l_n \leqslant 500$	0.12	0.14	0.30	0.25	0.60	0.35	1.2	0.60	3.0	1.00
$500 < l_n \leqslant 600$	0.14	0.16	0.35	0.25	0.7	0.40	1.4	0.70	3.5	1.10

注:① 距离测量面边缘 0.8mm 范围内不计。

② 表内测量不确定度置信概率为 0.99。

2. 量块的使用

量块可以按“级”或“等”使用。

按“级”使用时,其工作尺寸是量块的标称长度。测量结果中将含有量块的制造误差和磨损误差,但不需加修正值,使用方便。

按“等”使用时,其工作尺寸是量块经检定后所给出的实际中心长度。该尺寸排除了量块的制造误差。这样,测量结果中仅含有量块鉴定时较小的检定误差和鉴定后量块的磨损误差,从而得到较高的测量精度。

在实际使用中,常常需要将若干块量块组合在一起形成一个所需要的尺寸。组合的原则是以最少的块数组成所需的尺寸。这样,可以获得较高的尺寸精度。组合时,从最低位数开始,逐块选取。例如,按级使用第 3 套量块(块数为 46)组成尺寸 63.985mm,选择量块的步骤如下:

第一块量块尺寸　　1.005

第二块量块尺寸　　1.08

第三块量块尺寸　　1.9

第四块量块尺寸　　60

5.2.2 角度单位与多面棱体

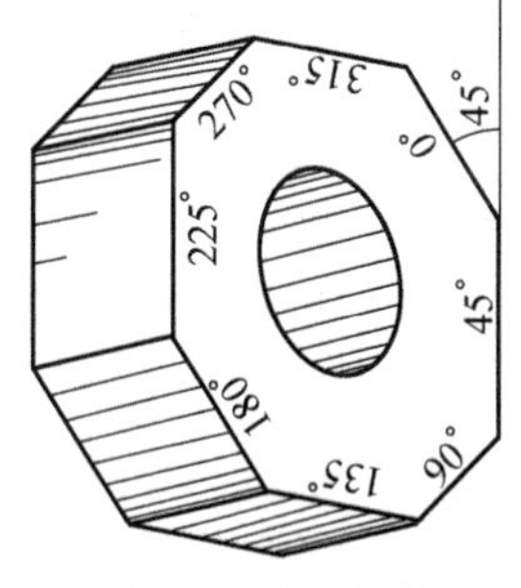

图 5-3 多面棱体

角度也属于几何参数。我国角度的计量单位为弧度(rad)及度(°)、分(′)、秒(″)。

由于圆周角的定义是 360°，因此，角度不需要像长度那样再建立一个自然基准。在高精度的分度中，通常以多面棱体作为角度基准。

多面棱体是用特殊合金钢或石英玻璃经精细加工而成。常见的有 4、6、8、12、24、36、72 等正多面体。图 5-3 所示的是八面棱体，在任意轴切面内相邻两面法线间的夹角为 45°，可作为 $45^\circ \times n$ ($n = 1,2,3,\cdots$)角度的测量基准。

5.3 测量方法和计量器具的分类

5.3.1 测量方法的分类

从不同的角度对测量方法进行分类如下。

1. 绝对测量和相对(比较)测量

绝对测量是指从计量器具的读数装置直接读出被测量全值的测量方法。例如，用立式测长仪测量工件的厚度，如图 5-4 所示。

相对测量是指在计量器具的读数装置上仅读出被测量对已知标准量的偏差，而被测量的全值为该偏差与已知标准量的代数和。例如，用比较仪测量工件的厚度时，先用量块调整仪器零位，然后，移开量块，换上被测工件，从指示表中读出二者的偏差，如图 5-5 所示。

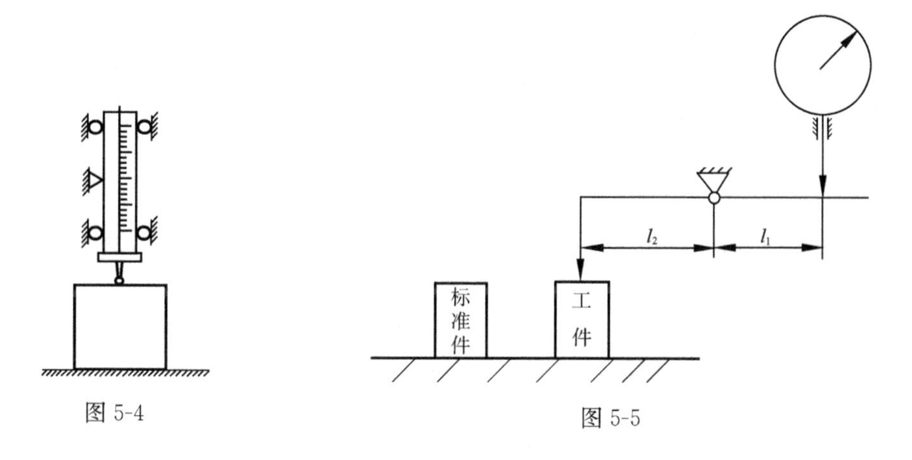

图 5-4　　图 5-5

2. 直接测量和间接测量

直接测量是指不需将被测量值与其他实测量值进行某种函数关系的计算，而直接从计量器具获得被测量值的测量方法。例如，用卧式测长仪测孔的内径，用光学比较仪和量块测工件厚度等。图 5-4 和图 5-5 所示的测量方法均属于直接测量。

间接测量是指直接测量与被测量有一定函数关系的其他量之后，然后由此函数关系求得被测量的测量方法。该方法常常用于直接测量被测量值有困难的场合。例如，为了测量非整圆工件的直径 D，可采用弓高弦长法测量，如图 5-6 所示。通过测量弦长 b 和其相应的弓高 h，按下式即可计算出直径：

$$D = 2R = h + b^2/4h$$

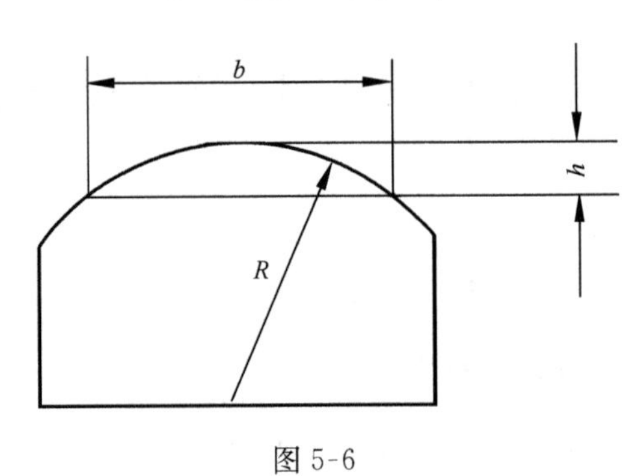

图 5-6

3. 接触测量和非接触测量

接触测量是指测量时仪器的测头与工件被测表面直接接触，并有测量力存在。例如，用卡尺、千分尺测量工件的尺寸。用触头式三坐标测量机测量工件的形状、位置误差等。

非接触测量是指测量时仪器的传感元件与被测表面不接触，没有测量力的影响。例如，用激光扫描仪测量轴的直径、用影像法测量螺纹的中径和螺距、用各种视觉法测量零件的表面形貌等。

4. 单项测量和综合测量

单项测量是指分别地测量工件的各个参数。例如，在大型工具显微镜上测量螺纹零件时，可分别测出螺纹的实际中径、螺距、牙型半角等参数。

综合测量是指同时测量零件上与几个参数有关联的综合指标，从而综合地判断零件是否合格。例如，用螺纹量规检验螺纹零件。

综合测量效率高，适用于检验零件的合格性，但不能测出各分项的参数值。单项测量效率不如综合测量高，但能测出各分项的参数值，适用于工艺分析。

5. 静态测量和动态测量

静态测量是指测量时被测零件与传感元件处于相对静止状态，被测量为定值。例如，用公法线千分尺测量齿轮的公法线长度。

动态测量是指测量时被测零件与传感元件处于相对运动状态，被测量随着时间延伸而变化。例如，用圆度仪测量圆柱形零件的圆度、圆柱度，用摆差跳动仪测量轴类零件的径向跳动和端面跳动等。

6. 等精度测量和不等精度测量

等精度测量是指在影响测量精确度的各因素包括测量仪器、测量方法、测量环境条件和测量人员均不改变的条件下对同一量值进行的一系列测量。不等精度测量是指在测量过程中，决定测量精确度的全部因素或条件可能完全改变或部分改变的测量。

5.3.2 计量器具的分类

计量器具是用于测量目的的量具、测量仪器（简称量仪）和测量装置的总称。计量器具可按用途、结构和工作原理分类。

1. 量具

量具是指以固定形式复现量值的计量器具。它分单值量具（如长度量块、角度量块、直角尺和极限量规等）和多值量具（如标准线纹尺）两类。

2. 通用量仪

通用量仪是指通用性大、能将被测量转换成可直接观测的指示值或等效信息的测量器具。一般通用量仪都具有传感元件、放大系统和指示装置。按结构特点和工作原理通用量仪可分为以下几种：

游标类量仪。如游标高度尺、游标量角器、游标卡尺等。其特点是结构比较简单、使用方便，但精度较低。

微动螺旋类量仪。如内径千分尺、高度千分尺和数显千分尺等。特点是结构比较简单，精度比游标类卡尺高。

机械类量仪。利用机械装置将微小位移放大的测量仪器。如百分表、千分表、杠杆比较仪、扭簧比较仪等。精度高于微动螺旋类量仪，示值范围小。

光学机械类量仪。是指用光学方法实现对被测量的转换和放大的测量仪器，如光学比较仪、投影仪、干涉仪、工具显微镜、各种视觉类测量仪器等。精度高，结构较复杂。

电动类量仪。是指将被测量通过传感器转变为电量，再经变换而获得读数的计量仪器。如电感测微仪、电动轮廓仪、电容比较仪等。灵敏度高,示值范围小。

气动类量仪。是指靠压缩空气通过气动系统时的状态(流量或压力)变化来实现对被测量的转换的量仪。如压力式气动量仪、水柱式和浮标式气动量仪等。精确度和灵敏度较高,抗干扰性强,线性范围小。

激光类量仪。利用激光的各种特性实现几何参数测量的仪器。如激光扫描仪、激光干涉仪、激光准直仪等。

机、光、电综合类量仪。如数显式工具显微镜和三坐标测量机等。精度高,结构复杂。可以对结构复杂的工件进行二维、三维高精度测量。是计算机技术应用于各类量仪的产物,也是测量仪器的发展趋势。

3. 专用计量器具

专用计量器具是指用于专门测量某种或某个特定几何量的计量器具,如量规、圆度仪、公法线卡尺等。

4. 测量装置

测量装置通常是指为了测量而组合的测量工具和辅助设备。

5.4 计量器具的度量指标

1) 分度间距(a)。量仪刻度尺或度盘上相邻两刻线中心之间的距离称为分度间距。一般 a 取 1～1.25mm。

2) 分度值(i)、分辨率。量仪刻度尺或度盘上每一分度间距所代表的被测量值称为分度值。测量时,测量人员可估读到分度值的 0.5～0.1。

对于数字式量仪,因为没有刻度尺或度盘,故一般不称其为分度值,而称作分辨率。分辨率是指仪器显示的最末一位数字间隔所代表的被测量值(长度或角度值)。例如,莱兹光栅分度头的分辨率为 1 角秒;奥普登光栅测长仪的分辨率为 0.2μm。

一般来说,分度值(或分辨率)愈小,计量器具的精度愈高。

3) 示值范围。示值范围是指计量器具所能指示(或显示)的最低值到最高值的范围。例如,光学比较仪的示值范围为±0.1mm。

4) 测量范围。测量范围是指在允许的误差限内,计量器具所能测量的被测量值的范围。例如,立式测长仪的测量范围为 0～200mm。

测量范围和示值范围不能混淆。测量范围不仅包括示值范围,而且还包括仪器的悬臂或尾座等的调节范围。例如:光较仪的示值范围为±0.1mm,而由于其悬臂可沿立柱调节,故测量范围为 180mm。

5) 灵敏度(k)。灵敏度是指计量器具对被测量变化的反应能力。若被测量变

化 ΔL，计量器具上相应变化为 Δx，则灵敏度 k 为

$$k = \frac{\Delta x}{\Delta L} \tag{5-2}$$

当 ΔL 和 Δx 为同一量时，灵敏度又称放大比。

6）灵敏限（灵敏阈）。灵敏限是指在仪器示值上引起可见变化的被测量的最小变化值。

7）测量力。测量力是指在接触式测量过程中，计量器具的测头与被测表面之间的接触压力。它产生的力变形是精度测量中的一个重要的误差源。测量力太大会使零件产生变形或划伤被测表面，测量力不恒定会使示值不稳定。因此，要求测量力大小适当并且恒定。

8）示值误差。示值误差是指计量器具示值与被测量真值之间的代数差。

9）示值变动。示值变动是指在测量条件不变的情况下，对同一被测量多次（一般 5～10 次）所得示值中的最大差值。

10）回程误差（滞后误差）。回程误差是指在相同测量条件下，对同一被测量进行往返两个方向测量时所得到的两个测量值之差。

11）修正值。修正值是为了消除系统误差用代数法加到测量结果上的值。修正值等于系统误差的相反数。

12）测量的不确定度。测量的不确定度是指由于测量误差的存在导致测量值不确定的程度。

5.5 测量误差与数据处理

5.5.1 测量误差与测量精确度

1. 测量误差的含义及表示方法

测量误差 δ 是测量结果 x 与被测量的真值 x_0 之差。由于测量误差的存在，被测量的真值是不能准确得到的。实用中，一般是以约定真值或以无系统误差的多次重复测量值的平均值代替真值（以减小以至消除系统误差）。例如，用按“等”使用的量块检定比较仪，量块的工作尺寸就可视为比较仪示值的真值。

测量误差有绝对误差和相对误差之分。

上述定义的误差称为绝对误差，即

$$\delta = x - x_0 \tag{5-3}$$

绝对误差 δ 可能是正值或负值。被测尺寸相同的情况下，绝对误差大小能够反映测量精度。被测尺寸不同时，绝对误差不能反映测量精度。这时，应用相对误差的概念。

相对误差 ε 是指绝对误差的绝对值 $|\delta|$ 与被测量真值之比，即

$$\varepsilon = \frac{|\delta|}{x_0} \times 100\% \approx \frac{|\delta|}{x} \times 100\% \tag{5-4}$$

2. 测量的精确度

测量的精确度是测量的精密度和正确度的综合结果。测量的精密度是指相同条件下多次测量值的分布集中程度，测量的正确度是指测量值与真值一致的程度。下面用打靶来说明测量的精确度：

把相同条件下多次重复测量值看做是同一个人连续发射了若干发子弹，其结果可能是每次的击中点都偏离靶心且不集中，这相当于测量值与被测量真值相差较大且分散，即测量的精密度和正确度都低；也可能是每次的击中点虽然偏离靶心但比较集中，这相当于测量值与被测量真值虽然相差较大，但分布的范围小，即测量的正确度低但精密度高；还可能是每次的击中点虽然接近靶心但分散，这相当于测量值与被测量真值虽然相差不大但不集中，即测量的正确度高但精密度低；最后一种可能是每次的击中点都十分接近靶心且集中，这相当于测量值与被测量真值相差不大且集中，测量的正确度和精密度都高，即测量的精确度高。

5.5.2 测量误差的来源及减小测量误差的措施

测量误差直接影响测量精度，测量误差对于任何测量过程都是不可避免的。正确认识测量误差的来源和性质，采取适当的措施减小测量误差的影响，是提高测量精度的根本途径。测量误差主要来源于以下几个方面。

1. 计量器具误差

计量器具误差是指计量器具本身在设计、制造和使用过程中造成的各项误差。

许多测量仪器为了简化结构，设计时常采用近似机构，例如，杠杆齿轮比较仪中测杆的直线位移与指针的角位移不成正比，而表盘标尺却采用等分刻度。使用这类仪器时必须注意其示值范围。

另外一项常见的计量器具误差就是阿贝误差，即由于违背阿贝原则而引起的测量误差。阿贝原则是指测量装置的标准尺应与被测尺寸重合或位于被测尺寸的延长线上，否则将会产生较大的测量误差。例如，游标卡尺的测量原理不满足阿贝原则，见图 5-7，当游标卡尺的活动测爪有偏角 ϕ 时，产生的测量误差 $\delta = L' - L = S\tan\phi \approx S\phi$ 属于一次误差。卡尺类计量器具往往精度很低的原因就是因为违背了阿贝原则。

计量器具零件的制造误差、装配误差以及使用中的变形也会产生测量误差。

采用相对测量方法时使用的量块、线纹尺等基（标）准件都包含测量极限误差，这种误差将直接影响到测量结果。进行测量时，首先必须选择满足测量精度要求的测量基（标）准件，一般要求其误差为总的测量误差的 1/5～1/3。

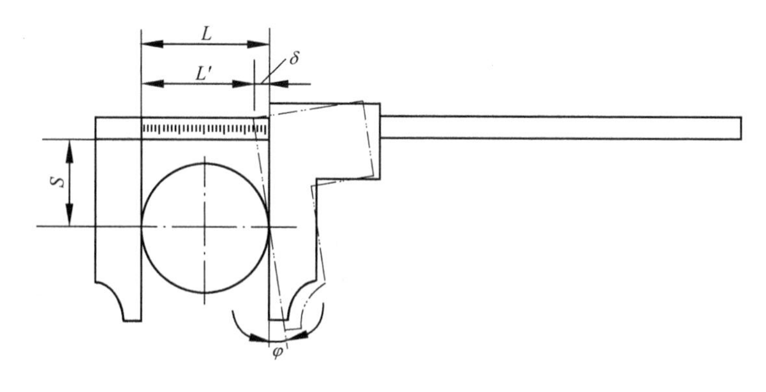

图 5-7

2. 测量方法误差

由测量方法不完善所引起的误差称为测量方法误差。主要原因有以下几种：

加工、测量基准不统一。测量实际工件时，一般应按照基面统一原则（设计、加工、测量基面应一致），选择适当的测量基准，否则将会产生较大的测量误差。如以齿顶圆定位测量齿厚不符合基面统一原则，如图 5-8 所示。这时，齿顶圆的尺寸误差和形位误差会影响到测量结果。因此，必须在设计时对齿顶圆提出较高的尺寸（直径）和形位公差（齿顶圆的径向圆跳动公差）要求。

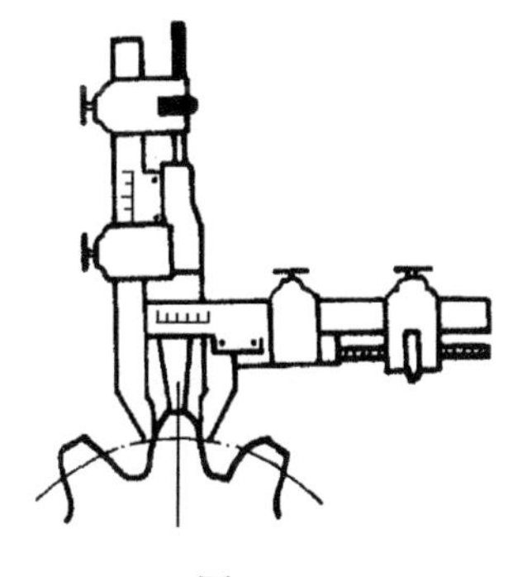

图 5-8

测量时工件安装、定位不正确。图 5-9 是测量径向跳动的示意图，被测工件的轴线应按 Ⅰ-Ⅰ 状态定位，由于两个顶尖中心不等高，实际上，被测工件的轴线按 Ⅰ′-Ⅰ′定位，与 Ⅰ-Ⅰ 线之间存在一个夹角 φ。显然，由此将引起测量误差。

此外，还包括计算公式不准确、测量方法选择不当、测量力影响等因素。

为了消除或减小测量方法误差，应对各种测量方案进行误差分析，尽可能在最佳条件下进行测量，并对误差予以修正。

3. 环境条件引起的误差

各种测量环境条件都会对测量仪器的测量精度产生影响。测量环境条件包括温度、湿度、气压、振动、灰尘等。其中，温度对测量结果的影响最大。我国规定测量的标准温度为+20℃。当工件尺寸较大、温度偏离标准值较多并且工件与基准尺热膨胀系数相差较大或者工件与基准尺温差较大时，都会引起较大的测量误差 ΔL。其计算式为

$$\Delta L = L[\alpha_2(t_2 - 20℃) - \alpha_1(t_1 - 20℃)] \tag{5-5}$$

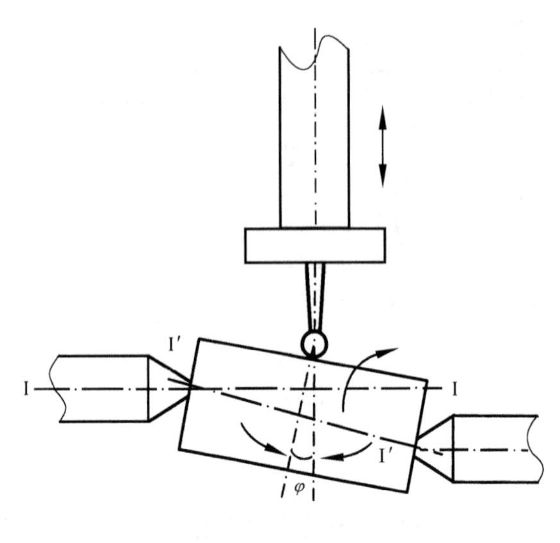

图 5-9

式中：L——被测尺寸；

t_1、t_2——基准件、被测工件的温度；

α_1、α_2——基准件、被测工件的线胀系数。

解决措施：一是从根本上排除温度影响，即在标准温度、恒温条件下进行测量；二是对测量结果进行修正。

4. 测量人员误差

测量人员主观因素如疲劳、注意力不集中、技术不熟练、思想情绪、分辨能力等引起的测量误差。

总之，造成测量误差的因素很多。有些误差是可以避免的，有些误差是可以通过修正消除的，还有一些误差既不可避免也不能消除。测量时，应采取相应的措施避免、消除或减小各类误差对测量结果的影响，以保证测量精度。

5.5.3 测量误差分类及处理

按性质可以将测量误差分为随机误差、系统误差和粗大误差。

1. 随机误差

误差的单独出现，其符号和大小没有一定的规律性，但就误差的整体来说，服从统计规律，这种误差称为随机误差。是测量中多种独立因素的微量变化的综合作用结果。例如测量过程中温度的微量波动，振动、空气的扰动、测量力不稳定、量仪的示值变动、机构间隙和摩擦力的变化等。随机误差是不可避免的，也不能用实验的方法加以修正或排除，只能估计和减小它对测量结果的影响。如果进行大量、多次重复测量，多数情况下，随机误差的统计规律服从正态分布，即具有下列特性：

对称性。绝对值相等、符号相反的误差出现的概率相等。

单峰性。误差的绝对值越小，出现的频数越大；误差的绝对值越大，出现的频数越小。绝对值为零的误差出现的频数最大。

抵偿性。在一定测量条件下，随机误差的代数和趋近于零。

有界性。在一定测量条件下，随机误差的绝对值不会超出一定的范围。

假设测量值中只含有随机误差，且随机误差是相互独立、等精度的，则随机误差正态分布曲线的数学表达式为

$$y=\frac{1}{\sigma\sqrt{2\pi}}e^{-\frac{\delta^2}{2\sigma^2}} \tag{5-6}$$

式中：y——概率密度函数；

σ——标准偏差；

δ——随机误差。

分析式(5-6)可知：σ 越大 $y(\delta)$减少得越慢，即测量值越分散，测量精密度越低；反之，σ 越小 $y(\delta)$减少得越快，即测量值越集中，测量精密度越高。当 $\delta=0$ 时，概率密度有最大值 $y_{\max}=1/(\sigma\sqrt{2\pi})$，且与标准偏差 σ 成反比。图 5-10 所示为 $\sigma_1<\sigma_2<\sigma_3$ 三种不同测量精密度的随机误差分布曲线。因此，σ 值表征了各测得值系列的精密度指标。

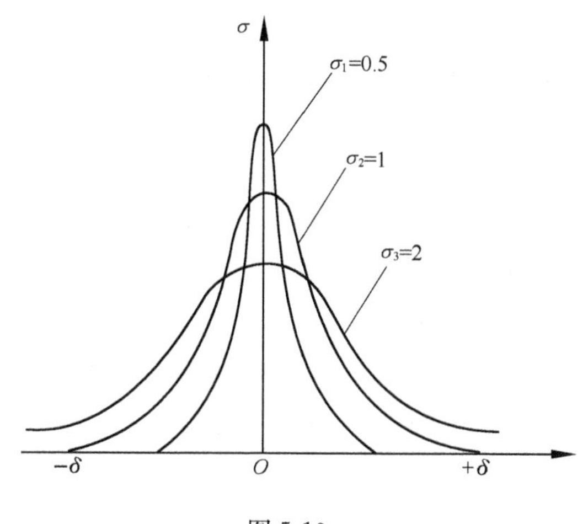

图 5-10

(1) 标准偏差和算术平均值的计算

根据误差理论，可计算标准偏差 σ 如下：

$$\sigma = \sqrt{\frac{\sum_{i=1}^{n}(x_i - \overline{x})^2}{n-1}} \tag{5-7}$$

式中：x_i——某次测量值；

$\overline{x}$——n 次测量值的算术平均值；

n——测量次数，n 应该足够大。

测量值的算术平均值 $\overline{x}$ 按下式计算：

$$\overline{x} = \frac{1}{n}\sum_{i=1}^{n} x_i \tag{5-8}$$

(2) 剩余误差(残差)及其特性

由于被测量的真值 x_0 无法准确得到，所以在实际应用中常常以算术平均值 $\overline{x}$ 代替真值，并以残差 $v_i = x_i - \overline{x}$ 代替测量误差 δ_i。由概率论与数理统计可知，残差 v_i 有两个重要特性：

一组测量值的残差代数和等于零，即

$$\sum_{i=1}^{n} v_i = 0 \tag{5-9}$$

残差的平方和为最小

$$\sum_{i=1}^{n} v_i^2 = \sum_{i=1}^{n}(x_i - \overline{x})^2 = \min \tag{5-10}$$

(3) 单次测量的极限误差 $\delta_{\lim}$

由式(5-6)和概率论可知，单次测量值的随机误差 δ 落在整个分布范围($-\infty \sim +\infty$)的概率为 1；落在分布范围($-\sigma \sim +\sigma$)的概率为 68.26%，落在分布范围($-2\sigma \sim +2\sigma$)的概率为 95.44%，落在分布范围($-3\sigma \sim +3\sigma$)的概率为 99.73%。通常，取 $\pm 3\sigma$ 为单次测量的极限误差，即 $\delta_{\lim} = \pm 3\sigma$。用单次测量值表示测量结果的形式如下：

$$x = x_i \pm \delta_{\lim} = x_i \pm 3\sigma$$

(4) 算数平均值的极限误差 $\delta_{\lim\overline{x}}$

可以证明，对于等精度的 m 组 n 次重复测量，每组测量值的算术平均值 $\overline{x}_i$($i = 1,2,\cdots,m$)也是服从正态分布的随机变量，然而其分散性与单次测量值 x_i 相比明显减小，并且算术平均值 $\overline{x}_i$ 的标准偏差 $\sigma_{\overline{x}}$ 与单次测量值 x_i 的标准偏差 σ 有如下关系：

$$\sigma_{\overline{x}} = \frac{\sigma}{\sqrt{n}} \tag{5-11}$$

则算术平均值的极限误差为

$$\delta_{\lim\overline{x}} = \pm 3\sigma_{\overline{x}} = \pm 3\sigma/\sqrt{n}$$

这时，测量结果可写成如下形式：

$$x = \bar{x} \pm \delta_{\lim\bar{x}} = \bar{x} \pm 3\sigma_{\bar{x}} = \bar{x} \pm 3\sigma/\sqrt{n}$$

式(5-11)表明：增加重复测量次数 n，用算术平均值作为测量结果，可以提高测量精度。不过当 n 超过一定数值时，比值 $\sigma_{\bar{x}}/\sigma$ 随 n 的平方根衰减的速度变慢，收效并不明显，而且如果重复测量的时间过长，反而可能因测量条件不稳定而引入其他一些误差。因此，实际测量时，一般 n 取 3～5 次，最多也很少超过 20 次。

2. 系统误差

在相同测量条件下重复测量某一被测量时，误差的大小和符号不变或按一定的规律变化，这样的测量误差称为系统误差。系统误差又分为已定系统误差和未定系统误差。数值大小和符号或变化规律已经或能够被确切获得的系统误差叫做已定系统误差。已定系统误差可以用加修正值的方法消除。例如，在大型工具显微镜上测量工件的长度，由于玻璃刻尺的刻度误差引起的测量误差是系统误差，对于这种误差，可以通过检定的方法获得，并用加修正值的方法对测量结果加以修正。不能确切获得误差的大小和方向，或不必花费过多精力去掌握其规律，而只能或只需估计出其不致超过的极限范围的系统误差叫做未定系统误差。未定系统误差不能够通过加修正值的方法消除。

系统误差对测量结果的影响较大。因此，应认真分析，设法发现系统误差并予以消除或减小其对测量结果的影响。下面介绍几种常用的方法。

从误差根源消除，这是消除系统误差最根本的方法。例如，在测量前调整好仪器的工作台、调准零位；测量基准与加工基准一致；使测量器具和被测工件都处于标准温度等。

加修正值。对于标准量具、标准件以及测量仪器的刻度尺，可以用更精密的标准件或仪器事先检定出计量器具的系统误差，将此误差的相反数作为修正值加到测量结果上。这样，可以消除计量器具的系统误差。例如，量块按“等”使用，三坐标测量机的刻度值先修正再使用。

两次读数。有些情况下，可以人为地使两次测量产生的系统误差大小相等或相近，符号相反。这时，取两次测量值的平均值作为测量结果，就能够消除系统误差。例如，在工具显微镜上测量螺纹的螺距，如果工件安装后其轴心线与仪器工作台移动方向不平行，则一侧螺距的测得值会大于其真值，而另一侧螺距的测得值会小于其真值，这时，取两侧螺距测得值的平均值作为测量值，就会从测量结果中消除该项系统误差。

对于某种测量方法，其系统误差的大小影响测量值的正确度，随机误差的大小影响测量值的精密度。系统误差和随机误差都小说明测量值的精确度高。

3. 粗大误差

粗大误差(也称过失误差)的数值远远超出随机误差或系统误差。粗大误差是由测量人员的疏忽或测量环境条件的突然变化引起的。如仪器操作不正确,读错数,记录错误,计算错误等。粗大误差使测量结果严重失真,因此应及时发现,并从测量数据中剔除。

对于服从正态分布的一组等精度测量数据,通常用 3σ 准则发现、剔除粗大误差。具体做法是:对于在相同测量条件下多次测量获得的一组测量值,如果某个测量值残余误差的绝对值超过 3σ,则认为该数据中含有粗大误差,予以剔除,然后重新进行统计检验,直至全部残余误差均不超过 3σ 为止。

例如,现有一组服从正态分布的等精度测量数据:10.007、10.004、9.999、10.018、10.003、10.005、10.003、10.004、10.000、10.000,经计算得:$\bar{x}_{10}=10.0043$,$3\sigma_{10}=0.015$,用 3σ 准则判断,有 $|v_4|=0.018>3\sigma_{10}=0.015$,即第 4 个数据含有粗大误差,将其剔除;对剩余的 9 个数据再一次进行统计计算得:$\bar{x}_9=10.0028$,$3\sigma_9=0.0067$,再一次用 3σ 准则判断,剩余九个数据残差的绝对值均不超过 $3\sigma_9$,则说明这九个数据中没有粗大误差。

5.6 测量结果的数据处理

完整的测量结果包括测量值和测量极限误差 $\delta_{\lim}$ 两部分。获得测量极限误差 $\delta_{\lim}$ 有两种途径:一种是从仪器的使用说明书或检定规程中获取,另一种是通过分析测量误差源,计算出各单项误差的数值,再采用适当的方法将各单项误差进行合成,最后获得测量极限误差。

5.6.1 直接测量结果的数据处理

在相同条件下多次重复测量值中,可能同时存在系统误差、随机误差和粗大误差,也可能只存在其中一类或两类误差。为了得到正确的测量结果,用 3σ 准则判别是否存在粗大误差,如果存在则剔除之;然后采用适当的方法发现已定系统误差,如果存在多项已定定值系统误差,按下式合成:

$$\Delta_{总}=\sum_{i=1}^{n}\Delta_i \tag{5-12}$$

式中:Δ_i——各误差分量的系统误差。

最后按下列步骤处理测量数据列:计算剔除粗大误差和消除系统误差之后测量列的算术平均值 $\bar{x}$ 及其标准偏差 $\sigma_{\bar{x}}$ 和极限误差 $\delta_{\lim\bar{x}}$,按下式给出测量结果。

$$x=\bar{x}-\Delta_{总}\pm\delta_{\lim\bar{x}}=\bar{x}\pm3\sigma_{\bar{x}}$$

5.6.2 间接测量结果的数据处理

1. 定值已定系统误差的合成

对 $Y=f(x_i)(i=1,2,\cdots,n)$进行全微分，则近似有

$$\Delta_Y = \sum_{i=1}^{n} \frac{\partial f}{\partial x_1} \Delta x_i \tag{5-13}$$

式中：$\frac{\partial f}{\partial x_i}$——间接测量值 x_i 的误差传递系数；

Δx_i——直接测量值 x_i 的误差。

变值已定系统误差的合成较复杂，应在此之前用相应的方法从数据中消除。

2. 未定系统误差与随机误差的合成

对于 $Y=f(x_i)(i=1,2,\cdots,n)$，由概率论理论，有

$$\sigma_Y = \sqrt{\sum_{i=1}^{n} \left(\frac{\partial f}{\partial x_i}\right)^2 \sigma_{x_i}^2}$$

折合成极限误差

$$\delta_{Y\lim} = \sqrt{\sum_{i=1}^{n} \left(\frac{\partial f}{\partial x_i}\right)^2 \delta_{x_{i\lim}}^2} \tag{5-14}$$

最后，给出间接测量结果

$$Y - \Delta_Y \pm \delta_{y\lim}$$

习　题　5

1. 什么是测量？测量的四要素是什么？
2. 量块的“级”和“等”是根据什么划分的？量块按“级”和“等”使用有何不同？
3. 试说明下列术语的区别：

    示值范围与测量范围

    直接测量与绝对测量

    间接测量与相对测量

4. 测量误差有哪三大类？如何处理？
5. 如何给出测量结果的正确形式？为什么？
6. 已定系统误差影响测量结果的精确度吗？未定系统误差影响测量结果的精确度吗？为什么？
7. 系统误差和随机误差对测量结果的影响有何不同？
8. 对 300mm 的轴用两种方法测量，其测量极限误差分别为 $\delta_{1\lim}=\pm 12\mu m$，

$\delta_{2lim}=\pm 10\mu m$，用第三种测量方法测量尺寸为100mm的孔，测量极限误差为$\delta_{3lim}=\pm 8\mu m$。试问哪种测量方法的精确度最高？哪种最低？

9. 对某尺寸进行十次重复测量，读数分别为：15.482、15.455、15.472、15.449、15.457、15.418、15.420、15.434、15.418、15.431mm。假设已消除系统误差，问：测量列中有无粗大误差？分别写出用第三个读数值和算术平均值表示的测量结果。

第6章　常用典型零件精度设计

6.1　滚动轴承结合的精度设计

6.1.1　概述

滚动轴承(rolling bearing)是一种标准件，广泛应用于机器及仪器中。图6-1为向心球轴承结构示意图。

滚动轴承的外径D和内径d是配合的公称尺寸，内圈内径d与轴颈配合，外圈外径D与外壳孔配合。在负荷作用下，内外圈以一定的速度做相对转动。滚动轴承的外径D和内径d与孔、轴的配合属于外互换(完全互换)。滚动轴承内各零件间的配合属于内互换(不完全互换)。

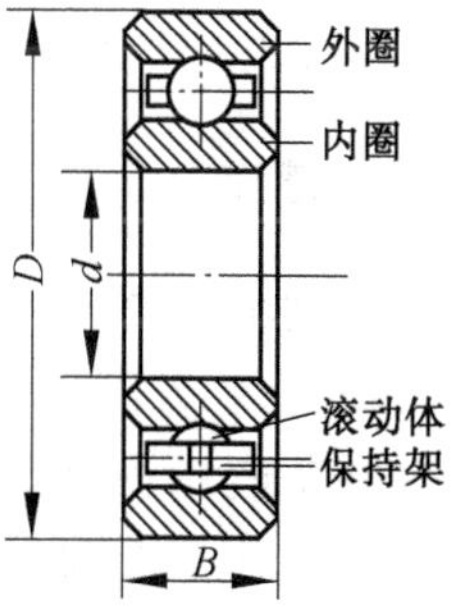

图6-1　向心球轴承结构

6.1.2　滚动轴承的精度等级及外形尺寸(boundary dimension)公差

1. 滚动轴承的精度等级

滚动轴承的精度等级是按其外形尺寸公差和旋转精度划分的。滚动轴承的外形尺寸公差是指轴承内径(d)、外径(D)和宽度尺寸(B)的公差。滚动轴承的旋转精度是指成套轴承内圈的径向跳动K_{ia}、内圈基准端面对内孔的跳动S_d、成套轴承内圈端面(背面)对滚道的跳动S_{ia}，以及成套轴承外圈的径向跳动K_{ea}、外径表面母线对基准端面(背面)的倾斜度变动量S_D、外径表面母线对凸缘背面的倾斜度变动量S_{D1}、成套轴承外圈端面(背面)对滚道的跳动S_{ea}、成套轴承凸缘背面对滚道的跳动S_{ea1}。对于0级和6级向心球轴承，标准仅规定了成套轴承内圈和外圈的径向跳动K_{ia}和K_{ea}。

国家标准将向心球轴承分为0、6、5、4和2共五级，分别相当于原国家标准中的G、E、D、C、B级，其中，0级精度最低，2级精度最高。滚动轴承内、外圈公差带见图6-2。

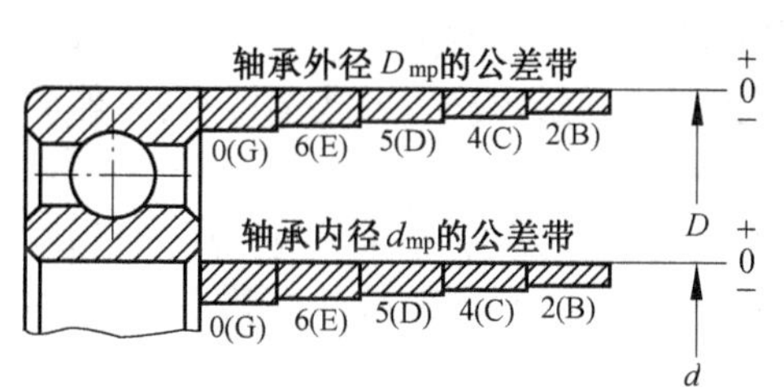

图6-2　轴承内、外圈公差带图

2. 滚动轴承精度等级的选用

滚动轴承各级精度的应用情况如下：

0 级　通常称为普通级，用于诸如普通机床的变速箱、汽车和拖拉机的变速箱、普通电动机、水泵、压缩机等一般旋转机构中的低、中速及旋转精度要求不高的轴承，在普通机械中应用最广。

6 级　用于普通机床的后轴承、精密机床变速箱等转速和旋转精度要求较高的旋转机构。

5 级、4 级　精密机床的主轴承、精密仪器仪表中使用的主要轴承等转速和旋转精度要求高的旋转机构。

2 级　用于齿轮磨床、精密坐标镗床、高精度仪器仪表等转速和旋转精度要求很高的旋转机构的主要轴承。

3. 滚动轴承外形尺寸公差的特点

滚动轴承内、外圈为薄壁件，在制造和存放过程中容易产生变形，常呈椭圆形，但当轴承内、外圈与相结合的轴颈、外壳孔装配后，其形状往往又会有所恢复。为了兼顾制造和使用要求，具体规定如下：

对 0、6、5 级轴承，为了便于制造，标准中只规定了单一平面平均内径偏差 Δd_{mp} 和单一平面平均外径偏差 ΔD_{mp}。

对精度等级较高的 4、2 级向心轴承，为了限制变形，标准中既规定了单一平面平均内径偏差 Δd_{mp} 和单一平面平均外径偏差 ΔD_{mp}，同时还规定了单一内孔直径和单一外径也不能超过其极限尺寸。

表 6-1 和表 6-2 分别是各级轴承的外形尺寸公差和旋转精度。

滚动轴承是标准部件，其内圈的内径与轴径采用基孔制配合，外圈的外径与壳体孔采用基轴制配合。

滚动轴承内圈工作时，往往是和轴颈一起旋转。为了满足使用要求和保证配合性质，应采用过盈配合。

然而，滚动轴承内圈是薄壁件，同时是易损件，需要经常拆卸，所以，此处的过盈量应适当，不宜过大。如果滚动轴承内圈的公差带仍然按基准孔布置(下极限偏差为零)，其与基孔制各种轴的公差带形成的配合要么偏松，要么偏紧，均不能满足使用要求。

为此，标准中规定内圈的单一平面平均直径 d_{mp} 的公差带布置与一般基准孔公差带的位置不同，它位于零线下方，其上极限偏差为零，下极限偏差为负值，将公差带置于零线以下。

鉴于滚动轴承外径与外壳孔配合的特点，标准规定轴承外径的单一平面平均直径 D_{mp} 的公差带布置，与一般基准轴的公差带位置相同，上极限偏差为零，下极限偏差为负值。但因 D_{mp} 的公差值是特殊规定的，所以轴承外圈与外壳孔的配合，与国家标准“极限与配合”中基轴制的同名配合也不完全相同，具体请查相关手册。

表 6-1　向心轴承外形尺寸（圆锥滚子轴承除外）公差（摘自 GB/T 307.1—2005）

外圈外形尺寸公差/μm																	
公称尺寸 D/mm		精度等级															
		0		6		5		4				2				0、6、5、4、2	
		ΔD_{mp}		ΔD_{mp}		ΔD_{mp}		ΔD_{mp}		ΔD_s①		ΔD_{mp}		ΔD_s		ΔC_s ΔC_{1s}②	
大于	到	上极限偏差	下极限偏差	上极限偏差	下极限偏差	上极限偏差	下极限偏差	上极限偏差	下极限偏差	上极限偏差	下极限偏差	上极限偏差	下极限偏差	上极限偏差	下极限偏差	上极限偏差	下极限偏差
18	30	0	−9	0	−8	0	−6	0	−5	0	−5	0	−4	0	−4	与同一轴承内圈的 ΔB_s 相同	
30	50	0	−11	0	−9	0	−7	0	−6	0	−6	0	−4	0	−4		
50	80	0	−13	0	−11	0	−9	0	−7	0	−7	0	−4	0	−4		
80	120	0	−15	0	−13	0	−10	0	−8	0	−8	0	−5	0	−5		
120	150	0	−18	0	−15	0	−11	0	−9	0	−9	0	−5	0	−5		
150	180	0	−25	0	−18	0	−13	0	−10	0	−10	0	−7	0	−7		
180	250	0	−30	0	−20	0	−15	0	−11	0	−11	0	−8	0	−8		
250	315	0	−35	0	−25	0	−18	0	−13	0	−13	0	−8	0	−8		
315	400	0	−40	0	−28	0	−20	0	−15	0	−15	0	−10	0	−10		
内圈外形尺寸公差/μm																	
公称尺寸 d/mm		精度等级															
		0		6		5		4				2				0、6、5、4、2	
		Δd_{mp}		Δd_{mp}		Δd_{mp}		Δd_{mp}		Δd_s①		Δd_{mp}		Δd_s		ΔB_s	
大于	到	上极限偏差	下极限偏差	上极限偏差	下极限偏差	上极限偏差	下极限偏差	上极限偏差	下极限偏差	上极限偏差	下极限偏差	上极限偏差	下极限偏差	上极限偏差	下极限偏差	上极限偏差	下极限偏差
18	30	0	−10	0	−8	0	−6	0	−5	0	−5	0	−2.5	0	−2.5	0	−120
30	50	0	−12	0	−10	0	−8	0	−6	0	−6	0	−2.5	0	−2.5	0	−120
50	80	0	−15	0	−12	0	−9	0	−7	0	−7	0	−4	0	−4	0	−150
80	120	0	−20	0	−15	0	−10	0	−8	0	−8	0	−5	0	−5	0	−200
120	180	0	−25	0	−18	0	−13	0	−10	0	−10	0	−7	0	−7	0	−250
180	250	0	−30	0	−22	0	−15	0	−12	0	−12	0	−8	0	−8	0	−300

注：① 仅适用于直径系列 0、1、2、3 和 4。

② 仅适用于沟型球轴承。

表 6-2 向心轴承旋转(圆锥滚子轴承除外)精度(摘自 GB/T 307.1—2005)

外圈

公称尺寸 D/mm		精度等级													
		0	6	5				4				2			
		K_{ea}	K_{ea}	K_{ea}	$S_D^{①}$ $S_{D1}^{②}$	$S_{ea}^{①②}$	$S_{ea1}^{②}$	K_{ea}	$S_D^{①}$ $S_{D1}^{②}$	$S_{ea}^{①②}$	$S_{ea1}^{②}$	K_{ea}	$S_D^{①}$ $S_{D1}^{②}$	$S_{ea}^{①②}$	$S_{ea1}^{②}$
大于	到	max/μm													
18	30	15	9	6	8	8	11	4	4	5	7	2.5	1.5	2.5	4
30	50	20	10	7	8	8	11	5	4	5	7	2.5	1.5	2.5	4
50	80	25	13	8	8	10	14	5	4	5	7	4	1.5	4	6
80	120	35	18	10	9	11	16	6	5	6	8	5	2.5	5	7
120	150	40	20	11	10	13	18	7	5	7	10	5	2.5	5	7
150	180	45	23	13	10	14	20	8	5	8	11	5	2.5	5	7
180	250	50	25	15	11	15	21	10	7	10	14	7	4	7	10
250	315	60	30	18	13	18	25	11	8	10	14	7	5	7	10
315	400	70	35	20	13	20	28	13	10	13	18	8	7	8	11

内圈

公称尺寸 d/mm		精度等级										
		0	6	5			4			2		
		K_{ia}	K_{ia}	K_{ia}	S_d	$S_{ia}^{②}$	K_{ia}	S_d	$S_{ia}^{②}$	K_{ia}	S_d	$S_{ia}^{②}$
大于	到	max/μm										
18	30	13	8	4	8	8	3	4	4	2.5	1.5	2.5
30	50	15	10	5	8	8	4	4	4	2.5	1.5	2.5
50	80	20	10	5	8	8	4	5	5	2.5	1.5	2.5
80	120	25	13	6	9	9	5	5	5	2.5	2.5	2.5
120	150	30	18	8	10	10	6	6	7	2.5	2.5	2.5
150	180	30	18	8	10	10	6	6	7	5	4	5
180	250	40	20	10	11	13	8	7	8	5	5	5

注:① 不适用于凸缘外圈球轴承。

② 仅适用于沟型球轴承。

6.1.3 滚动轴承结合的孔、轴公差带

图 6-3 是国家标准 GB/T 275—1993 对与 0 级和 6 级轴承配合的轴颈、外壳孔规定的公差带,其适用范围如下:

1) 对轴承的旋转精度,运转平稳性和工作温度无特殊要求;

2) 轴为实心或厚壁钢制作;

3) 外壳为铸钢或铸铁制作;

4）轴承游隙为 0 组。

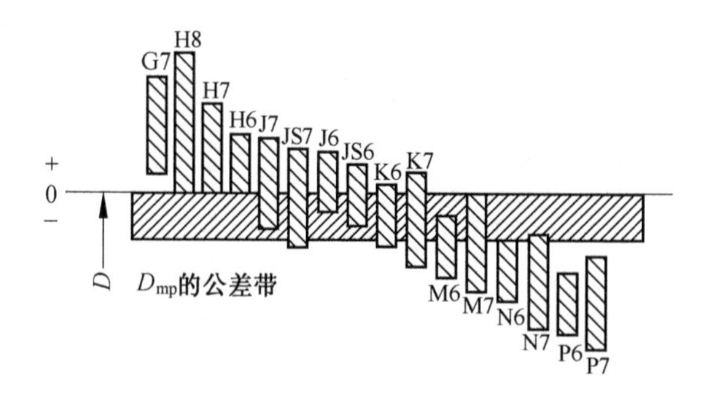

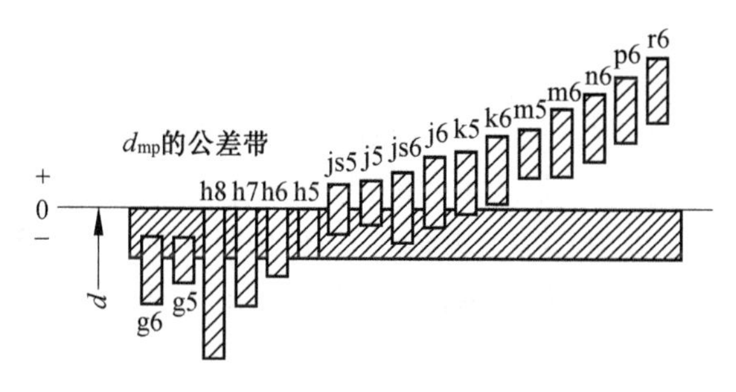

图 6-3　与滚动轴承配合的孔、轴公差带（摘自 GB/T 275—1993）

6.1.4　与滚动轴承结合的轴颈、外壳孔（shaft and housing fits for rolling bearings）公差带的选用

1. 公差等级的选用

轴颈、外壳孔公差等级与轴承的精度等级有关。一般与 0 级、6 级轴承配合的轴颈为 IT6 级，外壳孔为 IT7 级。如果旋转精度要求较高，并要求运转平稳，轴颈、外壳孔的公差等级应随着轴承精度等级的提高而相应地提高。

2. 配合的选用

为了充分发挥轴承的承载能力，保证机器的正常运转，提高轴承的使用寿命，应该正确地选择滚动轴承与轴颈及外壳孔的配合。选择时主要考虑下列因素。

（1）负荷类型

滚动轴承支承的旋转轴在转动时，都会受到力的作用，这个力会通过内圈、滚动体和外圈被传递到壳体上。作用在轴承上的径向负荷一般有以下两种：一种是径向当量静负荷 P_{0r}；另一种是一个较小的绕轴承轴心线旋转的径向当量动负荷 P_r，如图 6-4 所示。由此，轴承内、外套圈上所承受的合成径向负荷有以下三类：

定向负荷。径向负荷始终作用在套圈滚道的局部区域上，则该套圈所承受的负荷称为定向负荷。图 6-4(a)中的轴承外圈所承受的径向负荷是定向负荷。

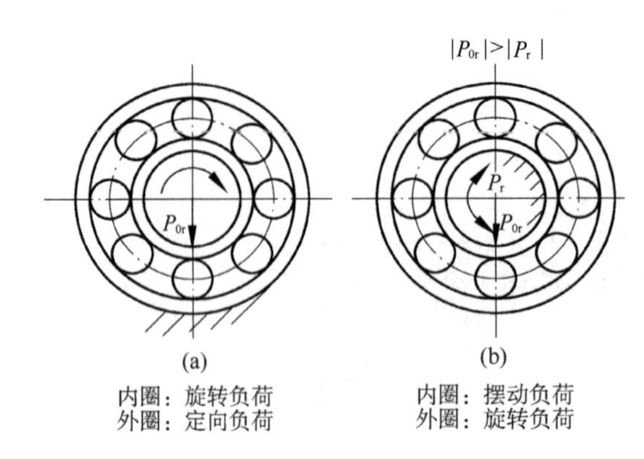

图 6-4　负荷类型

旋转负荷。作用于轴承上的合成径向负荷与某套圈相对旋转，并顺次地作用在该套圈的整个圆周滚道上，则该套圈所承受的径向负荷就称为旋转负荷。图 6-4(a)的轴承内圈，图 6-4 (b)的轴承外圈所承受的径向负荷都是旋转负荷。

摆动负荷。作用于轴承上的合成径向负荷在套圈的部分滚道上相对摆动，则此套圈所承受的负荷称为摆动负荷。对图 6-4(b)的轴承内圈进行受力分析：设轴承套圈同时受径向当量静负荷 P_{0r}和径向当量旋转负荷 P_r 的作用，$|P_{0r}|>|P_r|$，且 P_r 以轴承套圈横截面中心 O 为旋转中心，由矢量力的合成方法可知：其合力由小$|P_{0r}|-|P_r|$到大$|P_{0r}|+|P_r|$、再由大$|P_{0r}|+|P_r|$到小$|P_{0r}|-|P_r|$地周期变化，并相对于固定套圈摆动地作用在部分滚道上，即摆动负荷，如图 6-5 所示。

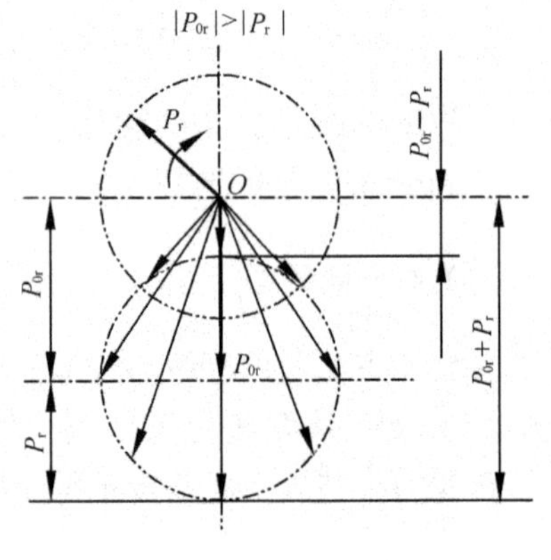

图 6-5　摆动负荷

套圈承受的负荷不同，其与结合件配合的松紧也应不同。

对于套圈承受定向负荷的情况，应选稍松些的配合，以便轴承工作时，套圈在振动或冲击力下被摩擦力矩带动，能稍稍转动，从而改变套圈的受力点，以便延长轴承的使用寿命。可以选用过渡配合或具有极小间隙的间隙配合。

对于套圈承受旋转负荷的情况，为了避免轴承套圈在配合表面上打滑引起发热、磨损等现象，应选紧一些的配合，一般选用小过盈配合或易产生过盈的过渡配合。

对于套圈受摆动负荷的情况，其配合的松紧程度，一般与承受旋转负荷的情况相同或稍松些。

(2) 负荷大小

负荷大小是选择轴承套圈与结合件之间最小过盈的依据。负荷的大小可用轴承套圈承受的当量径向动负荷 P_r 与轴承的径向额定动负荷 C_r 的比值表示，GB/T 275—1993 规定：$P_r \leqslant 0.07C_r$ 为轻负荷；$0.07C_r < P_r \leqslant 0.15C_r$ 为正常负荷；$P_r >$

0.15C_r 为重负荷。其中,P_r 表示轴承套圈承受的当量径向负荷,C_r 为轴承的径向额定动负荷。

套圈承受的负荷越大,过盈量应越大,以免套圈在重负荷的作用下产生变形,导致配合面受力不均匀而使配合松动;套圈承受冲击负荷应比承受平稳负荷时的配合紧些。

(3) 轴承的工作条件

由于摩擦发热和散热条件不同,轴承工作时,套圈的温度往往高于相配件的温度。这样,轴承外圈与壳体孔的配合可能变紧,内圈与轴颈的配合可能松动,从而影响轴承的正常工作。在选择配合时,必须考虑轴承工作温度的影响。

由于与轴承配合的轴和机架多在不同的温度下工作,为了防止热变形使间隙(或过盈)减小,套圈受定向负荷时应选择稍松一些的配合,而受旋转负荷时应选紧一些的配合。尤其对高温下(高于 100℃)工作的轴承,选择配合时应对温度影响进行修正。

一般情况,轴承的旋转精度、转速要求越高,配合应越紧些。

(4) 其他因素

采用部分式外壳时,为避免轴承外圈产生变形,外壳孔与轴承外圈的配合应比采用整体式外壳时松些。

轴承安装在轻合金外壳、薄壁外壳或薄壁的空心轴上时,采用的配合应比装在铸铁外壳、厚壁外壳或实心轴上紧些,以保证轴承工作有足够的支承刚度和强度。当要求安装与拆卸轴承方便或需要轴向移动和调整套圈时,宜采用较松的配合。通常用类比法选择轴承套圈与结合件的配合。国标 GB/T 275—1993 推荐的向心轴承、推力轴承与外壳孔和轴配合时的孔、轴公差带见表 6-3～表 6-6。

表 6-3 向心轴承和外壳的配合孔公差带代号(摘自 GB/T 275—1993)

<table>
<tr><th colspan="2">运动状态</th><th rowspan="2">负荷状态</th><th rowspan="2">其他状况</th><th colspan="2">公差带①</th></tr>
<tr><th>说明</th><th>举例</th><th>球轴承</th><th>滚子轴承</th></tr>
<tr><td rowspan="2">固定的外圈负荷</td><td rowspan="5">一般机械、铁路机车车辆轴箱、电动机、泵、曲轴主轴承</td><td>轻、正常、重</td><td>轴向易移动,可采用剖分式外壳</td><td colspan="2">H7、G7②</td></tr>
<tr><td>冲击</td><td rowspan="2">轴向能移动,可采用整体或剖分式外壳</td><td colspan="2" rowspan="2">J7、JS7</td></tr>
<tr><td rowspan="3">摆动负荷</td><td>轻、正常</td></tr>
<tr><td>正常、重</td><td rowspan="2">轴向不移动,采用整体式外壳</td><td colspan="2">K7</td></tr>
<tr><td>冲击</td><td colspan="2">M7</td></tr>
<tr><td rowspan="3">旋转的外圈负荷</td><td rowspan="2">张紧滑轮、轮毂轴承</td><td>轻</td><td rowspan="3"></td><td>J7</td><td>K7</td></tr>
<tr><td>正常</td><td>K7、M7</td><td>M7、N7</td></tr>
<tr><td></td><td>重</td><td>—</td><td>N7、P7</td></tr>
</table>

注:① 并列公差带随尺寸的增大从左至右选择,对旋转精度有较高要求时,可相应提高一个公差等级。

② 不适用于剖分式外壳。

表 6-4 推力轴承和外壳的配合 孔公差带代号(摘自 GB/T 275—1993)

运转状态	负荷状态	轴承类型	公差带	备注
仅有轴向负荷		推力球轴承	H8	
		推力圆柱、圆锥滚子轴承	H7	
		推力调心滚子轴承		外壳孔与座圈间间隙为0.001D(D为轴承公称外径)
固定的座圈负荷	径向和轴向联合负荷	推力角接触球轴承、推力调心滚子轴承、推力圆锥滚子轴承	H7	
旋转的座圈负荷或摆动负荷			K7	普通使用条件
			M7	有较大径向负荷时

表 6-5 向心轴承和轴的配合 轴公差带代号(摘自 GB/T 275—1993)

圆柱孔轴承						
运转状态		负荷状态	深沟球轴承、调心球轴承和角接触球轴承	圆柱滚子轴承和圆锥滚子轴承	调心滚子轴承	公差带
说明	举例		轴承公称内径/mm			
旋转的内圈负荷及摆动负荷	一般通用机械、电动机、机床主轴、泵、内燃机、直齿轮传动装置、铁路机车车辆轴箱、破碎机等	轻负荷	≤18	—	—	h5
			>18~100	≤40	≤40	j6①
			>100~200	>40~100	>40~140	k6①
			—	>100~200	>140~200	m6①
		正常负荷	≤18	—	—	j5 js5
			>18~100	≤40	≤40	k5②
			>100~140	>40~100	>40~65	m5②
			>140~200	>100~140	>65~100	m6
			>200~280	>140~200	>100~140	n6
			—	>200~400	>140~280	p6
			—	—	>280~500	r6
		重负荷		>50~140	>50~100	n9
				>140~200	>100~140	p6③
				>200	>140~200	r6
				—	>200	r7
固定的内圈负荷	静止轴上的各种轮子、张紧轮绳轮、振动筛、惯性振动器	所有负荷	所有尺寸			f6 g6① h6 j6
仅有轴向负荷		所有尺寸				j6、js6
圆锥孔轴承						
所有负荷	铁路机车车辆轴箱	装在退卸套上的所有尺寸				h8(IT6)⑤④
	一般机械传动	装在紧定套上的所有尺寸				h9(IT7)⑤④

注:① 凡对精度有较高要求的场合,应用 j5、k5、…代替 j6、k6、…。
② 圆锥滚子轴承、角接触球轴承配合对游隙影响不大,可用 k6、m6 代替 k5、m5。
③ 重负荷下轴承游隙应选大于 0 组。
④ 凡有较高精度或转速要求的场合,应选用 h7(IT5)代替 h8(IT6)等。
⑤ IT6、IT7 表示圆柱度公差数值。

表 6-6　推力轴承和轴的配合 轴公差带代号（摘自 GB/T 275—1993）

运转状态	负荷状态	推力球和推力滚子轴承	推力调心滚子轴承[①]	公差带
		轴承公称内径/mm		
仅有轴向负荷		所有尺寸		j6、js6
固定的轴圈负荷	径向和轴向联合负荷	—	≤250	j6
		—	>250	js6
旋转的轴圈负荷或摆动负荷		—	≤200	k6[②]
		—	>200～400	m6
		—	>400	n6

注：① 也包括推力圆锥滚子轴承，推力角接触球轴承。
② 要求较小过盈时，可分别用 j6、k6、m6 代替 k6、m6、n6。

3. 配合表面的其他技术要求

表 6-7、表 6-8 分别给出了国家标准 GB/T 275—1993 规定的轴颈、外壳孔与轴承配合表面及轴肩和外壳孔肩端面几何公差值和表面粗糙度参数值。

表 6-7　轴和外壳的几何公差值（摘自 GB/T 275—1993）

公称尺寸/mm		圆柱度 t				轴向圆跳动 t_1			
		轴颈		外壳孔		轴肩		外壳孔肩	
		轴承公差等级							
		0	6(6x)	0	6(6x)	0	6(6x)	0	6(6x)
超过	到	公差值/μm							
	6	2.5	1.5	4	2.5	5	3	8	5
6	10	2.5	1.5	4	2.5	6	4	10	6
10	18	3.0	2.0	5	3.0	8	5	12	8
18	30	4.0	2.5	6	4.0	10	6	15	10
30	50	4.0	2.5	7	4.0	12	8	20	12
50	80	5.0	3.0	8	5.0	15	10	25	15
80	120	6.0	4.0	10	6.0	15	10	25	15
120	180	8.0	5.0	12	8.0	20	12	30	20
180	250	10.0	7.0	14	10.0	20	12	30	20
250	315	12.0	8.0	16	12.0	25	15	40	25
315	400	13.0	9.0	18	13.0	25	15	40	25
400	500	15.0	10.0	20	15.0	25	15	40	25

<table>
<caption>**表 6-8　配合面的表面粗糙度**(摘自 GB/T 275—1993)</caption>
<tr><td colspan="2" rowspan="3">轴或轴承座直径
/mm</td><td colspan="6">轴或外壳配合表面直径公差等级</td></tr>
<tr><td colspan="2">IT7</td><td colspan="2">IT6</td><td colspan="2">IT5</td></tr>
<tr><td colspan="6">表面粗糙度/μm</td></tr>
<tr><td rowspan="2">超过</td><td rowspan="2">到</td><td colspan="2">Ra</td><td colspan="2">Ra</td><td colspan="2">Ra</td></tr>
<tr><td>磨</td><td>车</td><td>磨</td><td>车</td><td>磨</td><td>车</td></tr>
<tr><td></td><td>80</td><td>1.6</td><td>3.2</td><td>0.8</td><td>1.6</td><td>0.4</td><td>0.8</td></tr>
<tr><td>80</td><td>500</td><td>1.6</td><td>3.2</td><td>1.6</td><td>3.2</td><td>0.8</td><td>1.6</td></tr>
<tr><td colspan="2">端面</td><td>3.2</td><td>6.3</td><td>3.2</td><td>6.3</td><td>1.6</td><td>3.2</td></tr>
</table>

4. 选用举例

例 6-1　某圆柱齿轮减速器中的小齿轮轴，有较高的旋转精度要求，由两个 6 级向心球轴承支承，轴承内圈内径为 ϕ35mm，外圈外径为 ϕ80mm，径向额定动负荷 C_r 为 32 000N，轴承承受的当量径向动负荷 P_r=3 800N。试用类比法确定与该轴承内、外圈配合的轴颈、外壳孔的公差带代号；画出轴承、轴颈和外壳孔的尺寸公差带图；确定轴颈、外壳孔的几何公差值和表面粗糙度值，并将设计结果标注在装配图和零件图上。

解　由给定条件，内圈受旋转负荷，外圈受固定负荷。$P_r/C_r = 4000/32000 \approx 0.12$，属于正常负荷。参考表 6-3 和表 6-5 选外壳孔公差带为 G7 或 H7，轴颈公差带为 k6。但因小齿轮轴的旋转精度要求比较高，故用更紧一些的配合 J7。

从表 6-1 中查出轴承内、外圈平均直径的上、下极限偏差分别为：0、−10μm 和 0、−11μm；再从第 2 章的有关表格中查出 k6 和 J7 的极限偏差分别为：ei=+2μm，es=+18μm，EI=−12，ES=+18μm。

轴承内圈与轴径形成的极限配合为

$$Y_{max} = (-10) - (+18) = -28\ (\mu m)$$

$$Y_{min} = 0 - (+2) = -2\ (\mu m)$$

外壳孔与轴承外圈的极限配合为

$$X_{max} = (+18) - (-11) = +29(\mu m)$$

$$Y_{max} = -12 - 0 = -12(\mu m)$$

图 6-6 是轴承内、外圈与轴颈、外壳孔的尺寸公差带图。

确定外壳孔、轴颈的几何公差：从表 6-7 中查取外壳孔的圆柱度公差为 5μm，端面圆跳动公差为 15μm；轴颈的圆柱度公差为 2.5μm，轴肩的轴向圆跳动公差8μm。

确定外壳孔、轴颈配合面的表面粗糙度：从表 6-8 中查取外壳孔内表面 Ra=1.6μm，孔端面 Ra =3.2μm；轴颈 Ra=0.8μm，轴肩 Ra=3.2μm。

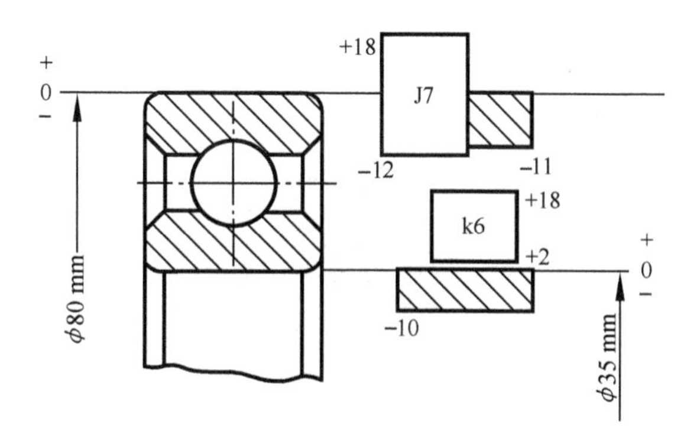

图 6-6　轴承与孔、轴配合的公差带

各项公差要求在装配图、零件图上的标注见图 6-7 所示。

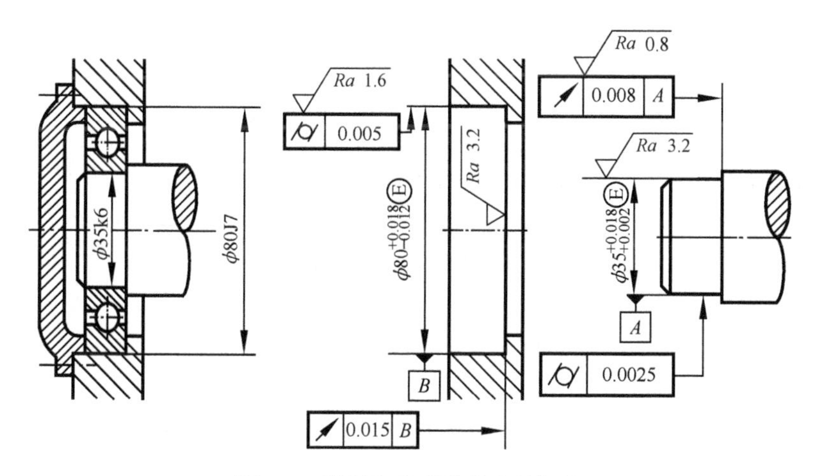

图 6-7　轴颈和外壳孔的公差标注

值得注意的是，轴承是标准件，在装配图上只需标注出轴颈和外壳孔的公差带代号。

6.2　平键、矩形花键结合的精度设计

键联结和花键联结接是机械结构中常用的可拆连接，用以传递扭矩，也可用做导向，常用来连接轴与轴上零件，如齿轮、皮带轮、联轴器等。

6.2.1　平键联结的精度设计

键的类型有平键、半圆键、楔型键等。其中，平键应用得最为广泛。

键联结就是键和键槽（轴槽、轮毂槽）的配合问题。普通平键的剖面尺寸见图 6-8，普通型平键的型式尺寸见图 6-9，导向型平键的型式尺寸见图 6-10。

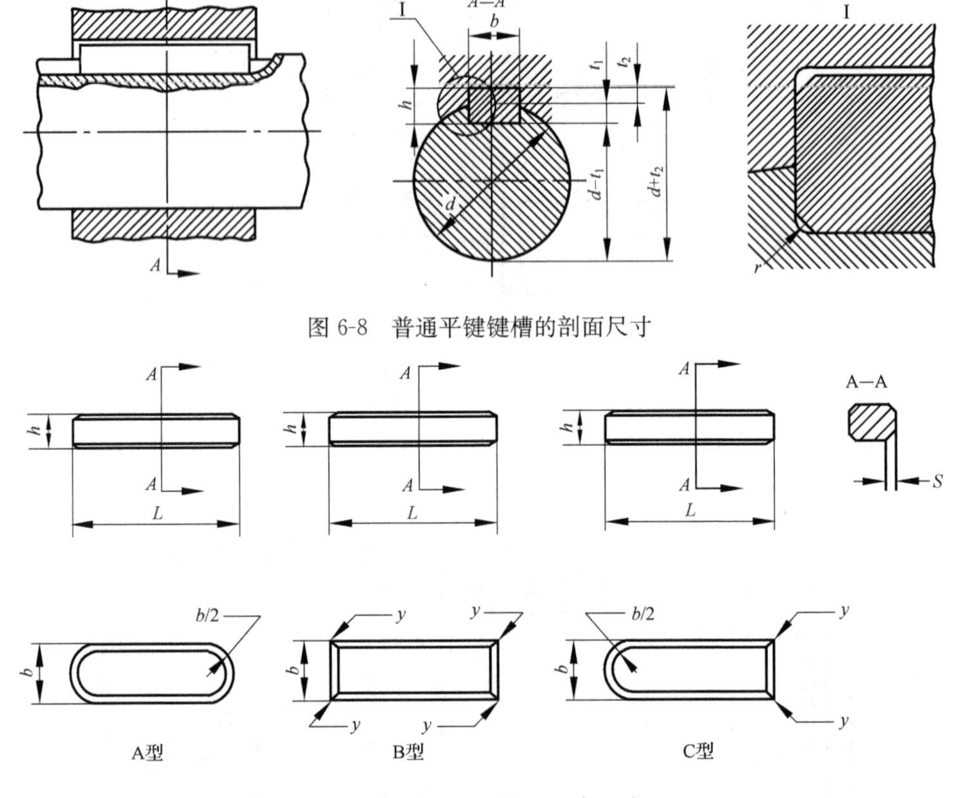

图 6-8　普通平键键槽的剖面尺寸

图 6-9　普通型平键的型式尺寸

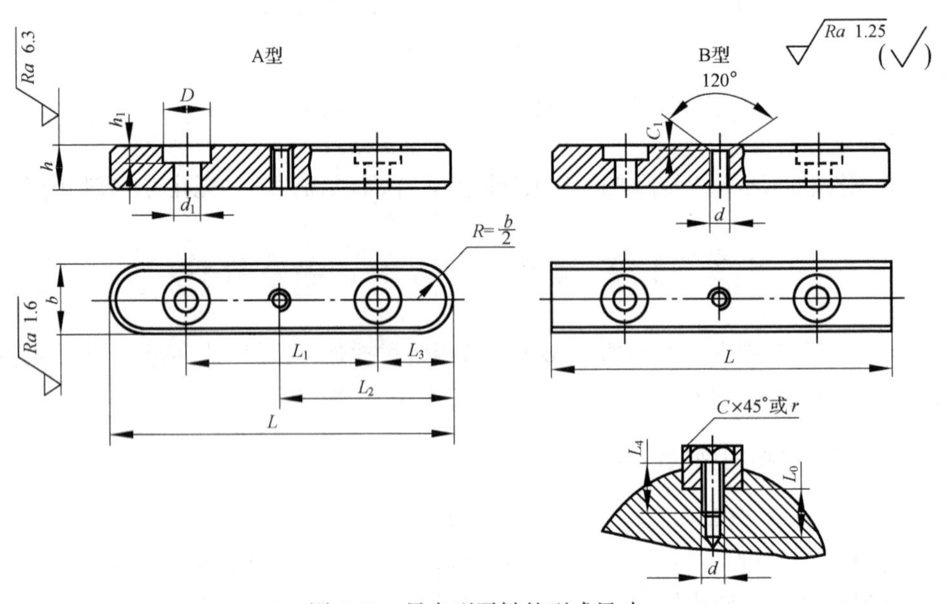

图 6-10　导向型平键的型式尺寸

键是直接用来使用的，不能再对它进行加工，所以键与键槽（轴槽、轮毂槽）的配合采用基轴制（键相当于轴，键槽相当于孔）。键的两个侧面是其工作面，所以键宽 b 是键和键槽的配合尺寸。

平键联结只规定了三种类型的配合，即松联结、正常联结和紧密联结。它们的公差带和用途见图 6-11 和表 6-9。

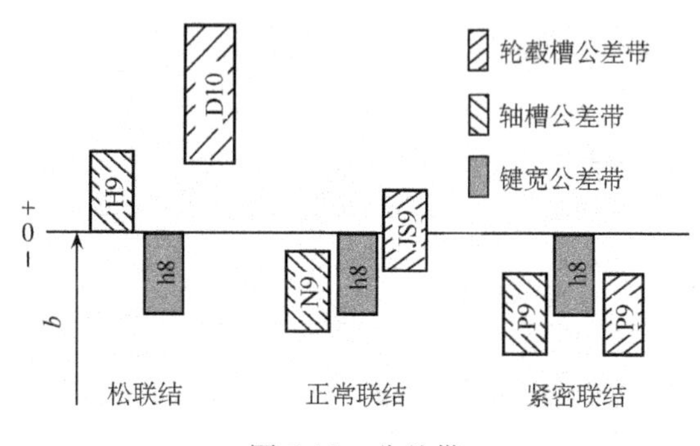

图 6-11　公差带

表 6-9　平键联结的公差带和用途

键的类型	配合种类	尺寸 b 的公差带			应用范围
		键	轴槽	轮毂槽	
平键	松联结	h8	H9	D10	主要用于导向平键，轮毂可在轴上做轴向移动
	正常联结		N9	JS9	键在轴上及轮毂上均衡定，传递不大的扭矩
	紧密联结		P9	P9	传递重载和冲击负荷或双向传递扭矩

键宽 b 的公差值按其公称尺寸从 GB/T 1800.1—2009 中的标准公差数值表查取，普通平键键槽的尺寸与公差见表 6-10。

为了保证平键联结的质量，还必须对键与键槽的几何公差及表面粗糙度提出要求。

为了使键侧与键槽之间有足够的接触面积以及避免装配困难，应规定轴槽和轮毂槽对轴及轮毂中心线的对称度，一般可根据不同的功能要求和键宽公称尺寸 b，按对称度公差 7～9 级选取。

键槽配合表面的粗糙度 Ra 上限允许值一般取 1.6～3.2μm，非配合表面 Ra 上限允许值取6.3μm。

键槽剖面尺寸及其上、下极限偏差在图样上的标注见图 6-12。

表 6-10　普通平键键槽的尺寸与公差(mm)(摘自 GB/T 1095—2003)

轴		键槽											
		宽度 B						深度				半径 r	
			极限偏差					轴 t_1		孔 t_2			
公称直径 d/mm	键尺寸 $b\times h$	公称尺寸 b	正常联结		紧密联结	松联结		公称尺寸	极限偏差	公称尺寸	极限偏差		
			轴 N9	毂 JS9	轴和毂 P9	轴 H9	毂 D10					min	max
自 6～8	2×2	2	−0.004 −0.029	±0.012 5	−0.006 −0.031	+0.025 0	+0.060 +0.020	1.2	+0.1 0	1.0	+0.1 0	0.08	0.16
>8～10	3×3	3						1.8		1.4			
>10～12	4×4	4	0 −0.030	±0.015	−0.012 −0.042	+0.030 0	+0.078 +0.030	2.5		1.8			
>12～17	5×5	5						3.0		2.3		0.16	0.25
>17～22	6×6	6						3.5		2.8			
>22～30	8×7	8	0 −0.036	±0.018	−0.015 −0.051	+0.036 0	+0.098 +0.040	4.0	+0.2 0	3.3	+0.2 0		
>30～38	10×8	10						5.0		3.3		0.25	0.40
>38～44	12×8	12	0 −0.043	±0.021 5	−0.018 −0.061	+0.043 0	+0.120 +0.050	5.0		3.3			
>44～50	14×9	14						5.5		3.8			
>50～58	16×10	16						6.0		4.3			
>58～65	18×11	18						7.0		4.4			

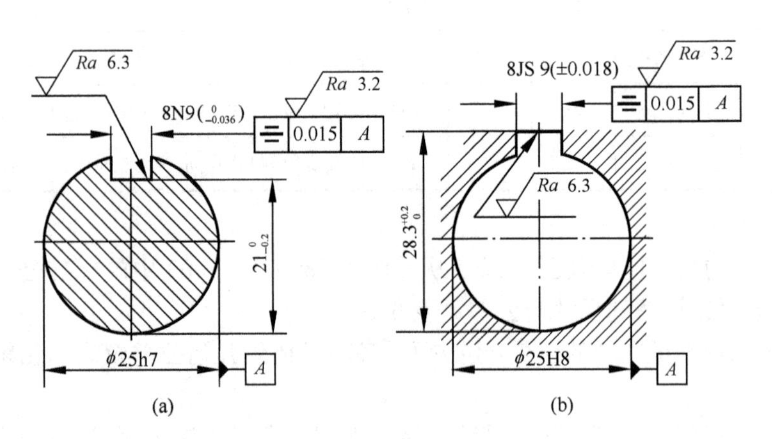

图 6-12

普通型平键标记示例：

宽度 b=16mm，高度 h = 10mm，长度 L = 100mm，普通 A、B、C 型平键的标记分别为：

GB/T 1096 键 16×10×100

GB/T 1096 键 B16×10×100

GB/T 1096 键 C16×10×100

宽度 $b=16$mm，高度 $h=10$mm，长度 $L=100$mm 导型 A、B 型平键的标记分别为：

GB/T 1097 键 16×100

GB/T 1097 键 B16×100

6.2.2 矩形花键结合的精度设计

花键分为矩形花键和渐开线花键两种。这里只讨论矩形花键结合的精度设计问题。

矩形花键(straight-sided spline)连接承载能力强，定心精度高，花键连接的结构形式和几何参数见图 6-13。

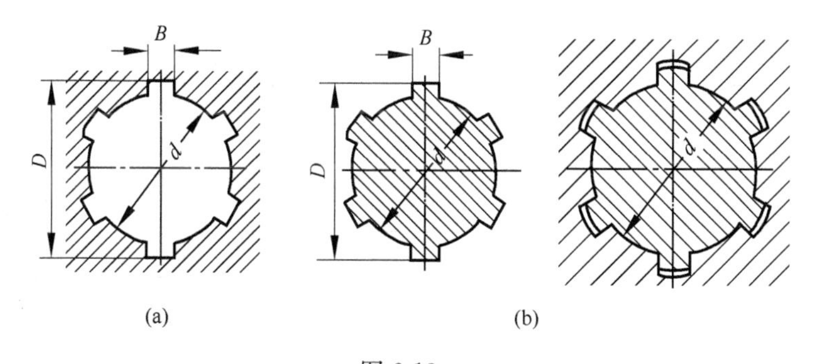

图 6-13

可以看出，花键连接共有三个主要尺寸，即大径 D、小径 d 和键宽 B。而对花键连接的主要使用要求是保证内、外花键的同轴度，以及键侧面和键槽侧面接触均匀。因此，必须保证一定的配合性质。然而，若这三个主要参数同时对配合起定心作用，要想保证花键连接的使用要求是很困难的，而且也无必要。这就要求在大径 D、小径 d 和键宽 B 当中，选择一个参数来确定花键连接的配合性质，标准规定：小径 d 作为确定矩形花键连接配合性质的定心尺寸，即小径定心。这是因为大径定心在工艺上难于实现，如定心表面硬度高时，内花键的大径加工困难。采用小径定心，当定心表面硬度高时，外花键的小径可用成形磨进行加工，而内花键小径也可用一般内圆磨进行加工，所以小径定心工艺性好，定心精度高。

按精度矩形花键分为一般用途花键和精密传动花键两种。每种用途的连接都有三种装配形式：滑动、紧滑动和固定连接。花键连接采用基孔制配合。内、外花键的尺寸公差带见表 6-11。

表中精密传动用的内花键，当需要控制键侧配合间隙时，键槽宽的公差带可选用 H7，一般情况用 H9。

当内花键小径 d 的公差带选用 H6 和 H7 时，允许与公差等级高一级的外花键配合。尺寸 d、D、B 的极限偏差值，是按其公称尺寸查国家标准“极限与配合”的公差表格得到的。

除上述尺寸公差外，花键还有几何公差要求。主要是位置度(包含键齿和键槽的等分度和对称度)及平行度。

表 6-11　内、外花键的尺寸公差带(摘自 GB/T 1144—2001)

内花键				外花键			装配形式
d	D	B		d	D	B	
		拉削后不热处理	拉削后热处理				
一般用							
H7	H10	H9	H11	f7	a11	d10	滑动
				g7		f9	紧滑动
				h7		h10	固定
精密传动用							
H5	H10	H7、H9		f5	a11	d8	滑动
				g5		f7	紧滑动
				h5		h8	固定
H6				f6		d8	滑动
				g6		f7	紧滑动
				h6		h8	固定

注：① 精密传动用的内花键，当需要控制键侧配合间隙时，槽宽可选 H7，一般情况下可选 H9。
② d 为 H6 和 H7 的内花键，允许与提高一级的外花键配合。

矩形内花键键槽、矩形外花键齿的位置度公差按表 6-12 确定。标注方法见图 6-14。

表 6-12　花键的位置度公差(摘自 GB/T 1144—2001)　　(单位：mm)

键槽宽或键宽 B			3	3.5～6	7～10	12～18
t_1	键槽宽		0.010	0.015	0.020	0.025
	键宽	滑动、固定	0.010	0.015	0.020	0.025
		紧滑动	0.006	0.010	0.013	0.016

当不用综合量规检验花键时(如单件、少量生产)，可按表 6-13 确定键宽的对称度公差和键槽的等分度公差，标注方法见图 6-15。

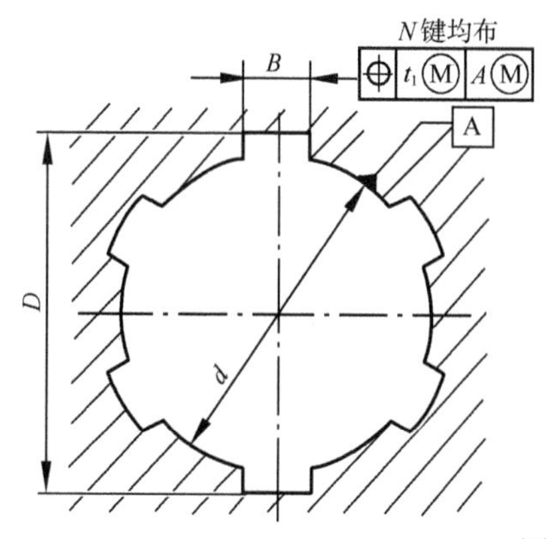

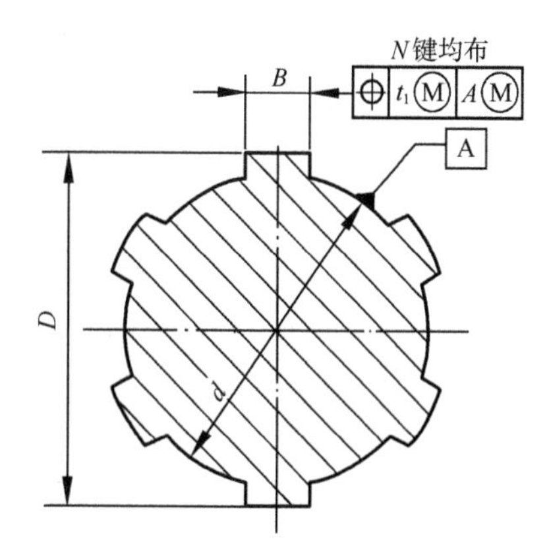

图 6-14

表 6-13　花键的对称度公差(摘自 GB/T 1144—2001)　　(单位:mm)

键槽宽或键宽 B		3	3.5～6	7～10	12～18
t_1	一般用途	0.010	0.012	0.015	0.018
	精密传动用	0.006	0.008	0.009	0.011

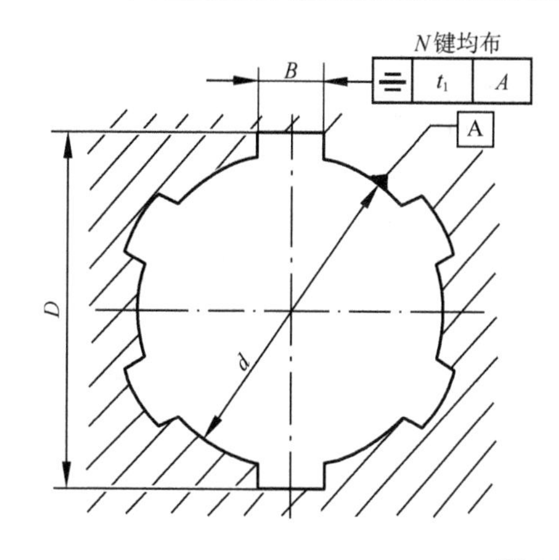

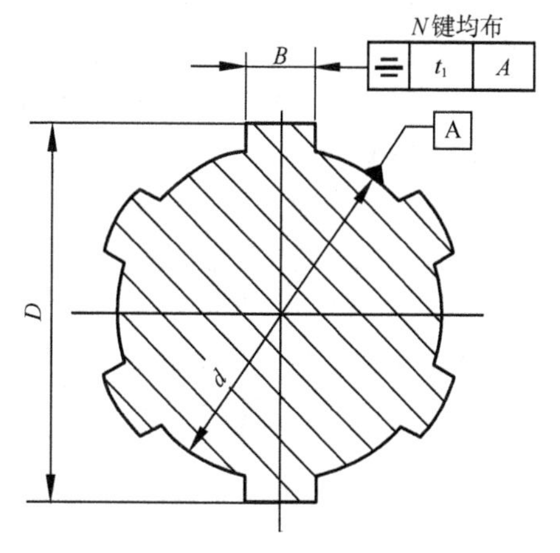

图 6-15

花键的图纸标记,按顺序包括以下项目:键数 N、小径 d、大径 D、键(键槽)宽 B,其各自的公差带代号标注于各公称尺寸之后,示例如下:

花键规格　$N\times d\times D\times B$(mm) 如 $6\times23\times26\times6$

花键副　$6\times23\,\frac{\mathrm{H7}}{\mathrm{f7}}\times26\,\frac{\mathrm{H10}}{\mathrm{a11}}\times6\,\frac{\mathrm{H11}}{\mathrm{d10}}$

内花键　$6\times23\mathrm{H7}\times26\mathrm{H10}\times6\mathrm{H11}$

外花键　$6\times23\mathrm{f7}\times26\mathrm{a11}\times6\mathrm{d10}$

以小径定心时,有关加工表面的表面粗糙度见表 6-14。

表 6-14　矩形花键表面粗糙度推荐值

加工表面	内花键	外花键
	Ra 不大于/μm	
小径	0.8	0.8
大径	6.3	3.2
键侧	3.2	0.8

6.3　螺纹联结的精度设计

6.3.1　螺纹联结的特点

1. 螺纹联结的种类

螺纹广泛地应用于各种机械和仪器仪表中。螺纹的种类较多，参数也各不相同，按用途划分，螺纹有以下三类。

(1) 普通螺纹(连接螺纹)

联结螺纹即紧固螺纹。其作用是把几个零件连接成一体。最常用的是公制普通螺纹。对它的技术要求是可旋合性和连接的可靠性。

(2) 传动螺纹

传动螺纹的作用是传递运动或动力，如机床的传动丝杠和螺母；螺旋测微仪的测微螺杠等。对它的使用要求是传递动力要可靠，传动比要恒定，传递位移要准确。

(3) 紧密螺纹

紧密螺纹的作用是密封流体或气体，要求它有良好的密封性。如管螺纹联结，要能密封住管内的水、油或气体。

2. 普通螺纹的基本牙型及主要几何参数

国标规定，公制普通螺纹的基本牙型是在螺纹的轴剖面内，截去原始三角形的顶部和底部而形成的，如图 6-16 所示。

普通螺纹的主要几何参数如下所述。

(1) 大径(D、d)

大径是与外螺纹牙顶或内螺纹牙底相重合的假想圆柱体的直径。国家标准规定，公制普通螺纹大径的公称尺寸为螺纹的公称尺寸。对于相互结合的普通螺纹，内、外螺纹大径的公称尺寸是相等的，即 $D = d$。

(2) 小径(D_1、d_1)

小径是与外螺纹牙底或内纹螺牙顶相重合的假想圆柱的直径。

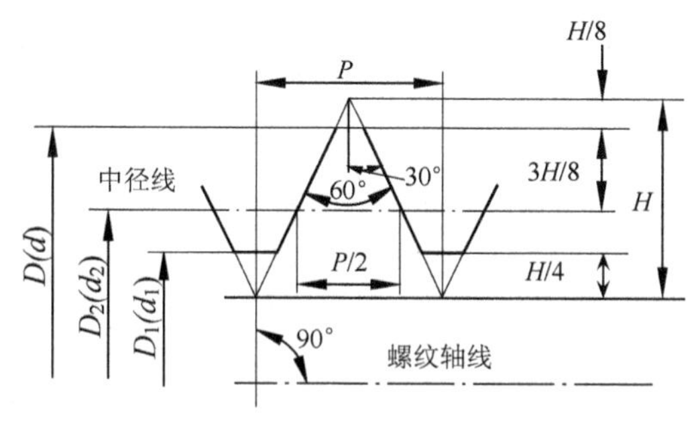

图 6-16　螺纹的主要几何参数

外螺纹的大径和内螺纹的小径统称为顶径，内螺纹的大径和外螺纹的小径统称为底径。

(3) 中径(D_2、d_2)

中径是一个假想圆柱的直径，该圆柱的母线通过牙型上沟槽和凸起宽度相等的地方，此假想圆柱称为中径圆柱。相互结合的普通螺纹，内、外螺纹中径的公称尺寸是相等的，并且与大径(D,d)和原始三角形高度(H)有下列关系：

$$D_2 = d_2 = D - 2 \times 3H/8 = d - 2 \times 3H/8$$

注意：普通螺纹的中径不是大径和小径的平均值。

普通螺纹的公称尺寸如表 6-15 所示。

表 6-15　普通螺纹的公称尺寸(摘自 GB/T 196—2003)　　(单位：mm)

公称直径(大径) D、d	螺距 P	中径 D_2、d_2	小径 D_1、d_1	公称直径(大径) D、d	螺距 P	中径 D_2、d_2	小径 D_1、d_1
1	0.25 0.2	0.838 0.870	0.729 0.783	8	1.25 1 0.75	7.188 7.350 7.513	6.647 6.917 7.188
1.1	0.25 0.2	0.938 0.970	0.829 0.883	9	1.25 1 0.75	8.188 8.350 8.513	7.647 7.917 8.188
1.2	0.25 0.2	1.038 1.070	0.929 0.983	10	1.5 1.25 1 0.75	9.026 9.188 9.350 9.513	8.376 8.647 8.917 9.188
1.4	0.3 0.2	1.205 1.270	1.075 1.183	11	1.5 1 0.75	10.026 10.350 10.513	9.376 9.917 10.188

续表

公称直径（大径）D、d	螺距 P	中径 D_2、d_2	小径 D_1、d_1	公称直径（大径）D、d	螺距 P	中径 D_2、d_2	小径 D_1、d_1
1. 6	0. 35 0. 2	1. 373 1. 470	1. 221 1. 883	12	1. 75 1. 5 1. 25 1	10. 863 11. 026 11. 188 11. 350	10. 106 10. 376 10. 647 10. 917
1. 8	0. 35 0. 2	1. 573 1. 670	1. 421 1. 583	14	2 1. 5 1. 25 1	12. 701 13. 026 13. 188 13. 350	11. 835 12. 376 12. 647 12. 917
2	0. 4 0. 25	1. 740 1. 838	1. 567 1. 729	15	1. 5 1	14. 026 14. 350	13. 376 13. 917
2. 2	0. 45 0. 25	1. 908 2. 038	1. 713 1. 929	16	2 1. 5 1	14. 701 15. 026 15. 350	13. 835 14. 376 14. 917
2. 5	0. 45 0. 35	2. 208 2. 273	2. 013 2. 121	17	1. 5 1	16. 026 16. 350	15. 376 15. 917
3	0. 5 0. 35	2. 675 2. 773	2. 459 3. 621	18	2. 5 2 1. 5 1	16. 376 16. 701 17. 026 17. 350	15. 294 15. 835 16. 376 16. 917
3. 5	0. 6 0. 35	3. 110 3. 273	2. 850 3. 121	20	2. 5 2 1. 5 1	18. 376 18. 701 19. 026 19. 350	17. 294 17. 835 18. 376 18. 917
4	0. 7 0. 5	3. 545 3. 675	3. 242 3. 459	22	2. 5 2 1. 5 1	20. 376 20. 701 21. 026 21. 350	19. 294 19. 835 20. 376 20. 917
4. 5	0. 75 0. 5	4. 013 4. 175	3. 688 3. 959	24	3 2 1. 5 1	22. 051 22. 701 23. 026 23. 350	20. 752 21. 835 22. 376 22. 917
5	0. 8 0. 5	4. 480 4. 675	4. 134 4. 459	25	2 1. 5 1	23. 701 24. 026 24. 350	22. 835 23. 376 23. 917

续表

公称直径（大径）D、d	螺距 P	中径 D_2、d_2	小径 D_1、d_1	公称直径（大径）D、d	螺距 P	中径 D_2、d_2	小径 D_1、d_1
5.5	0.5	5.175	4.959	26	1.5	25.026	24.376
6	1 0.75	5.350 5.513	4.917 5.188	27	3 2 1.5 1	25.051 25.701 26.026 26.350	23.752 24.835 25.376 25.917
7	1 0.75	6.350 6.513	5.917 6.188	28	2 1.5 1	26.701 27.026 27.350	25.835 26.376 26.917

(4) 螺距(P)

螺距 P 是指相邻两牙在中径线上对应两点间的轴向距离。

(5) 牙型角(α)与牙型半角($\alpha/2$)

牙型角是指在通过螺纹轴向剖面内，相邻两牙侧间的夹角。普通螺纹的理论牙型角等于60°。牙型半角是指某一牙侧与螺纹轴的垂线间的夹角。普通螺纹的理论牙型半角 $\alpha/2$ 等于30°。

(6) 单一中径(D_{2a}、d_{2a})

单一中径是指一个假想圆柱的直径，该圆柱的母线通过牙型上沟槽宽度等于1/2基本螺距的地方，如图6-17所示。

(7) 螺纹旋合长度

螺纹旋合长度是指两个相互结合的螺纹沿螺纹轴线方向彼此旋合部分的长度，如图6-18所示。

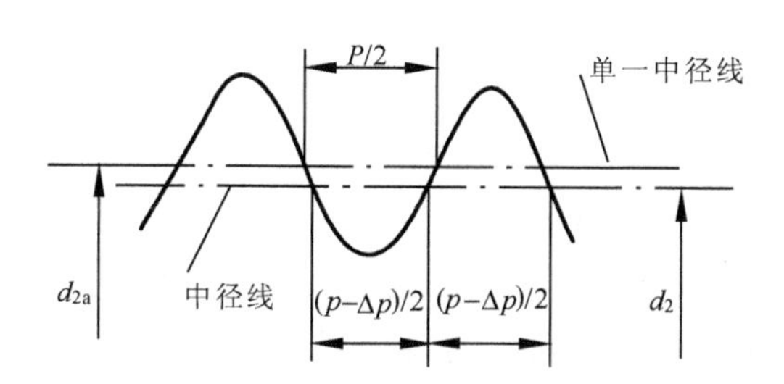

图6-17 基本参数与单一中径的关系

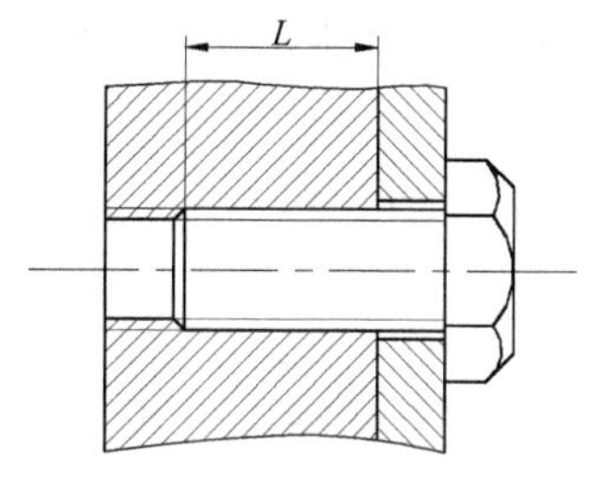

图6-18 螺纹旋合长度

6.3.2 螺纹几何参数误差对联结精度的影响

在螺纹加工过程中，加工误差是难免的，螺纹几何参数的加工误差对螺纹的可旋合性、配合性质具有不利的影响。影响螺纹可旋合性和配合质量的主要因素是中径、螺距和牙型半角误差。下面分别予以讨论。

1. 螺距误差

对于连接螺纹，螺距误差主要影响螺纹连接的可旋合性和可靠性；对于传动螺纹，螺距误差主要影响传动精度和承载能力，因此必须对其予以控制。

螺距误差主要是由加工机床运动链的传动误差引起的，它包括螺距局部误差和螺距累积误差两种。螺距局部误差是指在螺纹全长上，任意单个实际螺距对公称螺距的最大差值，与旋合长度无关；螺距累积误差是指在规定长度内(如旋合长度)任意一个实际螺距对其公称值之最大差值，与旋合长度有关。

为讨论问题方便，假设相互结合的内、外螺纹中除外螺纹有正的螺距误差(大于螺距的公称尺寸)外，再无其他误差，如图 6-19 所示。在几个螺距长度上，当外螺纹有螺距累积误差时无法与理想的内螺纹旋合而发生干涉。为避免产生干涉，可把外螺纹中径减少一个数值 f_p 或将内螺纹中径增大一个数值 f_p。可见，f_p 是为了补偿螺距误差而折算到中径上的当量值，称为螺距误差的中径补偿值。

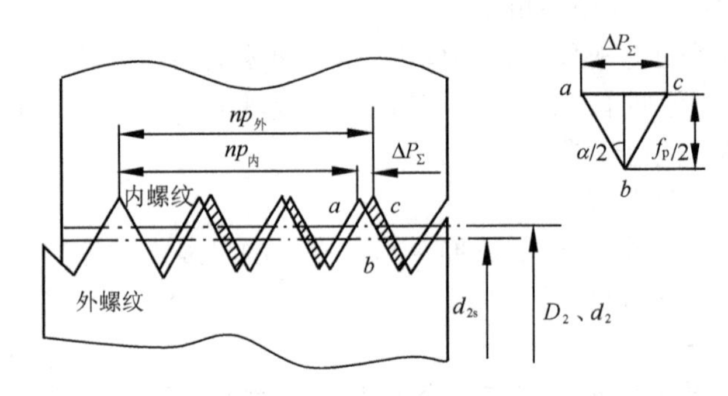

图 6-19　螺距偏差的影响

由图 6-19 中△abc 可知

$$f_p = |\Delta P_\Sigma| \cot(\alpha/2)$$

当 $\alpha/2 = 30°$时，则

$$f_p = 1.732|\Delta P_\Sigma| \tag{6-1}$$

由于 ΔP_Σ 不论是正或负，都影响螺纹的旋合性，故 ΔP_Σ 应取绝对值。对普通螺纹，在国家标准中没有单独规定螺距公差，而是通过中径公差间接控制螺距误差。

2. 中径误差

决定螺纹配合性质的主要参数是中径，因此中径误差对螺纹的旋合性影响较大。内、外螺纹相互作用集中在牙型侧面，所以内、外螺纹中径的差异直接影响着牙型侧面的接触状态。若外螺纹的中径小于内螺纹的中径，就能保证内、外螺纹的旋合性;反之,就会产生干涉而难以旋合。但是,如果外螺纹的中径过小,内螺纹的中径过大,则会削弱其联结强度。为此,加工螺纹时,应当控制实际中径对其公称尺寸的偏差。

3. 牙侧角误差

普通螺纹的牙型角是 60°,但这里为什么对牙型半角提出要求呢?假设外螺纹牙型角是准确的 60°,但角平分线倾斜了,造成一边是 31°,一边是 29°,与理想的内螺纹旋合时,会造成一边有缝隙,一边有干涉,因而应对牙型半角提出要求。

假设内螺纹具有理想牙型 1,如图 6-20 所示,与此相配合的外螺纹仅存在牙型半角误差,左侧牙型半角误差 $\Delta\alpha_1$ 为负值,右侧牙型半角误差 $\Delta\alpha_2$ 为正值,就会在内、外螺纹中径上方的左侧和中径下方的右侧产生干涉而不能旋入。为了消除干涉,保证旋合性,必须使外螺纹的牙型 2 沿垂直于螺纹轴线的方向下移至图中双点画线 3 以下,从而使外螺纹的中径减小一个 f_α 值。同理,当内螺纹存在着牙型半角误差时,为了保证旋入性,就必须相应地将内螺纹增大一个 f_α 值,这个增大或减小的量就是牙型半角误差的中径当量。

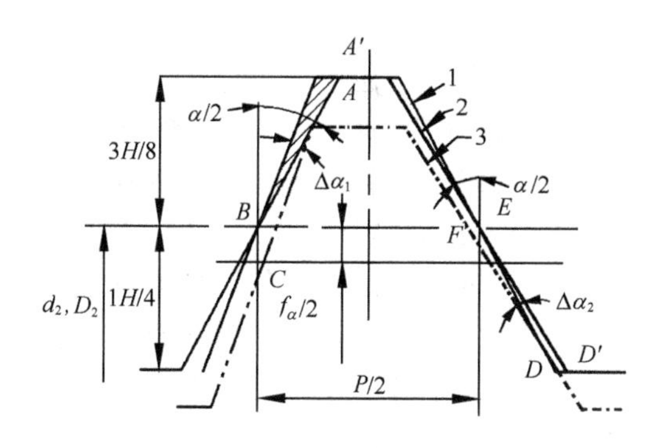

图 6-20 牙侧角误差的影响

根据任意三角形的正弦定理,考虑到左、右牙型半角误差可能同时出现的各种情况及必要的单位换算,得出

$$f_\alpha = 0.073P[K_1 \mid \Delta\alpha_1 \mid + K_2 \mid \Delta\alpha_2 \mid](\mu\text{m}) \tag{6-2}$$

式中:P——螺距(mm);

$\Delta\alpha_1$、$\Delta\alpha_2$——左、右牙型半角误差(′)(角秒);

K_1、K_2——左右牙型半角误差系数。对外螺纹,当牙型半角误差为正值时 K_1 和 K_2 取值为 2,为负值时 K_1 和 K_2 取值为 3;内螺纹左、右牙型半角误差系数的取值正好与此相反。

4. 螺纹中径的合格条件

由于螺距误差和牙型半角误差可以折合到相当于中径有误差的情况，因而可以不单独规定螺距公差和牙型半角公差，而仅规定中径总公差，用它来控制中径本身的尺寸误差、螺距误差和牙型半角误差的综合影响。可见中径公差是一项综合公差。这样规定，是为了加工和检验的方便，按中径总公差进行检验，可保证螺纹的互换性。

当实际外螺纹存在螺距误差和牙型半角误差时，该实际外螺纹只可能与一个中径较大而具有设计牙型的理想内螺纹旋合。在规定的旋合长度内，恰好包容实际外螺纹的一个假想内螺纹的中径称为外螺纹的体外作用中径 d_{2fe}。该假想内螺纹具有理想的螺距、半角以及牙型高度，并在牙顶处和牙底处留有间隙，它等于外螺纹的实际中径 d_{2a} 与螺距误差、牙型半角误差的中径当量值之和，即

$$d_{2fe} = d_{2a} + (f_p + f_\alpha)$$

当实际外螺纹各个部位的单一中径不相同时，d_{2a} 应取其中的最大值。同理，内螺纹的体外作用中径 D_{2fe} 等于内螺纹的单一中径 D_{2a} 与螺距误差、牙型半角误差的中径当量值之差，即

$$D_{2fe} = D_{2a} - (f_p + f_\alpha)$$

当实际内螺纹各个部位的单一中径不相同时，D_{2a} 应取其中的最小值。如果外螺纹的作用中径过大、内螺纹的作用中径过小，将使螺纹难以旋合。若外螺纹的单一中径过小，内螺纹的单一中径过大，将会影响螺纹的连接强度。因此，国家标准规定：实际螺纹的作用中径不允许超越其最大实体牙型的中径，任何部位的单一中径不允许超越其最小实体牙型的中径。这就是泰勒原则，它是控制螺纹作用中径和单一中径在中径公差范围内的一种原则。见图 6-21，所谓最大和最小实体牙型是由设计牙型和各直径的基本偏差及公差所决定的最大实体状态和最小实体状态的螺纹牙型。因此，螺纹中径的合格条件是

外螺纹： $d_{2fe} \leqslant d_{2M} = d_{2max}$， $d_{2a} \geqslant d_{2min}$

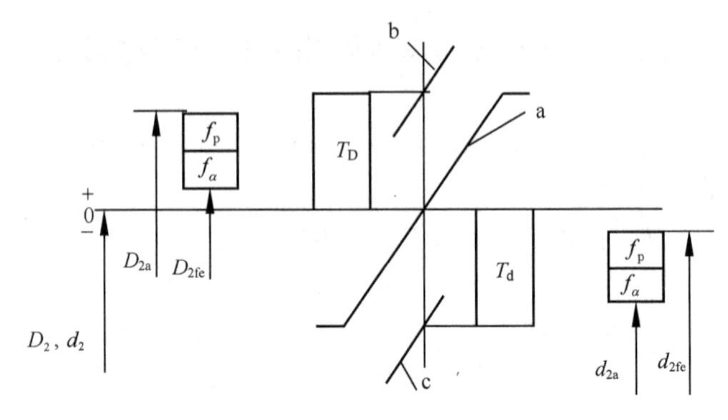

图 6-21 螺纹的尺寸

内螺纹： $D_{2fe} \geqslant D_{2M} = D_{2min}$， $D_{2a} \leqslant D_{2max}$

6.3.3 普通螺纹的精度设计

1. 普通螺纹的公差带

(1) 公差等级

螺纹公差带大小由公差值确定，并按公差值大小分为若干等级，见表 6-16。各级公差值见表 6-17、表 6-18。

表 6-16 螺纹公差等级

	内螺纹		外螺纹	
螺纹直径	中径 D_2	小径(顶径)D_1	中径 d_2	大径(顶径)d
公差等级	4,5,6,7,8	4,5,6,7,8	3,4,5,6,7,8,9	4,6,8

表 6-17 内、外螺纹顶径公差(摘自 GB/T 197—2003)

螺距 /mm	内螺纹小径公差 $T_{D_1}/\mu m$				外螺纹大径公差 $T_d/\mu m$		
	公差等级						
	5	6	7	8	4	6	8
0.75	150	190	236	—	90	140	—
0.8	160	200	250	315	95	150	236
1	190	236	300	375	112	180	280
1.25	212	265	335	425	132	212	335
1.5	236	300	375	475	150	236	375
1.75	265	335	425	530	170	265	425
2	300	375	475	600	180	280	450
2.5	355	450	560	710	212	335	530
3	400	500	630	800	236	375	600

表 6-18 内、外螺纹中径公差(摘自 GB/T 197—2003)

公称直径/mm		螺距 /mm	内螺纹中径公差 $T_{D_2}/\mu m$				外螺纹中径公差 $T_{d_2}/\mu m$			
>	≤		公差等级							
			5	6	7	8	5	6	7	8
5.6	11.2	0.75	106	132	170	—	80	100	125	—
		1	118	150	190	236	90	112	140	180
		1.25	125	160	200	250	95	118	150	190
		1.5	140	180	224	280	106	132	170	212

续表

公称直径/mm		螺距/mm	内螺纹中径公差 T_{D_2}/μm				外螺纹中径公差 T_{d_2}/μm			
			公差等级							
>	≤		5	6	7	8	5	6	7	8
11.2	22.4	1	125	160	200	250	95	118	150	190
		1.25	140	180	224	280	106	132	170	212
		1.5	150	190	236	300	112	140	180	224
		1.75	160	200	250	315	118	150	190	236
		2	170	212	256	335	125	160	200	250
		2.5	180	224	280	355	132	170	212	265

螺纹底径没有规定公差，仅对内螺纹规定底径的最小极限尺寸 D_{min} 使之大于外螺纹大径的最大极限尺寸；对外螺纹规定底径的最大极限尺寸 d_{max} 使之小于内螺纹小径的最小极限尺寸。牙底轮廓的圆滑曲线是加工时由成形刀具保证的。这样就保证了内、外螺纹大径之间和小径之间不会产生干涉，满足旋合性的要求。

(2) 基本偏差

螺纹公差带相对于基本牙型的位置由基本偏差确定。所谓基本牙型是指通过螺纹轴线剖面内，作为螺纹设计依据的理想牙型。螺纹的基本牙型是计算螺纹偏差的基准(即偏差的零线)。外螺纹的基本偏差是上极限偏差 es，内螺纹的基本偏差是下极限偏差 EI。

国家标准中，对内螺纹规定了两种基本偏差，代号为 G、H；对外螺纹规定了四种基本偏差，代号为 e、f、g、h，其数值见表 6-19。

表 6-19 内、外螺纹的基本偏差(摘自 GB/T 197—2003)

螺距 P/mm	基本偏差/μm					
	内螺纹		外螺纹			
	G	H	e	f	g	h
	EI		es			
0.75	+22	0	−56	−38	−22	0
0.8	+24		−60	−38	−24	
1	+26		−60	−40	−26	
1.25	+28		−63	−42	−28	
1.5	+32		−67	−45	−32	
1.75	+34		−71	−48	−34	
2	+38		−71	−52	−38	
2.5	+42		−80	−58	−42	
3	+48		−85	−63	−48	

(3) 旋合长度

国家标准规定:螺纹的旋合长度分为三组,分别称为短旋合长度、中等旋合长度和长旋合长度,分别用代号 S、N 和 L 表示。旋合长度的数值见表 6-20。

表 6-20 螺纹的旋合长度(摘自 GB/T 197—2003) (单位:mm)

基本大径 D、d		螺距 p	旋合长度			
			S	N		L
>	≤		≤	>	≤	>
5.6	11.2	0.75	2.4	2.4	7.1	7.1
		1	3	3	9	9
		1.25	4	4	12	12
		1.5	5	5	15	15
11.2	22.4	1	3.8	3.8	11	11
		1.25	4.5	4.5	13	13
		1.5	5.6	5.6	16	16
		1.75	6	6	18	18
		2	8	8	24	24
		2.5	10	10	30	30

如前所述,螺距累积偏差与旋合长度有关。配合性质保持不变的条件下,随着旋合长度的增加,只能采用较低的公差等级,见表 6-21 和表 6-22。也就是说,对同一螺纹,当旋合长度短时,可做较高级的螺纹,当旋合长度长时,只能做较低级的螺纹。

表 6-21 内螺纹选用公差带(摘自 GB/T 197—2003)

精度	公差带位置 G			公差带位置 H		
	S	N	L	S	N	L
精密				4H	5H	6H
中等	(5G)	**6G**	(7G)	**5H**	**[6H]**	**7H**
粗糙		(7G)	**(8G)**		7H	8H

注:① 大量生产的紧固螺纹,推荐采用带方框的粗字体公差带。
② 公差带优先选用顺序为:粗字体公差带、一般字体公差带、括号内公差带。

表 6-22 外螺纹选用公差带(摘自 GB/T 197—2003)

精度	公差带位置 e			公差带位置 f			公差带位置 g			公差带位置 h		
	S	N	L	S	N	L	S	N	L	S	N	L
精密								(4g)	(5g 4g)	(3h 4h)	**4h**	(5h 4h)
中等		**6e**	(7e 6e)		**6f**		(5g 6g)	**[6g]**	(7g 6g)	(5h 6h)	6h	(7h 6h)
粗糙		(8e)	(9e 8e)					8g	(9g 8g)		(8h)	

注:① 大量生产的紧固螺纹,推荐采用带方框的粗字体公差带。
② 公差带优先选用顺序为:粗字体公差带、一般字体公差带、括号内公差带。

螺纹公差带和旋合长度构成了螺纹的精度等级。GB/T 197—2003 为普通螺纹的公差精度规定了三个等级，即精密级、中等级和粗糙级。

2. 普通螺纹公差与配合的选用

（1）螺纹的公差精度与旋合长度的选用

公差精度的选用。对于间隙变动较小、要求配合性质稳定、需要保证一定的定心精度的精密连接螺纹，采用精密级；对于一般用途的连接螺纹，采用中等级；不重要的螺纹连接以及制造比较困难的螺纹采用粗糙级。

旋合长度的选用。旋合长度对螺纹配合质量有很大影响。通常采用中等旋合长度。仅当结构和强度上有特殊要求时方可采用短旋合长度和长旋合长度。需要说明的是：螺纹旋合长度越长，螺距累计误差、牙型半角误差就可能越大，连接强度、密封性也就越差。因此，在进行螺纹精度设计时，不要误认为旋合长度越长越好，应尽可能缩短旋合长度。

（2）配合的选择

国家标准 GB/T 197—2003 规定了内、外螺纹的推荐公差带，如表 6-21、表 6-22所示。

按照配合组成的规律，螺纹配合可由表 6-21、表 6-22 中所列的内、外螺纹公差带任意组成。为了保证连接强度、接触高度和装拆方便，宜选用 H/g、H/h 或 G/h 组成配合；对于大批量生产的螺纹，为了螺纹装拆方便，可用 H/g 或 G/h 组成配合；对单件小批生产的螺纹，可用 H/h 组成配合，以适应手工拧紧和装配速度不高等使用特性；在高温状态下工作的螺纹，为防止因高温形成金属氧化皮或介质沉积使螺纹卡死，可采用能保证间隙的配合，当温度在 450℃以下时，可用 H/g 组成配合；温度在 450℃以上时，可选用 H/e 配合。

3. 螺纹标记

完整的螺纹标记由螺纹特征代号、尺寸代号、公差带代号及其他有必要进一步说明的个别信息组成。

螺纹特征代号用字母“M”表示。单线螺纹的尺寸代号为“公称直径×螺距”。对粗牙螺纹，可以省略标注其螺距项。多线螺纹的尺寸代号为“公称直径×Ph 导程 P 螺距”。如果要进一步说明螺纹的线数，可在后面增加括号说明（使用英文进行说明。例如双线为 two starts；三线为 three starts；四线为 four starts）。公称直径、导程和螺距数值的单位为 mm。

公差带代号包含中径公差带代号和顶径公差带代号。中径公差带代号在前，顶径公差带代号在后。各直径的公差带代号由表示公差等级的数值和表示公差带位置的字目（内螺纹用大写字母；外螺纹用小写字母）组成。如果中径公差带代号和顶径公差带代号相同，则应只标注一个公差带代号。表示内、外螺纹配合时，内螺纹公差带代号在前，外螺纹公差带代号在后，中间用斜线分开。在下列情况下，中等公差精度螺纹不标注其公差带代号。

内螺纹：——5H　$D(d)\leqslant 1.4$mm 时；

——6H　$D(d)\geqslant 1.6$mm 时。

注：对螺距为 0.2mm 的螺纹，其公差等级为 4 级。

外螺纹：——6h　$D(d)\leqslant 1.4$mm 时；

——6g　$D(d)\geqslant 1.6$mm 时。

对短旋合长度组和长旋合长度组的螺纹，宜在公差带代号后分别标注“S”和“L”代号。中等旋合长度组螺纹不标注旋合长度代号(N)。

对左旋螺纹，应在旋合长度代号之后标注“LH”代号。右旋螺纹不标注旋向代号。

螺纹尺寸代号与公差带、公差带与旋合长度代号、旋合长度代号与旋向代号间用“—”号分开。

标注示例：

M6；

M8×1—LH；

M6×0.75—5h6h—S—LH；

M16×Ph3P1.5(two starts)—5h6h—S—LH；

M20×2—6H/5h6h—S—LH。

6.4　圆锥配合的精度设计

6.4.1　概述

圆锥配合与圆柱配合比较，具有定心性好、配合的间隙或过盈可调整和密封性好等特点，在机械设计中被广泛应用。圆锥配合分为间隙配合、紧密配合和过盈配合。GB/T 157—2001 规定了圆锥的几何量技术规范。

1. 圆锥表面

圆锥表面是指与轴线成一定角度，且一端相交于轴线的一条直线段(母线)，围绕着该轴线旋转形成的表面，如图 6-22 所示。

2. 圆锥(cone)

圆锥是指由圆锥表面与一定尺寸所限制的几何体。

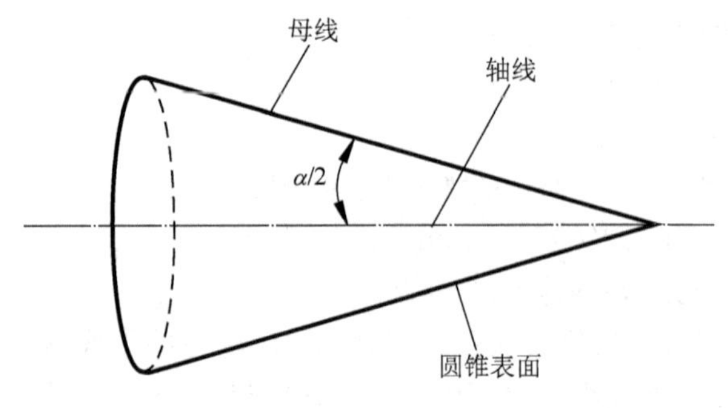

图 6-22　圆锥表面

3. 圆锥角(cone angle)

圆锥角是指在通过圆锥轴线的截面内,两条素线间的夹角,如图 6-23 所示。

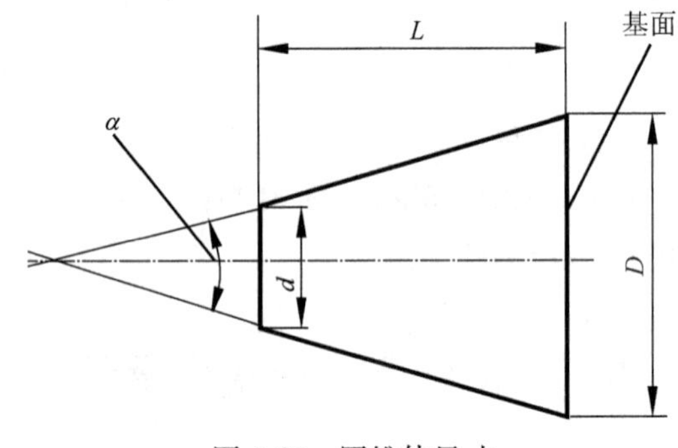

图 6-23　圆锥体尺寸

4. 锥度(rate of taper)

两个垂直圆锥轴线截面的圆锥直径 D 和 d 之差与该两截面之间的轴向距离 L 之比(图 6-23)。锥度一般用比例或分式形式表示。

锥度 $C=(D-d)/L$,锥度与圆锥角的关系为

$$C = 2\tan(\alpha/2) = 1 : \frac{1}{2}\cot(\alpha/2)$$

5. 锥度和锥角系列

一般用途圆锥的锥度和锥角系列见表 6-23。选用时,应优先选用系列 1,其次选用系列 2。为了便于圆锥件的设计、生产和控制,表中给出了圆锥角或圆锥度的推荐值,其有效位数可按需要确定。

表 6-23　一般用途圆锥的锥度与锥角系列(摘自 GB/T 157—2001)

基本值		推荐值			
系列 1	系列 2	圆锥角			锥度 *C*
		/(°)(′)(″)	/(°)	/rad	
120°		—	—	2.049 395 10	1∶0.288 675 1
90°		—	—	1.570 796 33	1∶0.500 000 0
	75°	—	—	1.308 996 94	1∶0.651 612 7
60°		—	—	1.047 197 55	1∶0.866 025 4
45°		—	—	0.785 398 16	1∶1.207 106 8
30°		—	—	0.523 598 78	1∶1.866 025 4
1∶3		18°55′28 719 9″	18.924 644 42°	0.330 297 35	—
	1∶4	14°15′0.117 7″	14.250 032 70°	0.248 709 99	—
1∶5		11°25′16.270 6″	11.421 186 27°	0.199 337 30	—
	1∶6	9°31′38.220 2″	9. 527 283 38°	0.166 282 46	—
	1∶7	8°10′16.440 8″	8.171 233 56°	0.142 614 93	—
	1∶8	7°9′9.607 5″	7.152 688 75°	0.124 837 62	—
1∶10		5°43′29.317 6″	5.724 810 45°	0.099 916 79	—
	1∶12	4°46′18.797 0″	4.771 888 06°	0.083 285 16	—
	1∶15	3°49′5.897 5″	3.818 304 87°	0.066 641 99	—
1∶20		2°51′51.092 5″	2.864 192 37°	0.049 989 59	—
1∶30		1°54′34.857 0″	1.909 682 51°	0.033 330 25	—
1∶50		1°8′45.158 6″	1.145 877 40°	0.019 999 33	—
1∶100		34′22.630 9″	0.572 953 02°	0.009 999 92	—
1∶200		17′11.321 9″	0.286 478 30°	0.004 999 99	—
1∶500		6′52.525 9″	0.144 591 52°	0.002 000 00	—

6.4.2　圆锥公差

1. 圆锥公差项目及公差值

圆锥公差分为圆锥直径公差(T_D)、圆锥角公差(AT)、圆锥的形状公差(T_F)和给定截面圆锥直径公差 T_{DS}。

(1) 圆锥直径公差 T_D

圆锥直径公差 T_D,是指圆锥直径的允许变动量。以公称圆锥直径(一般取最大圆锥直径 D)为公称尺寸,按 GB/T 1800.3 规定的标准公差选取,见表 2-2。

(2) 给定截面圆锥直径公差 T_{DS}

给定截面圆锥直径公差 T_{DS}，是指在垂直圆锥轴线的给定截面内，圆锥直径允许的变动量。以给定截面圆锥直径为公称尺寸，按 GB/T 1800.3 规定的标准公差选取。

(3) 圆锥角公差 AT(AT_{α} 或 AT_{D})

圆锥角公差 AT 是指圆锥角的允许变动量。$AT_{D}=AT_{\alpha}\times L\times 10^{-3}$。

GB 11334—2005 中为圆锥角规定了 12 个公差等级，表 6-24 摘录了 4～9 级的圆锥角公差数值。

表 6-24　圆锥角公差数值(摘自 GB11334—2005)

基本圆锥长度 L/mm		圆锥角公差等级								
		$AT4$			$AT5$			$AT6$		
		AT_{α}		AT_{D}	AT_{α}		AT_{D}	AT_{α}		AT_{D}
大于	至	/μrad	/(″)	/μm	/μrad	/(′)(″)	/μm	/μrad	/(′)(″)	/μm
16	25	125	26	>2.0～3.2	200	41″	>3.2～5.0	315	1′05″	>5.0～8.0
25	40	100	21	>2.5～4.0	160	33″	>4.0～6.3	250	52″	>6.3～10.0
40	63	80	16	>3.2～5.0	125	26″	>5.0～8.0	200	41″	>8.0～12.5
63	100	63	13	>4.0～6.3	100	21″	>6.3～10.0	160	33″	>10.0～16.0
100	160	50	10	>5.0～8.0	80	16″	>8.0～12.5	125	26″	>12.5～20.0

基本圆锥长度 L/mm		圆锥角公差等级								
		$AT7$			$AT8$			$AT9$		
		AT_{α}		AT_{D}	AT_{α}		AT_{D}	AT_{α}		AT_{D}
大于	至	/μrad	/(″)	/μm	/μrad	/(′)(″)	/μm	/μrad	/(′)(″)	/μm
16	25	500	1′43″	>8.0～12.5	800	2′54″	>12.5～20.0	1 250	4′18″	>20～32
25	40	400	1′22″	>10.0～16.0	630	2′10″	>16.0～20.5	1 000	3′26″	>25～40
40	63	315	1′05″	>12.5～20.0	500	1′43″	>20.0～32.0	800	2′45″	>32～50
63	100	250	52″	>16.0～25.0	400	1′22″	>25.0～40.0	630	2′10″	>40～63
100	160	200	41″	>20.0～32.0	315	1′05″	>32.0～50.0	500	1′43″	>50～80

(4) 圆锥形状公差 T_{F}

圆锥的形状公差 T_{F} 是指圆锥素线直线度公差和截面圆度公差。

圆锥的形状公差推荐按 GB 1184—1996 中附录 B"图样上注出公差值的规定"选取，见表 3-7～表 3-10。

圆锥直径误差对相互配合的两圆锥面的接触均匀性没有影响，只对基面的距离有影响；圆锥角误差是综合影响因素；圆锥形状误差影响配合表面的接触精度。

2. 圆锥公差的给定方法

圆锥公差的给定方法有以下两种：

(1) 给出圆锥的理论正确圆锥角 α(或锥度 C)和圆锥直径公差 T_D

由 T_D 确定两个极限圆锥。此时,圆锥角误差和圆锥的形状误差均应在极限圆锥所限定的区域内。当对圆锥角公差、圆锥的形状公差有更高的要求时,可再给出圆锥角公差 AT、圆锥的形状公差 T_F。此时,AT 和 T_F 仅占 T_D 的一部分。

(2) 给出给定截面圆锥直径公差 T_{DS} 和圆锥角公差 AT

此时,给定截面圆锥直径和圆锥角应分别满足这两项公差的要求。该方法是在假定圆锥素线为理想直线的情况下给出的。

当对圆锥形状公差有更高的要求时,可再给出圆锥的形状公差 T_F。

3. 未注公差角度的极限偏差

GB/T 1804—2000 规定了未注公差角度的极限偏差,分为 f(精密级)、m(中等级)、c(粗糙级)和 v(最粗级)四个等级,见表 6-25。

表 6-25 未注公差角度的极限偏差(摘自 GB/T 1804—2000)

公差等级	长度/mm				
	≤10	>10~50	>50~120	>120~400	>400
精密 f	±1°	±30′	±20′	±10′	±5′
中等 m	±1°	±30′	±20′	±10′	±5′
粗糙 c	±1°30′	±1°	±30′	±15′	±10′
最粗 v	±3°	±2°	±1°	±30′	±20′

未注公差角度的公差等级在图样或技术文件上用标准号和公差等级符号表示。例如,选用中等级时,表示为

GB/T 1804 − m

6.4.3 圆锥配合的选用

GB/T 12360—2005 给出了锥度 C 从 1∶3~1∶500,长度 L 从 6~630mm,直径至 500mm 光滑圆锥配合(圆锥公差按上述第一种方法给定)的有关规定。

对于结构型圆锥配合优先采用基孔制。内、外圆锥直径公差带及配合按 GB 1801—1999 选取。如 GB 1801—1999 给出的常用配合仍不能满足需要,可按 GB 1800.3—1998 规定的基本偏差和标准公差直接组成所需配合。

对于位移型圆锥配合,内圆锥孔基本偏差选用 H 和 JS,外圆锥轴基本偏差选用 h 和 js。其轴向位移的极限值按 GB 1801—1999 规定的极限间隙或极限过盈来计算。

6.5 导轨副的精度分析与设计

6.5.1 导轨副的类型及特点

1. 导轨副的类型

各种机械运行时，导轨副的精度不但影响执行正确运动，并且影响执行件的运动特性。导轨副包括运动导轨和支承导轨两部分。支承导轨用以支承和约束运动导轨，使之按功能要求作正确的运动。

(1) 按导轨面间的摩擦性质导轨副分

滑动摩擦导轨副；

滚动摩擦导轨副；

流体摩擦导轨副。

(2) 按运动导轨的轨迹导轨副分

直线运动导轨副。支承导轨约束了运动导轨的五个自由度，仅保留沿给定方向的直线移动自由度。

旋转运动导轨副。支承导轨约束了运动导轨的五个自由度，仅保留绕给定轴线的旋转运动自由度。

(3) 按结构导轨副分

开式导轨。必须借助于运动件的自重或外载荷，才能保证在一定的空间位置和受力状态下，运动导轨和支承导轨的工作面保持可靠的接触，从而保证运动导轨的规定运动。开式导轨一般受温度变化的影响较小。

闭式导轨。借助于导轨副本身的封闭式结构，保证在变化的空间位置和受力状态下，运动导轨和支承导轨的工作面都能保持可靠的接触，从而保证运动导轨的规定运动。闭式导轨一般受温度变化的影响较大。

(4) 按基本截面形式直线运动导轨副分

矩形导轨。如图 6-24(a)、(b)所示。导轨面上的支承力与外载荷相等，承载能力较大。承载面(顶面)和导轨面(侧面)分开，精度保持性较好，导向面磨损量直接影响导向精度，加工维修较方便。图 6-24(a)为凸矩形，图 6-24(b)为凹矩形。凹矩形易存润滑油，但也易积灰尘污物，必须进行防护。

三角形导轨。如图 6-24(c)、(d)所示。导轨面上的支反力大于载荷，使摩擦力增大。承载面与导向面重合，磨损量能自动补偿，导向精度较高，工艺性较差。顶角 α 在 $90°\pm30°$ 范围内变化，α 角越小，导向精度越高，但摩擦力也越大。故小 α 顶角用于轻载精密机械，大 α 角用于大型机械。

燕尾型导轨。如图 6-24(e)、(f)所示。在承受颠覆力矩的条件下高度较小，用于多坐标多层工作台，使总高度减小。加工维修较困难。

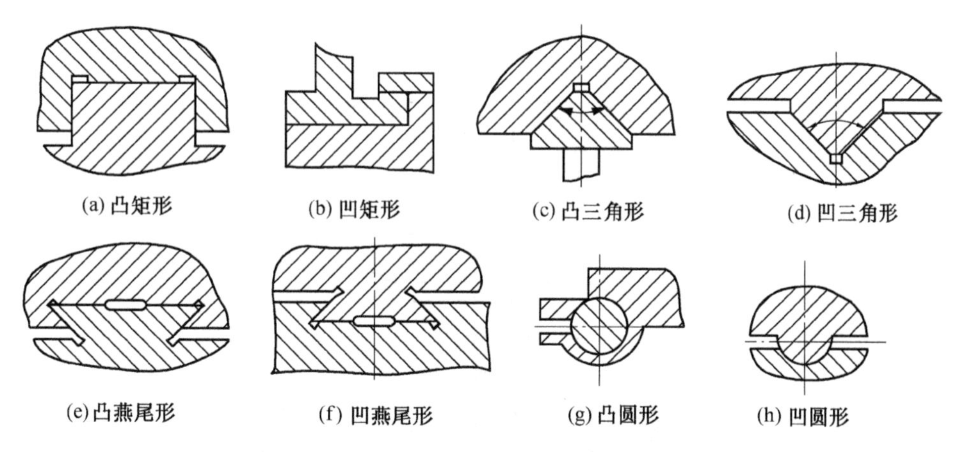

图 6-24　直线运动导轨副的基本截面形状

圆形导轨。如图 6-24(g)、(h)所示。制造方便,工艺性好。磨损后难于调整间隙。多用于只承受轴向力的部件,如立式导轨。

图 6-24 所示为滑动摩擦导轨的 4 种基本截面形状。若在摩擦面间放置滚动体,则为 4 种基体截面形状的滚动摩擦导轨。若在摩擦面间通以压力油或压缩空气,则为 4 种基本截面形状的流体摩擦导轨。以上对滑动摩擦导轨 4 种基本形状的讨论,可以推广到滚动摩擦导轨和流体摩擦导轨,以及推广到以下导轨组合。

(5) 以导轨的基本截面形状为单元,按不同基本单元分

双矩形组合。各种机械执行件的导轨一般由两条导轨组合,高精度或重载下才考虑两条以上的导轨组合。两条矩形导轨的组合突出了矩形导轨的优缺点。侧面导向有以下两种组合:宽式组合,两导向面间的距离大,承受力矩时产生的摩擦力矩较小,为考虑热变形,导向面间隙较大,影响导轨精度;窄式组合,两导向侧面间的距离小,导向面间隙较小,承受力矩时产生摩擦力矩较大,可能产生自锁。

双三角形组合。两条三角形导轨的组合突出了三角形导轨的优缺点,工艺性差,适用于高精度机械。

矩形三角形组合。导向性优于双矩形组合,承载能力优于双三角形组合,工艺性介于二者之间,应用广泛。但要注意,若两条导轨上的载荷相等,则摩擦力不等,使摩擦量不同,破坏了两导轨的等高性。结构设计时应考虑,在两导轨面上摩擦力相等的前提下使载荷非对称布置,并使牵引力通过两导轨面上摩擦力合力的作用线。若因结构布置等原因不能做到,则应使牵引力与摩擦力形成的力偶尽量减小。

(6) 按旋转运动导轨副的基本截面形状分

平面环形导轨。承载能力较大,工艺性好,但只能承受轴向负荷。

锥面导轨。除轴向载荷外,能承受一定的径向负荷。α 角在 15°～45°范围内。

双锥面导轨。除轴向载荷和径向载荷外,能承受一定的颠覆力矩。α 角一般为 90°,β 角可在 20°～70°范围内变化。

以上 3 种基本截面形状的导轨如图 6-25 所示。

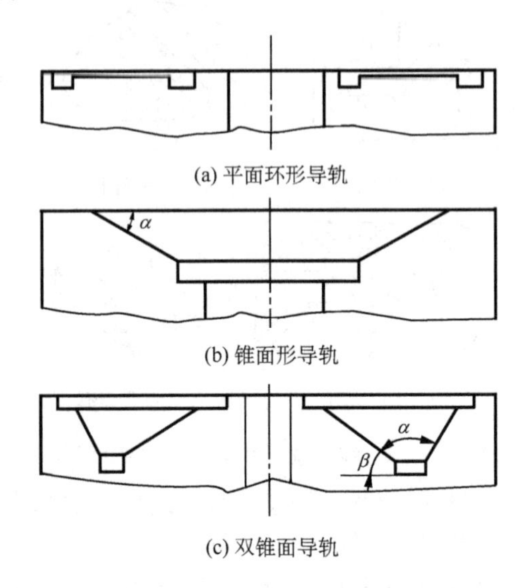

(a) 平面环形导轨

(b) 锥面形导轨

(c) 双锥面导轨

图 6-25　旋转运动导轨副的基本截面形状

2. 导轨副的精度

(1) 导向精度

导向精度是指导轨副中运动导轨的实际运动方向与给定方向之间的偏差。图 6-26 所示为三角形导轨在 xOy 水平面和 xOz 垂直面内的直线度，其最大偏差分别为 Δy 与 Δz，可通过圆柱形或楔形量具(双点画线所示)在被测导轨上做相对运动进行测量。

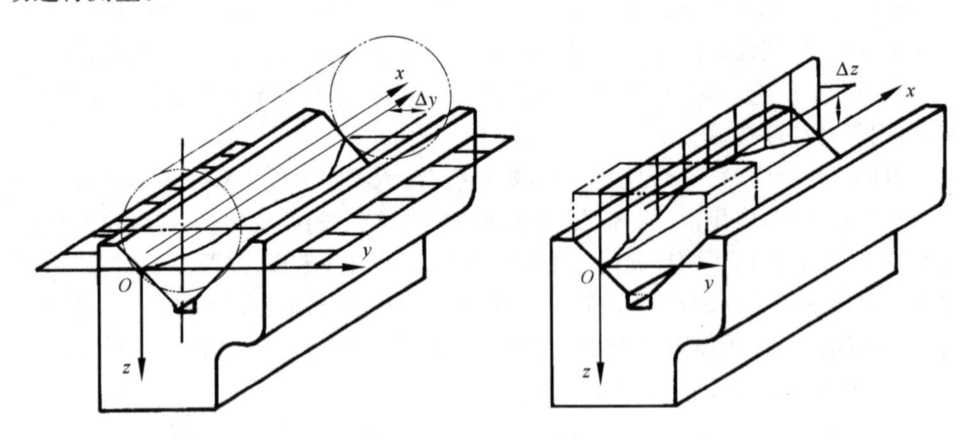

图 6-26　三角形导轨的直线度

(2) 接触精度

以导轨副摩擦表面的实际接触面积占理论接触面积的百分比，或以每 25mm

×25mm 面积上接触点的大小、数目和分布状况来表示。一般由磨削、精刨、刮研等不同加工方法的标准来决定。接触精度影响导轨副的刚度和抗震性等。

(3) 精度保持性

主要由导轨的耐磨性决定。影响因素有磨损性质、载荷状况、导轨材料、工艺方法和润滑防护条件等。起主要作用的是磨损性质,有磨粒磨损,黏着磨损,接触疲劳磨损等。

(4) 低速运动稳定性

机械中的低速运动速度可达 0.05mm/min,微小位移达 0.001mm/次。此时运动导轨不是匀速运动,而是时走时停或忽快忽慢,如图 6-27 所示,称为爬行。产生爬行的主要原因,一般认为是摩擦面的静摩擦系数大于动摩擦系数,低速范围内的动摩擦系数随相对运动速度的增大而降低。

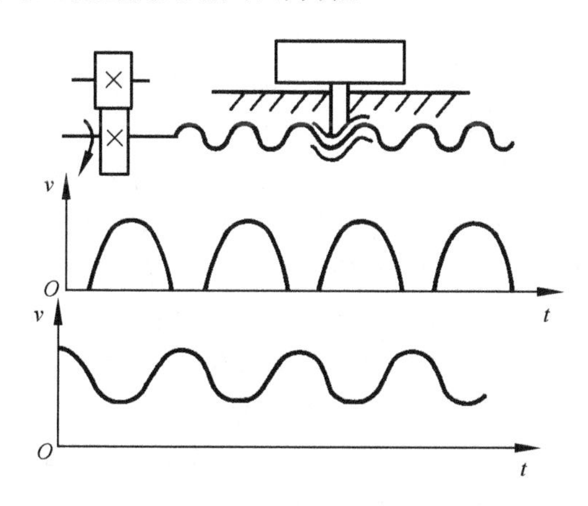

图 6-27 直线运动执行件的爬行现象

要避免爬行,提高低速运动稳定性,可同时采用以下几项措施:采用滚动导轨、静压导轨、卸荷导轨、塑料导轨,在普通滑动导轨上使用含有防爬行的极值添加剂的润滑油,用减少结合面、增大结构尺寸、缩短传动链、减少传动副等方法来提高机械系统的刚度,用杜绝漏气、增大活塞杆尺寸等方法来提高液压系统的刚度。

6.5.2 滑动导轨副精度的确定

1. 几何参数精度的确定

滑动导轨的技术要求包括配合性质和公差等级、配合面的形位公差和表面粗糙度等。其精度主要根据工作精度要求,结构特点和使用条件而定。

(1) 配合性质和公差等级

对导向精度要求较高的导轨面,常用 H6/h5、H7/h6、H6/g5、H7/g6 等配合;对导向精度要求不高的导轨面,可用 H8/h7、H8/f7 等配合。

(2) 配合面的几何公差

导轨配合面的几何公差应根据机械对导向精度的要求而定。如导向面的直线度公差，导向面对基准平面或基准轴线的平行度公差等，一般占机械导向精度的1/3～1/2。

(3) 表面粗糙度

表面粗糙度应根据相应的公差等级确定。对于普通精度的导轨，被包容件导向面的表面粗糙度幅度参数 Ra 值在 0.63～2.5μm 范围内；对于高精度的导轨，表面粗糙度幅度参数 Ra 值在 0.16～0.63μm 范围内，包容件导向面的表面粗糙度相应降一级。

2. 间隙的确定

滑动导轨副中摩擦面之间的间隙大小应适当，间隙过小会增大摩擦力甚至锁住，间隙过大则降低导向精度。

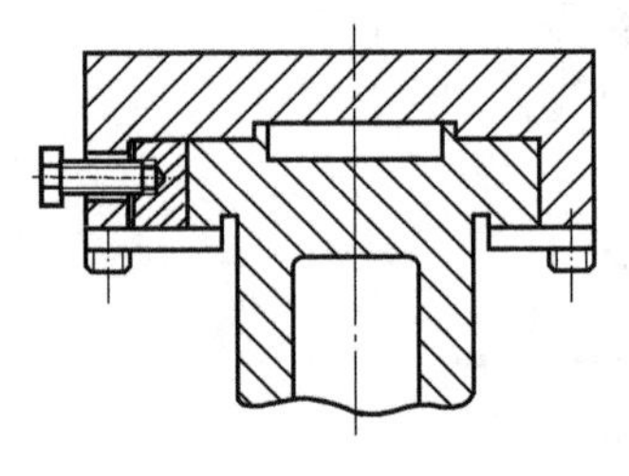

图 6-28　导轨的结构

一般可进行调整，其方法有：

(1) 用平镶条

如图 6-28 所示，调整平镶条全长上均匀分布的若干螺钉使间隙适当，再用螺母锁紧。平镶条制造方便，但在全长上只有若干点受力，容易变形。设计时加大镶条厚度 h，缩短螺钉之间的距离 L，使 $L=(3\sim4)h$ 较为合理。

(2) 用斜镶条

如图 6-29 所示，镶条一面有 1/100～1/50 的斜度，与斜镶条的斜面接触的零件也同时刮研或配磨加工成同一斜度，调整时使斜镶条产生轴向移动，即可调整间隙。图 6-29(a)用一个螺钉的凸肩带动斜镶条，但螺钉凸肩与斜镶条缺口之间的间隙使镶条有额外窜动。图 6-29(b)用一个螺母和螺钉头夹紧镶条，另一螺母锁紧

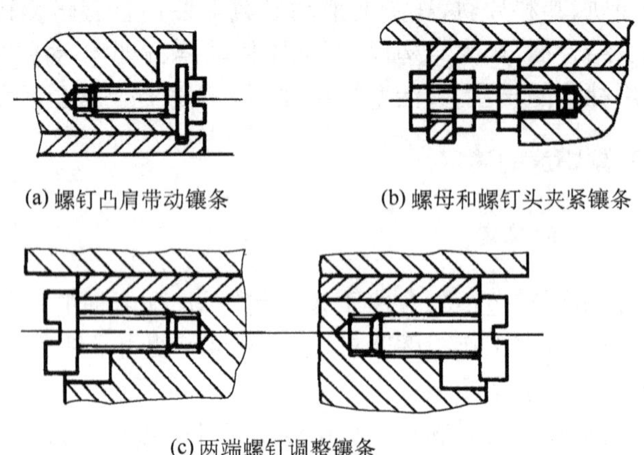

(a) 螺钉凸肩带动镶条　(b) 螺母和螺钉头夹紧镶条

(c) 两端螺钉调整镶条

图 6-29

螺钉。但轴向尺寸较长，调整不便。图 6-29(c)用斜镶条两端的螺钉来调整，镶条形状简单。

习　题　6

1. 滚动轴承的精度有哪几个等级，哪个等级应用最广？

2. 滚动轴承与轴颈、外壳孔的配合采用何种基准制？其公差带分布有何特点？

3. 选择滚动轴承与轴颈、外壳孔的配合时主要考虑哪些主要因素？

4. 与轴承配合的孔或轴，其配合表面有何技术要求？

5. 平键联结为什么只对键宽(槽)规定较严的公差？

6. 某机构中采用 6 级滚动轴承(图 6-30)，其内径为 $d=\phi45$mm，外径为 $D=\phi100$mm，径向额定动负荷 $C_r=31\ 400$N，轴承所承受的径向负荷为 4000N，工作时外壳固定，试确定轴颈和外壳孔的公差带代号、几何公差和表面粗糙度数值，将设计结果分别标注在装配图和零件图上。

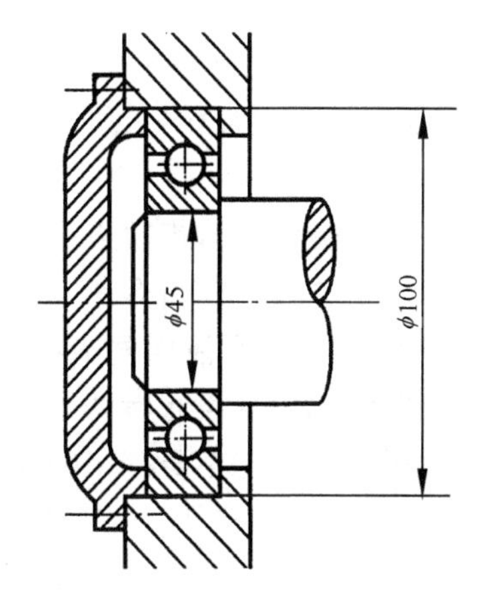

图 6-30

7. 现有一根轴，其与轴上零件的配合为 $\phi56$H7/f6，有轴向移动要求，采用平键连接。试设计平键配合处的尺寸、几何精度和表面粗糙度，按图 6-12 所示将设计结果在图样上注出($b=16$mm)。

8. 有一内螺纹 M22—6G，$P=2.5$mm。加工后测得 $D_{2a}=20.8$mm，ΔP_{Σ} 为 $+0.06$mm，左、右牙形半角误差分别为 $\Delta\frac{\alpha_1}{2}=+27'$，$\Delta\frac{\alpha_2}{2}=-48'$。试判断该螺母的合格性？

第 7 章　渐开线圆柱齿轮传动的精度设计

7.1　齿轮传动的使用要求

齿轮传动是机械产品设计中广泛采用的一种机构。它可以传递运动、动力、位移。齿轮传动的精度不仅与齿轮本身的制造精度有关，而且受相结合零、部件的精度影响也很大。齿轮传动的用途不同，对齿轮要求的侧重也不同。对齿轮传动的要求有以下几个方面：

传递运动的准确性。要求齿轮在一转范围内，平均传动比的变化不大，即主动轮转动一定的角度，从动轮按传动比也转过相应的角度，保持主动轮和从动轮的速比恒定。为保证传递运动的准确性要求，主要限制齿轮一转中实际速比对理论速比的变动量。

传动的平稳性。要求齿轮在一个齿距范围内，其瞬时传动比变化不大，即运转要平稳，不产生冲击、振动和噪声。为保证传动的平稳性要求，应保证一个齿距角中最大的转角误差小于给定的公差。

载荷分布的均匀性。要求齿轮啮合时，齿轮齿面接触良好，工作齿面上的载荷分布均匀，避免载荷集中、点蚀、磨损甚至断齿等影响齿轮寿命的现象发生。

传动侧隙。要求齿轮啮合时，非工作齿面间应有一定的侧隙，用于存储润滑油，补偿制造、安装误差及热变形，以保证齿轮转动灵活。

以上四项要求中，前三项是针对齿轮本身提出的要求，第四项是对齿轮副的要求，而且对不同用途的齿轮，提出的要求也不一样。如用于分度机构、读数机构的齿轮，传动比应准确，侧重运动准确性要求；对高速传递动力齿轮，应减少冲击、振动和噪音，侧重工作平稳性要求；对用于起重机械、矿山机械等低速动力齿轮，强度是主要的，侧重接触均匀性要求。为保证运动的灵活性，每种齿轮传动的齿侧间隙都必须符合要求。

齿轮是多参数的常用传动零件，各种加工、安装误差都会影响齿轮的正常工作。影响上述四项使用要求的误差，主要来源于齿轮的制造和齿轮副的安装两个方面。齿轮制造方面的误差主要有：齿坯误差、定位误差、机床误差、夹具误差等。齿轮副安装方面的误差主要有：齿轮支承件箱体、轴、轴套等的制造误差和装配误差。按误差方向分为径向误差、切向误差和轴向误差三种。

齿轮为圆周分度零件，其误差具有周期性，以一转为周期的误差为长周期误差，它主要影响传递运动准确性要求；以一齿为周期的误差为短周期误差，它主要影响工作平稳性要求。

随着我国加入 WTO，为了便于技术交流并使我国机电产品占领国际市场，国家标准化管理委员会于 2008 年 3 月颁布了两项齿轮精度国家标准（GB/T 10095.1～2—2008）和四项国家标准化指导性技术文件（GB/Z 18620.1～4—2008）。上述两项标准和四项指导性技术文件均采用了相应的 ISO 标准。

7.2 影响渐开线圆柱齿轮精度的因素

影响渐开线圆柱齿轮（involute cylindrical gear）精度的因素可以分为轮齿同侧齿面偏差（切向偏差、齿距偏差、齿廓偏差和螺旋线偏差）、径向偏差和径向跳动。各种偏差由于其各自的特性不同，对齿轮传动的影响也不同。

7.2.1 影响传递运动准确性的因素

影响传递运动准确性的因素主要是同侧齿面间的各类长周期偏差。造成这类偏差的主要原因是运动偏心和几何偏心。

1. 运动偏心

在滚齿机上加工齿轮时，机床分度蜗轮的安装偏心会影响到被加工齿轮，使齿轮产生运动偏心 e_2，如图 7-1 所示。O_2O_2 为机床分度蜗轮的轴线，它与机床主轴的轴线 OO 不重合，形成运动偏心。此时，蜗杆与蜗轮啮合节点的线速度相同，由于蜗轮上啮合节点的半径不断改变，从而使蜗轮和齿坯产生不均匀回转，角速度在不断变化，以一转为变化周期。齿坯的不均匀回转使齿廓沿切向位移和变形（图 7-2，图中双点画线为理论齿廓，实线为实际齿廓），使齿距分布不均匀；同时齿坯的不均匀回转引起齿坯与滚刀啮合节点半径的不断变化，使基圆半径和渐开线形状随之变化。当齿坯转速高时，节点半径减小，因而基圆半径减小，渐开线曲率增大（图 7-2），相当于基圆有了偏心。这种由于齿坯角速度变化引起的基圆偏心称为运动偏心，其数值为基圆半径最大值与最小值之差的一半。由以上分析可知，由于齿距不均匀和基圆偏心的存在，从而引起齿轮工作时传动比将以一转为周期变化。

当仅有运动偏心时，滚刀与齿坯的径向位置并未改变，当用球形或锥形测头在齿槽内测量齿圈径向跳动时，测头径向位置并不改变（图 7-2），因而运动偏心并不产生径向偏差，而是使齿轮产生切向偏差。

2. 几何偏心

几何偏心是齿坯在机床上安装时，齿坯基准轴线与工作台回转轴线不重合形成的偏心，如图 7-1 滚齿加工示意图所示。加工时，滚刀轴线与 OO 的距离 A 保持

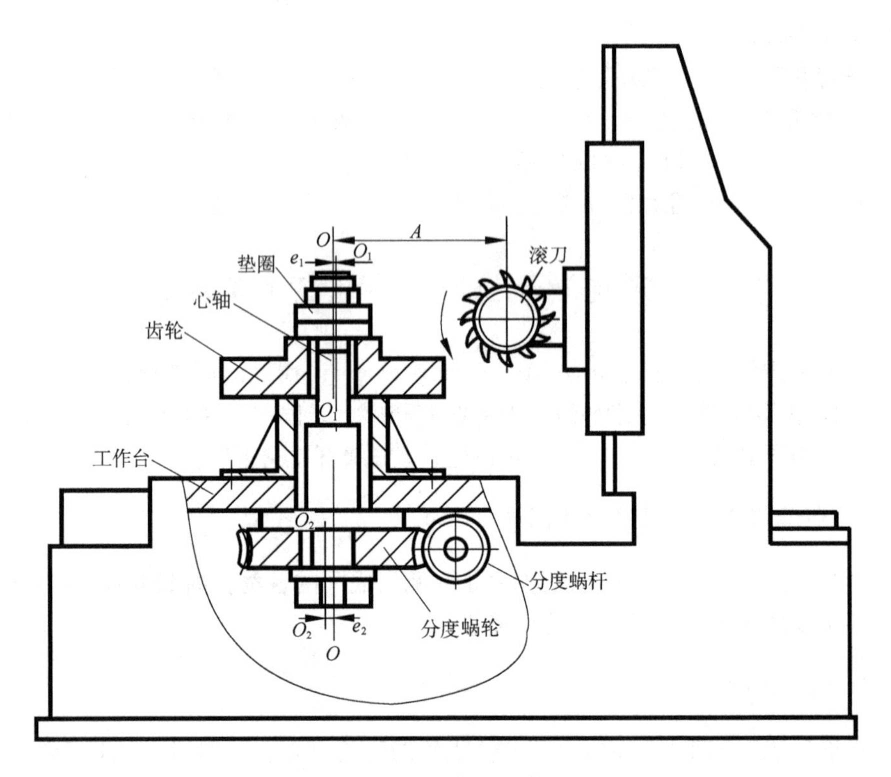

图 7-1 滚齿加工示意图

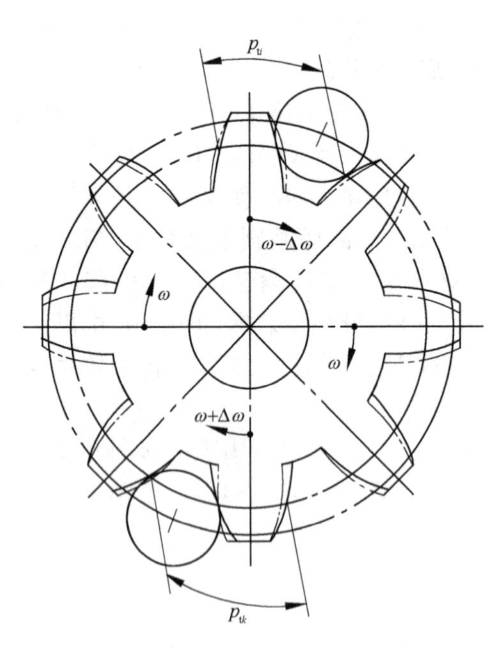

图 7-2 具有运动偏心时的齿轮

不变,但由于存在 OO 与 O_1O_1 的偏心 e_1,其轮齿就形成图 7-3 所示的高瘦、矮肥情况,使齿距在以 OO 为中心的圆周上均匀分布,而在以齿轮基准中心 O_1O_1 为中心的圆周上,齿距呈不均匀分布(由小到大再由大到小变化)。这时基圆中心为 O,而齿轮基准中心为 O_1,从而形成基圆偏心,工作时产生以一转为周期的转角偏差,使传动比不断改变,不恒定。

几何偏心使齿面位置相对于齿轮基准中心在径向发生了变化,使被加工的齿轮产生径向偏差。

7.2.2 影响齿轮传动平稳性的因素

影响齿轮传递平稳性的因素主要

图 7-3　齿轮的几何偏心

是同侧齿面间的各类短周期偏差。造成这类偏差的主要原因是齿轮加工过程中的刀具误差、机床传动链误差等。

1. 基节齿距偏差

齿轮传动正确的啮合条件是两个齿轮的基圆齿距(基节)相等且等于公称值。否则将使齿轮在啮合过程中,特别是在每个轮齿进入和退出啮合时产生传动比的变化。图 7-4 所示,设齿轮 1 为主动轮,其基圆齿距 P_{b1} 为没有误差的公称基圆齿距,齿轮 2 为从动轮,若 $P_{b1}>P_{b2}$,当第一对齿 A_1、A_2 啮合终了时,第二对齿 B_1、B_2 尚未进入啮合。此时,A_1 的齿顶将沿着 A_2 的齿根“刮行”(称顶刃啮合),发生啮合线外的非正常啮合,使从动轮 2 突然降速,直至 B_1 和 B_2 进入啮合为止,这时,从动轮又突然加速(恢复正常啮合)。因此,从一对齿过渡到下一对齿的换齿啮合过程中,将引起附加的冲击。

2. 齿廓总偏差

由于刀具成形面的近似造型、制造、刃磨误差或机床传动链有误差(如分度蜗杆有安装误差)时,会引起被切齿轮齿面产生波纹,造成齿廓总偏差。

由齿轮啮合的基本规律可知,渐开线齿轮之所以能平稳传动,是由于传动的瞬时啮合节点保持不变。如图 7-5 所示,若实际齿廓形状与标准的渐开线齿廓形状有差异,即存在齿廓总偏差,则会使齿轮瞬时啮合节点发生变化,导致齿轮在一齿啮合范围内的瞬时传动比不断改变,从而引起振动、噪声,影响齿轮的传动平稳性。

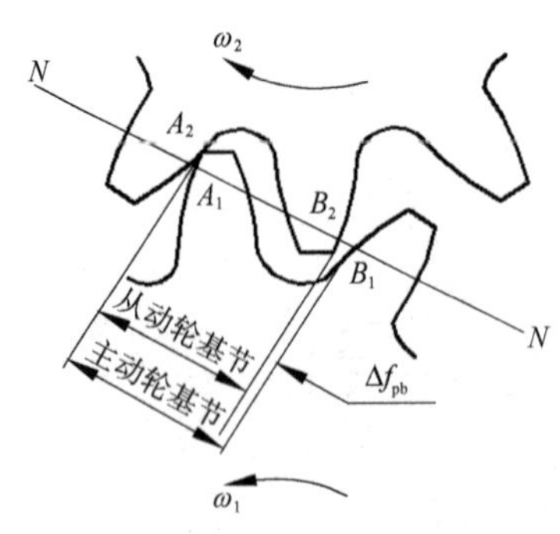

图 7-4　基圆齿距的影响

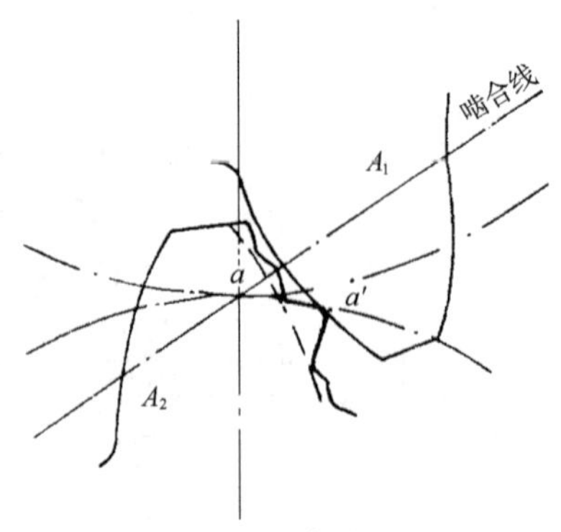

图 7-5　齿廓总偏差

7.2.3　影响载荷分布均匀性的因素

齿轮轮齿载荷分布是否均匀,与一对啮合齿面沿齿高和齿宽方向的接触状态有关。按啮合原理,一对轮齿在啮合过程中,是由齿顶到齿根或由齿根到齿顶在全齿宽上依次接触。对直齿轮,接触线为直线。该接触直线应在基圆柱切平面内且与齿轮轴线平行;对斜齿轮,该接触直线应在基圆柱切平面内且与齿轮轴线成 β_b 角。沿齿高方向,该接触直线应按渐开面(直齿轮)或螺旋渐开面(斜齿轮)轨迹扫过整个齿廓的工作部分。

滚齿机刀架导轨相对于工作台回转轴线的平行度误差,加工时齿坯定位端面与基准孔的中心线不垂直等因素,会形成齿廓总偏差和螺旋线偏差。齿廓总偏差实质上是分度圆柱面与齿面的交线(即齿廓线)的形状和方向偏差。

综上所述,同侧齿面间的长周期偏差主要是由齿轮加工过程中的几何偏心和运动偏心引起的,一般两种偏心同时存在,可能抵消,也可能叠加。这类偏差有:切向综合总偏差、齿距累计偏差、径向综合总偏差和径向跳动等,其结果影响齿轮传递运动的准确性。

同侧齿面间的短周期偏差主要是由齿轮加工过程中的刀具误差、机床传动链误差等引起的。这类偏差有:一齿切向综合偏差、一齿径向综合偏差、单个齿距偏差、单个基节偏差、齿廓形状偏差等,其结果影响齿轮传动的平稳性。

同侧齿面的轴向偏差主要是由于齿坯轴线的歪斜和机床刀架导轨的不精确造成的,例如螺旋线偏差。其特点是在齿轮的每一端截面中,轴向偏差是不变的。对于直齿轮,它破坏纵向接触;对于斜齿轮,它既破坏纵向接触也破坏高度接触。

7.3　渐开线圆柱齿轮精度的评定参数

渐开线圆柱齿轮精度的评定参数分为轮齿同侧齿面偏差(deviation relevant to corresponding flank of gear teeth)、径向综合偏差和径向跳动。

7.3.1　渐开线圆柱齿轮轮齿同侧齿面偏差

标准对单个齿轮同侧齿面规定了 11 项偏差,包括齿距偏差、齿廓偏差、切向综合偏差和螺旋线偏差。

1. 齿距偏差

(1) 单个齿距偏差(f_{pt})

在端平面上接近齿高中部与齿轮轴线同心的圆上，实际齿距与理论齿距的代数差称为单个齿距偏差，如图 7-6 所示，虚线代表理论轮廓，实线代表实际轮廓。测量方法见图 7-7。

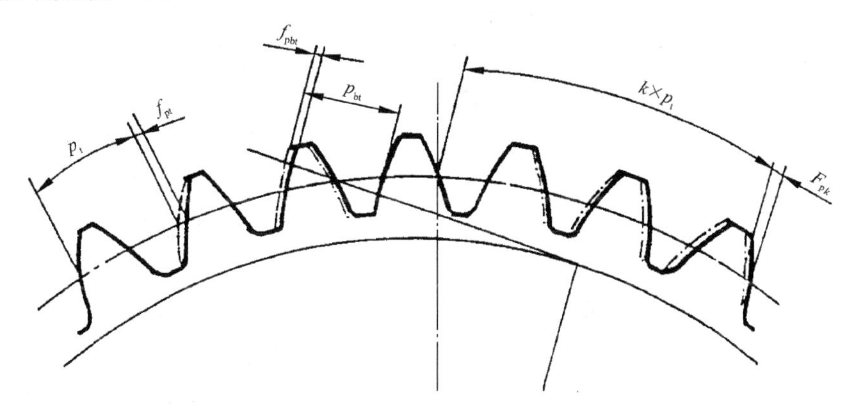

图 7-6　齿距偏差与齿距累计偏差

(2) 齿距累积偏差(F_{pk})

齿距累积偏差是任意 k 个齿距的实际弧长与理论弧长的代数差(图7-6)。理论上它等于这 k 个齿距的单个齿距偏差的代数和。测量方法如图 7-8 所示。

另规定，F_{pk} 值被限定在不大于 1/8 的圆周上评定。因此，F_{pk} 的允许值(allowable value)适用于齿距数 k 为 2 到小于 $z/8$ 的圆弧内。

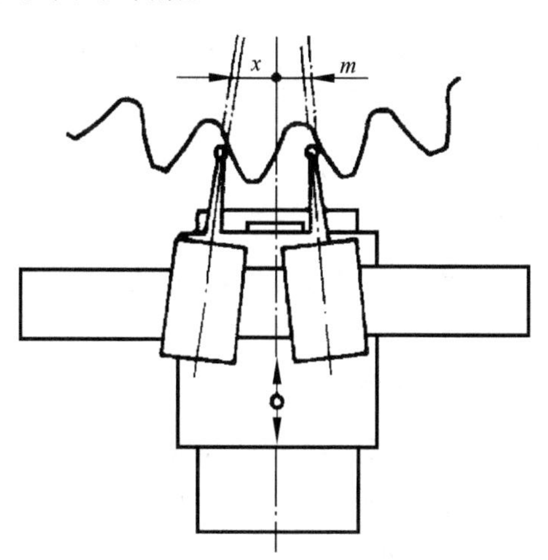

图 7-7　单个齿距偏差的测量

(3) 齿距累积总偏差(F_p)

齿距累积总偏差是指齿轮同侧齿面任意圆弧段($k=1\sim k=z$)内的最大齿距累积偏差，测量方法见图 7-8。

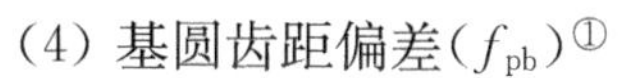

(4) 基圆齿距偏差(f_{pb})①

① 基圆齿距偏差与单个齿距偏差之间有如下关系：

$$f_{pb}=f_{pt}\cdot\cos\alpha-p_t\cdot\Delta\alpha\cdot\sin\alpha$$

式中：f_{pb}、f_{pt}分别是基圆齿距偏差、单个齿距偏差；P_t 是单个齿距理论值；$\Delta\alpha$ 是压力角误差。

基圆齿距偏差(基节偏差)是指实际基节与公称基节的代数差(图 7-9)。测量方法如图 7-10 所示。

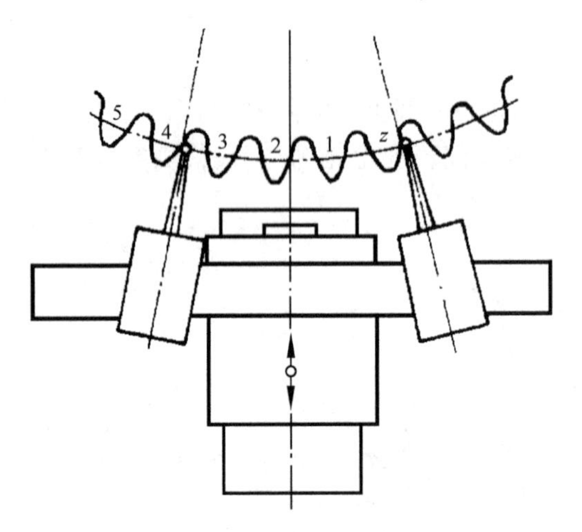

图 7-8　齿距累积偏差的测量

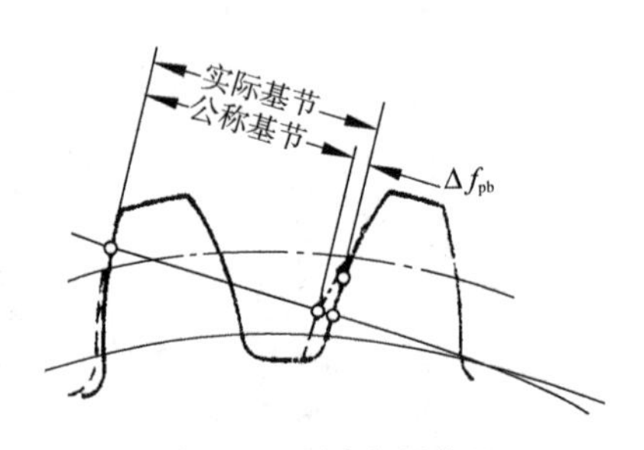

图 7-9　基圆齿距偏差

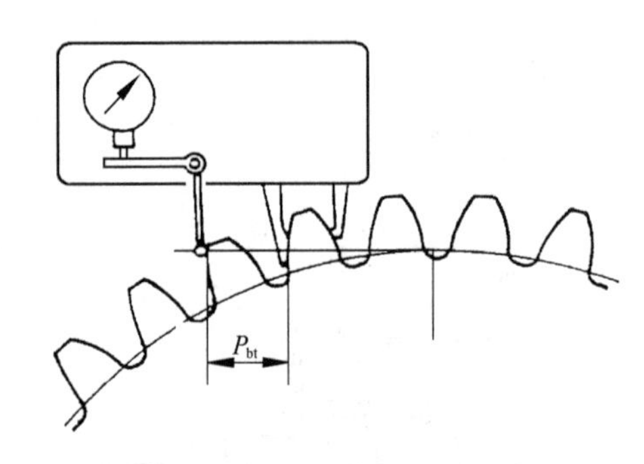

图 7-10　基圆齿距偏差的测量

齿距偏差反映了单个齿距和一转内任意个齿距的最大变化,它直接反映齿轮的转角误差,是几何偏心和运动偏心的综合结果。因而可以较全面地反映齿轮的传递运动准确要求和平稳要求,是综合性的评定项目。如果在较少的齿距上齿距累积偏差过大时,在实际工作中将产生很大的加速度力,因此,有必要规定较少齿距范围内的齿距累积公差。

2. 齿廓偏差

实际轮廓偏离设计齿廓的量称为齿廓偏差。在端平面内且垂直于渐开线齿廓的方向计值。

(1) 齿廓总偏差(F_α)

在计值范围内,包容实际齿廓迹线的两条设计齿廓迹线间的距离,见图 7-11(a)。

(2) 齿廓形状偏差($f_{f\alpha}$)

齿廓形状偏差是在计值范围内,包容实际齿廓迹线的两条与平均齿廓迹线完全相同的曲线间的距离,且两条曲线与平均齿廓迹线的距离为常数,见图 7-11(b)。

图 7-11 中:(i) 设计齿廓——未修形的渐开线;实际渐开线——在减薄区内具

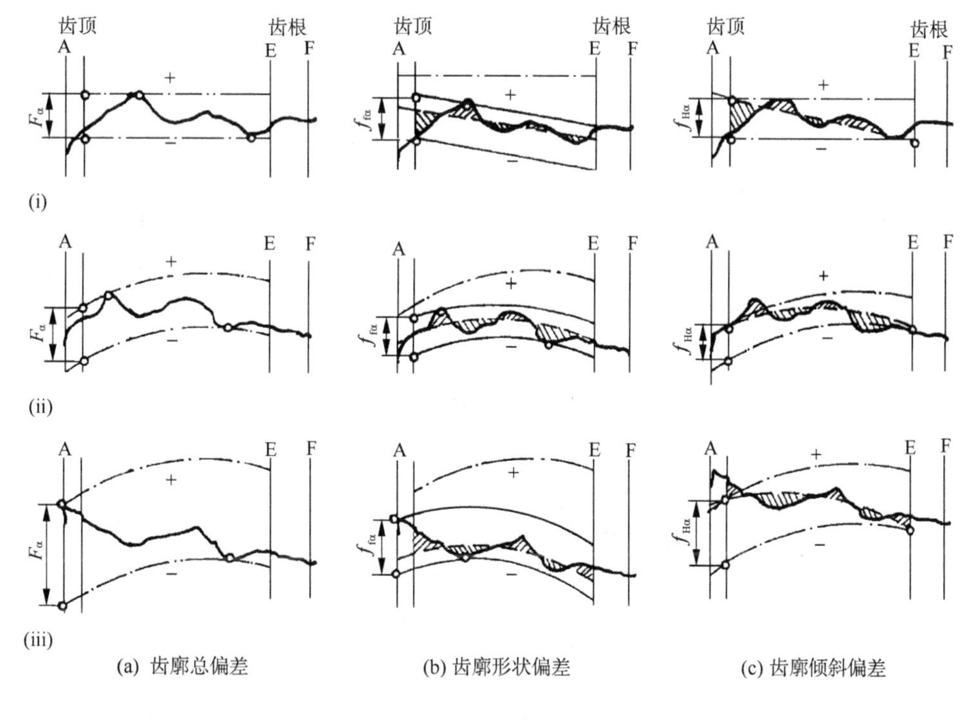

(a) 齿廓总偏差　(b) 齿廓形状偏差　(c) 齿廓倾斜偏差

图 7-11　齿廓偏差

有偏向体内的负偏差。

(ii) 设计齿廓——修形的渐开线;实际渐开线——在减薄区内具有偏向体内的负偏差。

(iii) 设计齿廓——修形的渐开线;实际渐开线——在减薄区内具有偏向体外的正偏差。

点画线——设计轮廓;

粗实线——实际轮廓;

虚线——平均轮廓。

(3) 齿廓倾斜偏差($f_{H\alpha}$)

在计值范围的两端与平均齿廓迹线相交的两条设计轮廓迹线间的距离,见图 7-11(c)。

通常,齿形工作部分为理论渐开线。在近代齿轮设计中,对于高速传动齿轮,为了减小基圆齿距偏差和轮齿弹性变形引起的冲击、振动和噪声,采用以理论渐开线齿形为基础的修正齿形,如修缘齿形、凸齿形等,见图 7-11。所以,设计齿形既可以是渐开线齿形,也可以是这种修正齿形。齿廓偏差可在渐开线检查仪上测量。渐开线检查仪可分为单圆盘式及万能式两类,其原理都是利用精密机构产生正确的渐开线轨迹与实际齿形进行比较,以确定齿廓形状偏差。

3. 切向综合偏差

(1) 切向综合总偏差(F'_i)

切向综合总偏差是指被测齿轮与理想精确的测量齿轮单面啮合时，在被测齿轮一转内，齿轮分度圆上实际圆周位移与理论圆周位移的最大差值。它以分度圆弧长计值(图 7-12)。即在齿轮单面啮合情况下测得的齿轮一转内转角误差的总幅度值，该误差是几何偏心、运动偏心加工误差的综合反映，因而是评定齿轮传递运动准确性的最佳综合评定指标。

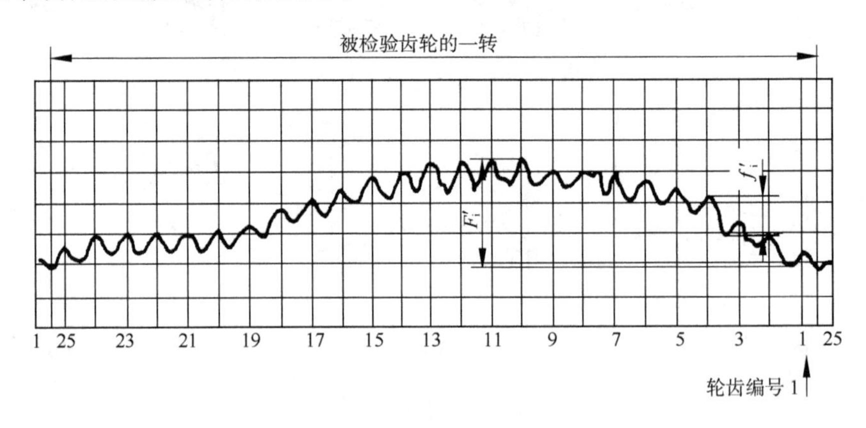

图 7-12 切向综合偏差

(2) 一齿切向综合偏差(f'_i)

实测齿轮与理想精确的测量齿轮单面啮合时，在被测齿轮一个齿距角内，实际转角与公称转角之差的最大幅度值(图 7-12)，以分度圆弧长计值。一齿切向综合偏差反映齿轮工作时引起振动、冲击和噪声等的高频运动误差的大小，它直接和齿轮的工作性能相联系，是齿轮的齿形、齿距等各项误差综合结果的反映，是综合性指标。

切向综合偏差是在单面啮合综合检查仪(简称单啮仪)上进行测量的，单啮仪结构复杂，价格昂贵。

4. 螺旋线偏差

在端面基圆切线方向上测得的实际螺旋线偏离设计螺旋线的量。

(1) 螺旋线总偏差(F_β)

在计值范围内，包容实际螺旋线迹线的两条设计螺旋线迹线间的距离，见图 7-13(a)。

(2) 螺旋线形状偏差($f_{f\beta}$)

在计值范围内，包容实际螺旋线迹线的两条与平均螺旋线迹线完全相同的曲线间的距离，且两条曲线与平均螺旋线迹线的距离为常数，见图 7-13(b)。

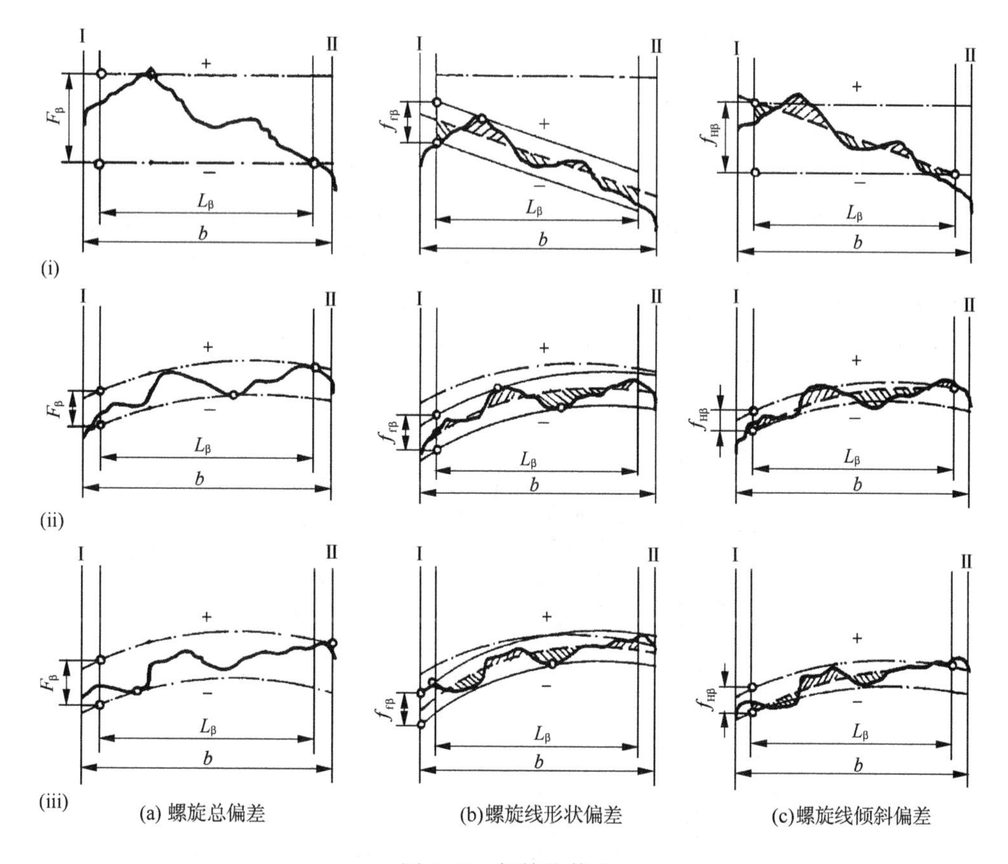

图 7-13　螺旋线偏差

图 7-13 中:(i) 设计螺旋线——未修形的螺旋线;实际螺旋线——在减薄区内具有偏向体内的负偏差。

(ii) 设计螺旋线——修形的螺旋线;实际螺旋线——在减薄区内具有偏向体内的负偏差。

(iii) 设计螺旋线——修形的螺旋线；实际螺旋线——在减薄区内具有偏向体外的正偏差。

点画线——设计螺旋线；

粗实线——实际螺旋线；

虚线——平均螺旋线；

L_β——螺旋线计值范围。

(3) 螺旋线倾斜偏差($f_{H\beta}$)

在计值范围的两端与平均螺旋线迹线相交的设计螺旋线迹线间的距离,见图 7-13(c)。

螺旋线偏差用于评定轴向重合度 $\varepsilon_\beta > 1.25$ 的宽斜齿轮及人字齿轮,它适用于传递功率大、速度高的高精度宽斜齿轮的传动要求。

7.3.2 渐开线圆柱齿轮径向综合偏差与径向跳动

1. 径向综合总偏差(F''_i)(radial composite deviation)

“产品齿轮”是指正在被测量或评定的齿轮。产品齿轮与测量齿轮双面啮合时，在产品齿轮一转内，双啮中心距的最大变动量称为径向综合偏差 F''_i。用齿轮双面啮合检查仪进行测量，如图 7-14 所示。偏差形式见图 7-15。测量值受到测量齿轮精度和产品齿轮与测量齿轮的重合度的影响。

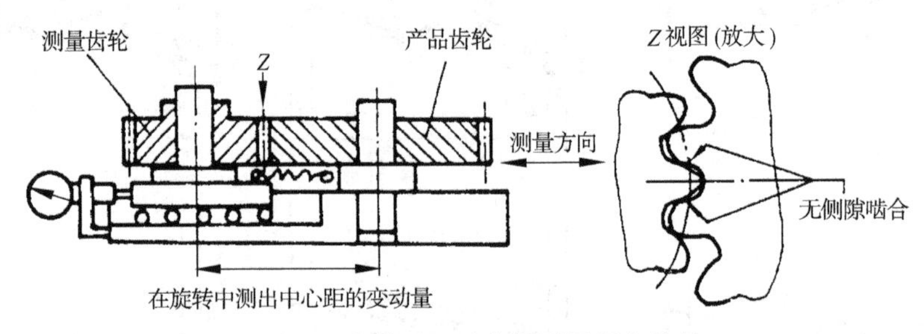

图 7-14 齿轮双面啮合仪测量径向偏差

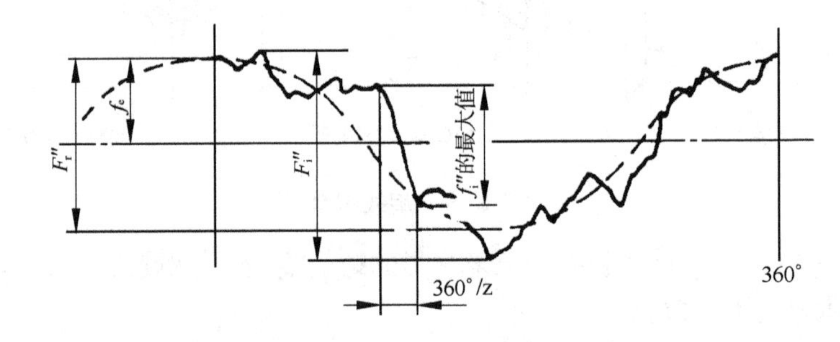

图 7-15 径向综合偏差

若产品齿轮的齿廓存在径向误差及一些短周期误差(如齿廓形状偏差、基节偏差等)，与测量齿轮保持双面啮合转动时，其中心距就会在转动过程中不断改变，因此，径向综合偏差主要反映由几何偏心引起的径向误差及一些短周期误差。

由于双面啮合综合测量时的啮合情况与切齿时的啮合情况相似，能够反映齿轮坯和刀具安装调整误差，测量所用仪器远比单啮仪简单，操作方便，测量效率高，故在大批量生产中应用得比较普遍。

2. 一齿径向综合偏差(f''_i)

产品齿轮与理想精确的测量齿轮双面啮合时，在被测齿轮一个齿距角内，双啮中心距的最大变动量(图 7-15)。由于一齿径向综合误差是在测量径向综合总偏差时得出的，即从记录曲线上量得小波纹的最大幅度值，它综合反映了基节偏差和齿廓形状偏差，属综合性项目。由于这种测量受左右齿面的共同影响，因而不如一齿切向综合偏差反映那么全面，不宜采用这种方法来验收高精度的齿轮。但因在双啮仪上测量简单，操作方便，故该项目适用于中等精度大批量生产的场合。

3．径向跳动(F_r)

轮齿的径向跳动是指一个适当的测头在齿轮旋转时逐齿地放置于每个齿槽中，相对于齿轮的基准轴线的最大和最小径向位置之差。如图 7-16 所示。

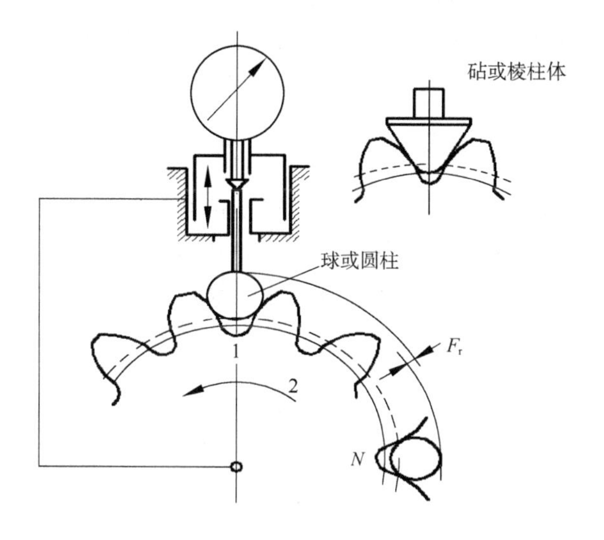

图 7-16 径向跳动的测量

径向跳动是由于齿轮的轴线和基准孔的中心线存在几何偏心引起的，当几何偏心为 e 时，$F_r=2e$。图 7-17 给出了几何偏心与径向跳动的关系。

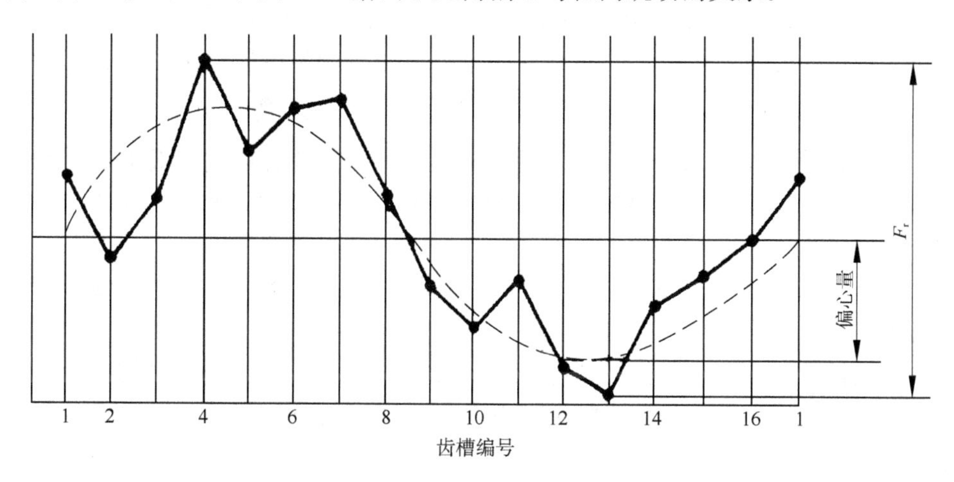

图 7-17 齿轮的径向跳动

7.4 渐开线圆柱齿轮精度标准

7.4.1 精度等级

1. 轮齿同侧齿面偏差的精度等级

对于分度圆直径 5～10000mm、模数(法向模数)0.5～70mm、齿宽 4～1000 mm 的渐开线圆柱齿轮的 11 项同侧齿面偏差,GB/T 10095.1—2008 规定了 0,1,2,…,12 共 13 个精度等级。其中 0 级最高,12 级最低。

2. 径向综合偏差的精度等级

对于分度圆直径从 5 到 1000mm、模数(法向模数)从 0.2 到 10mm 的渐开线圆柱齿轮的径向综合总偏差 F''_i 和一齿径向综合偏差 f_i'',GB/T 10095.2—2008 规定了 4、5、…、12 共九个精度等级。其中 4 级最高,12 级最低。

3. 径向跳动的精度等级

对于分度圆直径从 5 到 10000mm、模数(法向模数)从 0.5 到 70mm 的渐开线圆柱齿轮的径向跳动,GB/T 10095.2—2008 在附录 B 中推荐了 0、1、…、12 共 13 个精度等级。其中 0 级最高,12 级最低。

7.4.2 偏差的允许值(公差)及计算公式

齿轮的精度等级是通过实测的偏差值与标准规定的数值进行比较后确定的。GB/T 10095.1—2008 和 GB/T 10095.2—2008 规定:公差表格中的数值是用对 5 级精度规定的公式乘以级间公比计算出来的。两相邻精度等级的级间公比等于 $\sqrt{2}$,本级数值除以(或乘以)$\sqrt{2}$即可得到相邻较高(或较低)等级的数值。5 级精度未圆整的计算值乘以$\sqrt{2}^{(Q-5)}$,即可得任一精度等级的待求值,式中 Q 是待求值的精度等级数。表 7-1 是各级精度齿轮轮齿偏差、径向综合偏差和径向跳动允许值(公差)的计算公式。

标准中各偏差数值表列出的数值是用表 7-1 中的公式计算并圆整后得到的数值。

齿面偏差允许值的圆整规则:如果计算值大于 10μm,圆整到最接近的整数;如果小于 10μm,圆整到最接近的尾数为 0.5μm 的小数或整数;如果小于 5μm,圆整到最接近的 0.1μm 的一位小数或整数。

径向综合偏差和径向跳动的圆整规则:如果计算值大于 10μm,圆整到最接近的整数;如果小于 10μm,圆整到最接近的尾数为 0.5μm 的小数或整数。

表 7-1　齿轮偏差、径向综合偏差、径向跳动允许值的计算公式

（摘自 GB/T 10095.1、2—2008）

项目代号	允许值计算公式
$\pm f_{pt}$	$(0.3(m_n+0.4d^{0.5})+4)\times 2^{0.5(Q-5)}$
$\pm F_{pk}$	$(f_p+1.6[(k-1)m_n]^{0.5})\times 2^{0.5(Q-5)}$
F_p	$(0.3\,m_n+1.25d^{0.5}+7)\times 2^{0.5(Q-5)}$
F_α	$(3.2\,m_n^{0.5}+0.22d^{0.5}+0.7)\times 2^{0.5(Q-5)}$
$f_{f\alpha}$	$(2.5\,m_n^{0.5}+0.17\,d^{0.5}+0.5)\times 2^{0.5(Q-5)}$
$\pm f_{H\alpha}$	$(2m_n^{0.5}+0.14\,d^{0.5}+0.5)\times 2^{0.5(Q-5)}$
F_β	$(0.1\,d^{0.5}+0.63b^{0.5}+4.2)\times 2^{0.5(Q-5)}$
$f_{f\beta}$，$\pm f_{H\beta}$	$(0.07\,d^{0.5}+0.45\,b^{0.5}+3)\times 2^{0.5(Q-5)}$
F'_i	$(F_p+f'_i)\times 2^{0.5(Q-5)}$
f'_i	$K(4.3+f_{pt}+F_\alpha)\times 2^{0.5(Q-5)}=K(9+0.3\,m_n+3.2\,m_n^{0.5}+0.34\,d^{0.5})\times 2^{0.5(Q-5)}$ $\varepsilon_r<4$ 时，$K=0.2\left(\frac{\varepsilon_r+4}{\varepsilon_r}\right)$，$\varepsilon_r\geqslant 4$ 时，$K=0.4$
f''_i	$(2.96m_n+0.01(d)^{0.5}+0.8)2^{0.5(Q-5)}$
F''_i	$(F_r+f''_i)\times 2^{0.5(Q-5)}=(3.2m_n+1.01(d)^{0.5}+6.4)\times 2^{0.5(Q-5)}$
F_r	$(0.8\,F_p)\times 2^{0.5(Q-5)}=(0.24m_n+1.0(d)^{0.5}+5.6)\times 2^{0.5(Q-5)}$

公式中的参数 m_n、d 和 b 按规定取各分段界限值的几何平均值代入。例如，如果实际模数为 7mm，分段界限值为 $m_n=6$mm 和 $m_n=10$mm，用 $m_n=\sqrt{6\times 10}=7.746$mm 代入公差计算。

轮齿同侧齿面偏差见表 7-2 至表 7-6，径向综合偏差的允许值见表 7-7 和表 7-9，径向跳动见表 7-10。

表 7-2　单个齿距偏差 $\pm f_{pt}$（摘自 GB/T 10095.1—2008）　　（单位：μm）

分度圆直径 d/mm	法向模数 m_n/mm	精度等级												
		0	1	2	3	4	5	6	7	8	9	10	11	12
$5\leqslant d\leqslant 20$	$0.5\leqslant m_n\leqslant 2$	0.8	1.2	1.7	2.3	3.3	4.7	6.5	9.5	13.0	19.0	26.0	37.0	53.0
	$2<m_n\leqslant 3.5$	0.9	1.3	1.8	2.6	3.7	5.0	7.5	10.0	15.0	21.0	29.0	41.0	59.0
$20<d\leqslant 50$	$0.5\leqslant m_n\leqslant 2$	0.9	1.2	1.8	2.5	3.5	5.0	7.0	10.0	14.0	20.0	28.0	40.0	56.0
	$2<m_n\leqslant 3.5$	1.0	1.4	1.9	2.7	3.9	5.5	7.5	11.0	15.0	22.0	31.0	44.0	62.0
	$3.5<m_n\leqslant 6$	1.1	1.5	2.1	3.0	4.3	6.0	8.5	12.0	17.0	24.0	34.0	48.0	68.0
	$6<m_n\leqslant 10$	1.2	1.7	2.5	3.5	4.9	7.0	10.0	14.0	20.0	28.0	40.0	56.0	79.0
$50<d\leqslant 125$	$0.5\leqslant m_n\leqslant 2$	0.9	1.3	1.9	2.7	3.8	5.5	7.5	11.0	15.0	21.0	30.0	43.0	61.0
	$2<m_n\leqslant 3.5$	1.0	1.5	2.1	2.9	4.1	6.0	8.5	12.0	17.0	23.0	33.0	47.0	66.0
	$3.5<m_n\leqslant 6$	1.1	1.6	2.3	3.2	4.6	6.5	9.0	13.0	18.0	26.0	36.0	52.0	73.0
	$6<m_n\leqslant 10$	1.3	1.8	2.6	3.7	5.0	7.5	10.0	15.0	21.0	30.0	42.0	59.0	84.0

续表

分度圆直径 d/mm	法向模数 m_n/mm	精度等级												
		0	1	2	3	4	5	6	7	8	9	10	11	12
$125<d\leqslant 280$	$0.5\leqslant m_n\leqslant 2$	1.1	1.5	2.1	3.0	4.2	6.0	8.5	12.0	17.0	24.0	34.0	48.0	67.0
	$2<m_n\leqslant 3.5$	1.1	1.6	2.3	3.2	4.6	6.5	9.0	13.0	18.0	26.0	36.0	51.0	73.0
	$3.5<m_n\leqslant 6$	1.2	1.8	2.5	3.5	5.0	7.0	10.0	14.0	20.0	28.0	40.0	56.0	79.0
	$6<m_n\leqslant 10$	1.4	2.0	2.8	4.0	5.5	8.0	11.0	16.0	23.0	32.0	45.0	64.0	90.0
$280<d\leqslant 560$	$0.5\leqslant m_n\leqslant 2$	1.2	1.7	2.4	3.3	4.7	6.5	9.5	13.0	19.0	27.0	38.0	54.0	76.0
	$2<m_n\leqslant 3.5$	1.3	1.8	2.5	3.6	5.0	7.0	10.0	14.0	20.0	29.0	41.0	57.0	81.0
	$3.5<m_n\leqslant 6$	1.4	1.9	2.7	3.9	5.5	8.0	11.0	16.0	22.0	31.0	44.0	62.0	88.0
	$6<m_n\leqslant 10$	1.5	2.2	3.1	4.4	6.0	8.5	12.0	17.0	25.0	35.0	49.0	70.0	99.0

表 7-3 齿距累积总偏差 F_p(摘自 GB/T 10095.1—2008) (单位:μm)

分度圆直径 d/mm	法向模数 m_n/mm	精度等级												
		0	1	2	3	4	5	6	7	8	9	10	11	12
$5\leqslant d\leqslant 20$	$0.5\leqslant m_n\leqslant 2$	2.0	2.8	4.0	5.5	8.0	11.0	16.0	23.0	32.0	45.0	64.0	90.0	127.0
	$2<m_n\leqslant 3.5$	2.1	2.9	4.2	6.0	8.5	12.0	17.0	23.0	33.0	47.0	66.0	94.0	133.0
$20<d\leqslant 50$	$0.5\leqslant m_n\leqslant 2$	2.5	3.6	5.0	7.0	10.0	14.0	20.0	29.0	41.0	57.0	81.0	115.0	162.0
	$2<m_n\leqslant 3.5$	2.6	3.7	5.0	7.5	10.0	15.0	21.0	30.0	42.0	59.0	84.0	119.0	168.0
	$3.5<m_n\leqslant 6$	2.7	3.9	5.5	7.5	11.0	15.0	22.0	31.0	44.0	62.0	87.0	123.0	174.0
	$6<m_n\leqslant 10$	2.9	4.1	6.0	8.0	12.0	16.0	23.0	33.0	46.0	65.0	93.0	131.0	185.0
$50<d\leqslant 125$	$0.5\leqslant m_n\leqslant 2$	3.3	4.6	6.5	9.0	13.0	18.0	26.0	37.0	52.0	74.0	104.0	147.0	208.0
	$2<m_n\leqslant 3.5$	3.3	4.7	6.5	9.5	13.0	19.0	27.0	38.0	53.0	76.0	107.0	151.0	214.0
	$3.5<m_n\leqslant 6$	3.4	4.9	7.0	9.5	14.0	19.0	28.0	39.0	55.0	78.0	110.0	156.0	220.0
	$6<m_n\leqslant 10$	3.6	5.0	7.0	10.0	14.0	20.0	29.0	41.0	58.0	82.0	116.0	164.0	231.0
$125<d\leqslant 280$	$0.5\leqslant m_n\leqslant 2$	4.3	6.0	8.5	12.0	17.0	24.0	35.0	49.0	69.0	98.0	138.0	195.0	276.0
	$2<m_n\leqslant 3.5$	4.4	6.0	9.0	12.0	18.0	25.0	35.0	50.0	70.0	100.0	141.0	199.0	282.0
	$3.5<m_n\leqslant 6$	4.5	6.5	9.0	13.0	18.0	25.0	36.0	51.0	72.0	102.0	144.0	204.0	288.0
	$6<m_n\leqslant 10$	4.7	6.5	9.5	13.0	19.0	26.0	37.0	53.0	75.0	106.0	149.0	211.0	299.0
$280<d\leqslant 560$	$0.5\leqslant m_n\leqslant 2$	5.5	8.0	11.0	16.0	23.0	32.0	46.0	64.0	91.0	129.0	182.0	257.0	364.0
	$2<m_n\leqslant 3.5$	6.0	8.0	12.0	16.0	23.0	33.0	46.0	65.0	92.0	131.0	185.0	261.0	370.0
	$3.5<m_n\leqslant 6$	6.0	8.5	12.0	17.0	24.0	33.0	47.0	66.0	94.0	133.0	188.0	266.0	376.0
	$6<m_n\leqslant 10$	6.0	8.5	12.0	17.0	24.0	34.0	48.0	68.0	97.0	137.0	193.0	274.0	387.0

表 7-4　齿廓形状偏差 $f_{f\alpha}$（摘自 GB/T 10095.1—2008）　　(单位：μm)

分度圆直径 d/mm	法向模数 m_n/mm	精度等级												
		0	1	2	3	4	5	6	7	8	9	10	11	12
$5 \leqslant d \leqslant 20$	$0.5 \leqslant m_n \leqslant 2$	0.6	0.9	1.3	1.8	2.5	3.5	5.0	7.0	10.0	14.0	20.0	28.0	40.0
	$2 < m_n \leqslant 3.5$	0.9	1.3	1.8	2.6	3.6	5.0	7.0	10.0	14.0	20.0	29.0	41.0	58.0
$20 < d \leqslant 50$	$0.5 \leqslant m_n \leqslant 2$	0.7	1.0	1.4	2.0	2.8	4.0	5.5	8.0	11.0	16.0	22.0	32.0	45.0
	$2 < m_n \leqslant 3.5$	1.0	1.4	2.0	2.8	3.9	5.5	8.0	11.0	16.0	22.0	31.0	44.0	62.0
	$3.5 < m_n \leqslant 6$	1.2	1.7	2.4	3.4	4.8	7.0	9.5	14.0	19.0	27.0	39.0	54.0	77.0
	$6 < m_n \leqslant 10$	1.5	2.1	3.0	4.2	6.0	8.5	12.0	17.0	24.0	34.0	48.0	67.0	95.0
$50 < d \leqslant 125$	$0.5 \leqslant m_n \leqslant 2$	0.8	1.1	1.6	2.3	3.2	4.5	6.5	9.0	13.0	18.0	26.0	36.0	51.0
	$2 < m_n \leqslant 3.5$	1.1	1.5	2.1	3.0	4.3	6.0	8.5	12.0	17.0	24.0	34.0	49.0	69.0
	$3.5 < m_n \leqslant 6$	1.3	1.8	2.6	3.7	5.0	7.5	10.0	15.0	21.0	29.0	42.0	59.0	83.0
	$6 < m_n \leqslant 10$	1.6	2.2	3.2	4.5	6.5	9.0	13.0	18.0	25.0	36.0	51.0	72.0	101.0
$125 < d \leqslant 280$	$0.5 \leqslant m_n \leqslant 2$	0.9	1.3	1.9	2.7	3.8	5.5	7.5	11.0	15.0	21.0	30.0	43.0	60.0
	$2 < m_n \leqslant 3.5$	1.2	1.7	2.4	3.4	4.9	7.0	9.5	14.0	19.0	28.0	39.0	55.0	78.0
	$3.5 < m_n \leqslant 6$	1.4	2.0	2.9	4.1	6.0	8.0	12.0	16.0	23.0	33.0	46.0	65.0	93.0
	$6 < m_n \leqslant 10$	1.7	2.4	3.5	4.9	7.0	10.0	14.0	20.0	28.0	39.0	55.0	78.0	111.0
$280 < d \leqslant 560$	$0.5 \leqslant m_n \leqslant 2$	1.1	1.6	2.3	3.2	4.5	6.5	9.0	13.0	18.0	26.0	36.0	51.0	72.0
	$2 < m_n \leqslant 3.5$	1.4	2.0	2.8	4.0	5.5	8.0	11.0	16.0	22.0	32.0	45.0	64.0	90.0
	$3.5 < m_n \leqslant 6$	1.6	2.3	3.3	4.6	6.5	9.0	13.0	18.0	26.0	37.0	52.0	74.0	104.0
	$6 < m_n \leqslant 10$	1.9	2.7	3.8	5.5	7.5	11.0	15.0	22.0	31.0	43.0	61.0	87.0	123.0

表 7-5　齿廓总偏差 F_α（摘自 GB/T 10095.1—2008）　　(单位：μm)

分度圆直径 d/mm	法向模数 m_n/mm	精度等级												
		0	1	2	3	4	5	6	7	8	9	10	11	12
$5 \leqslant d \leqslant 20$	$0.5 \leqslant m_n \leqslant 2$	0.8	1.1	1.6	2.3	3.2	4.6	6.5	9.0	13.0	18.0	26.0	37.0	52.0
	$2 < m_n \leqslant 3.5$	1.2	1.7	2.3	3.3	4.7	6.5	9.5	13.0	19.0	26.0	37.0	53.0	75.0
$20 < d \leqslant 50$	$0.5 \leqslant m_n \leqslant 2$	0.9	1.3	1.8	2.6	3.6	5.0	7.5	10.0	15.0	21.0	29.0	41.0	58.0
	$2 < m_n \leqslant 3.5$	1.3	1.8	2.5	3.6	5.0	7.0	10.0	14.0	20.0	29.0	40.0	57.0	81.0
	$3.5 < m_n \leqslant 6$	1.6	2.2	3.1	4.4	6.0	9.0	12.0	18.0	25.0	35.0	50.0	70.0	99.0
	$6 < m_n \leqslant 10$	1.9	2.7	3.8	5.5	7.5	11.0	15.0	22.0	31.0	43.0	61.0	87.0	123.0
$50 < d \leqslant 125$	$0.5 \leqslant m_n \leqslant 2$	1.0	1.5	2.1	2.9	4.1	6.0	8.5	12.0	17.0	23.0	33.0	47.0	66.0
	$2 < m_n \leqslant 3.5$	1.4	2.0	2.8	3.9	5.5	8.0	11.0	16.0	22.0	31.0	44.0	63.0	89.0
	$3.5 < m_n \leqslant 6$	1.7	2.4	3.4	4.8	6.5	9.5	13.0	19.0	27.0	38.0	54.0	76.0	108.0
	$6 < m_n \leqslant 10$	2.0	2.9	4.1	6.0	8.0	12.0	16.0	23.0	33.0	46.0	65.0	92.0	131.0

续表

分度圆直径 d/mm	法向模数 m_n/mm	精度等级												
		0	1	2	3	4	5	6	7	8	9	10	11	12
$125<d\leqslant 280$	$0.5\leqslant m_n\leqslant 2$	1.2	1.7	2.4	3.5	4.9	7.0	10.0	14.0	20.0	28.0	39.0	55.0	78.0
	$2<m_n\leqslant 3.5$	1.6	2.2	3.2	4.5	6.5	9.0	13.0	18.0	25.0	36.0	50.0	71.0	101.0
	$3.5<m_n\leqslant 6$	1.9	2.6	3.7	5.5	7.5	11.0	15.0	21.0	30.0	42.0	60.0	84.0	119.0
	$6<m_n\leqslant 10$	2.2	3.2	4.5	6.5	9.0	13.0	18.0	25.0	36.0	50.0	71.0	101.0	143.0
$280<d\leqslant 560$	$0.5\leqslant m_n\leqslant 2$	1.5	2.1	2.9	4.1	6.0	8.5	12.0	17.0	23.0	33.0	47.0	66.0	94.0
	$2<m_n\leqslant 3.5$	1.8	2.6	3.6	5.0	7.5	10.0	15.0	21.0	29.0	41.0	58.0	82.0	116.0
	$3.5<m_n\leqslant 6$	2.1	3.0	4.2	6.0	8.5	12.0	17.0	24.0	34.0	48.0	67.0	95.0	135.0
	$6<m_n\leqslant 10$	2.5	3.5	4.9	7.0	10.0	14.0	20.0	28.0	40.0	56.0	79.0	112.0	158.0

表 7-6 螺旋线总偏差 F_β(摘自 GB/T 10095.1—2008) (单位:μm)

分度圆直径 d/mm	齿宽 b/mm	精度等级												
		0	1	2	3	4	5	6	7	8	9	10	11	12
$5\leqslant d\leqslant 20$	$4\leqslant b\leqslant 10$	1.1	1.5	2.2	3.1	4.3	6.0	8.5	12.0	17.0	24.0	35.0	49.0	69.0
	$10\leqslant b\leqslant 20$	1.2	1.7	2.4	3.4	4.9	7.0	9.5	14.0	19.0	28.0	39.0	55.0	78.0
	$20\leqslant b\leqslant 40$	1.4	2.0	2.8	3.9	5.5	8.0	11.0	16.0	22.0	31.0	45.0	63.0	89.0
	$40\leqslant b\leqslant 80$	1.6	2.3	3.3	4.6	6.5	9.5	13.0	19.0	26.0	37.0	52.0	74.0	105.0
$20<d\leqslant 50$	$4\leqslant b\leqslant 10$	1.1	1.6	2.2	3.2	4.5	6.5	9.0	13.0	18.0	25.0	36.0	51.0	72.0
	$10<b\leqslant 20$	1.3	1.8	2.5	3.6	5.0	7.0	10.0	14.0	20.0	29.0	40.0	57.0	81.0
	$20<b\leqslant 40$	1.4	2.0	2.9	4.1	5.5	8.0	11.0	16.0	23.0	32.0	46.0	65.0	92.0
	$40<b\leqslant 80$	1.7	2.4	3.4	4.8	6.5	9.5	13.0	19.0	27.0	33.0	54.0	76.0	107.0
$50<d\leqslant 125$	$4\leqslant b\leqslant 10$	1.2	1.7	2.4	3.3	4.7	6.5	9.5	13.0	19.0	27.0	38.0	53.0	76.0
	$10<b\leqslant 20$	1.3	1.9	2.6	3.7	5.5	7.5	11.0	15.0	21.0	30.0	42.0	60.0	84.0
	$20<b\leqslant 40$	1.5	2.1	3.0	4.2	6.0	8.5	12.0	17.0	24.0	34.0	48.0	68.0	95.0
	$40<b\leqslant 80$	1.7	2.5	3.5	4.9	7.0	10.0	14.0	20.0	28.0	39.0	56.0	79.0	111.0
$125<d\leqslant 280$	$4\leqslant b\leqslant 10$	1.3	1.8	2.5	3.6	5.0	7.0	10.0	14.0	20.0	29.0	40.0	57.0	81.0
	$10<b\leqslant 20$	1.4	2.0	2.8	4.0	5.5	8.0	11.0	16.0	22.0	32.0	50.0	63.0	90.0
	$20<b\leqslant 40$	1.6	2.2	3.2	4.5	6.5	9.0	13.0	18.0	25.0	36.0	45.0	71.0	101.0
	$40<b\leqslant 80$	1.8	2.6	3.6	5.0	7.5	10.0	15.0	21.0	29.0	41.0	58.0	82.0	117.0
$280<d\leqslant 560$	$10<b\leqslant 20$	1.5	2.1	3.0	4.3	6.0	8.5	12.0	17.0	24.0	34.0	48.0	68.0	97.0
	$20<b\leqslant 40$	1.7	2.4	3.4	4.8	6.5	9.5	13.0	19.0	27.0	38.0	54.0	76.0	108.0
	$40<b\leqslant 80$	1.9	2.7	3.9	5.5	7.5	11.0	15.0	22.0	31.0	44.0	62.0	87.0	124.0

表 7-7　f'_i/K 的比值(摘自 GB/T 10095.2—2008)　(单位:μm)

分度圆直径 d/mm	法向模数 m_n/mm	精度等级												
		0	1	2	3	4	5	6	7	8	9	10	11	12
$5 \leqslant d \leqslant 20$	$0.5 \leqslant m_n \leqslant 2$	2.4	3.4	4.8	7.0	9.5	14.0	19.0	27.0	38.0	54.0	77.0	109.0	154.0
	$2 < m_n \leqslant 3.5$	2.8	4.0	5.5	8.0	11.0	16.0	23.0	32.0	45.0	64.0	91.0	129.0	182.0
$20 < d \leqslant 50$	$0.5 \leqslant m_n \leqslant 2$	2.5	3.6	5.0	7.0	10.0	14.0	20.0	29.0	41.0	58.0	82.0	115.0	163.0
	$2 < m_n \leqslant 3.5$	3.0	4.2	6.0	8.5	12.0	17.0	24.0	34.0	48.0	68.0	96.0	135.0	191.0
	$3.5 < m_n \leqslant 6$	3.4	4.8	7.0	9.5	14.0	19.0	27.0	38.0	54.0	77.0	108.0	153.0	217.0
	$6 < m_n \leqslant 10$	3.9	5.5	8.0	11.0	16.0	22.0	31.0	44.0	63.0	89.0	125.0	177.0	251.0
$50 < d \leqslant 125$	$0.5 \leqslant m_n \leqslant 2$	2.7	3.9	5.5	8.0	11.0	16.0	22.0	31.0	44.0	62.0	88.0	124.0	176.0
	$2 < m_n \leqslant 3.5$	3.2	4.5	6.5	9.0	13.0	18.0	25.0	36.0	51.0	72.0	102.0	144.0	204.0
	$3.5 < m_n \leqslant 6$	3.6	5.0	7.0	10.0	14.0	20.0	29.0	40.0	57.0	81.0	115.0	162.0	229.0
	$6 < m_n \leqslant 10$	4.1	6.0	8.0	12.0	16.0	23.0	33.0	47.0	66.0	93.0	132.0	186.0	263.0
$125 < d \leqslant 280$	$0.5 \leqslant m_n \leqslant 2$	3.0	4.3	6.0	8.5	12.0	17.0	24.0	34.0	49.0	69.0	97.0	137.0	194.0
	$2 < m_n \leqslant 3.5$	3.5	4.9	7.0	10.0	14.0	20.0	28.0	39.0	56.0	79.0	111.0	157.0	222.0
	$3.5 < m_n \leqslant 6$	3.9	5.5	7.5	11.0	15.0	22.0	31.0	44.0	62.0	88.0	124.0	175.0	247.0
	$6 < m_n \leqslant 10$	4.4	6.0	9.0	12.0	18.0	25.0	35.0	50.0	70.0	100.0	141.0	199.0	281.0
$280 < d \leqslant 560$	$0.5 \leqslant m_n \leqslant 2$	3.4	4.8	7.0	9.5	14.0	19.0	27.0	39.0	54.0	77.0	109.0	154.0	218.0
	$2 < m_n \leqslant 3.5$	3.8	5.5	7.5	11.0	15.0	22.0	31.0	44.0	62.0	87.0	123.0	174.0	246.0
	$3.5 < m_n \leqslant 6$	4.2	6.0	8.5	12.0	17.0	24.0	34.0	48.0	68.0	96.0	136.0	192.0	271.0
	$6 < m_n \leqslant 10$	4.8	6.5	9.5	13.0	19.0	27.0	38.0	54.0	76.0	108.0	153.0	216.0	305.0

表 7-8　径向综合总偏差 F''_i(摘自 GB/T 10095.2—2008)　(单位:μm)

分度圆直径 d/mm	法向模数 m_n/mm	精度等级								
		4	5	6	7	8	9	10	11	12
$5 \leqslant d \leqslant 20$	$0.8 < m_n \leqslant 1.0$	9.0	12	18	25	35	50	70	100	141
	$1.0 < m_n \leqslant 1.5$	10	14	19	27	38	54	76	108	153
	$1.5 < m_n \leqslant 2.5$	11	16	22	32	45	63	89	126	179
	$2.5 < m_n \leqslant 4.0$	14	20	28	39	56	79	112	158	223
$20 < d \leqslant 50$	$1.5 < m_n \leqslant 2.5$	13	18	26	37	52	73	103	146	207
	$2.5 < m_n \leqslant 4.0$	16	22	31	44	63	89	126	178	251
	$4.0 < m_n \leqslant 6.0$	20	28	39	56	79	111	157	222	314
	$6.0 < m_n \leqslant 10$	26	37	52	74	104	147	209	295	417

续表

分度圆直径 d/mm	法向模数 m_n/mm	精度等级								
		4	5	6	7	8	9	10	11	12
$50<d\leqslant125$	$1.5<m_n\leqslant2.5$	15	22	31	43	61	86	122	173	244
	$2.5<m_n\leqslant4.0$	18	25	36	51	72	102	144	204	288
	$4.0<m_n\leqslant6.0$	22	31	44	62	88	124	176	248	351
	$6.0<m_n\leqslant10$	28	40	57	80	114	161	227	321	454
$125<d\leqslant280$	$1.5<m_n\leqslant2.5$	19	26	37	53	75	106	149	211	299
	$2.5<m_n\leqslant4.0$	21	30	43	61	86	121	172	243	343
	$4.0<m_n\leqslant6.0$	25	36	51	72	102	144	203	287	406
	$6.0<m_n\leqslant10$	32	45	64	90	127	180	255	360	509
$280<d\leqslant560$	$1.5<m_n\leqslant2.5$	23	33	46	65	92	131	185	262	370
	$2.5<m_n\leqslant4.0$	26	37	52	73	104	146	207	293	414
	$4.0<m_n\leqslant6.0$	30	42	60	84	119	169	239	337	477
	$6.0<m_n\leqslant10$	36	51	73	103	145	205	290	410	580

表 7-9 一齿径向综合偏差 f''_i(摘自 GB/T 10095.2—2008) (单位:μm)

分度圆直径 d/mm	法向模数 m_n/mm	精度等级								
		4	5	6	7	8	9	10	11	12
$5\leqslant d\leqslant20$	$1.0<m_n\leqslant1.5$	3.0	4.5	6.5	9.0	13	18	25	36	50
	$1.5<m_n\leqslant2.5$	4.5	6.5	9.5	13	19	26	37	53	74
	$2.5<m_n\leqslant4.0$	7.0	10	14	20	29	41	58	82	115
$20<d\leqslant50$	$1.5<m_n\leqslant2.5$	4.5	6.5	9.5	13	19	26	37	53	75
	$2.5<m_n\leqslant4.0$	7.0	10	14	20	29	41	58	82	116
	$4.0<m_n\leqslant6.0$	11	15	22	31	43	61	87	123	174
	$6.0<m_n\leqslant10$	17	24	34	48	67	95	135	190	269
$50<d\leqslant125$	$1.5<m_n\leqslant2.5$	4.5	6.5	9.5	13	19	26	37	53	75
	$2.5<m_n\leqslant4.0$	7.0	10	14	20	29	41	58	82	116
	$4.0<m_n\leqslant6.0$	11	15	22	31	44	62	87	123	174
	$6.0<m_n\leqslant10$	17	24	34	48	67	95	135	191	269
$125<d\leqslant280$	$1.5<m_n\leqslant2.5$	4.5	6.5	9.5	13	19	27	38	53	75
	$2.5<m_n\leqslant4.0$	7.5	10	15	21	29	41	58	82	116
	$4.0<m_n\leqslant6.0$	11	15	22	31	44	62	87	124	175
	$6.0<m_n\leqslant10$	17	24	34	48	67	95	135	191	270

续表

分度圆直径 d/mm	法向模数 m_n/mm	精度等级								
		4	5	6	7	8	9	10	11	12
$280<d\leqslant560$	$1.5<m_n\leqslant2.5$	5.0	6.5	9.5	13	19	27	38	54	76
	$2.5<m_n\leqslant4.0$	7.5	10	15	21	29	41	59	83	117
	$4.0<m_n\leqslant6.0$	11	15	22	31	44	62	88	124	175
	$6.0<m_n\leqslant10$	17	24	34	48	68	96	135	191	271

表 7-10　径向跳动 F_r(摘自 GB/T 10095.2—2008)　(单位:μm)

分度圆直径 d/mm	法向模数 m_n/mm	精度等级												
		0	1	2	3	4	5	6	7	8	9	10	11	12
$5\leqslant d\leqslant20$	$0.5\leqslant m_n\leqslant2.0$	1.5	2.5	3.0	4.5	6.5	9.0	13	18	25	36	51	72	102
	$2.0<m_n\leqslant3.5$	1.5	2.5	3.5	4.5	6.5	95	13	19	27	38	53	75	106
$20<d\leqslant50$	$0.5\leqslant m_n\leqslant2.0$	2.0	3.0	4.0	5.0	8.0	11	16	23	32	46	65	92	130
	$2.0<m_n\leqslant3.5$	2.0	3.0	4.0	6.0	8.5	12	17	24	34	47	67	95	134
	$3.5<m_n\leqslant6.0$	2.0	3.0	4.5	6.0	8.5	12	17	25	35	49	70	99	139
	$6.0<m_n\leqslant10$	2.5	3.5	4.5	6.5	9.5	13	19	26	37	52	74	105	148
$50<d\leqslant125$	$0.5\leqslant m_n\leqslant2.0$	2.5	3.5	5.0	7.5	10	15	21	29	42	59	83	118	167
	$2.0<m_n\leqslant3.5$	2.5	4.0	5.5	7.5	11	15	21	30	43	61	86	121	171
	$3.5<m_n\leqslant6.0$	3.0	4.0	5.5	8.0	11	16	22	31	44	62	88	125	176
	$6.0<m_n\leqslant10$	3.0	4.0	6.0	8.0	12	16	23	33	46	65	92	131	185
$125<d\leqslant280$	$0.5\leqslant m_n\leqslant2.0$	3.5	5.0	7.0	10	14	20	28	39	55	78	110	156	221
	$2.0<m_n\leqslant3.5$	3.5	5.0	7.0	10	14	20	28	40	56	80	113	159	225
	$3.5<m_n\leqslant6.0$	3.5	5.0	7.0	10	14	20	29	41	58	82	115	163	231
	$6.0<m_n\leqslant10$	3.5	5.5	7.5	11	15	21	30	42	60	85	120	169	239
$280<d\leqslant560$	$0.5\leqslant m_n\leqslant2.0$	4.5	6.5	9.0	13	18	26	36	51	73	103	146	206	291
	$2.0<m_n\leqslant3.5$	4.5	6.5	9.0	13	18	26	37	52	74	105	148	209	296
	$3.5<m_n\leqslant6.0$	4.5	6.5	9.5	13	19	27	38	53	75	106	150	213	301
	$6.0<m_n\leqslant10$	5.0	7.0	9.5	14	19	27	39	55	77	109	155	219	310

对于没有提供数值表的齿距累积偏差 F_{pk} 的允许值,可通过计算得到。

模数(module)m_n 与齿宽 b,如无另有规定,在不考虑齿顶和齿端倒角情况下,被认为是一个名义值。

当齿轮参数不在给定的范围内或供需双方同意时,可以在公式中代入实际的齿轮参数。

7.5 渐开线圆柱齿轮精度设计

7.5.1 齿轮精度等级的确定①

确定齿轮精度等级的依据通常是齿轮的用途、使用要求、传动功率和圆周速度以及其他技术条件。选用齿轮精度等级的方法一般有计算法和类比法两种，目前大多采用类比法。

(1) 计算法

根据机构最终达到的精度要求，应用传动尺寸链的方法计算和分配各级齿轮副的传动精度，确定齿轮的精度等级。从前面所述的参数内容和影响因素可知：影响齿轮精度的因素既有齿轮自身因素也有安装误差的影响，很难计算出准确的精度等级，计算结果只能作为参考，所以此方法仅适用于特殊精度机构使用的齿轮。

(2) 类比法

此种方法是查阅类似机构的设计方案，根据经过实际验证的已有的经验结果来确定齿轮的精度。轮齿同侧齿面偏差的允许值分为0～12共13个精度等级，0、1、2级为超精度级；3、4、5级为高精度级；6、7、8级为常用精度级；9、10、11、12级为低精度级。表7-11、表7-12给出了部分等级的应用，供参考。使用表7-13时，可参考表7-14列出的国家标准与DIN齿轮精度等级的大致对应关系。

设计时，径向综合偏差和径向跳动不一定与GB/T 10095.1—2008中的要素偏差(如齿距、齿廓、螺旋线等)选用相同的等级。当文件需叙述齿轮精度要求时，应注明GB/T 10095.1或GB/T 10095.2—2008。

径向综合偏差的允许值仅适用于产品齿轮与测量齿轮的啮合检验，而不适用于两个产品齿轮的检验。

表7-11 部分产品或机构应用齿轮精度等级的情况

产品或机构	精度等级	产品或机构	精度等级
精密仪器、测量齿轮	2～5	一般(通用)减速器	6～9
汽轮机、透平齿轮	3～6	拖拉机、载重汽车	6～9
金属切削机床	3～8	轧钢机	6～10
航空发动机	3～7	水轮发动机	4～8
轻型汽车、汽车底盘、机车	5～8	矿用绞车、起重机械	8～10
内燃机车	6～7	农林机械、起重机械	7～10

①张民安：《圆柱齿轮精度》，中国标准出版社，2002；相关国家标准。

表 7-12　齿轮精度等级与速度的应用情况

工作条件	圆周速度/(m/s)		应用情况	精度等级
	直齿	斜齿		
机床	＞30	＞50	高精度和精密的分度链末端的齿轮	4
	＞15～30	＞30～50	一般精度分度链末端齿轮、高精度和精密的分度链的中间齿轮	5
	＞10～15	＞15～30	Ⅴ级机床主传动的齿轮、一般精度分度链的中间齿轮、Ⅲ级和Ⅲ级以上精度机床的进给齿轮、油泵齿轮	6
	＞6～10	＞8～15	Ⅳ级和Ⅳ级以上精度机床的进给齿轮	7
	＜6	＜8	一般精度机床的齿轮	8
			没有传动要求的手动齿轮	9
动力传动		＞70	用于很高速度的透平传动齿轮	4
		＞30	用于高速度的透平传动齿轮、重型机械进给机构、高速重载齿轮	5
		＜30	高速传动齿轮、有高可靠性要求的工业机器齿轮、重型机械的功率传动齿轮、作业率很高的起重运输机械齿轮	6
	＜15	＜25	高速和适度功率或大功率和适度速度条件下的齿轮；冶金、矿山、林业、石油、轻工、工程机械和小型工业齿轮箱(通用减速器)有可靠性要求的齿轮	7
	＜10	＜15	中等速度较平稳传动的齿轮、冶金、矿山、林业、石油、轻工、工程机械和小型工业齿轮箱(通用减速器)的齿轮	8
	⩽4	⩽6	一般性工作和噪声要求不高的齿轮、受载低于计算载荷的齿轮、速度大于 1m/s 的开式齿轮传动和转盘的齿轮	9
航空船舶和车辆	＞35	＞70	需要很高的平稳性、低噪声的航空和船用齿轮	4
	＞20	＞35	需要高的平稳性、低噪声的航空和船用齿轮	5
	⩽20	⩽35	用于高速传动有平稳性低噪声要求的机车、航空、船舶和轿车的齿轮	6
	⩽15	⩽25	用于有平稳性和噪声要求的航空、船舶和轿车的齿轮	7
	⩽10	⩽15	用于中等速度较平稳传动的载重汽车和拖拉机的齿轮	8
	⩽4	⩽6	用于较低速和噪声要求不高的载重汽车第一挡与倒挡，拖拉机和联合收割机的齿轮	9
其他			检验 7 级精度齿轮的测量齿轮	4
			检验 8～9 级精度齿轮的测量齿轮、印刷机印刷辊子用的齿轮	5
			读数装置中特别精密传动的齿轮	6
			读数装置的传动及具有非直尺的速度传动齿轮、印刷机传动齿轮	7
			普通印刷机传动齿轮	8
单级传动效率			不低于 0.99(包括轴承不低于 0.985)	4～6
			不低于 0.98(包括轴承不低于 0.975)	7
			不低于 0.97(包括轴承不低于 0.965)	8
			不低于 0.96(包括轴承不低于 0.95)	9

表 7-13　按 DIN3960～3067 选择啮合精度和验收的指示

用途	DIN 精度等级	补充	需要检验的误差①	其他检验项目	附注
测量齿轮	2～4	—	所有单项误差		
机床					
机床分度机构	1～3	—	F_i'，f_i'，f_f，(F_p，f_p)	接触斑点，侧隙	
机床主传动与进给机构	6～7	—	f_{pe} 或 F_i''，f_i''	侧隙	
机床变速齿轮	7～8	—	f_{pe} 或 F_i''，f_i''	侧隙	
控制机构	2～4	—	F_i'，f_i'，(F_p，f_p)	侧隙	
透平齿轮箱(用于发电机、压缩机、船舶)	$v \leqslant 60m/s$ 5～6	—	F_p，f_p，f_f，f_β，F_r	接触斑点，噪声侧隙，必要时还有效率	齿廓修形与齿向修形
	$v > 60m/s$ (4)～5	4 级时② F_p，f_p，F_r，F_β，$F_{\beta w}$ 专门规范③	F_p，f_p，f_f，f_β，F_r	接触斑点，噪声，侧隙	齿廓修形与齿向修形
船用柴油机齿轮箱	4～7	—	F_p，f_p，f_f，f_β	接触斑点，噪声，侧隙	齿廓修形与齿向修形
小型工业齿轮箱	6～8	F_β，专门规范	F_p，F_f，f_p 抽样或 F_i''，f_i''	接触斑点，侧隙尤其是反向机械	对于重载，齿廓修形，有时齿宽方向有鼓形度
重型机械					
重型机械的功率传动	6～7	F_β，专门规范	f_{pe}，(F_p)		
重型机械的间歇传动(例如旋转机构)	7～12	F_β，专门规范	f_{pe}，对于部分齿轮		
重型机械的进给机构	5～6	—	F_p，f_{pe}		
带电动机的齿轮箱	(7)～8	←与小型工业齿轮箱同→			
起重机与运输带的齿轮箱	6～8	F_β，专门规范	f_{pe} 或 F_i''，f_i''	接触斑点，侧隙，尤其是行走机构	有时为互换性结构
机车传动	6	F_β，专门规范④	F_p，f_p，f_f，f_β 或 F_i''，f_i''	接触斑点，噪声，侧隙(有时要成对检验)	齿廓修形，有时齿向修形
汽车齿轮箱					
第 1 挡与倒挡	9	6～7 级硬化;磨削	F_i''，f_i''(抽样 F_f，F_β；F_r，F_p，f_p)	接触斑点，噪声，侧隙(有时要成对检验)	有时齿廓修形及齿向修形
第 2 挡	6～8				
第 3、4 挡，常啮合齿轮	6～8	8～9 级剃削硬化			
印刷机					
印刷辊子	5	F_f 只取负值，F_i，f_i，F_f 或 F_p，f_p，F_f		齿向波度与齿廓波度，噪声、小侧隙(成对检验)	齿顶修形与齿宽方向有鼓形度，小啮合角
其他驱动	7～8				

续表

用途	DIN 精度等级	补充	需要检验的误差①	其他检验项目	附注
开式齿轮传动,转盘	$v\leqslant 1\text{m/s}$ 10～12 $v>1\text{m/s}$ 8～9	F_β 专门规范	f_{pe},F_f(有时用样板)	接触斑点	大模数,单齿分度加工,有时为铸造小模数
农业机械(拖拉机、联合收割机)	(9)～10(11)	在齿数少时 $f_i'\leqslant 80\mu m$	F_i'',f_i''(抽样:F_β,$f_{H\beta}$,F_f,f_f,$f_{H\alpha}$)	接触斑点	滚切法:$b>15\text{mm}$ 时齿宽方向做成鼓形

注:F_f-齿形总误差;$f_{H\alpha}$-齿形角误差;f_f-齿形形状误差;f_p-单一周节偏差;f_{pe}-基节偏差;$f_{H\beta}$-齿向角误差;$F_{\beta w}$-齿向波度(其余代号与 GB/T 10095—1988 相一致)

① 当精度等级较高时,如有测量仪器可用,则用单面啮合综合检验(F'_i,f'_i)代替双面啮合综合检验(F''_i,f''_i)。

② 当载荷较小时(调质齿轮),否则为 5 级。

③ 按照 BS 1448,1807(A_1),限制齿廓与齿向的周期性波度。

④ 周期性波度见船用齿轮箱。

表 7-14　各国齿轮精度等级的大致对应关系

标准														
AGMA390.03—1971		15	14	13	12	11		10	9	8	7	6	5	
DIN3961～3965—1978		1	2	3	4	5	6	7	8	9	10	11	12	
ISO1328—1:1995	0	1	2	3	4	5	6	7	8	9	10	11	12	
JISB1702—1:1998	0	1	2	3	4	5	6	7	8	9	10	11	12	
GB/T 10095.1—2001	0	1	2	3	4	5	6	7	8	9	10	11	12	
ISO1328—1975 GB/1 10095—1988		1	2	3	4	5	6	7	8	9	10	11		12

7.5.2　最小法向侧隙和齿厚极限偏差的确定①

1. 最小法向侧隙的确定

侧隙 j 是指在一对装配好的齿轮副中,相啮合轮齿间的间隙,它是在节圆上齿槽宽度超过相啮合的轮齿齿厚(tooth thickness)的量,如图 7-18 所示。①

决定配合侧隙大小的齿轮副尺寸要素有:小齿轮的齿厚 s_1、大齿轮的齿厚 s_2

①张民安,《圆柱齿轮精度》,中国标准出版社,2002。

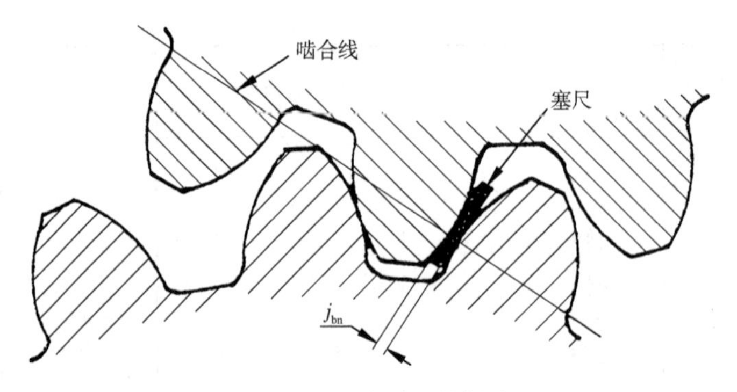

图 7-18　法向平面的侧隙

和箱体孔的中心距 a。

另外齿轮的配合也受到齿轮的形状和位置偏差以及轴线平行度的影响。

所有相啮合的齿轮必定都有些侧隙，必须要保证非工作齿面不会相互接触。在一个已定的啮合中，在齿轮传动中侧隙会随着速度、温度、负载等的变化而变化。在静态可测量的条件下，必须有足够的侧隙，以保证在带负载运行于最不利的工作条件下仍有足够的侧隙。需要的侧隙量与齿轮的大小、精度、安装和应用情况有关。

最大齿厚即假定齿轮在最小中心距时与一个理想的相配齿轮啮合，能存在所需的最小侧隙。常常以减小齿厚来实现侧隙。齿厚偏差是从齿厚最大值减少，从而增大了侧隙。

最小法向侧隙 j_{bnmin}是当一个齿轮的齿以最大允许实效齿厚与一个也具有最大允许实效齿厚的相配齿在最紧的允许中心距相啮合时，在静态条件下存在的最小允许侧隙。这是设计者所提供的传统"允许间隙"，以补偿下列情况：

箱体、轴和轴承的偏斜；

由于箱体的偏差和轴承的间隙导致齿轮轴线的不对准；

由于箱体的偏差和轴承的间隙导致齿轮轴线的歪斜；

安装误差，例如轴的偏心；

轴承径向跳动；

温度影响(箱体与齿轮零件的温度差、中心距和材料差异所致)；

旋转零件的离心胀大；

其他因素，例如由于润滑剂的允许污染以及非金属齿轮材料的溶胀。

如果上述因素均能很好地控制，则最小侧隙值可以很小，每一个因素均可用分析其公差来进行估计，然后可计算出最小的要求量，在估计最小期望要求值时，也需要用判断和经验，因为在最坏情况时的公差，不大可能都叠加起来。

对于任何检测方法，所规定的最大齿厚必须减小。以便确保径向跳动及其他切齿时变化对检测结果的影响，不致增加最大实效齿厚；规定的最小齿厚也必须减小，以便使所选择的齿厚公差能实现经济的齿轮制造，且不会被来源于精度等级的其他公差所耗尽。

确定齿轮副最小侧隙 j_{bnmin} 的主要根据是工作条件，一般有三种方法。

（1）经验法

参考国内外同类产品中齿轮副的侧隙值来确定最小侧隙。

（2）计算法

根据齿轮副的工作条件，如工作速度、温度、负载、润滑、安装等条件来设计计算齿轮副的最小法向侧隙。下面分别给出了补偿温度、润滑影响因素所需最小法向侧隙的计算方法，所计算的数值只能作为参考数据，根据实际应用加以修正。

为补偿由温度变化引起的齿轮及箱体热变形所必需的最小侧隙 j_{bnmin1}（μm），按下式计算：

$$j_{bnmin1} = 1000a(\alpha_1 \Delta t_1 - \alpha_2 \Delta t_2) 2\sin\alpha_n$$

式中：a——齿轮副中心距，mm；

α_1、α_2——齿轮及箱体材料的线胀系数；

Δt_1、Δt_2— 齿轮温度 t_1、箱体温度 t_2 与标准温度（20℃）之差；

α_n——法向压力角。

润滑需要：为保证正常润滑所必需的 j_{bnmin2}，其值取决于润滑方式及工作速度，见表 7-15。

表 7-15　最小侧隙 j_{bnmin2}　（单位：μm）

润滑方式	齿轮圆周速度/（m/s）			
	≤10	＞10～25	＞25～60	＞60
喷油	$10m_n$	$20m_n$	$30m_n$	$30～50m_n$
油池润滑	$5～10m_n$			

（3）查表法

表 7-16 列出了对工业传动装置推荐的最小侧隙，这个传动装置是用黑色金属齿轮和黑色金属箱体制造的，工作时节圆线速度小于 15 m/s，其箱体、轴和轴承都采用常用的商业制造公差。

表 7-16　对于中、大模数齿轮最小侧隙 j_{bnmin} 的推荐值（摘自 GB/Z 18620.2—2008）（单位：mm）

m_n	最小中心距 a_i					
	50	100	200	400	800	1600
1.5	0.09	0.11	—	—	—	—
2	0.10	0.12	0.15	—	—	—
3	0.12	0.14	0.17	0.24	—	—

续表

m_n	最小中心距 a_i					
	50	100	200	400	800	1600
5	—	0.18	0.21	0.28	—	—
8	—	0.24	0.27	0.34	0.47	—
12	—	—	0.35	0.42	0.55	—
18	—	—	—	0.54	0.67	0.94

表 7-16 中的数值，可用下式进行计算：

$$j_{bnmin} = \frac{2}{3}(0.06 + 0.0005a_i + 0.03m_n) \quad (7\text{-}1)$$

注意：a_i 必须是绝对值。

齿厚偏差是指分度圆柱面上，实际齿厚与公称齿厚之差（对于斜齿轮指法向齿厚）。为了获得齿轮副最小侧隙，必须削薄齿厚。其最小削薄量（即上极限偏差）可以通过计算得到。

2. 齿厚上极限偏差的确定

齿厚偏差（thickness deviation of teeth）是指分度圆柱面上，实际齿厚与公称齿厚之差（对于斜齿轮指法向齿厚），如图 7-19 所示。为了获得齿轮副最小侧隙，必须削薄齿厚。其最小削薄量（即上极限偏差）可以通过计算得到。一般情况下，E_{sni} 和 E_{sni} 均为负值。

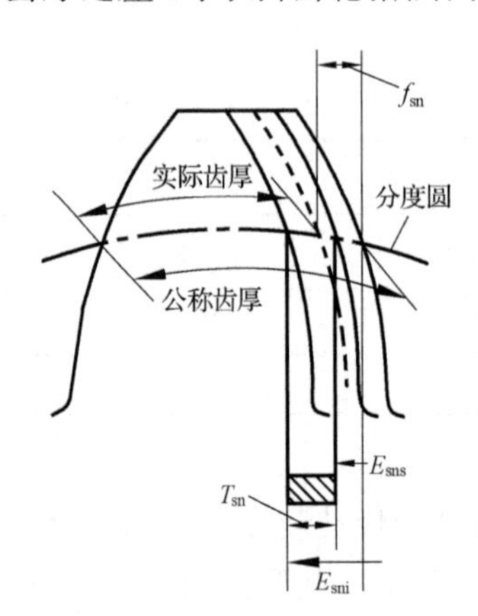

图 7-19　齿厚偏差

在分度圆柱上法向平面的“公称齿厚 S_n”是指齿厚理论值，该齿轮与具有理论齿厚的相配齿轮在基本中心距之下无侧隙啮合。公称齿厚可用下列公式计算：

对外齿轮

$$S_n = m_n(\pi/2 + 2\tan\alpha_n x) \quad (7\text{-}2)$$

对内齿轮

$$S_n = m_n(\pi/2 - 2\tan\alpha_n x) \quad (7\text{-}3)$$

对斜齿轮，S_n 值应在法向平面内测量。

齿厚偏差可用齿轮游标卡尺测量（图 7-20）。测量时，以齿顶圆作为测量基准，在离齿顶为弦齿高 $\bar{h}$ 处，测量分度圆上的弦齿厚 $\bar{s}$。

对于标准圆柱齿轮，$\bar{h}$ 和 $\bar{s}$ 的计算式如下：

$$\bar{h} = m\left[1 + \frac{z}{2}\left(1 - \cos\frac{90^\circ}{z}\right)\right]$$

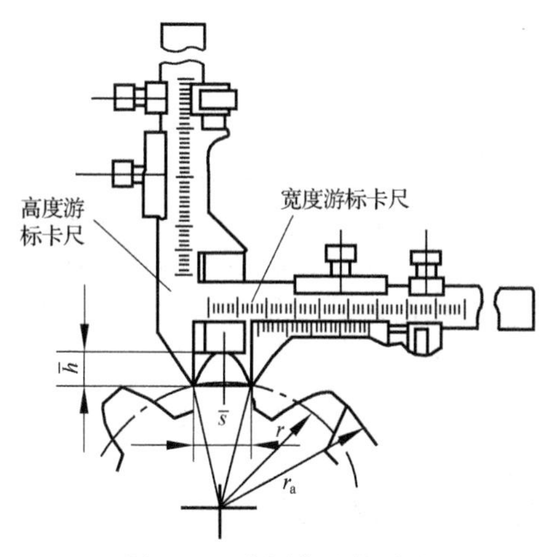

图 7-20 齿厚偏差的测量

$$\bar{s} = mz\sin\frac{90^\circ}{z} \tag{7-4}$$

式中：m——齿轮模数；

z——齿数。

考虑到定位基准(齿顶圆)可能存在加工误差，应根据齿顶圆半径的实际测得值对弦齿高进行修正，即

$$\bar{h} = m\left[1 + \frac{z}{2}\left(1 - \cos\frac{90^\circ}{z}\right)\right] \pm (r'_a - r_a) \tag{7-5}$$

式中：r'_a——实际齿顶圆半径；

r_a——理论齿顶圆半径。

齿厚上极限偏差 E_{sns} 取决于最小侧隙、齿轮和齿轮副的加工和安装误差。可以通过下式计算两个相啮合齿轮的齿厚上极限偏差之和：

$$E_{sns1} + E_{sns2} = -j_{bnmin}/\cos\alpha_n \tag{7-6}$$

式中：E_{sns1}、E_{sns2}——小齿轮、大齿轮的齿厚上极限偏差；

α_n——法向压力角。

可以按等值分配法和不等值分配法确定大、小齿轮的齿厚上极限偏差，一般使大齿轮齿厚的减薄量大一些，使小齿轮齿厚的减薄量小一些。以使大、小齿轮的强度匹配。

如果小齿轮、大齿轮的齿厚上极限偏差相等时：

$$E_{sns1} = E_{sns2} = -(j_{bnmin}/\cos\alpha_n)/2 \tag{7-7}$$

另外，需要验算加工后的齿厚是否会变薄，如果 $|E_{sni}/m_n| > 0.5$，在任何情况下变薄现象都会出现。

3. 法向齿厚公差 T_{sn} 的确定

法向齿厚公差的选择，基本上与齿轮精度无关。除非十分必要，不应该采用很紧的齿厚公差，这对制造成本有很大的影响。在很多情况下，允许用较宽的齿厚公差或工作侧隙，这样做不会影响齿轮的性能和承载能力，却可以获得较经济的制造成本。如果出于工作运行的原因必须控制最大侧隙时，则需对各影响因素仔细研究，对有关齿轮的精度等级、中心距公差和测量方法予以仔细规定。

建议按下式计算齿厚公差：

$$T_{sn} = \sqrt{F_r^2 + b_r^2} \times 2\tan\alpha_n \tag{7-8}$$

式中：F_r——径向跳动公差；

b_r——切齿径向进刀公差，可按表 7-17 选用。

表 7-17　切齿径向进刀公差

齿轮精度等级	4	5	6	7	8	9
b_r	1.26IT7	IT8	1.26IT8	IT9	1.26IT9	IT10

注：b_r 值按齿轮分度圆直径查表确定。

4. 齿厚下极限偏差 E_{sni} 的确定

齿厚下极限偏差 E_{sni} 是齿厚上极限偏差减去齿厚公差后获得的，即

$$E_{sni} = E_{sns} - T_{sn}$$

E_{sni} 和 E_{sns} 应有正负号。

5. 公法线长度偏差

公法线长度偏差(base tangent length deviation)是指在齿轮一周内，实际公法线长度 $W_{kactual}$ 与公称公法线长度 W_{kthe} 之差，如图 7-21 所示。该评定指标由 GB/Z 18620.2 推荐。

$$T_{bn} = E_{bns} - E_{bni}$$

由啮合原理可知，公法线长度偏差是齿厚偏差的函数，能反映齿轮副侧隙的大小，可规定极限偏差(上极限偏差 E_{bns}，下极限偏差 E_{bni})来控制公法线长度偏差。

对外齿轮

$$W_{kthe} + E_{bni} \leqslant W_{kactual} \leqslant W_{kthe} + E_{bns}$$

对内齿轮

$$W_{kthe} - E_{bni} \leqslant W_{kactual} \leqslant W_{kthe} - E_{bns}$$

测量公法线长度偏差时，需先计算被测齿轮公法线长度的公称值 W_{kthe}，然后沿齿圈进行测量公法线长度，所测公法线长度 $-W_{kthe}$ 值＝公法线长度偏差。

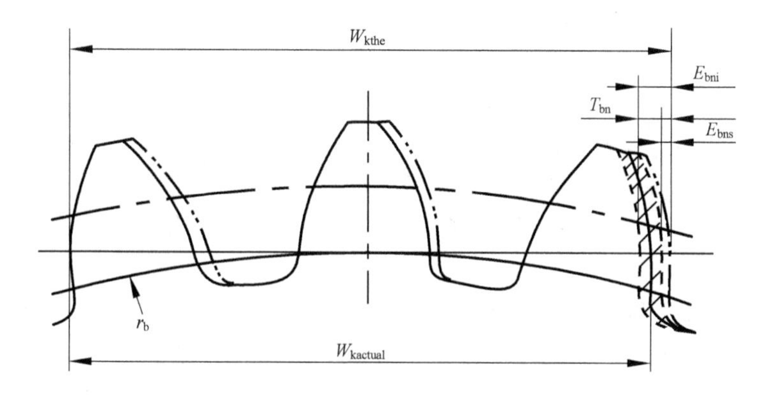

图 7-21 公法线长度偏差

7.5.3 轮齿检验项目的确定[①]

在检验中,测量全部轮齿要素的偏差既不经济也没有必要,因为其中有些要素对于特定齿轮的功能并没有明显的影响。另外,有些测量项目可以代替别的一些项目,切向综合偏差检验能代替齿距偏差检验,径向综合偏差检验能代替径向跳动检验。由于考虑到这种情况,ISO/TR 10063(正在制定中)按齿轮工作性能推荐检验组和公差族。然而,必须强调的是,对于质量控制测量项目的减少须由采购方和供货方协商确定。表 7-13 供选用时参考。

GB/T 10095.1—2008 规定:切向综合偏差(F'_i、f'_i)是该标准的检验项目,但不是必检项目。齿廓和螺旋线的形状偏差和倾斜极限偏差($f_{f\alpha}$,$f_{H\alpha}$,$f_{f\beta}$,$f_{H\beta}$),有时作为有用的参数和评定值,但不是必检项目。

由此,为评定单个齿轮的加工精度,应检验齿距偏差、齿廓总偏差、螺旋线总偏差及齿厚偏差(GB/T 10095.1—2008、GB/T 10095.2—2008 均未作规定,GB/Z 18620.2—2008 也未推荐齿厚极限偏差)。齿厚极限偏差由设计者按齿轮副侧隙计算确定。

齿轮的检验可以分为单项检验和综合检验。

1. 单项检验

检验项目有:齿距偏差(f_{pt},F_{pk},F_p)、齿廓总偏差、螺旋线总偏差和齿厚偏差(由设计者确定其极限偏差值)。

结合企业贯彻旧标准的经验和我国齿轮生产的现状,建议在单项检验中增加径向跳动的检验。

①张民安:《圆柱齿轮精度》,中国标准出版社,2002;相关国家标准。

2. 综合检验

单面啮合综合检验项目有:切向综合总偏差和一齿切向综合偏差。

双面啮合综合检验项目有:径向综合总偏差和一齿径向综合偏差。

一般情况,应满足 GB/T 10095 中规定的所有偏差项目的要求。由于齿轮适用的行业非常广泛,要求不同,为了简化检验过程,可以确定只检验下列的任一检验组。

第一组:齿距累积总偏差、齿廓总偏差、螺旋线总偏差;

第二组:齿距累积总偏差、齿距偏差、齿廓总偏差、螺旋线总偏差、单个齿距偏差;

第三组:齿距累距总偏差、单个齿距偏差、齿廓总偏差、螺旋线总偏差;

第四组:切向综合总偏差、一齿切向综合偏差、螺旋线总偏差;

第五组:单个齿距偏差、径向跳动(适用于 10～12 级)。

上述所列的检验项目组也是非强制性的,在评定齿轮的质量时,主要应满足需方功能要求,供、需双方协商一致,无论美国标准和欧洲标准都体现了这一点。评定齿轮的原则是在保证功能质量的前提下,尽量减少检验齿轮的成本。在机床达到一定的精度,可以简化检验项目,这一点体现了成本与质量的合理关系。

7.5.4 齿轮坯、齿轮轴中心距和轴线平行度

齿轮副中心距是在考虑了最小侧隙、两齿轮的齿顶与其相啮合的非渐开线齿廓齿根部分的干涉后确定的。主要考虑实际的影响因素,参照几何公差来确定。

1. 定义

工作安装面　用来安装齿轮的面称为工作安装面。

工作轴线　齿轮在工作时绕其旋转的轴线称为工作轴线,它是由工作安装面的中心确定的。工作轴线只有在考虑整个齿轮组件时才有意义。

基准面　用来确定基准轴线的面称为基准面。基准轴线是由基准面中心确定的。齿轮依此轴线来确定齿轮的细节,特别是确定齿距、齿廓和螺旋线的偏差的允许值。

制造安装面　齿轮制造或检测时用来安装齿轮的面称为制造安装面。

2. 齿轮坯(gear blanks)的精度

有关齿轮轮齿精度(齿廓偏差、相邻齿距偏差等)参数的数值,只有明确其特定的旋转轴线时才有意义。当测量时齿轮围绕其旋转的轴线如有改变,这些参数中的多数其测量值也将改变。因此在齿轮的图纸上必须明确地标注出规定轮齿偏差允许值的基准轴线,事实上所有整个齿轮的几何形状均以其为准。

齿轮坯的尺寸偏差和齿轮箱体的尺寸偏差对于齿轮副的接触条件和运行状况有着极大的影响。由于在加工齿轮坯和箱体时保持较紧的公差，比加工高精度的轮齿要经济得多，因此应首先根据拥有的制造设备条件，尽量使齿轮坯和箱体的制造公差保持最小值。这样可使加工的齿轮有较松的公差，从而获得更为经济的整体设计。表 7-18 中给出的齿坯尺寸公差仅供参考。

表 7-19 和表 7-20 是标准推荐的基准面的公差要求。

表 7-18　齿轮齿坯尺寸公差(供参考)

齿坯公差项目	精度等级											
	1	2	3	4	5	6	7	8	9	10	11	12
孔尺寸公差	IT4	IT4	IT4	IT4	IT5	IT6	IT7	IT7	IT8	IT8	IT9	IT9
轴尺寸公差	IT4	IT4	IT4	IT4	IT5	IT5	IT6	IT6	IT7	IT7	IT8	IT8
顶圆直径偏差	IT6	IT6	IT7	IT7	IT7	IT8	IT8	IT8	IT9	IT9	IT10	IT10

注：当顶圆不作测量齿厚基准时，尺寸公差按 IT11 给定，但不大于 $0.1m_n$。

表 7-19　基准面与安装面的几何公差(摘自 GB/Z 18620.3—2008)

确定轴线的基准面	公差项目		
	圆度	圆柱度	平面度
用两个“短的”圆柱或圆锥形基准面上设定的两个圆的圆心来确定轴线上的两个点	$0.04(L/b)F_\beta$ 或 $0.1F_p$ 取两者中小值		
用一个“长的”圆柱或圆锥形的面来同时确定轴线的位置和方向。孔的轴线可以用与之相匹配正确地装配的工作芯轴的轴线来代表		$0.04(L/b)F_\beta$ 或 $0.1F_p$ 取两者中小值	
轴线位置用一个“短的”圆柱形基准面上一个圆的圆心来确定，其方向则用垂直于此轴线的一个基准端面来确定	$0.06F_p$		$0.06(D_d/b)F_\beta$

表 7-20　安装面的跳动公差(摘自 GB/Z 18620.3—2008)

确定轴线的基准面	跳动量(总的指示幅度)	
	径向	轴向
仅指圆柱或圆锥形基准面	$0.15(L/b)F_\beta$ 或 $0.3F_p$ 取两者中大值	
一个圆柱基准面和一个端面基准面	$0.3F_p$	$0.2(D_d/b)F_\beta$

注：齿轮坯的公差减至能经济地制造的最小值。

3. 中心距(shaft centre distance)允许偏差

公称中心距是在考虑了最小侧隙及两齿轮的齿顶和其相啮的非渐开线齿廓齿根部分的干涉后确定的。在齿轮只是单向承载运转而不经常反转的情况下，最大侧隙的控制不是一个重要的考虑因素，此时中心距偏差主要取决于重合度的考虑。

在控制运动用的齿轮中，其侧隙必须控制；当齿轮上的负载常常反向时，对中心距的公差必须很仔细地考虑下列因素：

轴、箱体和轴承的偏斜；

由于箱体的偏差和轴承的间隙导致齿轮轴线的不一致；

由于箱体的偏差和轴承的间隙导致齿轮轴线的倾斜；

安装误差；

轴承跳动；

温度的影响(随箱体和齿轮零件间的温差、中心距和材料不同而变化)；

旋转件的离心伸胀；

其他因素，例如润滑剂污染的允许程度及非金属齿轮材料的溶胀。

当确定影响侧隙偏差的所有尺寸的公差时，应该遵照 GB/Z 18620.2—2008 中关于齿厚公差和侧隙的推荐内容。一般情况，当齿轮精度为 1、2 级时中心距允许偏差($\pm f_a$)等于 IT4/2；3、4 级时等于 IT6/2；5、6 级时等于 IT7/2；7、8 级时等于 IT8/2；9、10 级时等于 IT9/2；11、12 级时等于 IT11/2。

4. 轴线平行度(parallelism of axes)公差

由于轴线平行度偏差的影响与其向量的方向有关。标准中对“轴线平面内的偏差”$f_{\Sigma\delta}$和“垂直平面上的偏差”$f_{\Sigma\beta}$做了不同的规定，如图 7-22 所示。

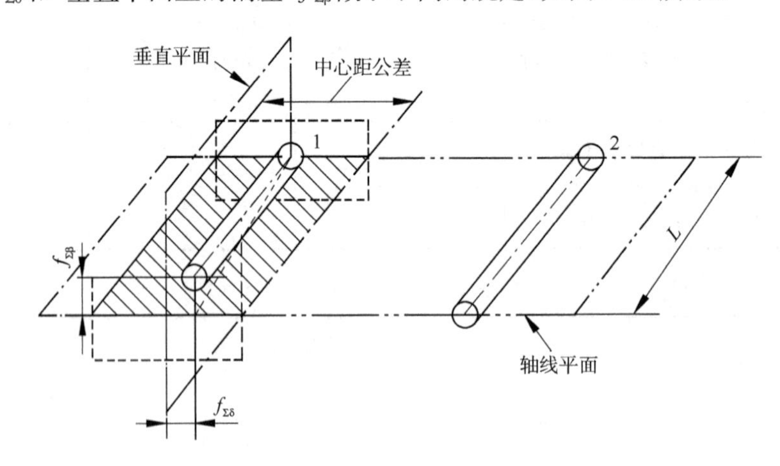

图 7-22 轴线平行度偏差

垂直平面上极限偏差的推荐最大值为

$$f_{\Sigma\beta} = 0.5(L/b)F_{\beta} \tag{7-9}$$

L 为轴承中间距，即轴承跨距（如两轴承中间距不等，取较长者）。

轴线平面内偏差的推荐最大值为

$$f_{\Sigma\delta} = 2f_{\Sigma\beta} \tag{7-10}$$

7.5.5 齿轮齿面表面粗糙度、轮齿接触斑点

齿面粗糙度影响齿轮的传动精度（噪声和振动）、表面承载能力（如点蚀、胶合和磨损）和弯曲强度（齿根过渡曲面状况）。

表 7-21 是标准给定的齿轮齿面的 Ra 推荐值。根据齿面粗糙度影响齿轮传动精度、表面承载能力和弯曲强度的实际情况，参照表 7-21 选取齿面粗糙度数值。齿面粗糙度的标注方法参见第 4 章。

其他尺寸公差、几何公差和粗糙度的选取参照本书前几章的相关内容。

表 7-21 算术平均偏差 *Ra* 的推荐值（摘自 GB/Z 18620.4—2008） （单位：μm）

模数/mm	精度等级											
	1	2	3	4	5	6	7	8	9	10	11	12
$m<6$					0.5	0.8	1.25	2.0	3.2	5.0	10	20
$6\leqslant m\leqslant 25$	0.04	0.08	0.16	0.32	0.63	1.00	1.6	2.5	4	6.3	12.5	2.5
$m>25$					0.8	1.25	2.0	3.2	5.0	8.0	16	32

检测产品齿轮副在其箱体内所产生的接触斑点可以有助于对轮齿间载荷分布进行评估。产品齿轮与测量齿轮的接触斑点，可用于评估装配后的齿轮的螺旋线和齿廓精度。表 7-22 给出了直齿轮装配后的接触斑点。

表 7-22 直齿轮装配后的接触斑点（摘自 GB/Z 18620.4—2008）

精度等级 按 GB/T 10095—2008	b_{c1} 占齿宽的百分比 /%	h_{c1} 占有效齿面高度的百分比 /%	b_{c2} 占齿宽的百分比 /%	h_{c2} 占有效齿面高度的百分比 /%
4 级及更高	50	70	40	50
5 和 6	45	50	35	30
7 和 8	35	50	35	30
9～12	25	50	25	30

注：b_{c1}-接触斑点的较大长度；b_{c2}-接触斑点的较小长度；h_{c1}-接触带点的较大高度；h_{c2}-接触带点的较小高度。

7.5.6 齿轮精度等级在图样上的标注①

新标准规定:在文件需叙述齿轮精度要求时,应注明 GB/T 10095.1 或 GB/T 10095.2。

关于齿轮精度等级和齿厚偏差的标注建议如下。

1. 齿轮精度等级的标注

若齿轮的检验项目同为某一精度等级时,可标注精度等级和标准号。如齿轮检验项目同为 7 级,则标注为

7 GB/T 10095.1 或 7 GB/T 10095.2

若齿轮检验项目的精度等级不同时,如齿廓总偏差 F_α 为 6 级,而齿距累积总偏差 F_p 和螺旋线总偏差 F_β 均为 7 级时,则标注为

$6(F_\alpha)$、$7(F_p$、$F_\beta)$ GB/T 10095.1

2. 齿厚偏差与齿轮检验项目数值的标注

按照 GB/T 6443—1986《渐开线圆柱齿轮图样上应注明的尺寸数据》的规定,应将齿厚[公法线长度、跨球(圆柱)尺寸]的极限偏差数值注写在图样右上角参数表中。现行标准对齿厚极限偏差和齿轮检验项目数值标注并没有规定,为了简化制图也可以单独列表说明。

7.5.7 齿轮精度设计实例

例 7-1 已知某机床主轴箱传动轴上的一对标准渐开线直齿圆柱齿轮,大、小齿轮齿数分别为 $z_1=26$、$z_2=56$,模数 $m=2.75$mm,齿宽分别为 $b_1=28$mm、$b_2=24$mm。小齿轮基准端面直径 $D_d=\phi65$mm,小齿轮基准孔的公称尺寸 $D=\phi30$mm,小齿轮圆周速度 $v=6.2$m/s,箱体上两对轴承孔的跨距 $L=90$mm,齿轮、箱体材料为黑色金属,单件小批生产。要求设计小齿轮精度,并将设计的各项技术要求标注在齿轮工作图上。

解 (1) 确定齿轮的精度等级

根据表 7-11、7-12、7-13 选择精度等级为 7 级。

(2) 确定检验项目及其允许值

根据供需双方商定(本例查表 7-13 确定),查得单个齿距偏差 $\pm f_{pt}=\pm0.012$mm,齿距累积偏差 $F_p=0.038$mm,齿廓总偏差 $F_\alpha=0.016$mm,螺旋线总偏差 $F_\beta=0.017$mm,径向综合总偏差 $F''_i=0.051$mm,一齿径向综合偏差 $f''_i=$

①张民安:《圆度柱轮精度》,中国标准出版社,2002;相关国家标准。

0.020mm，齿轮径向跳动 $F_r=0.030$mm。

(3) 确定最小法向侧隙和齿厚偏差

中心距 $a=\frac{m}{2}(z_1+z_2)=\frac{2.75}{2}(26+56)=112.75(\text{mm})$

最小法向侧隙由公式(7-1)得

$$j_{\text{bnmin}}=\frac{2}{3}(0.06+0.0005a+0.03m_n)$$

$$=\frac{2}{3}(0.06+0.0005\times 112.75+0.03\times 2.75)=0.133(\text{mm})$$

取两齿轮的上极限偏差相等

$$E_{\text{sns1}}=E_{\text{sns2}}=-(j_{\text{bnmin}}/\cos\alpha_n)/2=-0.0708(\text{mm})$$

查表 7-10 得小齿轮 $F_r=0.030$mm，查表 7-17 得 $b_r=0.074$mm，因此齿厚公差为

$$T_{\text{sn}}=\sqrt{F_r^2+b_r^2}\times 2\tan\alpha_n=0.058(\text{mm})$$

所以小齿轮齿厚下极限偏差为

$$E_{\text{sni}}=E_{\text{sns}}-T_{\text{sn}}=-0.129(\text{mm})$$

(4) 确定齿轮坯的精度

1) 基准孔的尺寸公差和几何公差。

查表 7-18，基准孔尺寸公差为 IT7，并采用包容要求；

由表 7-19 计算基准孔的圆柱度公差值为 0.002mm(取 $0.04(L/b)F_\beta$ 和 $0.1F_p$ 计算值较小者)。

2) 齿顶圆的尺寸公差和几何公差。

查表 7-18，齿顶圆尺寸公差为 IT8；

由表 7-19 计算齿顶圆的圆柱度公差值为 0.002mm(取 $0.04(L/b)F_\beta$ 和 $0.1F_p$ 计算值较小者)。

由表 7-20 计算齿顶圆对基准孔轴线的径向圆跳动公差，$t_r=0.3F_p=0.011$mm。如果齿顶圆柱面不作基准时，图样上不必给出圆柱度和径向圆跳动公差。

3) 基准端面的圆跳动公差。

由表 7-20，确定基准端面对基准孔的轴向圆跳动公差

$$t_i=0.2(D_d/b)F_\beta=0.008\text{mm}$$

4) 径向基准面的圆跳动公差。

由于齿顶圆柱面作为测量和加工基准，因此不必另选基准面。

5) 轮齿齿面和齿坯表面粗糙度。

由表 7-21 查得齿面粗糙度 Ra 的最大值为 1.25μm。

其他表面粗糙度的选取参见第 4 章内容。

(5) 确定齿轮副精度

1) 齿轮副中心距极限偏差$\pm f_a$。

查表 2.2，IT8=54μm，可知$\pm f_a=\pm\frac{IT8}{2}=\pm 0.027$mm，则在图样上标注 $a=$ 112.75±0.027；

2) 轴线平行度偏差最大推荐值 $f_{\Sigma\delta}$ 和 $f_{\Sigma\beta}$。

由公式(7-9)和(7-10)可得

轴线平面内偏差的推荐最大值为 $f_{\Sigma\delta}=(L/b)F_\beta=0.055$mm；

垂直平面上极限偏差的推荐最大值为 $f_{\Sigma\beta}=0.5(L/b)F_\beta=0.028$mm；

3) 轮齿接触斑点。

由表 7-22 查得轮齿接触斑点要求：在齿长方向的 $b_{c1}/b\geqslant 35\%$ 和 $b_{c2}/b\geqslant 35\%$；在齿高方向的 $h_{c1}/h\geqslant 50\%$ 和 $h_{c2}/h\geqslant 30\%$；

齿轮副中心距极限偏差$\pm f_a$ 和轴线平行度偏差最大推荐值 $f_{\Sigma\delta}$ 和 $f_{\Sigma\beta}$ 在箱体图上标注。

图 7-23 为小齿轮的零件图。

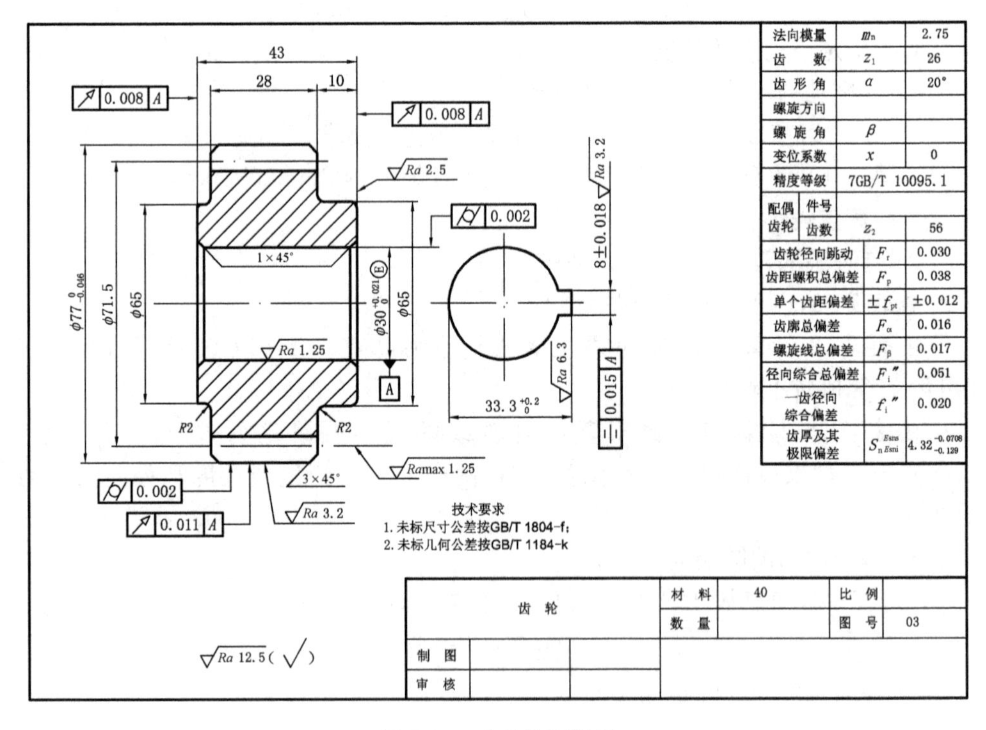

图 7-23　小齿轮零件图

习　题　7

1. 已知一通用减速器的一对齿轮，$Z_1=25$，$Z_2=100$，$m=3.5$，$\alpha=20°$。小齿轮为主动齿轮，转速为1400r/min。试确定小齿轮的精度等级。

2. 某轿车一对传动齿轮 $Z_1=23$，$Z_2=54$，$m=2.75$，$\alpha=20°$，$b_1=26$mm，$b_2=22$mm，$n_1=1700$ r/min，试完成小齿轮的工作图并标注检验项目。

第8章　尺寸链的计算

8.1　尺寸链的基本概念

8.1.1　尺寸链及其特征

尺寸链(dimensional chain)是指在机器装配或零件加工过程中，由相互连接的尺寸形成封闭的尺寸组。

图 8-1(a)中，A_1、A_2、A_3、A_4、A_5 分别为五个不同零件的设计尺寸，A_0 是各个零件装配后在左箱体轴套端面与轴肩之间形成的间隙，A_0 受其他五个零件设计尺寸变化的影响，因而 A_0 和 A_1、A_2、A_3、A_4、A_5 构成一个装配尺寸链；图 8-1(b)为齿轮轴，由四个端平面尺寸 A_1、A_2、A_3、A_0 按照一定顺序构成一个封闭的尺寸回路，该尺寸回路反映同一零件上的设计尺寸之间的关系，因而构成一个零件尺寸链；图 8-1(c)为一阶梯轴，由三个端平面尺寸 A_1、A_2、和 A_0 按照一定顺序构成一个封闭的尺寸回路，该尺寸回路反映同一零件上的加工关系，因而构成一个工艺尺寸链。

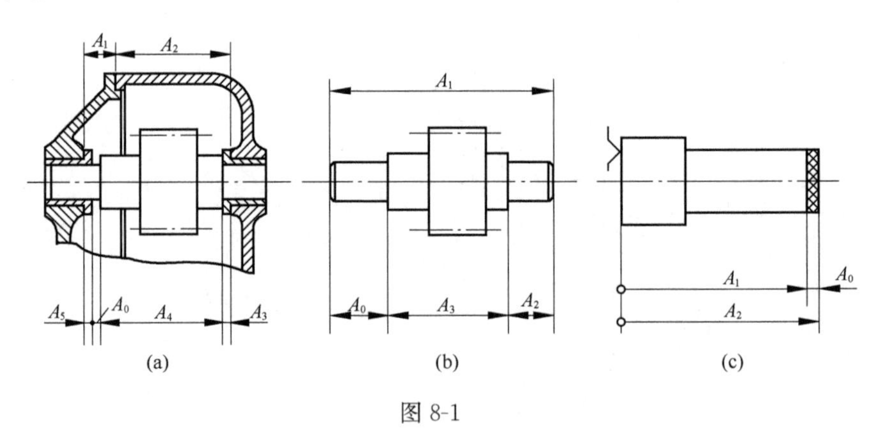

图 8-1

综上所述，尺寸链有以下两个特征：

封闭性。组成尺寸链的各个尺寸按一定顺序构成一个封闭的系统。

相关性。尺寸链中存在一个尺寸，其大小受其他尺寸变化的影响。

8.1.2 尺寸链的组成和分类

1. 尺寸链的组成

尺寸链是由环组成的。列入尺寸链中的每一个尺寸称为环，如图 8-1 中的 A_0 和 A_1、A_2。尺寸链中，环又可分为封闭环和组成环。

(1) 封闭环(closing link)

尺寸链中在装配过程或加工过程最后形成的一环称为封闭环。在装配尺寸链中，每一个组成环代表一个零件的相关尺寸，而封闭环是将各个零件组装在一起之后形成的，其表现形式可能是间隙、过盈、相关要素的相对位置或距离等，这些，往往是设计人员提出的技术装配要求，应该严格得到保证。见图 8-1(a)。对于工艺尺寸链，通常封闭环是工艺过程需要的余量尺寸，见图 8-1(c)。对于零件尺寸链，封闭环则是公差等级要求最低的环，一般其尺寸公差不在图纸上标注，见图 8-1(b)。值得注意的是，在工艺尺寸链中，封闭环是相对加工顺序而言的，加工顺序不同，封闭环也会不同，因此应该在加工顺序确定之后再寻找封闭环。而装配尺寸链中的封闭环与装配顺序无关。标准中封闭环用符号“A_0”表示，见图 8-1(a)中的 A_0。

(2) 组成环(component link)

尺寸链中对封闭环有影响的全部环称为组成环。每一个组成环的尺寸变化都将引起封闭环的尺寸随之变化。在国家标准中组成环用符号 $A_1, A_2, A_3, \cdots, A_{n-1}$ (n 为尺寸链的总环数)表示，见图 8-1 中的 A_1、A_2 和 A_3 等。

封闭环的大小由组成环决定，即封闭环是各组成环的函数，可表示为

$$A_0 = f(A_1, A_2, \cdots, A_{n-1})$$

组成环有两类，一类为增环，另一类为减环。

增环(increasing link)　在其余组成环保持不变的条件下，能使封闭环的尺寸随该环变大而变大，随该环变小而变小的组成环称为增环。增环以符号 $A_{(+)}$ 表示。

减环(decreasing link)　在其余组成环保持不变的条件下，能使封闭环的尺寸随该环变大而变小，随该环变小而变大的组成环称为减环。减环以符号 $A_{(-)}$ 表示。

补偿环(compensating link)　尺寸链中预先选定的某一组成环，可以通过改变其大小或位置，使封闭环达到规定的要求。

综上所述，尺寸链的组成可表示为

$$\text{一个尺寸链}\begin{cases}1\text{ 个封闭环}\\ m\text{ 个组成环}\begin{cases}k\text{ 个增环}\\ m-k\text{ 个减环}\end{cases}\end{cases}$$

2. 尺寸链的分类

1) 按尺寸链的应用场合不同可分为：

零件尺寸链　全部组成环为同一零件设计尺寸所形成的尺寸链，如图 8-1(b)所示。

装配尺寸链　全部组成环为不同零件设计尺寸所形成的尺寸链，如图 8-1(a)所示。

工艺尺寸链　全部组成环为同一零件工艺尺寸所形成的尺寸链，如图 8-1(c)所示。

2) 按尺寸链中各环所处的相互位置可分为：

直线尺寸链　全部组成环平行于封闭环的尺寸链，如图 8-1(a)所示。

平面尺寸链　全部组成环位于一个或几个平面内，但某些组成环不平行于封闭环的尺寸链，因此可以用投影方法把各环尺寸换算在同一方位上，使之成为线性尺寸链。

空间尺寸链　组成环位于几个不平行平面内的尺寸链。这类尺寸链可通过两次投影变换而成为线性尺寸链，即先将各环尺寸投影于封闭环尺寸所在平面，得到平面尺寸链，再将平面尺寸链中各环尺寸投影于封闭环所在方位，即得到线性尺寸链。

3) 按尺寸链中各环尺寸的几何特征可分为：

长度尺寸链　全部环为长度尺寸的尺寸链，图 8-1 属此类。

角度尺寸链　全部环为角度尺寸的尺寸链。

8.1.3 尺寸链的确立与分析

为了保证机械和零部件的互换性要求，需要从其结构中找出相互联系的尺寸，确定尺寸链。机器结构通常是很复杂的，从各个零件之间错综复杂的尺寸联系中，找出对装配精度和技术要求有影响的那些尺寸，建立起若干个尺寸链。然后，进行尺寸链计算。

1. 确定尺寸链

装配尺寸链的确定一般分两步：

首先确定封闭环。封闭环是装配后自然形成的尺寸，是机器上有装配精度要求的尺寸，如为了保证机器工作的相对位置尺寸，或保证相互配合的间隙、过盈等。通常在机械装配和验收的技术要求中规定的几何精度要求，一般就是尺寸链的封闭环。

在确定封闭环之后，寻找所有的组成环。组成环是对装配精度要求发生直接影响的那些尺寸，它们影响封闭环的大小或变动范围。在寻找组成环时，应先从繁多的尺寸中,排除那些与封闭环无关的,或无直接关系的尺寸。寻找组成环的方法是,从封闭环两端中的任一端开始,按照装配精度要求的方向,依次寻找那些影响封闭环大小的尺寸,一环接一环,直至封闭环的另一端为止,它们与封闭环连接成封闭的回路。

2. 画尺寸链图

绘制尺寸链图的基本要点是:尺寸链中的环用箭头线表示。从任意一环开始,按顺序依次画出所有的环,环与环之间首尾相接,不能断开,形成一个封闭的尺寸回路。

尺寸链图画好之后,可以按定义或按箭头方向从一系列的组成环中分辨出增环和减环。

按箭头方向判断增、减环时,在封闭环 A_0 和各组成环 A_i 上面各画一个箭头,见图 8-2。所带箭头指向与封闭环的箭头指向相同者为减环,反之为增环。在图 8-2 中 A_2、A_3、A_4 和 A_5 为减环,A_1 为增环。

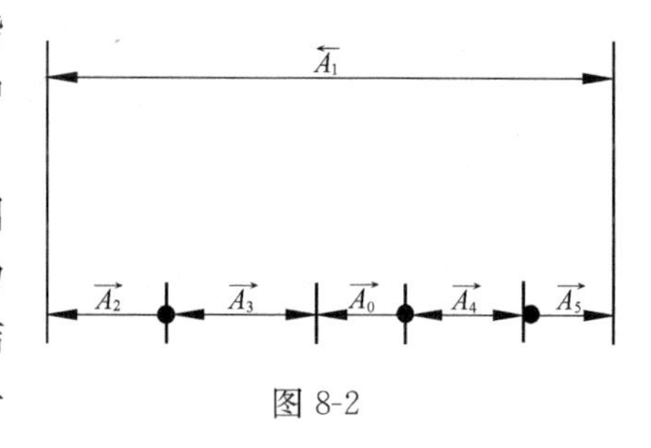

图 8-2

至此,读者对尺寸链图的画法及封闭环、增环和减环的判断已有了一些认识。为了更快、更准确地画出尺寸链图,这里总结了几个口诀供参考,在口诀中特别提及了一些画尺寸链图时应该注意的主要事项。

参考口诀为:

制造顺序确定好,闭环才能找得到,基准重要。

依次画出尺寸线,环环相连且勿断,对称取半。

环环头上顶箭头,箭头异同定增减,彼此相关。

8.1.4 尺寸链计算的任务和分析方法

1. 任务

解尺寸链,就是根据封闭环与各组成环之间的函数关系,利用已知环的公称尺寸、极限偏差,求出未知环的公称尺寸、极限偏差。尺寸链计算可以解决工程中下述三方面的问题。

(1) 正计算

该类计算的特点是:各个组成环的公称尺寸及其上、下极限偏差是事先知道的,封闭环的公称尺寸及其上、下极限偏差是待求量。正计算常用于验证设计和审核图纸尺寸标注的正确性,也叫校核计算。

(2) 中间计算

其特点是封闭环及 $n-2$ 个组成环的公称尺寸及其上、下极限偏差是事先知道的，剩余的一个组成环的公称尺寸及其上、下极限偏差是待求量。这类计算常用在工艺上。

(3) 反计算

这类计算的特点是封闭环的公称尺寸及其上、下极限偏差和所有组成环的公称尺寸是事先知道的，所有组成环的公差和极限偏差是待求量。这类计算主要用在设计上，即根据机器的使用要求来分配各组成环的公差，也叫设计计算。

2. 方法

完全互换法(极值法) 此法不考虑各环提取组成要素局部尺寸的分布情况，按尺寸链各组成环的极限值进行计算，按该方法解尺寸链，装配时各组成环不需挑选或辅助加工，装配后即能达到封闭环的公差要求，可实现完全互换性。

大数互换法(概率法) 该法是以保证大多数同规格的零件具有互换性为出发点的。在相同公差条件下，大数互换法解尺寸链能放宽组成环公差，降低加工成本，技术经济效益好，适用于大批量生产。

在某些场合下，装配精度要求高，而生产条件无法满足或为了避免成本过高，可用分组互换法、修配法和调整法。

8.2 用完全互换法解尺寸链

用完全互换法解尺寸链能够保证完全互换性，这种解法是从尺寸链各环的极限值出发来进行计算的。让增环极大值与减环极小值同时出现，增环极小值与减环极大值同时出现，而不考虑各环实际尺寸的分布情况。这是尺寸链计算中最基本的方法。

8.2.1 基本公式

完全互换法计算尺寸链的基本公式如下：

封闭环的公称尺寸

$$A_0 = \sum_{i=1}^{k} A_{(+)i} - \sum_{i=k+1}^{m} A_{(-)i} \tag{8-1}$$

上式表明，封闭环的公称尺寸等于所有增环公称尺寸之和减去所有减环的公称尺寸之和。需要注意的是：尺寸链中封闭环的公称尺寸有可能等于零。

封闭环的极限偏差

$$\mathrm{ES}_0 = \sum_{i=1}^{k} \mathrm{ES}_{(+)i} - \sum_{i=k+1}^{m} \mathrm{EI}_{(-)i} \tag{8-2}$$

$$\mathrm{EI}_0 = \sum_{i=1}^{k} \mathrm{EI}_{(+)i} - \sum_{i=k+1}^{m} \mathrm{ES}_{(-)i} \tag{8-3}$$

式中：ES_0、EI_0——封闭环的上、下极限偏差；

$ES_{(+)i}$、$EI_{(+)i}$——第 i 个增环的上、下极限偏差；

$ES_{(-)i}$、$EI_{(-)i}$——第 i 个减环的上、下极限偏差。

即封闭环的上极限偏差等于所有增环的上极限偏差之和减去所有减环的下极限偏差之和；封闭环的下极限偏差等于所有增环的下极限偏差之和减去所有减环的上极限偏差之和。

封闭环的极限尺寸

$$A_{0\max} = \sum_{i=1}^{k} A_{(+)i\max} - \sum_{i=k+1}^{m} A_{(-)i\min} \tag{8-4}$$

$$A_{0\min} = \sum_{i=1}^{k} A_{(+)i\min} - \sum_{i=k+1}^{m} A_{(-)i\max} \tag{8-5}$$

即封闭环的上极限尺寸等于所有增环的上极限尺寸之和减去所有减环的下极限尺寸之和；封闭环的下极限尺寸等于所有增环的下极限尺寸之和减去所有减环的上极限尺寸之和。

封闭环的公差

$$T_0 = \sum_{i=1}^{m} T_{A_i} \tag{8-6}$$

即封闭环的公差等于所有组成环的公差之和。

完全互换法计算尺寸链的步骤是：寻找封闭环，画尺寸链图，判断增、减环，由已知环的公称尺寸和极限偏差求解待求量。

8.2.2 校核计算

校核计算的已知条件是组成环的公称尺寸和极限偏差，待求参数是封闭环的公称尺寸和极限偏差，现举例说明。

例 8-1 加工如图 8-3(a)所示的定位工套。其径向加工工序是：车外圆 A_1 为 $\phi60_{-0.076}^{-0.030}$，镗内孔 A_2 为 $\phi40_{0}^{+0.03}$，并保证内外圆的同轴度公差 A_3 为 $\phi0.02$mm，求壁

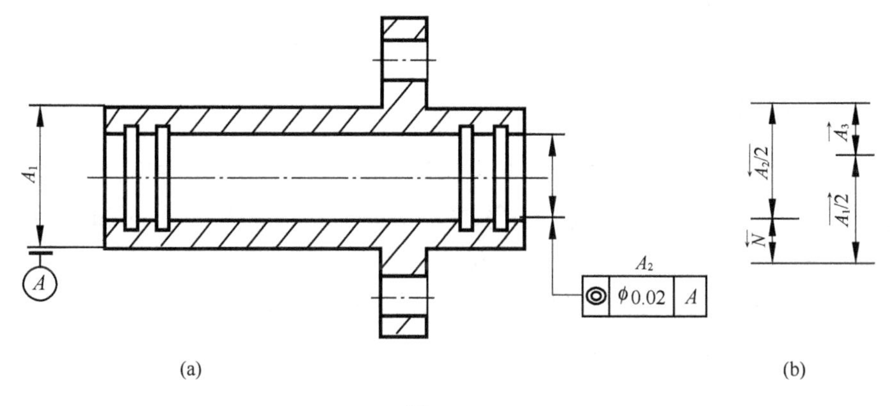

(a)　　(b)

图 8-3

厚 N。

解 寻找封闭环 加工后自然形成的尺寸是壁厚 N，故 N 为封闭环，即 $A_0=N$。

画尺寸链图 取半径组成尺寸链，在画尺寸链图和计算时，A_1、A_2 的公称尺寸、极限偏差和公差均取半值。同轴度公差 $\phi 0.02$mm 表示允许内、外圆中心线偏移 0.01mm，故将 A_3 定为 0 ± 0.01mm 加入尺寸链中。按顺序依次画出 $A_1/2$、A_3、$A_2/2$ 和 N，得到封闭回路。

判断增环和减环 按箭头方向判别法画出各环箭头方向，如图 8-3(b)所示，从而可以判断：$A_1/2$、A_3 为增环，$A_2/2$ 为减环。

这里，$A_1/2=30_{-0.038}^{-0.015}$，$A_2/2=20_{0}^{+0.015}$。

求封闭环的公称尺寸

$$A_0=(A_1/2+A_3)-A_2/2=30+0-20=10(\text{mm})$$

求封闭环的上极限偏差

$$\begin{aligned}\text{ES}_0&=(\text{ES}_{A_1/2}+\text{ES}_{A_3})-\text{EI}_{A_2/2}\\&=[(-0.015)+0.01]-0=-0.005(\text{mm})\end{aligned}$$

求封闭环的下极限偏差

$$\begin{aligned}\text{EI}_0&=(\text{EI}_{A_1/2}+\text{EI}_{A_3})-\text{ES}_{A_2/2}\\&=[(-0.038)+(-0.01)]-(+0.015)=-0.063(\text{mm})\end{aligned}$$

验算 由公差与上、下极限偏差的关系可得

$$T_0=|\text{ES}_0-\text{EI}_0|=|(-0.005)-(-0.063)|=0.058(\text{mm})$$

由式(8-6)，得

$$\begin{aligned}T_0&=|\text{ES}_{A_1/2}-\text{EI}_{A_1/2}|+|\text{ES}_{A_3}-\text{EI}_{A_3}|+|\text{ES}_{A_2/2}-\text{EI}_{A_2/2}|\\&=|(-0.015)-(-0.038)|+|(+0.01)-(-0.01)|\\&\quad+|(+0.015)-0|\\&=0.058(\text{mm})\end{aligned}$$

计算结果符合要求，所以壁厚 $N=A_0=10_{-0.063}^{-0.005}$(mm)

8.2.3 中间计算

例 8-2 加工一个如图 8-3(a)所示的定位工套，其径向加工顺序为：车外圆 A_1 为 $\phi 60_{-0.076}^{-0.030}$，镗内孔 A_2，并且规定了内、外圆的同轴度公差 A_3 为 $\phi 0.02$mm，为了保证加工后的壁厚为 $10_{-0.063}^{-0.005}$，问所镗内孔的尺寸 A_2 为多少？

解 寻找封闭环、画尺寸链图、判断增、减环见例 8-1。

由式(8-1)求内孔半径 $A_2/2$ 的公称尺寸

$$A_2/2=(A_1/2+A_3)-A_0=(30+0)-10=20(\text{mm})$$

由式(8-2)求内孔半径的下极限偏差

$$\mathrm{EI}_{A_2/2} = (\mathrm{ES}_{A_1/2} + \mathrm{ES}_{A_3}) - \mathrm{ES}_0$$
$$= [(-0.015) + (+0.01)] - (-0.005) = 0(\mathrm{mm})$$

由式(8-3)求内孔半径的上极限偏差

$$\mathrm{ES}_{A_2/2} = (\mathrm{EI}_{A_1/2} + \mathrm{EI}_{A_3}) - \mathrm{EI}_0$$
$$= [(-0.038) + (-0.01)] - (-0.063) = +0.015(\mathrm{mm})$$

验算：

由问题给出的已知条件，可求出封闭环 A_0 的公差 T_0

$$T_0 = |\mathrm{ES}_0 - \mathrm{EI}_0| = |(-0.005) - (-0.063)| = 0.058(\mathrm{mm})$$

将本题的计算结果代入式(8-6)，可求出闭环 A_0 的公差 T_0

$$T_0 = |\mathrm{ES}_{A_1/2} - \mathrm{EI}_{A_1/2}| + |\mathrm{ES}_{A_3} - \mathrm{EI}_{A_3}| + |\mathrm{ES}_{A_2/2} - \mathrm{EI}_{A_2/2}|$$
$$= |(-0.015) - (-0.038)| + |(+0.01) - (-0.01)|$$
$$+ |(+0.015) - 0|$$
$$= 0.058(\mathrm{mm})$$

计算结果符合要求。内孔半径 $A_2/2 = 20^{+0.015}_{0}$，内孔直径 $A_2 = \phi 40^{+0.03}_{0}$。

例 8-3 加工一个如图 8-4(a)所示的阶梯轴。轴向加工顺序为：截取总长度 A_1 为 $60_{-0.054}^{0}$mm，按长度 $A_2 = 22_{-0.033}^{0}$ 车右端小径外圆，再按长度 A_3 车左端小径外圆，并保证尺寸 A_4 为 $20_{-0.066}^{+0.054}$。求 A_3。

解 寻找封闭环，加工后自然形成的尺寸是 A_4，因此，A_4 是封闭环。据题意，有 $A_0 = A_4$。

画尺寸链图，从 A_1 左端开始，按顺序依次画出 A_1、A_2、A_4、A_3，形成封闭回路，见图 8-4(b)。

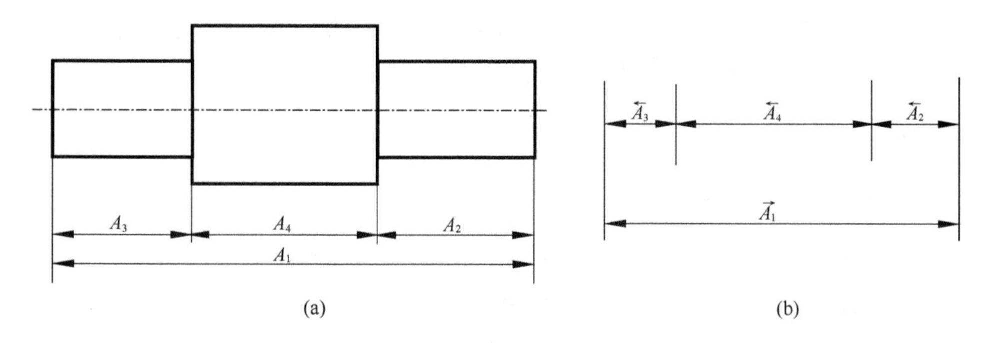

图 8-4 例题 8-3 图

判断增、减环。按箭头方向判断法给各组成环标以箭头，见图 8-4(b)。显然有：

增环为 A_1；减环为 A_2、A_3。

求 A_3 的公称尺寸

$$A_3 = A_1 - A_2 - A_0 = 60 - 22 - 20 = 18\ (\mathrm{mm})$$

求 A_3 的下极限偏差

$$EI_{A_3} = ES_{A_1} - EI_{A_2} - ES_0 = 0 - (-0.033) - (+0.054) = -0.021(\text{mm})$$

求 A_3 的上极限偏差

$$ES_{A_3} = EI_{A_1} - ES_{A_2} - EI_0 = (-0.054) - 0 - (-0.066) = +0.012(\text{mm})$$

验算，由题中给出的已知条件，可求出封闭环 A_0 的公差 T_0

$$T_0 = |ES_0 - EI_0| = |(+0.054) - (-0.066)| = 0.120(\text{mm})$$

将本题计算结果代入式(8-6)，可求出封闭环 A_0 的公差 T_0

$$\begin{aligned} T_0 &= T_{A_1} + T_{A_2} + T_{A_3} \\ &= |ES_{A_1} - EI_{A_1}| + |ES_{A_2} - EI_{A_2}| + |ES_{A_3} - EI_{A_3}| \\ &= 0.054 + 0.033 + 0.033 = 0.120(\text{mm}) \end{aligned}$$

计算结果符合要求。所以有 $A_3 = 18_{-0.021}^{+0.012}$ mm。

8.2.4 设计计算

设计计算是根据封闭环的公称尺寸和极限偏差求各组成环的公差和极限偏差。

在实际问题中，一个尺寸链通常是由多个环组成的，这样就要求设计人员能够将封闭环的公差合理地分配给各个组成环。显然，分配方案不唯一，即利用式(8-1)～式(8-6)不能圆满地解决这类问题，需要利用其他更为有效的方法或原则来进行公差分配计算，最终确定所有组成环的公差及其上、下极限偏差。

通常采用“相等公差法”和“相等公差等级法”。

1. 相等公差法

当各组成环的公称尺寸相差不大时，可将封闭环的“公差平均分配”给各组成环。如果需要，在此基础上做必要的调整。

$$T_{av} = \frac{T_0}{m} \tag{8-7}$$

2. 相同公差等级法

当各组成环的公称尺寸相差较大时，采用各环公差等级相等的方法将封闭环公差分配给各组成环，即各环公差等级系数相等，设其均值为 a_{av}，则

$$a_1 = a_2 = \cdots = a_m = a_{av}$$

如第 2 章所述，公称尺寸≤500 mm 时，公差值 T 按下式计算：

$$T = ai = a(0.45\sqrt[3]{D} + 0.001D)$$

按相同公差等级原则，各组成环的公差等级系数相同，设为 a_{av}，可得

$$a_{av} = \frac{T_0}{\sum_{i=1}^{m} i_i} = \frac{T_0}{\sum_{i=1}^{m} (0.45\sqrt[3]{D_i} + 0.001D)} \tag{8-8}$$

查表 8-1 可以确定式(8-8)中的 i_i 值。

按式(8-8)计算出 a_{av} 之后，查表 2-1，取相近的一个公差等级，再由表 2-2 查得 $m-1$ 个组成环的公差值，最后由式(8-6)计算出另一个组成环的公差值。

确定各组成环极限偏差的方法是先留一个组成环作为调整环，其余各组成环的极限偏差按“入体原则”确定：如果组成环是一个孔，即包容面尺寸，如图 8-4(a)中的 A_2，其基本偏差取 H；如果组成环是一个轴，即被包容面尺寸，如图 8-3(a)中的 A_1，其基本偏差取 h。

特殊情况，对于组成环既不是孔(包容面尺寸)，也不是轴(被包容面尺寸)的情况，如中心距尺寸，其基本偏差按 JS 计算。

表 8-1

尺寸分段/mm	公差单位 i_i/μm
1～3	0.54
>3～6	0.73
>6～10	0.90
>10～18	1.08
>18～30	1.31
>30～50	1.56
>50～80	1.86
>80～120	2.17
>120～180	2.52
>180～250	2.90
>250～315	3.23
>315～400	3.54
>400～500	3.86

例 8-4 在图 8-5(a)中，根据使用要求，间隙 A_0 应在 0.05～0.35mm 范围内。已知各零件的公称尺寸为 $A_1=30$mm，$A_2=5$mm，$A_3=43$mm，$A_4=3_{-0.05}^{\ 0}$mm，$A_5=5$mm，求各个尺寸的上、下极限偏差。

解 寻找封闭环，显然，在图 8-5(a)中，装配后自然形成的尺寸是 A_0。因此，A_0 是封闭环。

画尺寸链图，按图 8-5(a)中各零件的位置顺序，依次画出 A_3、A_4、A_5、A_0、A_1 和 A_2，形成封闭回路，见图 8-5(b)。

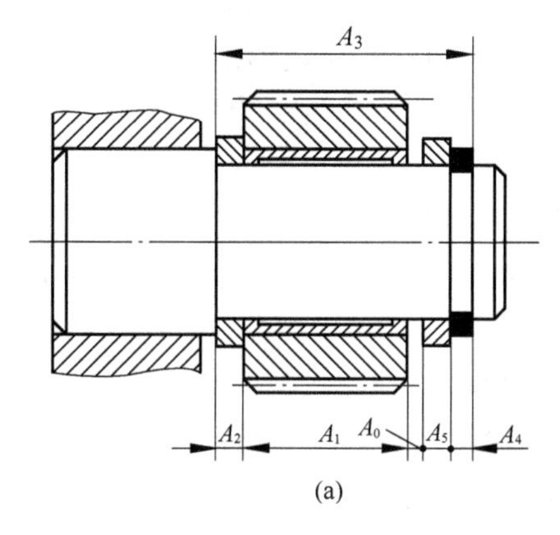

(a)

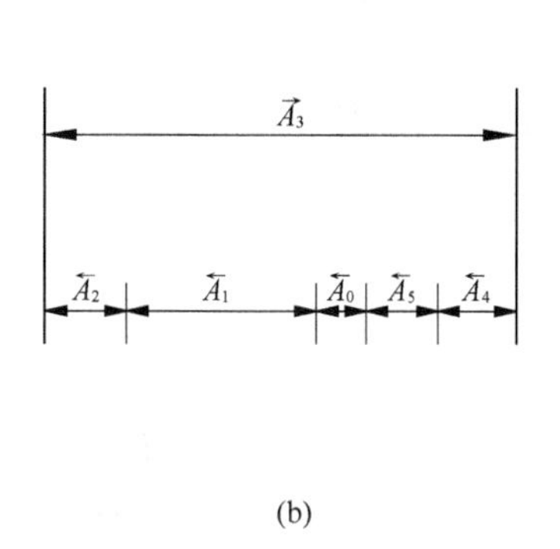

(b)

图 8-5

判断增环和减环，画出各环箭头方向，见图 8-5(b)，根据箭头方向判断法确定增、减环：

增环为 A_3；减环为 A_1、A_2、A_4 和 A_5。

用相同公差等级法计算各组成环的极限偏差。

确定“协调环”,选定 A_5 为“协调环”。

计算封闭环的公称尺寸及其极限偏差和公差,由式(8-1),得封闭环的公称尺寸 A_0:

$$A_0 = A_3 - (A_1 + A_2 + A_4 + A_5) = 43 - (30 + 5 + 3 + 5) = 0(\text{mm})$$

则封闭环的公称尺寸 A_0 的上、下极限偏差为

$$ES_0 = A_{0\max} - A_0 = 0.35 - 0 = +0.35(\text{mm})$$

$$EI_0 = A_{0\min} - A_0 = 0.05 - 0 = +0.05(\text{mm})$$

进而有封闭环的公称尺寸的公差 T_0

$$T_0 = |A_{0\max} - A_{0\min}| = |(+0.35) - (+0.05)| = 0.30(\text{mm})$$

计算各组成环的公差:

根据式(8-8) 和表 8-1 可求得平均公差等级系数为

$$a_{av} = \frac{T_0}{\sum_{i=1}^{m} i_i} = \frac{T_0}{\sum_{i=1}^{m}(0.45\sqrt[3]{D_i} + 0.001D_i)}$$

将 $D_1 = \sqrt{18\times30}$, $D_2 = \sqrt{3\times6}$, $D_3 = \sqrt{30\times50}$, $D_4 = \sqrt{1\times3}$, $D_5 = \sqrt{3\times6}$带入上式,得

$$a_{av} \approx 62$$

查表 2-1 确定各组成环(除“协调环”外)的公差等级为 IT10。查表 2-2,得

$$T_{A_1} = 84\mu\text{m}, \quad T_{A_2} = 48\mu\text{m}, \quad T_{A_3} = 100\mu\text{m}$$

由式(8-6)计算“协调环”A_5 的公差

$$T_{A_5} = T_0 - (T_{A_1} + T_{A_2} + T_{A_3} + T_{A_4})$$
$$= 300 - (84 + 48 + 100 + 50) = 18(\mu\text{m})$$

按“入体原则”确定除“协调环”之外的各组成环的极限偏差

$$A_1 = 30_{-0.084}^{\ 0}, \quad A_2 = 5_{-0.048}^{\ 0}, \quad A_3 = 43_{\ 0}^{+0.1}$$

由式(8-2)计算“协调环”A_5 的下极限偏差

$$EI_{A_5} = ES_{A_3} - (EI_{A_1} + EI_{A_2} + EI_{A_4}) - ES_0$$
$$= (+0.1) - (-0.084) - (-0.048) - (-0.05) - (+0.35)$$
$$= -0.068(\text{mm})$$

由式(8-3)计算“协调环”A_5 的上极限偏差

$$ES_{A_5} = EI_{A_3} - (ES_{A_1} + ES_{A_2} + ES_{A_4}) - EI_0$$
$$= (0) - 0 - 0 - 0 - (+0.05)$$
$$= -0.05(\text{mm})$$

则有

$$A_5 = 5_{-0.068}^{-0.050}$$

验算,由题中给出的已知条件,可求出封闭环的公差

$$T_0 = | A_{0\max} - A_{0\min} | = | (+0.35) - (+0.05) | = 0.30(\text{mm})$$

将本题的计算结果代入式(8-6)，可求出封闭环的公差

$$T_0 = T_{A_1} + T_{A_2} + T_{A_3} + T_{A_4} + T_{A_5}$$

$$= 0.084 + 0.048 + 0.1 + 0.05 + 0.018 = 0.30$$

计算结果符合要求。最后结果为

$$A_1 = 30_{-0.084}^{0}, \quad A_2 = 5_{-0.048}^{0}, \quad A_3 = 43_{0}^{+0.1}, \quad A_5 = 5_{-0.068}^{-0.050}$$

8.3 大数互换法解尺寸链

在成批和大量生产中，正常情况下各组成环的实际尺寸趋近极限尺寸平均值的概率较大，趋近极限尺寸的概率较小，而增环、减环以相反极限值来形成封闭环的概率则更小。由于各组成环的获得无相互联系，它们皆为独立随机变量，因此它们形成的封闭环也是随机变量，其提取组成要素局部尺寸也按一定规律分布。考虑上述规律，在不改变技术要求所规定的封闭环公差的情况下，用大数互换法解尺寸链，可以放大组成环公差，这会给生产带来显著的技术经济效益。

8.3.1 基本公式

根据概率论关于独立随机变量合成规则，各组成环(各独立随机变量)的标准偏差与封闭环的标准偏差 σ_0 的关系为

$$\sigma_0 = \sqrt{\sum_{j=1}^{m} \sigma_j^2} \tag{8-9}$$

式中：σ_j——尺寸链中第 j 个组成环的标准偏差。

如果各组成环的提取组成要素局部尺寸都为正态分布，并且分布范围与公差带宽度一致，分布中心与公差带中心重合，见图 8-6，则封闭环的提取组成要素局部尺寸也服从正态分布，各环公差与标准偏差关系如下：

$$T_0 = 6\sigma_0$$

$$T_j = 6\sigma_j$$

将以上两式代入式(8-9)，得

$$T_0 = \sqrt{\sum_{j=1}^{m} T_j^2} \tag{8-10}$$

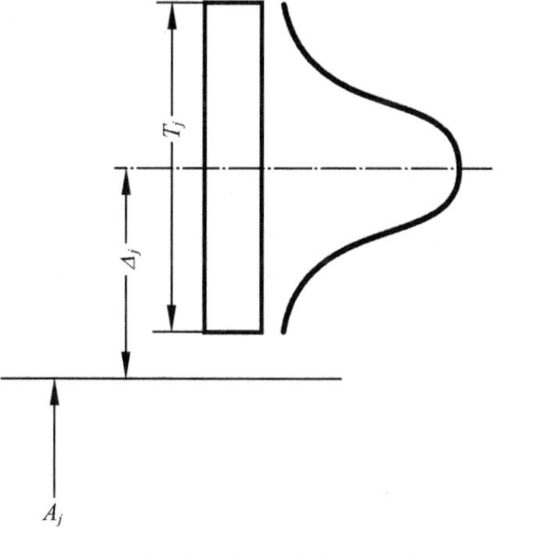

图 8-6 组成环按正态规律分布图

即封闭环公差等于所有组成环公差的方和根。

由图 8-6 可见，各组成环的中间偏差为其上、下极限偏差的平均值。封闭环的中间偏差 Δ_0 与组成环的中间偏差 Δ_j 分别为

$$\Delta_0 = \frac{1}{2}(ES_0 + EI_0)$$

$$\Delta_j = \frac{1}{2}(ES_j + EI_j)$$

各组成环的中心尺寸为极限尺寸的平均值。封闭环的中间尺寸 $A_{0中}$ 为封闭环的公称尺寸与其中间偏差之和

$$A_{0中} = A_0 + \Delta_0 \tag{8-11}$$

组成环中间尺寸 $A_{j中}$ 为组成环的公称尺寸与中间偏差之和

$$A_{j中} = A_j + \Delta_j \tag{8-12}$$

式(8-4)和式(8-5)相加后取平均值可得

$$A_{j中} = \sum_{j=1}^{k} A_{(+)j中} - \sum_{k+1}^{m} A_{(-)j中} \tag{8-13}$$

即封闭环中间尺寸等于所有增环的中间尺寸之和减去所有减环的中间尺寸之和。将上述公式整理，得

$$\Delta_0 = \sum_{j=1}^{k} \Delta_{(+)j} - \sum_{k+1}^{m} \Delta_{(-)j} \tag{8-14}$$

即封闭环中间偏差等于所有增环的中间偏差之和减去所有减环的中间偏差之和。

如果组成环的提取组成要素局部尺寸不服从正态分布，而是其他分布，或者组成环分布中心偏离公差带中心，那么本节所述公式应加以修正，详见有关书籍。

用大数互换法解尺寸链的步骤基本上与完全互换法相同。但在计算封闭环和组成环的上、下极限偏差时，要先算出它们的中间偏差。

8.3.2 校核计算

例 8-5 用大数互换法解例 8-1 题。

解 按下列基本步骤解题。

寻找封闭环、画尺寸链图、判断增环和减环三个步骤均与例 8-1 相同。

计算壁厚 A_0 的公称尺寸、公差值和上、下极限偏差。

计算中间偏差，由于分布中心与公差带中心重合，因而可以将组成环改写为对称偏差形式，即

增环：由 $A_1/2 = 30_{-0.038}^{-0.015} = 30 + (-0.0265) \pm 0.023/2$，有

$$\Delta_{1(+)} = \Delta_{A_1/2} = -0.0265\text{mm}, \quad T_{A_1/2} = 0.023\text{mm}$$

由 $A_3 = 0 \pm 0.01 = 0 + 0 \pm 0.02/2$，有

$$\Delta_{3(+)} = \Delta_{A_3} = 0\text{mm}, \quad T_{A_3} = 0.02\text{mm}$$

减环：由 $A_2/2 = 20_{\ 0}^{+0.015} = 20 + (+0.0075) \pm 0.015/2$，有

$$\Delta_{2(-)} = \Delta_{A_2/2} = +0.0075\text{mm}, \quad T_{A_2/2} = 0.015\text{mm}$$

计算封闭环的公称尺寸

$$A_0 = \left(\frac{A_1}{2} + A_3\right) - \frac{A_2}{2} = 30 + 0 - 20 = 10(\text{mm})$$

计算封闭环的中间偏差

$$\begin{aligned}\Delta_0 &= (\Delta_{A_1/2} + \Delta_{A_3}) - \Delta_{A_2/2} \\ &= [(-0.0265) + 0] - (+0.0075) = -0.034(\text{mm})\end{aligned}$$

计算封闭环的公差

$$T_0 = \sqrt{T_{A_1/2}^2 + T_3^2 + T_{A_2/2}^2} = \sqrt{0.023^2 + 0.02^2 + 0.015^2} = 0.034(\text{mm})$$

将封闭环尺寸整理成用极限偏差表达的形式

$$A_0 = 10 + (-0.034) \pm 0.034/2 = 9.966 \pm 0.017 = 10_{-0.051}^{-0.017}(\text{mm})$$

验算，由计算结果可得

$$T_0 = |\,\text{ES}_0 - \text{EI}_0\,| = |\,(-0.017) - (-0.051)\,| = 0.034\ (\text{mm})$$

由式(8-10)，得

$$\begin{aligned}T_0 &= \sqrt{T_{A_1/2}^2 + T_3^2 + T_{A_3/2}^2} \\ &= \sqrt{(\text{ES}_{A_1/2} - \text{EI}_{A_1/2})^2 + (\text{ES}_{A_3} - \text{EI}_{A_3})^2 + (\text{ES}_{A_2/2} - \text{EI}_{A_2/2})^2} \\ &= \sqrt{0.023^2 + 0.02^2 + 0.015^2} \\ &= 0.034(\text{mm})\end{aligned}$$

计算结果符合要求，所以壁厚 A_0 为 $10_{-0.051}^{-0.017}$ mm。

与例 8-1 求得的结果 $A_0 = 10_{-0.063}^{-0.005}$ mm 比较可以看出，在组成环公差一定的情况下，大数互换法解尺寸链使封闭环的公差缩小。

8.3.3 中间计算

例 8-6 用大数互换法解例 8-3。

解 寻找组成环、画尺寸链图、判断增环和减环三个步骤均与例 8-3 相同。

计算 A_3 的公称尺寸和上、下极限偏差，将已知环写成对称极限偏差形式，并确定各环的公差、中间偏差。

封闭环：由 $A_0 = A_4 = 20 + (-0.006) \pm \dfrac{0.120}{2}$，有

$$\Delta_0 = -0.006(\text{mm}), \quad T_0 = 0.120(\text{mm})$$

增环：由 $A_1 = 60_{-0.054}^{\ 0} = 60 + (-0.027) \pm \dfrac{0.054}{2}$，有

$$\Delta_{A_1} = -0.027(\text{mm}), \quad T_{A_1} = 0.054(\text{mm})$$

减环：由 $A_2 = 22_{-0.033}^{\ 0} = 22 + (-0.0165) \pm \dfrac{0.033}{2}$，有

$$\Delta_{A_2} = -0.0165(\mathrm{mm}), \quad T_{A_2} = 0.033(\mathrm{mm})$$

A_3 是待求解的尺寸。

计算 A_3 的公称尺寸

$$A_3 = A_1 - A_2 - A_0 = 60 - 22 - 20 = 18(\mathrm{mm})$$

计算 A_3 的中间偏差

$$\Delta_{A_3} = \Delta_1 - \Delta_2 - \Delta_0 = (-0.027) - (-0.0165) - (-0.006)$$
$$= -0.0045(\mathrm{mm})$$

计算 A_3 的公差

$$T_{A_3} = \sqrt{T_0^2 - T_{A_1}^2 - T_{A_2}^2}$$
$$= \sqrt{0.12^2 - 0.054^2 - 0.033^2}$$
$$= 0.102(\mathrm{mm})$$

用极限偏差的形式表达 A_3：

$$A_3 = 18 + (-0.0045) \pm \frac{0.102}{2} = 18_{-0.0555}^{+0.0465}(\mathrm{mm})$$

验算，由题中给出的已知条件，可求出封闭环的公差 T_0：

$$T_0 = |\mathrm{ES}_0 - \mathrm{EI}_0| = |(+0.054) - (-0.066)| = 0.120(\mathrm{mm})$$

将本题计算结果代入式(8-10)，得

$$T_0 = \sqrt{T_{A_1}^2 + T_{A_2}^2 + T_{A_3}^2}$$
$$= \sqrt{(\mathrm{ES}_{A_1} - \mathrm{EI}_{A_1})^2 + (\mathrm{ES}_{A_2} - \mathrm{EI}_{A_2})^2 + (\mathrm{ES}_{A_3} - \mathrm{EI}_{A_3})^2}$$
$$= \sqrt{0.054^2 + 0.033^2 + 0.102^2}$$

计算结果符合要求，所以 A_3 为 $18_{-0.0555}^{+0.0465}$ mm。

与例 8-3 的结果 $18_{-0.021}^{+0.012}$ mm 比较，显然，在封闭环公差相等的条件下，大数互换法解尺寸链扩大了组成环的公差。

8.3.4 设计计算

例 8-7 用大数互换法解例题 8-4。

解 寻找封闭环、画尺寸链图、判断增环和减环三个步骤均与例 8-4 相同。

计算封闭环的公称尺寸

$$A_0 = A_3 - (A_1 + A_2 + A_4 + A_5) = 43 - (30 + 5 + 3 + 5) = 0(\mathrm{mm})$$

计算封闭环的上极限偏差

$$\mathrm{ES}_0 = A_{0\max} - A_0 = 0.35 - 0 = +0.35(\mathrm{mm})$$

计算封闭环的下极限偏差

$$\mathrm{EI}_0 = A_{0\min} - A_0 = 0.05 - 0 = +0.05(\mathrm{mm})$$

计算封闭环的公差

$$T_0 = | ES_0 - EI_0 | = | (+0.35) - (+0.05) | = 0.30(\text{mm})$$

确定各组成环公差，设各组成环的公差值相等，根据式(8-10)计算出此时各组成环的平均公差值 T_{av}

$$T_{av} = \frac{T_0}{\sqrt{m}} = \frac{0.30}{\sqrt{5}} \approx 0.134(\text{mm})$$

选定 A_3 为"协调环"，对各组成环公差值进行调整。以 T_{av} 为初始值，考虑各组成环的加工难易程度，从标准公差数值表(表 2-2)中查取各组成环公差如下：

$$T_{A_1} = 0.13(\text{mm}), T_{A_2} = T_{A_5} = 0.075(\text{mm})$$

最后，按下式计算 T_{A_3}：

$$\begin{aligned} T_{A_3} &= \sqrt{T_0^2 - T_{A_1}^2 - T_{A_2}^2 - T_{A_4}^2 - T_{A_5}^2} \\ &= \sqrt{0.30^2 - 0.13^2 - 0.075^2 - 0.05^2 - 0.075^2} \\ &\approx 0.24(\text{mm}) \end{aligned}$$

确定除"协调环"以外所有组成环的极限偏差，根据"入体原则"，确定上述组成环的极限偏差

$$A_1 = 30_{-0.13}^{\ 0},\ A_2 = A_5 = 5_{-0.075}^{\ 0}$$

将已确定的各组成环的极限偏差写成对称形式，确定各环的中间偏差。

封闭环：由

$$A_0 = 0 + 0.20 \pm \frac{0.30}{2},$$

有

$$\Delta_0 = +0.20(\text{mm})$$

减环：由

$$A_2 = A_5 = 5_{-0.075}^{\ 0} = 5 + (-0.0375) \pm \frac{0.075}{2}$$

$$A_1 = 30_{-0.13}^{\ 0} = 30 + (-0.065) \pm \frac{0.13}{2}$$

$$A_4 = 3_{-0.05}^{\ 0} = 3 + (-0.025) \pm \frac{0.05}{2}$$

有

$$\Delta_{A_2} = \Delta_{A_5} = -0.0375(\text{mm}),\quad \Delta_{A_1} = -0.065(\text{mm}),\quad \Delta_{A_4} = -0.025(\text{mm})$$

计算"协调环"A_3 的中间偏差：

$$\begin{aligned} \Delta_{A_3} &= \Delta_0 + \Delta_{A_1} + \Delta_{A_2} + \Delta_{A_4} + \Delta_{A_5} \\ &= (+0.20) + (-0.065) + (-0.0375) + (-0.025) + (-0.0375) \\ &= +0.035(\text{mm}) \end{aligned}$$

用极限偏差的形式表达"协调环"A_3：

$$A_3 = 43 + (+0.035) \pm \frac{0.24}{2} = 43_{-0.085}^{+0.155}(\text{mm})$$

验算，由题中给出的已知条件，可求出封闭环的公差 T_0：

$$T_0 = |A_{0max} - A_{0min}| = |(+0.35) - (+0.05)| = 0.30(mm)$$

将本题计算结果代入式(8-10)，得

$$\begin{aligned} T_0 &= \sqrt{T_{A_1}^2 + T_{A_2}^2 + T_{A_3}^2 + T_{A_4}^2 + t_{A_5}^2} \\ &= \sqrt{0.13^2 + 0.075^2 + 0.24^2 + 0.05^2 + 0.075^2} \\ &\approx 0.30(mm) \end{aligned}$$

计算结果符合要求。所求的各组成环为

$$A_1 = 30_{-0.13}^{\ 0}(mm), \quad A_2 = A_5 = 5_{-0.075}^{\ 0}(mm), \quad A_3 = 43_{-0.085}^{+0.155}(mm)$$

与例题 8-4 的结果比较，可以看出：在封闭环公差相同的条件下，大数互换法解尺寸链，能放宽对各组成环的公差要求，这有利于降低加工成本，为企业提高经济效益。

8.4 用其他方法解装配尺寸链

对于高精度或超高精度的零、部件，如果仍然采用上述方法解尺寸链，由于分配到各组成环的公差值很小，很难实现或使加工成本过高。因此常常采用其他方法解尺寸链。例如，分组装配法、调整法和修配法等措施，这样既能保证零件有较大的加工公差，使其易于加工，又能保证高装配精度的要求。这些属于不完全互换法。

8.4.1 分组互换法

分组互换法的具体做法是：首先根据经济加工的要求将组成环的公差扩大若干倍对其进行加工。然后在装配前通过测量对完工后的零件按其提取组成要素局部尺寸大小分成若干组。装配时，按对应组进行装配，即大孔配大轴，小孔配小轴，同组零件具有互换性。

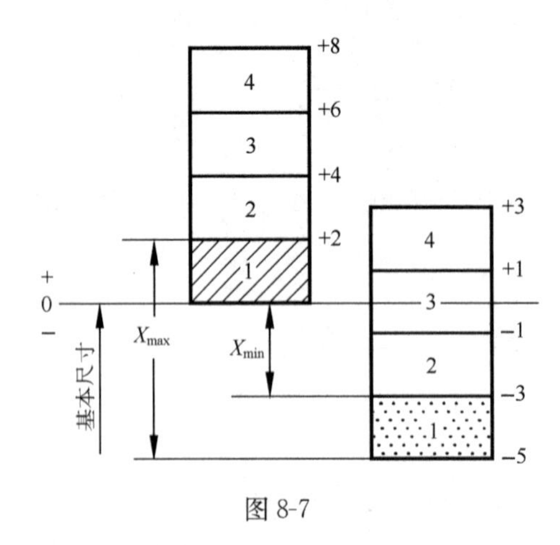

图 8-7

下面举例说明分组装配的计算方法(methods of calculation)。

例如，设孔、轴配合间隙要求在 $X = +3 \sim +7\mu m$，意味着封闭环的公差 $T_0 = 4\mu m$。如果用完全互换法计算，分配给孔、轴的加工公差各自只能为 $2\mu m$。采用分组装配法：将孔、轴公差扩大若干倍，图 8-7 表示在制造时，孔、轴的公差分别是原来的四倍。完工后装配前，按提取组成要素局部尺寸大小将孔、轴分别分成四组；装配时，大孔与大轴相配，小孔与小轴相配。这样孔、轴各对应组形成的最小间隙、最大间隙恰好满足设计要求的+3～+7μm。

分组装配法一般宜用于大批量生产中的高精度、零件形状简单易测、环数少的尺寸链。另外，分组后零件的形状误差不能减少，这就限制了分组数，一般为 2～4 组。

8.4.2 修配补偿法

修配补偿法是从加工经济性的角度对尺寸链的各组成环给定公差，利于加工。装配时去除补偿环的部分材料以改变其提取组成要素局部尺寸，使封闭环达到其公差与极限偏差要求。

具有补偿环的尺寸链中封闭环的公差为 T_{b0}，各组成环的公差扩大为 T_{b1}，T_{b2}，…，T_{bi}，补偿量为 T_b，则装配后，封闭环的公差(按极值法)为

$$T_{b0} = \sum_{i=1}^{m} T_{bi}$$

补偿量为

$$T_b = T_{b0} - T_0$$

式中：T_0 为技术要求规定的封闭环公差。

补偿量的值不应过大，以免过分增加补偿环的修配量。在实际生产中，应该选择较容易加工的组成环作为补偿环。

修配补偿法适合于单件、小批生产，环数多且封闭环的精度要求高的情况。

修配补偿法的优点在于，放宽了对组成环的公差要求，便于加工；有利于提高装配精度。

修配补偿法的缺点是，补偿环不具有互换性；由于装配时需要对补偿环进行修配，这样不仅增加了修配工作量和费用；而且修配所需的时间事先无法确定，不适合专业化、大批量的生产线。

8.4.3 调整补偿法

调整补偿法在加工时是按经济公差制造尺寸链的各组成环，装配时通过调整补偿环的提取组成要素局部尺寸或位置来达到封闭环的公差与极限偏差要求。常用的补偿环有两种。

1. 固定补偿环

在尺寸链中选择一个合适的组成环作为补偿环(如垫片、垫圈或轴套等)。根据需要可以按尺寸大小将补偿环分成若干组，装配时，据所测的实际间隙，从合适的尺寸组中取一个补偿环，装入尺寸链中预定的位置，使封闭环达到规定的技术要求。图 8-8

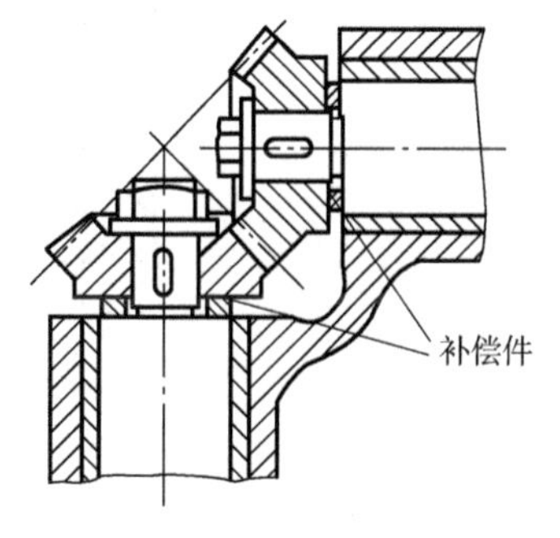

图 8-8 固定补偿环

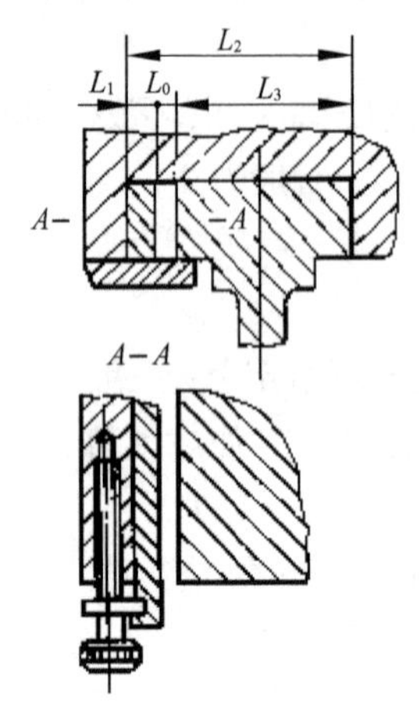

图 8-9　可动补偿环

所示为用两个固定补偿环使锥齿轮处于正确啮合位置。

2. 可动补偿环

装配时调整可动补偿环的位置以达到封闭环的精度要求。例如，机床中常用的镶条、调节螺旋副等。图 8-9 所示为用螺钉调整镶条的位置以满足装配精度的例子。像这种位置可调整的补偿件，在机构设计中应用很广，而且结构形式也多种多样。

调整补偿法的优点是，放宽了组成环的加工公差，便于零件加工，同时可以得到很高的装配精度；便于进行流水线生产；使用过程中可以按需要调整补偿环的位置或更换补偿环，便于恢复机器的原有精度。

习　题　8

1. 尺寸链中的封闭环有何特点？能否说未知的环就是封闭环？

2. 计算尺寸链的目的是什么？怎样判断增环和减环？

3. 在什么情况下使用大数互换法？用大数互换法解尺寸链与完全互换法的效果有何不同？

4. 若要求在图 8-10 所示的轴套内表面上镀铬，镀层厚度为 3～7μm，求镀层后轴套的壁厚？

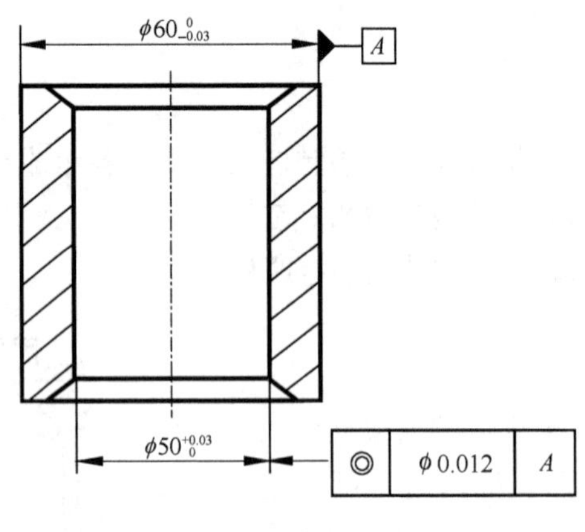

图 8-10

5. 有一批轴，需要镀铬，铬层厚度为 6～10μm，要求镀铬后轴的尺寸为 $\phi 25g6$，求镀层前轴的尺寸？

6. 如图 8-11 所示，已知 $A_1=150$ mm，$A_2=A_4=35$ mm，$A_3=80$ mm，按照设计要求 $A_0=+0.2\sim+0.3$ mm，试设计图样中给定零件尺寸的制造公差和极限偏差。

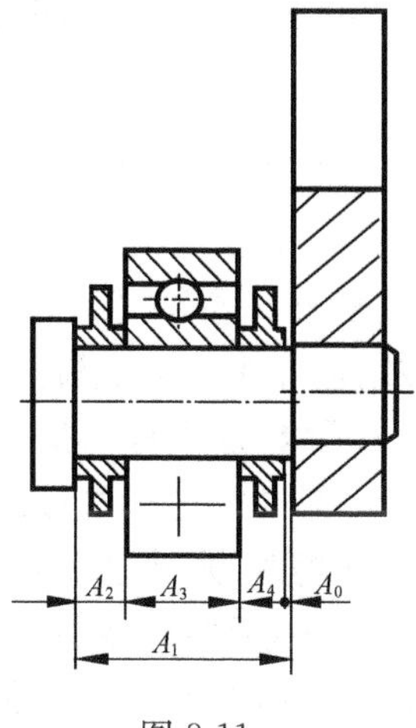

图 8-11

7. 如图 8-12 所示加工一个轴类零件，加工顺序为：车外圆至 $d_1=\phi50_{-0.005}^{+0.020}$ mm；按 A_1 铣直角槽；磨外圆至 $d_2=\phi50\text{h}7$ mm；要求达到 $A_0=30_{-0.041}^{\ 0}$ mm。求 $A_1=$？

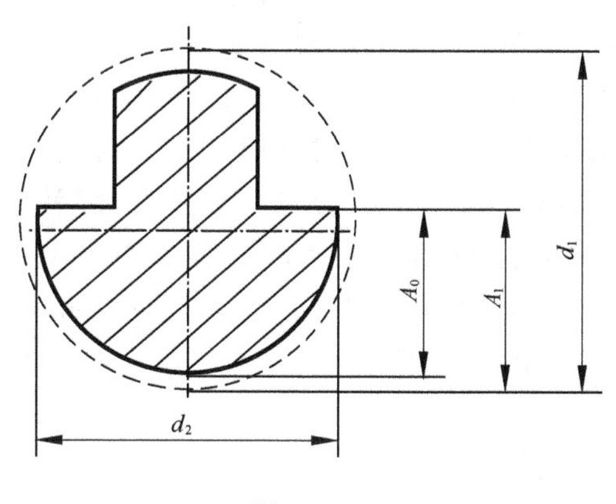

图 8-12

第9章 计算机辅助精度设计

9.1 计算机辅助精度设计概述

自20世纪90年代中期以来，3C(即顾客customer、竞争competition、变化change)的力量席卷全球，机械制造业进入以机械产品开发为中心的新时代，机械制造业能否满足瞬息万变的顾客需求、适应日趋激烈的市场竞争，是否具备加速发展的技术创新能力，是企业能否生存的关键。机械制造业唯一的出路就是充分应用高新技术，大力提高产品的开发能力，尤其是以知识为驱动的创新设计能力，缩短产品开发周期，以高质量、低成本的新型产品去占领市场。在产品发展方向上，要向高速、高精度、高柔性、高效率方向发展。机械设计应适合时代发展的需要，提高设计质量和设计效率，降低设计成本，缩短设计时间、生产准备周期，浓缩优秀的设计经验，提高整个设计技术的管理水平。

精度设计是机械零件设计与制造中的一个重要环节。随着科学与生产技术的发展，计算机技术等多学科在机械制造业中得到了广泛的应用，机械CAD经历了于1974年开始的基于绘图、1988年左右的基于特征、1995年开始的基于过程、2000年开始的基于知识的发展阶段。为迅速提高我国的CAD技术开发与应用水平，早在“八五”期间，国家就发出了“甩掉图板”的号召，启动了CAD应用工程。与CIMS和CAD/CAM取得重大的突破和引人注目的成就相比，机械零件的精度设计尚处于人工或半人工处理阶段，这种状况显然无法与CAD/CAM集成、CIMS发展相适应。自从1978年挪威学者O. Bjorke在《Computer—Aided Tolerancing》一书中提出计算机辅助公差技术以来，国内外许多学者在此领域做了大量的研究工作，并取得很多成果。

计算机辅助设计的发展是从机械设计开始的，而机械设计的精度是在微米级的基础上，发展到一定时期后，精度设计问题成了CAD发展的瓶颈。而计算机集成制造系统(CIMS)、并行工程(CE)、企业资源计划(ERP)的实施，又都要以公差数据为基本的依据。机械零件制造公差的设计不但影响产品的精度，还影响加工成本，直接关系到企业的效益。

计算机辅助精度设计(CAT)是利用计算机完成公差数据的管理、公差选用、工艺公差的分配。公差数据的管理是将标准中的数据存入计算机以备查询；公差选用是应用公差选用原则完成公差的自动选用或提供参考选用；工艺公差的分配是完成各组成环的工艺公差的合理分配。

9.2 公差数据的处理

在机械精度设计过程中，设计人员经常需要从各种国家标准、设计规范等资料查取各种数据，没有数据任何工作都难以进行。在CAT中的首要任务就是利用计算机完成公差数据的管理，提供程序可以查询调用的数据。因此，需要经过适当的数据处理。公差数据处理是为了公差选用提供设计依据，实用性是最主要的。由于公差数据的表现形式不同，应采取不同的处理方法，一般有程序化、文件和数据库三种方法。

9.2.1 公差数据的程序化

将公差数据转换成程序即公差数据的程序化。公差数据存在有公式和无公式之分，有公式数据我们可以直接应用，无公式的数据可以用数值算法拟合公式或采取数组的方法存储数据。

在公差数据中包含大量的表和图数据，根据变量的多少，有一维、二维和多维变量表之分。数据图表的程序化根据图表来源的不同处理方法可以分为以下两类：

(1) 数据本身就有精确的理论公式或经验公式

例如标准公差数值表，为了解决手工计算不方便的问题，用图表的形式表现出来。对于这类图表，可以直接采用理论公式或经验公式编程的方法处理。

(2) 图表中数据之间不存在一定的公式关系

例如基孔制、基轴制优先、常用配合表，这类数据可以采用数组的方法存储。

9.2.2 公差数据的文件系统

数据可以以数据文件的形式在计算机上存储，通过应用程序对文件中的数据进行操作。文件中的数据可以有多种组织形式，例如：顺序组织、随机组织以及链形组织等。对于不同的应用系统应选取不同的文件组织方式，或将这些方式作不同的组合，以便提高应用系统的效率且便于使用。下面介绍几种常用文件的组织形式。

1. 顺序文件

顺序文件是指数据的物理存储顺序与逻辑顺序一致的文件，即它的物理存储空间是连续的。存入顺序存储器(如磁带等)的文件只能是顺序文件。顺序文件又分为两种：一种是组成文件的记录没有任何次序规律，只是按写入的先后顺序进行存储，称为无序顺序文件；另一种是组成文件的记录是按照某个关键字递增(或降)的顺序进行存储，称为有序顺序文件。要查找顺序文件的某个记录，一般可以采用顺序扫描、折半查找、分块查找等方法。

顺序扫描法扫描整个文件直至找到所需记录为止。当文件很大时，这种方法需要很长的时间，因此查询效率较低，一般只用于无序顺序文件。

折半查找法适用于有序顺序文件。若文件中的记录是按关键字递增顺序存储的，其查询的顺序为：首先将整个文件作为查询区域，将居查询区域中间点的记录的关键字与要查找的记录的关键字进行比较，此时存在三种情况：一是两个关键字相等，则该记录就是所要查找的记录；二是要查找的记录的关键字小于中间点记录的关键字，这时把中间点记录以前的半部分作为新的查询区域，找出新区域中间点记录的关键字继续比较；三是要查找的记录的关键字大于中间点记录的关键字，则把查询区域一分为二，取后半部分为新的查询区域，找出新区域中间点记录的关键字继续比较。当第二、第三种情况执行以后，又会出现上述三种情况，再继续同样的处理，直至找到所需记录。

分块查找法适用于有序顺序文件。若文件中的记录是按关键字递增顺序存储的，其查询过程为：把文件分为若干块，通常块的大小为文件记录总数的平方根，依次扫描每块中最后一个记录的关键字，直至大于要查找记录的关键字，则可以断定要查找的记录就在此块中，再将此块分为若干块，再继续同样的处理，直至找到所需记录为止。

由于顺序文件的记录存储空间是连续的，依次占用的存储空间少，连续存取记录的速度快，但对于记录的插入、与原记录不等长的修改和删除等操作都十分困难。例如要插入一个记录，则需要将插入点以后的记录均后移，以便腾出空间存放新插入的记录。如果原有文件的空间不够，还需要将该文件拷贝到新的存储空间处，在拷贝过程完成新记录的插入操作。多数情况下，顺序文件与其他类型文件配合使用，以提高工作效率。

2. 索引文件

索引即用索引法列出关键字 K 与相应记录 RK 的地址的对应表。带有索引的文件称为索引文件。索引文件是与主体数据文件配合使用的，它的索引项是按关键字排过序的，主体数据文件可以是有序或无序顺序文件。

要查找某个序号对应的记录时，先在索引文件中找出该序号所对应的数据，据此地址到主体数据文件中读出相应的信息。

索引文件可以对数据记录进行快速的随机访问和顺序访问，例如要插入一个记录时，可以将新的记录放在主体数据文件尾，在索引文件中添加相应的索引项，再对索引项进行重新排序，即可得到新的索引文件。要删除一个记录时，可以把该记录在索引文件中对应的索引项删掉，而主体数据文件中的记录项可以暂时不变，当积累到一定数量时，再一起将无用记录删除。

为提高检索效率，一般会把索引文件调入内存，但由于内存容量的限制，比较大的索引文件不能全部装入内存，而是把它组织成索引树的形式，分成若干块，每块又可分为若干子块等。检索时可以分级将用到的索引块调入内存。

3. 多重链表文件

与顺序文件相比，链表文件中记录的物理存储顺序与逻辑顺序可以不一致。它在每一个记录项上增设一个指针，用来指向下一个记录的存储地址。多重链表的组织方式通常用于根据多个次关键字来访问某条记录。具体做法是：

根据 N 个次关键字来查询某条记录时，在建立数据文件的过程中，每个记录上增加 N 个指针项，每个指针项指向包含相应次关键字的下一条记录的地址。

分别建立每个次关键字的索引表，根据该索引表组查询记录。

多重链表的组织方式是在数据文件中增加次关键字的链表指针，通过该链表指针查询有关记录，而不必查询整个文件。它更突出的一个优点是避免了管理变长记录时遇到的麻烦。

4. 倒排文件

倒排文件也是多关键字的多重链表结构，与多重链表文件的主要区别在于次关键字的链表指针信息不是加在数据文件的每个记录上，而是在每个次关键字的索引表中。

倒排文件用多个关键字查询数据记录，查询速度快且可以对多个关键字查询出的结果进行逻辑运算，是信息检索系统中常用的文件组织形式，但它占用的存储空间较大。

9.2.3 公差数据的数据库系统

数据模型是指数据库内部数据的组织方式，它描述了数据之间的各种联系，也是数据高度结构化的表现。数据库的数据模型常用的有三种：层次型、网络型和关系型。

层次型是指记录之间是树型的组织结构，它体现了记录之间的“一对多”的关系。

网络型指事物之间是网络的组织结构，它体现了事物之间“多对多”的关系。

关系型是以集合论中“关系”的概念为理论基础，把信息集合定义为一张二维表的组织结构，每一张二维表称为一个关系，其中表中的每行为一个记录，每列为数据项。

关系型的模型结构比较简单，但能够处理复杂的事物之间的联系，因此关系型数据库越来越受到人们的普遍重视。

9.3 计算机辅助精度设计实例

9.3.1 公差数据表格的程序处理

公差数据中有很多是数表，这里举例说明图 9-1 的平键结合尺寸对应表 9-1 所含平键结合的尺寸和偏差数据的处理方法。

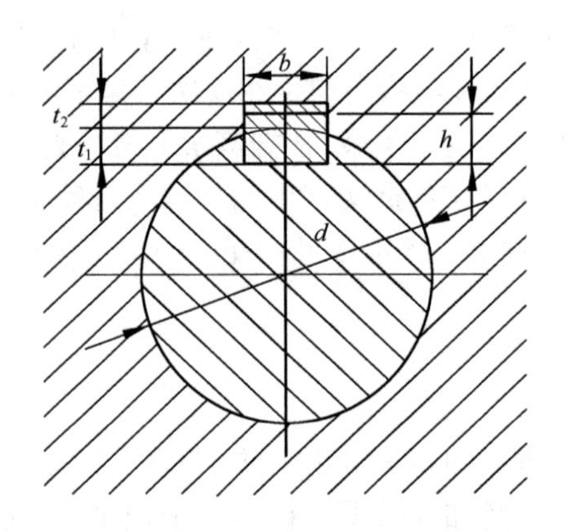

图 9-1 平键结合的尺寸

表 9-1 平键、键槽剖面尺寸及键槽公差 (单位:mm)

轴径 d	键宽 b	键高 h	轴 t_1	毂 t_2	轴 t_1 偏差	毂 t_2 偏差	轴 H9 上极限偏差	毂 D10 上极限偏差
>22～30	8	7	4.0	3.3	+0.2	+0.2	+0.036	+0.098
>30～38	10	8	5.0	3.3	+0.2	+0.2	+0.036	+0.098
>38～44	12	8	5.0	3.3	+0.2	+0.2	+0.043	+0.120
>44～50	14	9	5.5	3.8	+0.2	+0.2	+0.043	+0.120
>50～58	16	10	6	4.3	+0.2	+0.2	+0.043	+0.120
>58～65	18	12	7	4.4	+0.2	+0.2	+0.043	+0.120

用数组 d1[ ]、b [ ]、h[ ]、t_1[ ]、t_2[ ]、t_p[ ]、t_q[ ]、H9[ ]、D10[ ]分别表示轴径 d 上限值、键宽 b、键高 h、轴 t、毂 t_2、轴 t_1 偏差、毂 t_2 偏差、轴 H9 上极限偏差、毂 D10 上极限偏差。用 C 语言编制的程序如下：

```
float JB、JH、ZT、GT、ZSP、GSP、ZH9、GD10;
int skey(d);
float d;
{int i;
float d1[7]={22, 30, 38, 44, 50, 58, 65 };
float b [6]={8, 10, 12, 14, 16, 18};
```

```
float h[6]={7, 8, 8, 9, 10, 12};
float t1[6]={4.0, 5.0, 5.0, 5.5, 6, 7};
float t2[6]={3.3, 3.3, 3.3, 3.8, 4.3, 4.4};
float tp[6]={0.2, 0.2, 0.2, +0.2, 0.2, 0.2};
float tq[6]={0.2, 0.2, 0.2, +0.2, 0.2, 0.2};
float H9[6]={0.036, 0.036, 0.043, 0.043, 0.043, 0.043};
float D10 [6]={0.098, 0.098, 0.120, 0.120, 0.120, 0.120};
if (d>d1[0]&&d<= d1[10])
  {for (i=0; i<10; i++)
    if (d<=d1[i+1])
    { JB= b[i];
      JH= h[i];
      ZT=t1[i];
      GT=t2[i];
      ZSP = tp[i];
      GSP= tq[i];
      ZH9= H9[i];
      GD10= D10 [i];
      break;}
  return(1)
  }
else
  { printf("直径超出范围!");
  return(-1); }
}
```

其中,JB、JH、ZT、GT、ZSP、GSP、ZH9、GD10 分别是键宽 b、键高 h、轴 t_1、毂 t_2、轴 t_1 偏差、毂 t_2 偏差、轴 H9 上极限偏差、毂 D10 上极限偏差的查询变量名;D 是轴的设计尺寸。

已知轴、孔的公称尺寸 d,设计平键连接时,可利用此程序输入公称尺寸来查询相关各种尺寸及公差数据。

由于子程序可以被其他程序调用,程序化处理的公差数据在 CAD/CAM/CAE/CAPP、CIMS、ERP 中广泛应用。

9.3.2 公差数据查询系统

交互式公差与配合查询系统程序设计,首要任务是给定尺寸和精度,查询出数值。围绕这一目的,有两种方案可供选择。

方案一　通过人机对话，输入所要标注的孔、轴公称尺寸和精度等级及偏差代号，利用标准公差计算公式和基本偏差计算公式，得到极限偏差。

此方案的优点是，方案直接用公式计算，免除了数据库的建立和维护工作，其编程相对来说简单。

其缺点是，尚需根据精度要求取舍用计算方法得到的数据与优先数系。因此精度不够。

方案二　通过人机对话，输入公称尺寸和精度等级及偏差代号，应用程序自动打开事先建立的公差和偏差数据文件，查找并提出所需数据，经处理，然后调用相应子程序，完成查询工作。

此方案的优点是，这种方法得到的尺寸公差及偏差均为严格的标准值。

以上两种方案有利有弊，现决定采用第二种。因为精度为关键时，方案二能避免方案一的缺陷。

1. 数据库的建立

公差配合库　该库能查询标准公差、轴和孔的基本偏差及另一极限偏差，基孔制及基轴制常用配合选择；提供形位公差的代号示例及形位公差值；提供表面粗糙度的代号及参数值。它们都具有查询、显示和打印输出功能，对形位公差中还提供图形释义。

建立工程数据库的方法一般采用 FoxPro 软件。下面仅以公差配合库中的尺寸公差建库为例来说明标准公差和极限偏差数据库的建立。

2. 尺寸公差数据库

在建立数据库时，首要的工作是对所反映的对象进行分析，对数据库的结构进行定义。公差与配合国家标准(GB/T 1800.1—1997，GB/T 1800.2～3—1998)采用国际公差制，对构成尺寸公差带的两个独立的基本要素——标准公差和基本偏差(即公差带大小和公差带相对于零线的位置)分别予以标准化和系列化。二者组合构成孔、轴的不同公差带，而配合则由孔和轴的公差带组合而成。

(1) 标准公差数据库

GB/T 1800.3—1998 中，标准公差分成 20 个等级，用 IT 和阿拉伯数字表示为：IT01，IT0，IT1，…，IT18。公差等级所对应公差数值大小如图 9-2 所示。

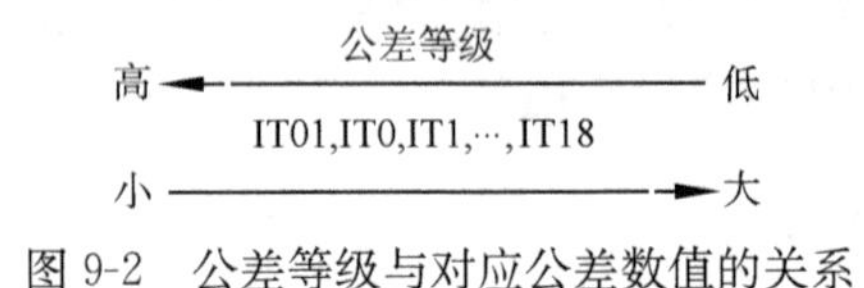

图 9-2　公差等级与对应公差数值的关系

国家标准规定，IT01、IT0、IT1 用公称尺寸的线性关系来表示标准公差；

IT2～IT4 的数值是在 IT1 与 IT5 的数值之间按几何级数分布；从 IT5 至 IT18，按公差单位与等级系数的乘积来计算标准公差值；从 IT6 至 IT18，公差等级系数按 R5 优先数系递增，即每增加 5 个等级，公差值扩大 10 倍，由此可推出，当 $n \geqslant 11$ 且 $n \leqslant 18$ 时，有 $\mathrm{IT}n = 10 \times \mathrm{IT}(n-5)$。

根据规定，在建立数据库时只需输入 IT01～IT10 的标准公差值，对于 IT11 级和 IT11 级以上的标准公差，可以通过命令文件进行判断计算，因此可以压缩内存空间。标准公差数据库结构如图 9-3 所示。

Structure for database：GC. DBF

Field	Field Name	Type	Width
1	q	character	2
2	IT01	character	3
3	IT0	character	3
4	IT1	character	3
5	IT2	character	3
6	IT3	character	3
7	IT4	character	2
8	IT5	character	2
9	IT6	character	2
10	IT7	character	2
11	IT8	character	2
12	IT9	character	3
13	IT10	character	3
14	IT11	character	3

图 9-3　标准公差数据库结构

（2）轴的基本偏差数据库

基本偏差是指靠近零线或位于零线的那个极限偏差。对所有公差带，当位于零线上方时，基本偏差为下极限偏差 ei（对轴）或 EI（对孔）；当位于零线下方时，基本偏差为上极限偏差 es（对轴）或 ES（对孔）。轴的基本偏差，从 a～h 为上极限偏差 es，对于同一公称尺寸，基本偏差的绝对值逐渐减小；从 j～zc 为下极限偏差 ei，对于同一公称尺寸，它的绝对值逐渐增大。

通过对轴的基本偏差数值表的分析，可以把它分成三个数据库，分别如图9-4、图 9-5、图 9-6 所示。轴的基本偏差数据库由几个小库构成，由于每个库的字段较小，查询时速度较快。

Structure for database: AH. DBF

Field	Field Name	Type	Width
1	q	character	2
2	a	character	4
3	b	character	4
4	c	character	4
5	cd	character	3
6	d	character	4
7	e	character	4
8	ef	character	3
9	f	character	3
10	fg	character	2
11	g	character	3
12	h	character	1

图 9-4　a～h 基本偏差数据库结构

Structure for database: MZ. DBF

Field	Field Name	Type	Width
1	q	character	2
2	m	character	2
3	n	character	2
4	p	character	2
5	r	character	3
6	s	character	3
7	t	character	3
8	u	character	3
9	v	character	3
10	x	character	3
11	y	character	4
12	z	character	4
13	za	character	4
14	zb	character	4
15	zc	character	4

图 9-5　m～zc 基本偏差数据库结构

由于确定了轴的基本偏差，根据公差等级查询到了标准公差，即可按下式计算出轴的另一个极限偏差。

$$ei = es - IT$$
$$es = ei + IT$$

(3) 孔的基本偏差数据库

孔的基本偏差可由轴的基本偏差换算得到。换算的前提是，同一个字母的孔或轴的基本偏差，在孔、轴公差等级相同的条件下，按基轴制形成的配合与按基孔制形成的配合相同。根据上述前提，孔的基本偏差分别按以下两种规则换算：

通用规则：同一个字母表示的孔、轴基本偏差的绝对值相等，符号相反。即

$$EI = -es$$
$$ES = -ei$$

通用规则的应用范围：对 A 到 H，不论孔、轴公差等级是否相同，对公称尺寸≤500mm，且标准公差等级大于 IT9 的 K、M、N 和标准公差等级大于 IT8 的 P 到 ZC(但大于 3mm 的 N 例外，其 ES ＝ 0)。

特殊规则：孔、轴基本偏差的符号相反，绝对值相差一个 Δ 值，而 Δ 为孔的公差等级比轴的公差等级低一级时，两者标准公差值的差值，即

$$ES = -ei + \Delta$$
$$\Delta = ITn - IT(n-1)$$
式中：ITn、$IT(n-1)$系指某一级和比它高一级的标准公差值。

特殊规则的应用范围仅为：公称尺寸大于 3mm 小于等于 500mm 且标准公差等级高于等于 IT8 的 J、K、M、N 和标准公差等级高于等于 IT7 的 P 到 ZC。

按以上规则，根据轴的基本偏差和标准公差，编制相应的命令虽然可求得孔的基本偏差，但仍有一些特殊情况，如大于 3mm 的 N，ES = 0。故需对 J6、J7、J8 及 K、M、N 建一数据库。库结构见图 9-6 和图 9-7。

Structure for database：JK. DBF

Field	Field Name	Type	Width
1	q	character	2
2	ja	character	3
3	jb	character	3
4	jc	character	2
5	ka	character	1
6	kb	character	1

图 9-6 J 到 k 基本偏差数据库结构

Structure for database：KJN. DBF

Field	Field Name	Type	Width
1	q	character	2
2	j6	character	2
3	j7	character	2
4	j8	character	2
5	ka	character	2
6	kb	character	1
7	ma	character	3
8	mb	character	3
9	na	character	3
10	nb	character	2

图 9-7 特殊规则基本偏差数据库结构

3. 数据文件的建立

完成 FoxPro 系统文件建立之后，即可使用该数据文件。高级语言一般不能直接调用 FoxPro 数据文件，可以使用 FoxPro 的转换命令将数据文件（*.dbf）生成一种文本格式文件（*.txt），高级语言可以读取该文本文件。

FoxPro 系统具有两种固定格式的文本格式数据文件：

SDF——标准数据格式文件。它是由 ASCII 码组成，每个记录中的字段从左向右存放，同一字段的数据长度相同，不足补空格。字段之间的数据没有分隔符，每一行记录等长，均以回车换行符结尾。

DELIMITED——通用格式数据文件，也称带定界符的格式文件。它也是由 ASCII 码字符组成，每个记录中的字段也是从左向右存放，同一字段的数据长度不相同，左边空格被删除。字段之间的数据用逗号隔开，字符型数据用双引号（或其他指定字符）括起来。每行记录不等长，以回车换行符结尾。

4. FoxPro 系统文本格式文件的建立与接收

(1) FoxPro 系统建立文本格式文件

COPY TO 〈文件名〉 TYPE 〈文件类型〉

该命令将根据当前打开的数据库文件生成以〈文件名〉为文件名的文本格式文件,当在〈文件类型〉中填入 SDF 时,将生成 SDF 格式文件;当在〈文件类型〉中填入的是 DELIMITED 时,则将生成 DELIMITED 格式文件。

(2) FoxPro 系统接收文本格式文件

APPEND FROM 〈文件名〉 TYPE 〈文件类型〉

该命令将已有的标准数据格式文件或通用格式数据文件追加到当前打开的数据库文件中,〈文件名〉为文本格式文件名,〈文件类型〉为 SDF 或 DELIMITED。SDF 格式文件的追加顺序为:从左开始向指定的字段追加数据,遇到一个回车换行符便完成一个记录的追加,直到文件结束。DELIMITED 格式文件的追加顺序为:从左向右开始向指定的字段追加数据,遇到逗号完成一个字段的追加,遇到一个回车换行便完成一个记录的追加,直到文件结束。需要注意的是,〈文件名〉指定的数据格式文件如果是 SDF 文件,〈文件类型〉就应为 SDF;而当〈文件名〉指定的数据格式文件是 DELIMITED 文件时,〈文件类型〉就应为 DELIMITED,否则追加的数据将出现错误。

5. 公差数据查询程序框图

公差数据查询程序框图见图 9-8。

9.3.3 极限法尺寸链公差分配计算

尺寸链计算是机械精度设计中经常遇到的一个问题。用人工解尺寸链不但枯燥烦琐,而且效率低,还容易产生计算错误,特别是涉及的环数较多时,更是如此。如果由计算机完成,既能解除烦琐的计算工作,提高计算效率,又能保证计算的精度和准确度。

有关尺寸链的基本概念请参阅本教材第 8 章的相关内容。

1. 数学模型

用计算机技术解尺寸链的数学模型是基于本教材第 8 章尺寸链的数学公式。即公称尺寸之间的关系

$$A_0 = \sum_{i=1}^{k} A_{(+)i} - \sum_{i=k+1}^{m} A_{(-)i}$$

极限尺寸之间的关系

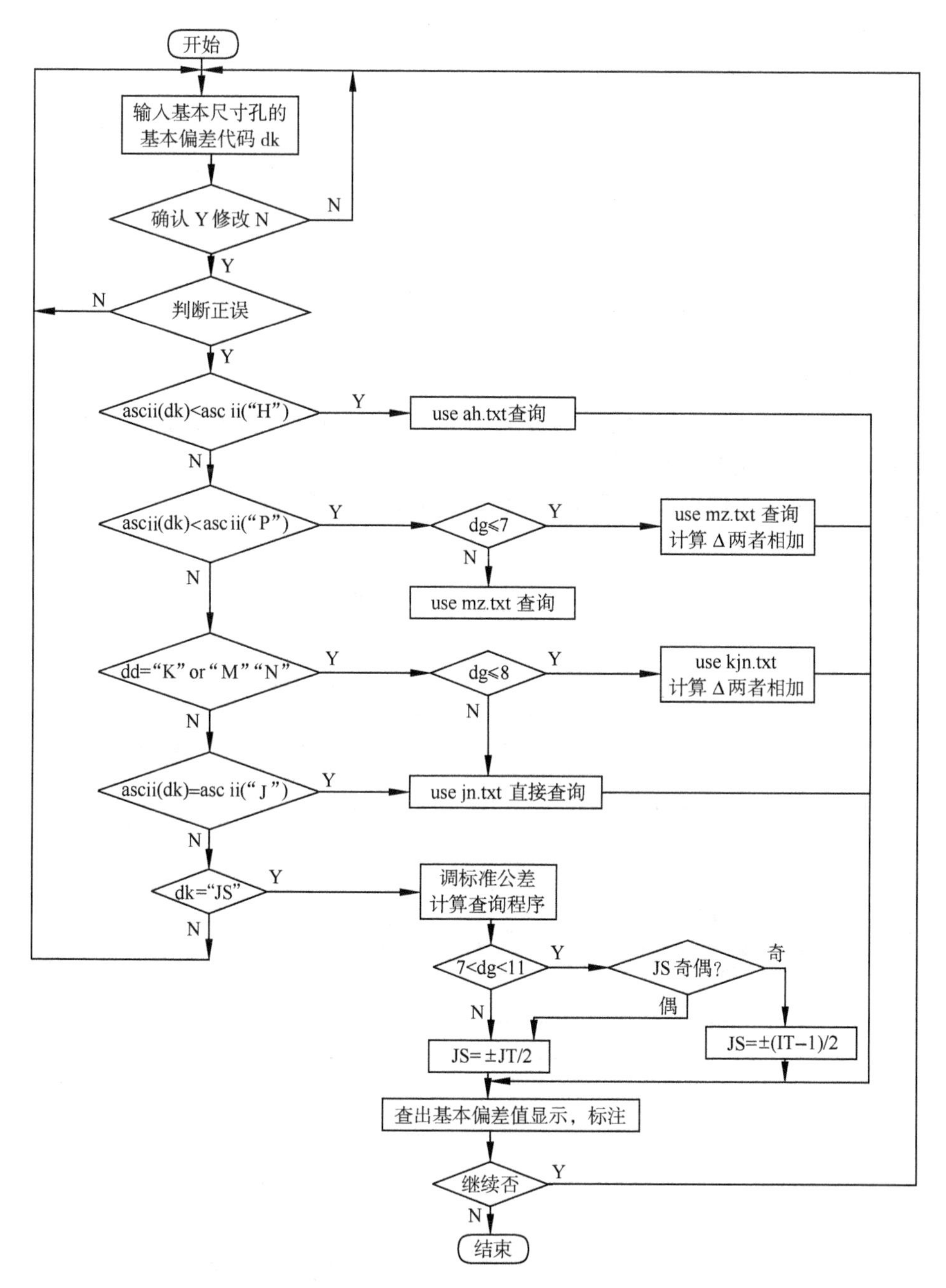

图 9-8　公差数据 AutoLisp 程序框图

$$A_{0\max} = \sum_{i=1}^{k} A_{(+)i} - \sum_{i=k+1}^{m} A_{(-)i}$$

$$A_{0\min} = \sum_{i=1}^{k} A_{(+)i} - \sum_{i=k+1}^{m} A_{(-)i}$$

极限偏差之间的关系

$$ES_0 = \sum_{i=1}^{k} ES_{(+)i} - \sum_{i=k+1}^{m} EI_{(-)i}$$

$$EI_0 = \sum_{i=1}^{k} EI_{(+)i} - \sum_{i=k+1}^{m} ES_{(-)i}$$

公差之间的关系

$$T_0 = \sum_{i=1}^{m} T_{A_i}$$

2. 程序编制

程序流程图如图 9-9 所示。以正计算为例，首先选择计算问题种类，接着选择增环、减环，选择完毕后经过计算则可以得出封闭环的公称尺寸和上、下极限偏差并进行尺寸公差自动标注。反计算问题和中间计算问题与此类似。

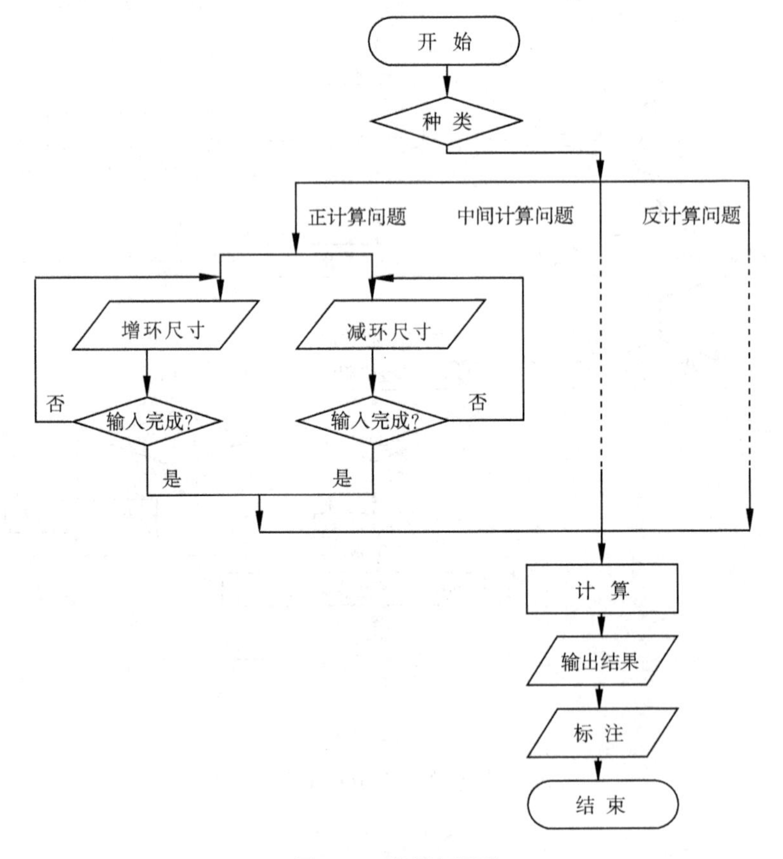

图 9-9 程序流程图

3. 应用

图 9-10 是用 C 语言按照图 9-9 所示的程序流程图编写的尺寸链计算应用程序界面。现以正计算为例。

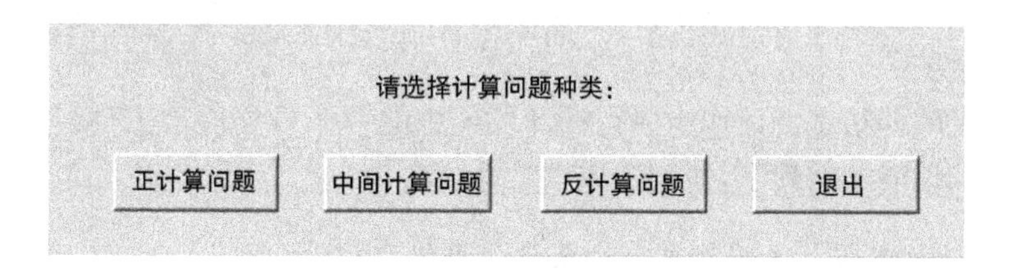

图 9-10　C 语言界面

单击“正计算问题”按钮,弹出如图 9-11 所示的对话框。单击“选择增环”按钮,则可以通过鼠标在二维工程图上进行公称尺寸选取。但是在尺寸链计算过程中,还有一种特殊情况,即对于圆柱形的轴、孔类零件,需要用尺寸的 1/2 来进行计算。因而单击“选择增环”按钮后,再单击“选择轴、孔类尺寸”按钮则可以通过鼠标在二维工程图上进行公称尺寸选取,选中的公称尺寸以高亮显示;接着点击“选择一般尺寸”按钮,可以进行其他尺寸的选择。选择完毕后单击“增环选择完毕”,还可以通过“取消”按钮来进行重新选择。用同样的操作可以进行减环的选取。

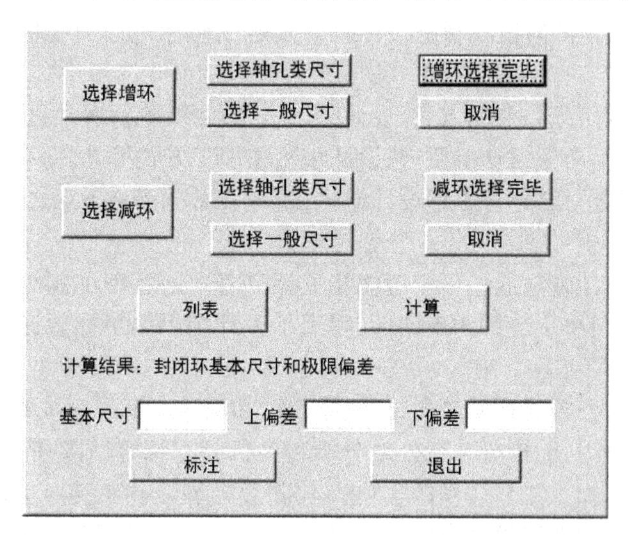

图 9-11　正计算对话框

增环和减环均选择完毕后,单击“列表”按钮可以把所有选取的增环和减环的公称尺寸和极限偏差以报表的形式显示或打印出来,用户可以检查选取公称尺寸的正误,避免因误点取而引起差错。

单击“计算”按钮可以立即进行封闭环的尺寸和极限偏差的计算,其结果将在文本框中显示。单击“标注”按钮可以自动在二维图上进行尺寸公差的标注。

9.3.4 并行精度设计方法简介

精度设计不仅影响产品的性能，也影响产品的生产成本和加工工艺过程。如何合理地分配公差和控制累积误差，是事关产品性价比的关键，也就是决定产品竞争胜败的关键。

计算机辅助精度设计作为并行设计环境中的一个重要决策工具，其目标是在保证功能和性能的前提下，使制造成本最低。

1. 传统公差设计系统与并行公差设计系统比较

传统公差设计系统的最大不足是缺少面向制造性，对它的研究分别在以下几个阶段进行：

产品定义阶段　主要进行产品功能的设计。

产品装配图阶段　研究零件误差累积对产品性能的影响。

工艺规划阶段　包括对输入CAPP系统的零件公差进行相容性检验，并进行从设计尺寸和公差到加工尺寸和公差的转换。

制造阶段　包括对加工过程进行监控，利用某种公差模型进行过程控制，使加工过程产生的误差小于或等于设计公差。

质量控制和检测阶段　根据设计公差确定三坐标机检测规程，对检测结果进行评估等。

这种按阶段研究公差的方式，设计师、工艺师和检验师通常只考虑本阶段的要求和约束，没有全面考虑功能要求、设计结构和加工方式等，因而有很大的不定性，所以，它并不完全符合并行工程设计原理，造成设计过程多次反复，使制造成本增加、周期变长。

并行公差设计方法通过尽早考虑相关环节对上游环节的制约，缩小了上游环节的决策空间，减小了决策的不定性，实现了设计结果的早期验证，从而降低了开发费用。

完整的并行公差设计系统包括：建立设计和制造之间的直接关系；从装配结构直接生成功能方程；能执行并行公差分析和并行公差综合两项任务。其中包括一个基于数据库和加工工艺过程的实用成本-精度模型，既能完善CAD功能，又能为工艺决策和后续制造提供有力支持。因此，应大力加强并行公差设计的研究，在设计阶段就获得满足设计要求的加工公差和检验规程。包含并行公差设计的并行设计系统如图9-12所示。

2. 并行公差设计系统结构

这里介绍的并行公差设计系统属于最小并行模式，即面向现有制造环境的零

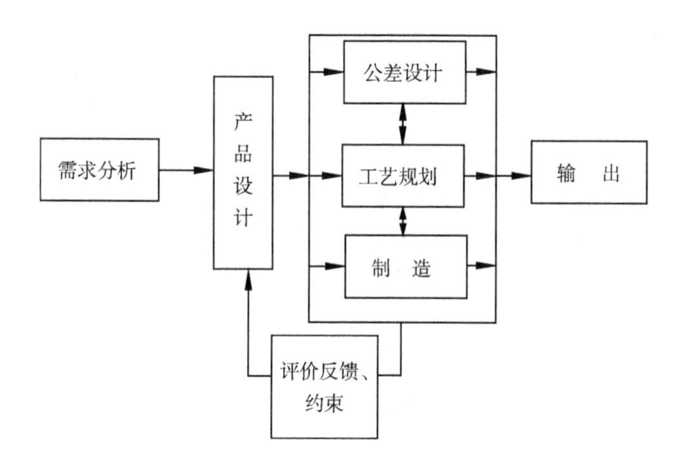

图 9-12 并行设计系统

件/工艺并行设计，着重考虑制造工艺、制造能力、制造经济性及制造资源的负荷状况等因素对产品设计与工艺设计的影响或约束。

从制造角度考虑，一个零件的加工工艺路线及加工方法可以有多种方案，即使存在一个令设计者满意的工艺方案，但也还存在某些备选工艺方案。这些工艺方案所定的人-机器-工具-工件系统都能保证产品的质量，且具有可代换性；但是它们各自的生产成本、加工时间、所选用设备的自动化程度以及设备资源的状态等则均不相同。要选取最佳工艺方案，应将生产成本作为目标函数优先考虑，因此，在并行设计中，利用成本-精度模型，通过公差分析和综合对工艺方案进行评价选优，是实施 CE/DFM 方法的重要组成环节。

3. 并行公差设计的关键技术

(1) 基于特征技术并行工程的产品信息模型

CAD/CAPP/CAM 并行集成的基础是建立一个合理的产品信息模型。这一模型可以完整地表达产品的几何信息，还可以表达产品的功能信息、制造要求、制造方法等产品设计制造各阶段的大量技术信息。特征技术以其特有的优势为人们所广泛接受，特征建模已成为 CAD/CAPP/CAM 集成系统的核心技术之一。随着并行工程的发展，对 CAD/CAPP/CAM 集成技术也提出了更高的要求。CAD 系统在 CAD/CAPP/CAM 集成中承担着产品成型和在计算机内部构成有关信息模型的任务，从而为后续环节，如工艺规程设计、数控编程、加工检测等提供基础数据。为了满足这些要求，CAD 的产品模型不仅要包括有关点、线、面、体的几何信息，还要包括有关功能、结构、工艺等多方面的信息。

以特征为中心面向并行工程的产品模型具有以下优点：

体现上、下游环节的并行特性，使设计的每一步均受到后续环节的约束。

允许在多抽象层次下进行产品设计，使用户在实施工程应用分析和制造时，根据不同的抽象层次，用其熟悉的领域相关术语描述工程意图。

特征数据库包含了完备的产品描述，从自动化程度来看，它可自动转换下游应用所需的数据；从集成的角度分析，它提高了效率和信息的在线反馈。

满足多层次协同评价的数据需求。

图 9-13 所示为特征建模系统中的零件信息模型。其中，零件的精度特征主要包括尺寸公差、几何公差和表面粗糙度，分别表示零件上有关测量实体的形状、位置等的实际值与理想值之间的允许变动量。零件的精度信息作为特征的特性或特征间的关联特性，如图 9-14 所示。

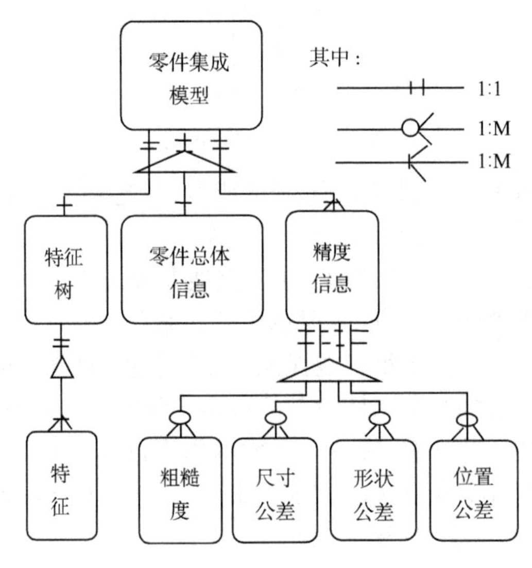

图 9-13 特征建模系统中的零件信息模型

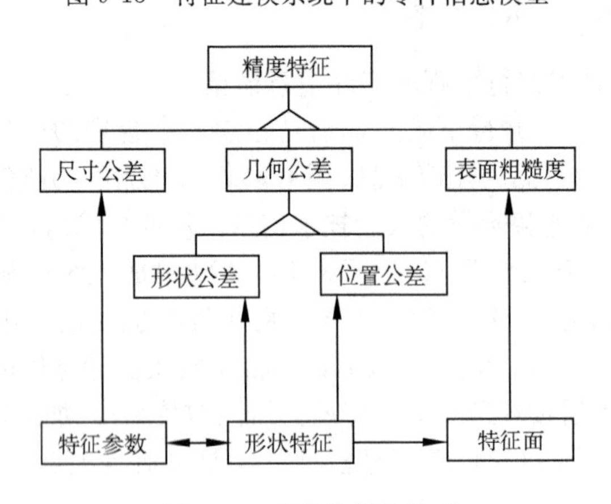

图 9-14 零件的精度关系

(2) 面向加工环境的公差计算方法

对于公差分析和公差综合中的公差计算方法，目前采用的是极值法和统计法。

极值法的特点是以保证完全互换为出发点，每个公差都取其极值，从而使所有零件都能在装配中满足要求。统计法是以保证大数互换为着眼点。

传统的统计法一般认为加工尺寸的分布服从正态分布，其理由是：如果某个尺寸链的所有组成环尺寸都服从正态分布，则封闭环尺寸也必然服从正态分布；如果某个尺寸链中的各个组成环尺寸为偏态分布，随着组成环环数的增加，封闭环尺寸仍然趋向正态分布。但是，在实际生产中，组成环尺寸的分布未必呈正态分布，而且尺寸链中的组成环环数也不一定很多，在这种情况下，封闭环尺寸一般呈非对称的偏态分布，所以应当寻求更为灵活的面向具体加工环境的公差计算方法。首要的问题就是选取分布模型，这种分布模型必须满足以下三个条件：一是该分布模型能够体现多种不同的分布形状；二是能够求得该概率分布函数的反函数，这样，在给定置信度的情况下，可以求得相应的分布范围；三是该分布模型的有效范围是有限的。

根据以上三个要求，这里选用 β 分布模型。β 分布的情况如图 9-15 所示。由图 9-15 可知，各种不同的分布形状通过两个分布参数 p 和 q 进行控制。

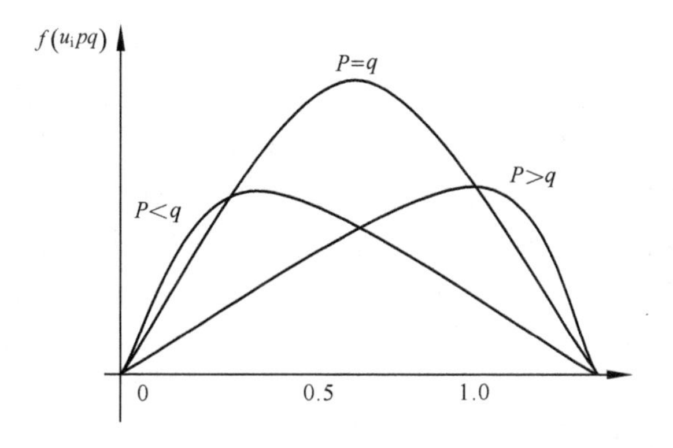

图 9-15　β 分布的形状

为在公差计算中体现出面向制造的并行设计原则，对于 β 分布，其分布参数均是从生产数据中获得，对于一组分布参数 p、q，对应于一个加工尺寸的分布情况，能够反映出某个企业对于生产该加工尺寸特征的能力，p、q 的数值是由生产设备和操作技术等因素决定的。从原则上讲，对于每一种加工工艺方法，都可以通过实际生产数据来获得分布参数 p 和 q。具体来说，首先要获得各种特征、各种尺寸、公差范围的一系列测量值 x_i，然后根据相应文献得到 p、q 计算式：

$$p_u = [(1-u_i)/s_u^2][\bar{u}(1-\bar{u}) - s_u^2]$$

$$q_u = \bar{u}p_u/(1-\bar{u})$$

式中：$u_i=(x_i-a)/(b-a)$，x_i 是加工尺寸 D 的测量值，$\bar{u}$ 是其均值；

$a = \max(x_i)$，$b=\min(x_i)$，$1=\max(u_i)$，$0 = \min(u_i)$，u_i 是[0,1]区间内的变量；样本方差 $s_u^2=[1/(n-1)]\sum(u_i-\bar{u})^2$，$n$ 是测量次数。

表 9-2 给出了从加工现场对每一尺寸段、每一公差范围随机测量的数据。根据实际生产环境的复杂程度，还可以对 p、q 作适当调整，以充分体现面向环境、面向制造的设计。在系统中，p、q 存放在数据库里，以便于调整和补充。

表 9-2　分布参数 p、q 值

尺寸范围/mm	公差范围/mm	外回转面特征 p、q	孔特征 p、q	平面特征 p、q	槽特征 p、q	定位特征 p、q
$D<40$	$0.01\leqslant T<0.08$	3.90,3.60	2.10,2.30	3.90,3.60	3.10,3.05	2.10,2.10
	$0.08\leqslant T<0.25$	3.84,3.55	2.06,2.25	3.86,3.56	3.05,2.98	2.05,2.05
	$0.25\leqslant T<0.8$	3.80,3.50	2.00,2.20	3.80,3.50	2.96,2.92	2.00,2.00
$40\leqslant D<512$	$0.01\leqslant T<0.08$	3.85,3.55	2.05,2.24	3.85,3.55	3.04,2.96	2.05,2.05
	$0.08\leqslant T<0.25$	3.82,3.50	2.00,2.20	3.80,3.50	3.00,2.94	2.00,2.00
	$0.25\leqslant T<0.8$	3.75,3.45	1.95, 2.15	3.75,3.45	2.92,2.90	1.95,1.95
$D\geqslant 512$	$0.01\leqslant T<0.08$	3.80,3.50	2.00,2.20	3.80,3.53	3.00,2.95	2.00,2.00
	$0.08\leqslant T<0.25$	3.74,3.46	1.95,2.15	3.76,3.48	2.92,2.90	1.95,1.95
	$0.25\leqslant T<0.8$	3.70,3.40	1.90, 2.10	3.70,3.40	2.88, 2.87	1.90,1.90

(3) 公差成本模型参数选取专家系统

一个实用性的公差-成本关系模型对公差综合的实际应用起关键作用。而加工成本取决于零件公差值的大小及其相应工艺过程的复杂程度。当采用一种工序达到加工零件公差要求时，公差与成本形成的单工序成本模型比较简单，此时比较复杂的是建立多工序成本模型。多工序成本模型是指采用多个工序达到加工零件公差要求时，公差与成本形成的曲线。它不是单工序成本模型的简单组合，而是在两相邻工序之间选取由工艺路线所决定的转折点，直接反映在制造成本上。对于不同的加工工艺方法，公差-成本模型中的参数会有所不同，通过专家系统实现参数的选取。专家系统的结构如图 9-16 所示。

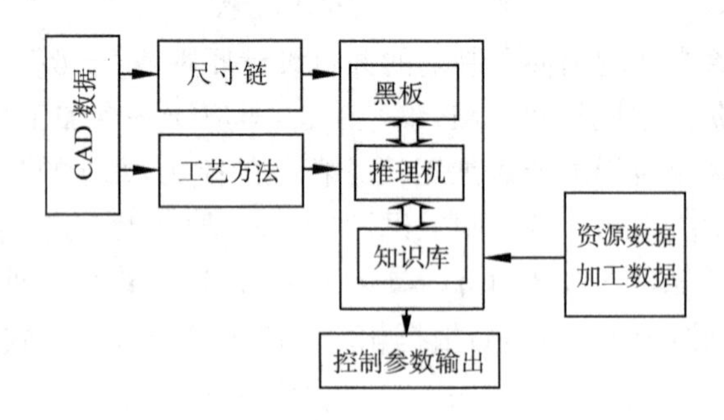

图 9-16　专家系统

其中，知识库存储了公差分析与综合所需的各种知识，主要是实际生产数据及各类设计制造标准，通过知识获取环节获取知识推理所需的专家知识。知识是以规则形式存储的，目前主要是特征知识以及各类型特征在各种技术要求(尺寸、精度等级、表面粗糙度等)条件下的加工方法选择。系统首先把各种设计特征映射为孔特征、外回转面特征、轮廓特征、平面特征、槽特征和定位特征等几种加工特征,根据特征知识调用不同规则,以选取不同的加工工艺,然后根据数据库所提供的企业资源(当前可供资源、各资源参数)进行公差分析、公差综合及公差-成本计算,所得结果既是对现有工艺方案的经济性评价,同时反馈给设计环节,以实现设计分析和再设计支持。

系统中数据库管理系统包括以下几个部分:

设备资源库　包括机床库、刀具库、夹具库;

经验数据库　包括刀具材料-寿命指数库、工件重量-装卸时间库、加工数据库、分布参数 p、q 库、组成环分布系数库;

条件库　包括材料库、特征库、尺寸-公差-特征库;

标准库　包括加工方法-因子库、硬质合金刀具因子库、公差等级系数库、公差因子库;

成本精度模型库　包括成本精度模型库、成本精度模型系数。

其中,产品的成本-精度模型是公差综合的重要基础,在成本-精度模型库中可以储存多种模型,用户可以根据实际情况建立自己的模型,模型的建立主要依赖于实际生产数据。

9.3.5 机械加工能力的公差反求方法简介

产品的设计公差是产品 CAD/CAPP/CAM 中的重要信息,其设计的优劣直接影响加工成本、加工质量和零件之间的可装配性。

1. 公差设计方法概述

传统的精度分配主要有相等公差值法、相等公差等级法和相等工序能力法。许多企业仍然依靠设计人员的经验与知识进行设计。专家的知识、经验是企业的宝贵财富,共享并利用这些知识、经验,是决定企业设计能力高低的因素。各种方法都有不同的特点。

1) 极值法确定的公差往往太小,从而导致产品的生产成本急剧增加;

2) 统计法将会出现比预料中更松的配合;

3) 统计模型假设制造过程满足正态分布,然而大多数制造并不遵循正态分布;

4) 统计模型没有考虑一些常见的制造问题,如由于刀具磨损、冷却液好坏而导致的偏差;

5) 过去在进行计算机辅助公差设计时,其思路是:先抛开企业自有机床加工能力以成本为优化目标进行设计,这样设计很容易导致设计出来的公差找不到合适的可加工机床;

6）单独采用神经网络进行公差的分配，收敛速度极慢，计算时间过长。

在已知装配尺寸链的装配要求和技术要求等条件下，将人工神经网络和遗传算法有机地结合起来，从考虑自有的机床工艺加工能力出发，反求出每一个零件的公差，使总的制造成本最低。

2. 公差反求问题的描述

计算机辅助公差反求的主要目的是，针对企业所拥有的机床资源及机床的性能指标，如经济加工精度等，为装配（部件）尺寸链中每个零件选择合适的机床；合理设计尺寸链中各零件（组成环）的公差，实现总的制造成本最低。其数学模型表示如下：

$$\min C(T) \tag{9-1}$$

$$f_j(T) \leqslant F_j$$

$$T_i \leqslant TC_i$$

式中：$C(T)$——加工总成本，若每个零件的加工成本为 $C_i(T_i)$，则

$$C(T)\sum_{i=1}^{n} C_i(T_i)$$

式中：n——零件的总个数；

T——公差向量，$T=(T_1,\ T_2,\ \cdots,\ T_i,\ \cdots,T_n)^{\mathrm{T}}$

$f_j(T)$——装配功能要求和设计技术要求函数；

F_j——装配功能要求和设计技术要求；

TC_i——经济精度指标。

3. 神经网络和遗传算法在计算机辅助公差反求设计中应用分析

（1）B-P 神经网络和遗传算法

B-P 神经网络是神经网络中应用最为广泛的一种，图 9-17 所示是其三层连接模型，$x_1, x_2, \cdots, x_n$ 为输入神经元，$z_1, z_2, \cdots, z_n$ 为输出神经元，$y_1, y_2, \cdots, y_n$ 为中间神经元，每一连接弧连接两个神经元，并附有一个数值 w_{ij} 作为连接强度（或记忆强度），表示同一连接弧上输入神经元对输出神经元的影响，正的连接强度表示影响的增加，负的连接强度表示影响的减少。

$$S_j = \sum_{i=1}^{n} w_{ji} x_j + \theta_j \tag{9-2}$$

$$y_j = f(s_j) \tag{9-3}$$

这里，取

$$f(s_j) = \frac{1}{1 + \exp(-s_j)} \tag{9-4}$$

当 B-P 神经网络单独应用于计算机辅助公差设计时，它具有以下优点：

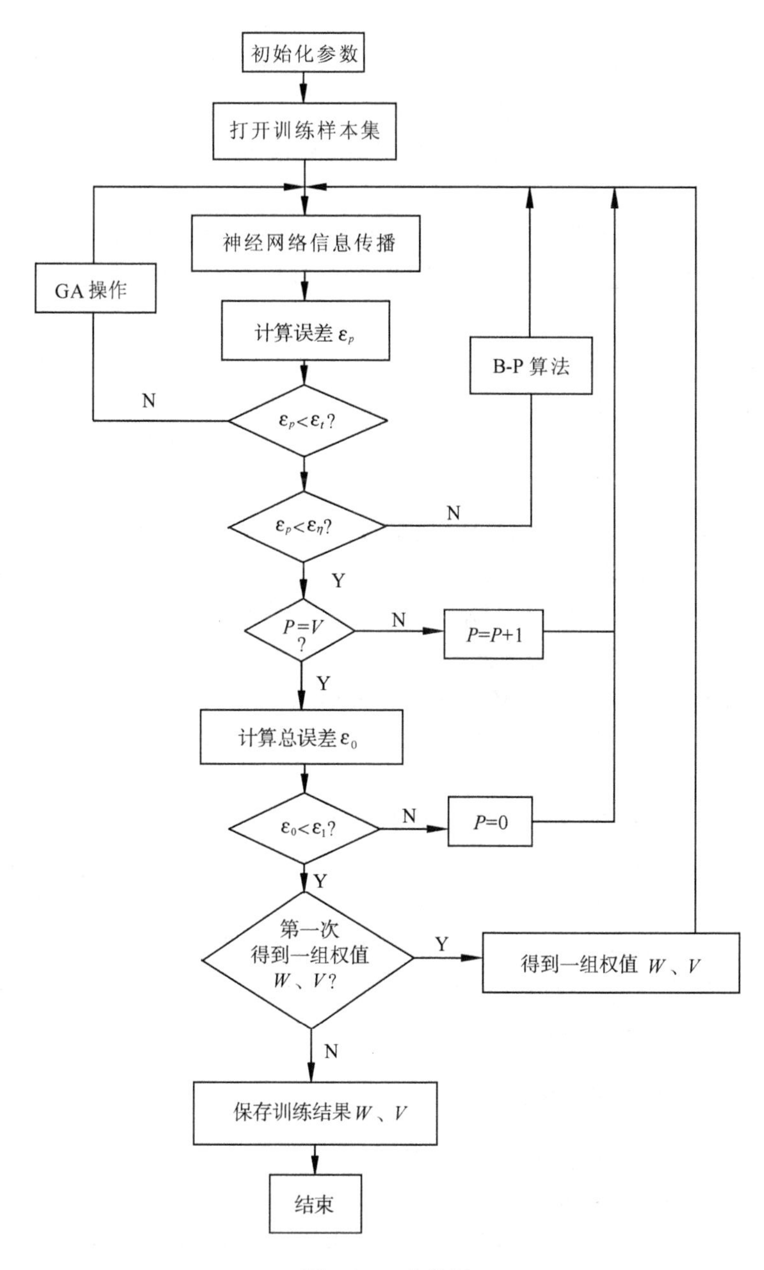

图 9-17　流程图

可以实现考虑机床、刀具、冷却液、润滑剂等因素在内的动态公差分配；

无需对多个零件的尺寸分布做出不必要或不实际的假设；

B-P神经网络有较强的并行处理能力，对装配链中组成环数多且可选加工设备多的情况十分适用。

它与以往的公差优化设计方法有本质的不同：在设计时充分考虑了机床的工

艺加工能力，并由机床的加工能力来确定待加工零件的公差与相应的机床的对应关系，即由工厂所拥有的机床的加工能力来反求各加工零件的公差，以使优化所得的公差适合工厂的实际机床情况，而不是像以往那样由优化所得的公差来选机床，从而避免了无法选择合适的机床或选择不当等情况发生。

其缺点：

收敛性问题。经证明，仅当网络的权值调整步无限小时，收敛才有效。这意味着要用不可预测的收敛时间，同时经研究发现，B-P 网络训练的结果有不可测性，且时间是相当长的。

局部最小问题。B-P 学习算法用梯度下降法调整网络的权值，这对凸状的曲面将是有效的，因为它仅有唯一最小值，当对非严格凸状表面却不能取得最佳结果，甚至在网络训练好了以后也无法知晓 B-P 算法是否已经取得了全局最小。

而遗传算法(GA 算法)是借鉴生物界自然选择和自然遗传机制的随机搜索算法，它通过多次的基因遗传和变异以获得最佳的解决方案。其主要特点是群体搜索策略和群体中个体之间的信息交换，且搜索不依赖梯度的信息，正好弥补了 B-P 神经网络算法的缺陷。因为遗传算法在开始进行优化搜索时，并不是从某一点开始，而是从多点开始进行全局搜索，可同时爬上多个山峰，这就有效地降低了陷入局部较小值的可能性。另外遗传算法使用的信息是基于“目标”的，并不特别需要空间上的限制。由于其信息是基于“目标”的，因而其搜索速度、收敛速度是很快的。

(2) 基于神经网络和遗传算法的公差反求方法图

基于上述的 B-P 神经网络和遗传算法的各自优缺点，可以结合两者的优点进行计算机辅助公差反求设计，其结合点在于先采用遗传算法对神经网络的权值进行全局搜索优化，所得的误差达到一定要求后，再采用 B-P 算法对权值进一步的修正，如此循环往复直至权值误差达到最小。具体地说，遗传算法主要用来优化权值，B-P 神经网络主要用来预报公差值。

9.3.6 B-P 网络的构造和训练

图 9-18(a)所示是机床上常用的调节转盘 1 和轴套 2 之间间隙的部件图。为了保证机床的正常运行，要求转轴 1 和轴套 3 之间的间隙为 0.1～0.4mm，图 9-18(b)是其尺寸链图。对于三个零件的装配，在构造 B-P 网络时，要考虑四个输入节点：每个零件，也即每台加工机床的加工能力或经济加工精度各自对应一个节点，第四个节点是对应于总的装配公差。要用到三个输出节点，用来预估每个零件的公差(每台机床对应一个工件)，中间隐含层要用到四个节点，此外还需给定网络学习参数和最大允许误差，这里为 0.4 和 0.0005。用遗传算法优化神经网络权值的算法的步骤如下：

第 1 步　随机产生一组分布数，并对此组数中的每一个权值进行编码，进而构

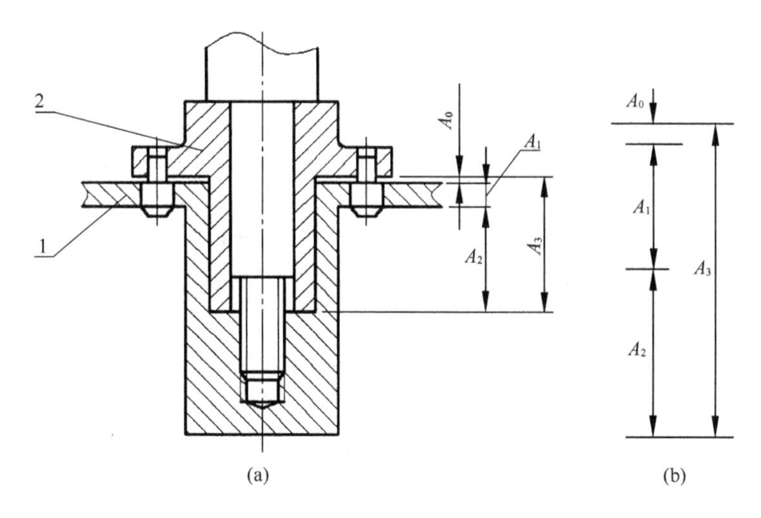

图 9-18　端盖螺母调节图

造出一个个码链(每个码链代表网络的一种权值分布),在网络结构和学习规则已定的前提下,该码链就对应一个权值和阈值取定的一个神经网络。

第 2 步　对所产生的神经网络计算它的误差函数,从而确定其适应度函数值,误差越大,则适应度值越小。

第 3 步　选择若干适应度函数值中最大的个体,直接遗传给下一代。

第 4 步　利用交叉和变异等操作算子对当前一代群体进行处理,产生下一代群体。

重复 2、3、4 步骤,使初始确定的一组权值分布得到不断的进化,直到训练目标得到满足为止。

9.3.7　系统设计

本系统是将遗传算法和 B-P 神经网络有机地结合起来进行公差的分配。其核心部分是权值的优化和网络的训练,其流程图见图 9-17。

习　题　9

1. 举例说明计算机在尺寸、几何精度设计中的应用。
2. 试用一种高级语言编写用完全互换法进行尺寸链校核计算的程序。

第 10 章　几何参数精度设计实例

机械产品的精度和使用性能在很大程度上取决于机械零部件的精度及零部件之间结合的正确性。机械零件的精度是零件的主要指标之一。因此,零件精度设计在机械设计中占有重要地位。

机械零件精度设计就是根据零件在机构和系统中的功能要求,合理地确定装配图中配合尺寸的配合代号、零件各要素的尺寸精度、几何精度以及表面粗糙度参数值。现以 C616 型车床尾座(图 10-1)为例阐述机械零件精度设计的具体过程和方法。

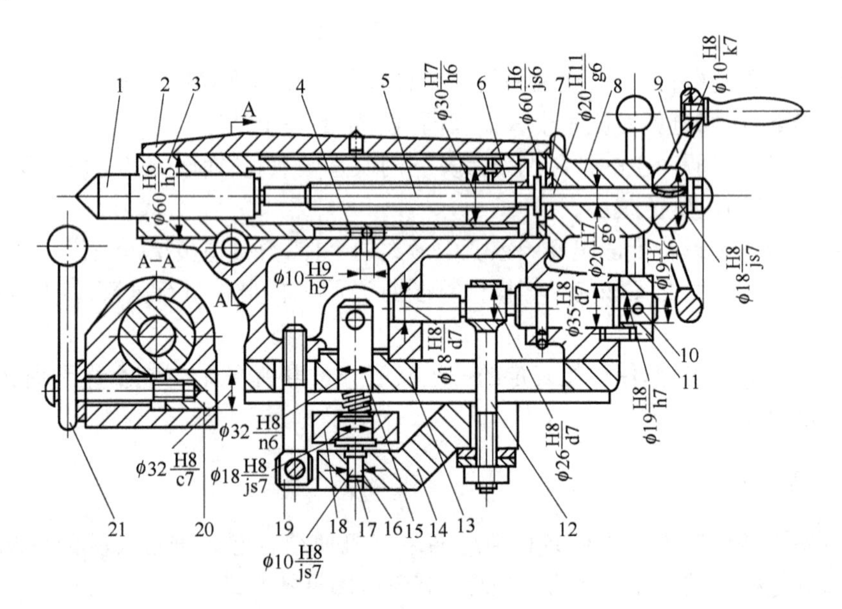

图 10-1　C616 型车床尾座

尾座在车床上的作用是以其顶尖与主轴顶尖共同支撑工件,承受切削力。使用尾座时,先沿床身导轨调整其大体位置,再搬动手柄 11,使偏心轴转动,并拉紧螺钉 12 和杠杆 14,通过压板 18 将尾座夹紧在车床床身上。再转动手轮 9,通过丝杠 5、螺母 6,使套筒 3 带动顶尖 1 向前移动,顶住工件。最后转动手柄 21,使夹紧套 20 靠摩擦夹住套筒,从而使顶尖的位置固定。

C616 型车床属一般车床,中等精度,其制造多系小批生产,用手工装配。主要技术要求为顶尖套筒移动到任意位置时都能保持主轴顶尖和尾座顶尖同轴,此精度要求靠装配时修刮底板来达到。

10.1 配合尺寸的精度设计

在此车床尾座中，主要的配合有17处，各处公差与配合选择的理由见表10-1。

表10-1 C616型车床尾座公差与配合选择一览表

序号	部位	选择理由			选择结果
		基准制	公差等级	配合选择	
1	套筒3外圆与尾座体2孔	无特殊情况，应优先用基孔制	直接影响机床的加工精度，选精密配合中高的公差等级，即孔取IT6，轴取IT5	套筒在调整时要在孔中移动，需选用间隙配合。但移动速度不高，移动时导向精度要求高，间隙不能大，采用精度高间隙小的间隙配合	$\phi60\ \frac{H6}{h5}$
2	套筒3孔与螺母6外圆	同序号1	影响性能的重要配合，选用精密配合中较高的公差等级，即孔取IT7，轴取IT6	为径向定位配合，用螺钉固定。为装配方便，不能用过盈连接，但为避免螺母安装偏心，影响丝杠移动的灵活性，间隙也不应过大	$\phi32\ \frac{H7}{h6}$
3	套筒3长槽与定位块4(图中未示出)	定位块宽度按平键标准取h9，为基轴制	次要部位的配合，取IT9或IT10	对套筒起防转作用，考虑长槽与套筒轴线有歪斜，取较松的配合	$12\ \frac{D9}{h9}$
4	定位块4圆柱面与尾座体2孔	同序号1	次要部分的配合，取IT9	要求装配方便，可略为转动	$\phi10\ \frac{H9}{h9}$
5	丝杠5轴颈与后盖8孔	同序号1	同序号2	低速转动配合	$\phi20\ \frac{H7}{g6}$
6	挡油圈7孔与丝杠5轴颈	丝杠5轴颈已选定为g6	无定心要求，挡油圈孔精度可取低些	挡油圈要易于套上轴颈，间隙要求不严格	$\phi20\ \frac{H11}{g6}$
7	后盖8凸肩与尾座体2孔	尾座体2孔已选定为H6	影响性能的重要配合，选用精密配合中较高的公差等级	径向定位配合，装订时要求有间隙，使后盖丝杠轴能灵活转动。本应选H6/h6，考虑孔口加工时易做成喇叭口，可选紧一些的轴公差带	$\phi60\ \frac{H6}{js6}$

续表

序号	部位	选择理由			选择结果
		基准制	公差等级	配合选择	
8	手轮9孔与丝杠5轴端	同序号1	要求比影响性能的重要配合为低，孔取IT8，轴取IT7	装拆要方便，用半圆键连接，要避免手轮在轴上晃动	$\phi18\frac{H8}{js7}$
9	手柄轴与手轮9孔	同序号1	同序号8	本可用过盈配合，但手轮系铸件，配合过盈不能太大，如不紧可铆边	$\phi10\frac{H8}{k7}$
10	手柄11孔与偏心轴10	同序号1	同序号8	用销做紧固连接件，装配时要调整手柄与偏心轴的相对位置（配作销孔），配合不能有过盈或过大间隙	$\phi19\frac{H8}{h7}$
11	偏心轴10与尾座体2上两支承孔	同序号1	同序号8	配合要使偏心轴能在两支承孔中转动。考虑到两轴颈间和两支承孔间的同轴度误差，采用间隙较大的配合	$\phi35\frac{H8}{d7}$ $\phi18\frac{H8}{d7}$
12	偏心轴10偏心圆柱与拉紧螺钉12孔	同序号1	同序号8	有相对摆动，没有其他要求，考虑装配方便，用间隙较大的配合	$\phi26\frac{H8}{d7}$
13	压块16圆柱销与杠杆14孔，压块17圆柱销与压板18孔	同序号1	同序号8	此处配合无特殊要求，只希望压块装上后不掉下来，间隙不能太大	$\phi10\frac{H8}{js7}$ $\phi18\frac{H8}{js7}$
14	杠杆14孔与圆柱销（图中未示出）	同序号1	同序号2	杠杆孔与销之间配合需紧些，一般无相对运动，选用标准圆柱销$\phi16n6$	$\phi16\frac{H7}{n6}$
15	螺钉19孔与圆柱销（图中未示出）	圆柱销已选定为n6，采用混合制	配合要求不高，孔的精度可低一些	配合比序号14松一些，可有相对运动	$\phi16\frac{D8}{n6}$
16	圆柱15与滑座13孔	同序号1	同序号2	圆柱用锤打入孔中，要求在横向推力作用下不松动，但必要时需将圆柱在孔中转位，采用偏紧的过渡配合	$\phi32\frac{H8}{e7}$
17	夹紧套20与尾座体2孔	同序号1	同序号8	要求间隙较大，以便当手柄21放松后，夹紧套易于退出	$\phi32\frac{H8}{e7}$

10.2 套筒的几何精度设计

图 10-2 是套筒 3 的零件图，其各个部位几何、表面粗糙度精度设计如下：

ϕ60h5($^{0}_{-0.013}$)外圆　ϕ60h5($^{0}_{-0.013}$)外圆与尾座体 2 的孔相配为保证配合性能要求，遵守包容要求，另外还对其形状精度进一步提出要求，取圆柱度公差等级 6 级，公差值为 5μm。表面粗糙度 Ra 值取 0.4μm。

ϕ32H7($^{+0.025}_{0}$)孔　ϕ32H7($^{+0.025}_{0}$)为丝杠螺母 6 的安装孔，要求与 ϕ60h5 轴线同轴，取同轴度公差为 8 级，公差值为 30μm。表面粗糙度 Ra 值取 1.6μm。

莫氏锥度孔　莫氏锥度孔用锥度量规检查，接触面积不少于 80%，表面粗糙度 Ra 值取 0.8μm。莫氏锥度孔与 ϕ60h5 轴线同轴，取同轴度公差为 5 级，公差值 8μm。考虑到检查方便，一般用锥度心轴插入锥孔，检查其径向圆跳动。在靠近端部处径向圆跳动值不得大于 8μm，由于轴线可能歪斜，在离端部 300mm 处检测径向圆跳动值不得大于 20μm。

长键槽 12D10($^{+0.12}_{+0.05}$)　长键槽 12D10($^{+0.12}_{+0.05}$)对 ϕ60h5 轴线的对称度公差一般取 8 级，公差值为 20μm，键槽侧面 Ra 值取 3.2μm。

ϕ45 圆周上三螺孔 M8-7H　ϕ45 圆周上三螺孔 M8-7H 与螺母 6 配作，故不给出公差。

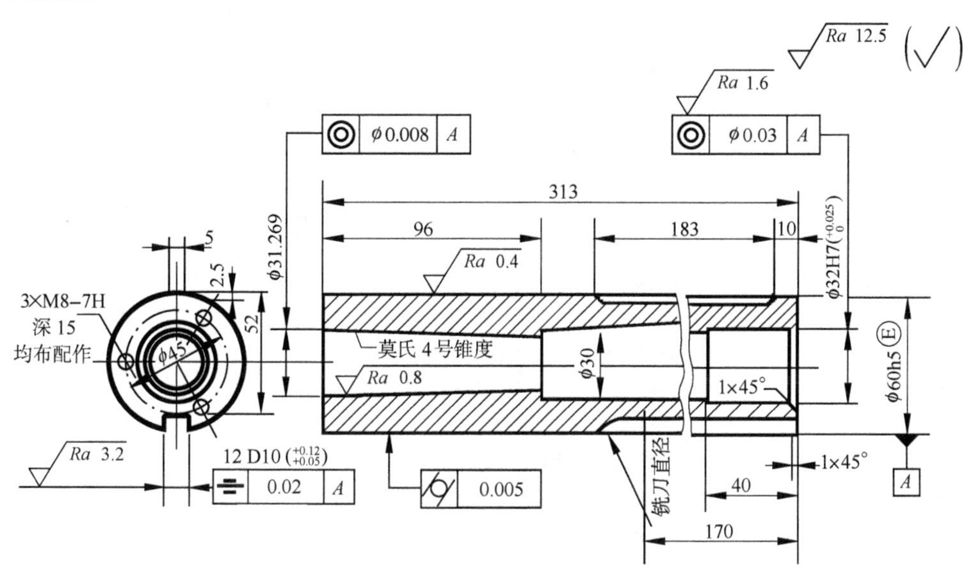

技术要求：

1. ϕ60h5 及莫氏 4 号锥面淬火 HRC48～53；

2. 莫氏 4 号锥孔用锥度量规检验，端面位移量±1.5mm，接触面积不小于 80%。

图 10-2

参 考 文 献

陈于萍.1999. 互换性与测量技术基础. 北京:机械工业出版社
成熙志.1982. 互换性原理. 哈尔滨:黑龙江科学技术出版社
甘永立.1989. 几何量公差与检测. 2版. 上海:上海科学技术出版社
何贡.2000. 互换性与测量技术. 北京:中国计量出版社
蒋秀珍.2002. 机械学基础综合训练图册. 北京:科学出版社
蒋庄德.2000. 机械精度设计. 西安:西安交通大学出版社
刘庚寅.1996. 公差测量基础与应用. 北京:机械工业出版社
李柱,徐振高,蒋向前.2004. 互换性与测量技术. 北京:中国高等教育出版社
廖念钊.1982. 互换性与技术测量. 北京:中国计量出版社
毛英泰.1982. 误差理论与精度分析. 北京:国防工业出版社
齐宝玲.1999. 几何精度与检测基础. 北京:北京理工大学出版社
薛彦成.1999. 公差配合与技术测量. 2版. 北京:机械工业出版社
闫艳.宁汝新.2000. 并行工程设计中的公差设计与开发. 计算机集成制造系统,6(5):43～47
张民安.2002. 圆柱齿轮精度. 北京:中国标准出版社
郑凤琴.2000. 互换性与测量技术. 南京:东南大学出版社
国家标准 GB/Z 18620.1—2008《圆柱齿轮 检验实施规范 第1部分:轮齿同侧齿面的检验》
国家标准 GB/Z 18620.2—2008《圆柱齿轮 检验实施规范 第2部分:径向综合偏差、径向跳动、齿厚和侧隙的检验》
国家标准 GB/Z 18620.3—2008《圆柱齿轮 检验实施规范 第3部分:齿轮坯、轴中心距和轴线平行度》
国家标准 GB/Z 18620.4—2008《圆柱齿轮 检验实施规范 第4部分:表面结构和轮齿接触斑点的检验》
国家标准 GB/T 10095.2—2008《渐开线圆柱齿轮 精度 第2部分:径向综合偏差与径向跳动的定义和允许值》
国家标准 GB/T 10095.1—2008《渐开线圆柱齿轮 精度 第1部分:轮齿同侧齿面偏差的定义和允许值》
国家标准 GB/T 1144—2001《矩形花键尺寸、公差和检验》
国家标准 GB/T 1804—2000《一般公差 未注公差的线性和角度尺寸的公差》
国家标准 GB/T 3505—2000《产品几何技术规范 表面结构 轮廓法 表面结构的术语、定义及参数》
国家标准 GB/T 1801—1999《极限与配合 公差带和配合的选择》
国家标准 GB/T 1800.4—1999《极限与配合 标准公差等级和孔、轴的极限偏差表》
国家标准 GB/T 7811—1999《滚动轴承 参数符号》
国家标准 GB/T 273.3—1999《滚动轴承 向心轴承 外形尺寸总方案》
国家标准 GB/T 17851—1999《形状和位置公差 基准和基准体系》
国家标准 GB/T 17773—1999《形状和位置公差 延伸公差带及其表示法》
国家标准 GB/T 1800.2—1998《极限与配合 基础 第2部分:公差、偏差和配合的基本规定》
国家标准 GB/T 1800.3—1998《极限与配合 基础 第3部分:标准公差和基本偏差数值表》
国家标准 GB/T 273.2—2006《滚动轴承 推力轴承 外形尺寸总方案》
国家标准 GB/T 1800.1—1997《极限与配合 基础 第1部分:词汇》
国家标准 GB/T 1182—2008《产品几何技术规范(GPS) 几何公差 形状、方向、位置和跳动公差标注》
国家标准 GB/T 1184—1996《形状和位置公差 未注公差值》

国家标准 GB/T 16671—2008《产品几何技术规范(GPS) 几何公差 最大实体要求、最小实体要求和可逆要求》
国家标准 GB/T 4249—2008《产品几何技术规范(GPS)公差原则》
国家标准 GB/T 1031—1995《表面粗糙度 参数及其数值》
国家标准 GB/T 307.1—2005《滚动轴承 向心轴承 公差》
国家标准 GB/T 131—2006《机械制图 表面粗糙度符号、代号及其注法》
国家标准 GB/T 275—93《滚动轴承与轴和外壳孔的配合》
国家标准 GB/T 13319—2008《产品几何技术规范(GPS) 几何公差 位置度公差注法》
国家标准 GB/T 11336—2004《直线度误差检测》
国家标准 GB/T 11337—2004《平面度误差检测》
国家标准 GB/T 5847—2004《尺寸链 计算方法》
国家标准 GB/T 6093—2001《几何量技术规范(GPS) 长度标准 量块》
国家标准 GB/T 307.3—2005《滚动轴承 通用技术规则》
国家标准 GB/T 321—2005《优先数和优先数系》
国家标准 GB/T 197—2003《普通螺纹 公差》
国家标准 GB/T 196—2003《普通螺纹 基本尺寸》
国家标准 GB/T 193—2003《普通螺纹 直径与螺距系列》
国家标准 GB/T 1095—2003《平键 键槽的剖面尺寸》
国家标准 GB/T 1096—2003《普通平键 平键》
国家标准 GB/T 18780.1—2002《产品几何量技术规范(GPS) 几何要素 第1部分：基本术语和定义》